ELOGIOS A
El universo holográfico

«*El universo holográfico,* uno de los libros más importantes de la década, reconstruye la mente de manera sutil pero apasionante. Llegado al final de la lectura, uno se encuentra viviendo en un universo más amplio, dotado de talentos que no sabía que poseía».

DRA. JEAN HOUSTON,
autora de *The Possible Human*

«El concepto del universo como un holograma gigante que contiene materia y consciencia, a la manera de un campo único, entusiasmará, con total seguridad, a cualquiera que se haya planteado la pregunta: "¿Qué es la realidad?". *El universo holográfico* podría responder a esta cuestión de una vez por todas».

DR. FRED ALAN WOLF,
autor de *Taking the Quantum Leap*

«Necesitamos con urgencia nuevos modelos de realidad que estimulen la imaginación de lo posible y nos ofrezcan nuevas visiones de nuestro lugar en el cosmos. *El universo holográfico,* de Michael Talbot, nos brinda eso mismo. Esta obra es una llamada de atención que insta a indagar, una aventura a través del mundo del conocimiento. Si necesitas mantenerte firme en la idea de que la ciencia ha demostrado que "todo es mecánico", que no hay espacio en el universo para la consciencia, el alma y el espíritu… no leas este libro».

DR. LARRY DOSSEY,
autor de *Space, Time & Medicine*

«Hace tiempo que la ciencia converge en el sentido común, poniéndose por fin al día con la experiencia y confirmando la extendida sospecha de que las cosas están mucho más conectadas de lo que admitía la física tradicional. *El universo holográfico* es una elegante confirmación de este proceso, una cuerda de salvamento que ayuda a superar la brecha artificial que se ha abierto entre la mente y la materia, entre nosotros y el resto del cosmos».

LYALL WATSON,
autor de *Supernature*

EL UNIVERSO HOLOGRÁFICO

Una visión revolucionaria de la realidad
que explica las últimas fronteras de la física,
las habilidades paranormales de la mente
y los enigmas no resueltos del cerebro y el cuerpo

MICHAEL TALBOT

Prólogo de
Lynne McTaggart

Traducción de Carmen González del Yerro Valdés y Estefanía Rueda

Título original: *The Holographic Universe*

Traducción: Carmen González del Yerro Valdés y Estefanía Rueda

Diseño de cubierta: Rafael Soria

© 1991, Michael Talbot

Publicado por acuerdo con Harper Perennial, un sello de HarperCollins Publishers

© Distribuciones Alfaomega S.L., Gaia Ediciones, 2025
Alquimia, 6 - 28933 Móstoles (Madrid) - España
Tel..: 91 617 08 67
www.grupogaia.es - E-mail: grupogaia@grupogaia.es

Primera edición: marzo de 2026

Depósito legal: M. 3012-2026
I.S.B.N.: 978-84-1108-193-1

Impreso en España por Artes Gráficas Cofás, S.A., Móstoles (Madrid)

Índice

TERCERA PARTE
ESPACIO Y TIEMPO

Para Alexandra, Chad, Ryan,
Larry Joe y Shawn,
con cariño.

«Los nuevos datos son de una importancia tan trascendental que podrían revolucionar nuestra manera de entender la psique humana, la psicopatología y el proceso terapéutico. La trascendencia de algunas observaciones hace que superen el marco de la psicología y la psiquiatría, y que representen una seria contradicción del paradigma newtoniano-cartesiano actual. Podrían cambiar drásticamente la imagen que tenemos de la naturaleza humana, la cultura y la historia, y de la realidad».

STANISLAV GROF, en relación con los fenómenos holográficos en *The Adventure of Self-Discovery*

Agradecimientos

ESCRIBIR ES SIEMPRE un trabajo de colaboración, y son muchas las personas que han contribuido a la producción del presente libro de diversas maneras. No es posible nombrarlas a todas, pero hay unas cuantas que merecen una mención especial. Entre ellas están: Barbara Brennan, Larry Dossey, Brenda Dunne, Elisabeth W. Fenske, Gordon Globus, Jim Gordon, Stanislav Grof, Francine Howland, Valerie Hunt, Robert Jahn, Ronald Wong Jue, Mary Orser, F. David Peat, Elizabeth Rauscher, Beatrice Rich, Peter M. Rojcewicz, Abner Shimony, Bernie Siegel, T. M. Srinivasan, Whitley Strieber, Russell Targ, WilliamA. Tiller, Montague Ullman, Lyall Watson, Joel L. Whitton, Fred Alan Wolf y Richard Zarro, que fueron también generosos con su tiempo y con sus ideas.

Gracias a Carel Ann Dryer, por su amistad, perspicacia y apoyo y por su generosidad infinita a la hora de compartir su profundo talento.

A Kenneth Ring, por horas de conversación fascinante y por introducirme en la lectura de los textos de Henry Corbin.

A Stanley Krippner, por tomarse el tiempo de llamarme o dejarme una nota siempre que encontraba nuevos ejemplos sobre la idea holográfica.

A Terry Oleson, por su tiempo y por permitirme amablemente utilizar su diagrama del «hombrecito de la oreja».

A Michael Grosso, por su conversación que induce a la reflexión y por ayudarme a localizar varias obras de referencia sobre milagros poco conocidas.

A Brendan O'Regan, del Instituto de Ciencias Noéticas, por sus importantes aportaciones al tema de los milagros y por ayudarme a encontrar información sobre los mismos.

A mi amigo desde hace mucho tiempo Peter Brunjes, por utilizar sus contactos universitarios para ayudarme a obtener varias obras de referencia difíciles de encontrar. A Judith Hooper, por prestarme numerosos libros y artículos de su extensa colección de publicaciones sobre la idea holográfica.

A Susan Cowles, del Museo de la Holografía, de Nueva York, por ayudarme a seleccionar ilustraciones para el libro.

A Kerry Brace, por compartir conmigo sus pensamientos sobre la aplicación de la idea holográfica en el pensamiento hindú; de sus escritos he tomado prestada la idea de utilizar el holograma de la princesa Leia de la película *La guerra de las galaxias* para empezar el libro.

A Marilyn Ferguson, fundadora del *Brain/Mind Bulletin*, que fue una de las primeras escritoras en reconocer la importancia de la teoría holográfica y en escribir sobre ella; fue también generosa con su tiempo y sus pensamientos. El lector observador se dará cuenta de que mi resumen de la visión del universo que surge cuando se consideran conjuntamente las conclusiones de Bohm y de Pribram, al final del capítulo 2, en realidad es una pequeña paráfrasis de las palabras que utiliza ella en su obra, éxito de ventas, *The Aquarian Conspiracy*. Mi incapacidad para encontrar una forma diferente y mejor para resumir la idea holográfica debería contemplarse como un testimonio de la claridad y la capacidad de síntesis que demuestra Marilyn Ferguson como escritora.

Al personal de la American Society for Psychical Research, por su ayuda para localizar referencias, fuentes y los nombres de las personas pertinentes.

A Martha Visser y Sharon Schuyler, por su ayuda en la investigación para el libro.

A Ross Wetzsteon, del *Village Voice*, que me pidió que escribiera el artículo que empezó todo.

A Claire Zion, de Simon & Schuster, que fue la primera en sugerirme que escribiera un libro sobre la idea holográfica.

A Lucy Kroll y Barbara Hogenson, por ser las mejores agentes posibles. A Lawrence P. Ashmead, de HarperCollins, por creer en el libro, y a John Michel, por su amable y perspicaz corrección.

Si hay alguien a quien he dejado fuera de esta lista sin advertirlo, le ruego que me perdone. A todos los que me han ayudado a que este libro vea la luz, tanto los que he nombrado como los que no, mi agradecimiento más profundo.

Prólogo

COMO CUALQUIER BUEN ESCRITOR de ciencia ficción con gusto por el periodismo, Michael Talbot disfrutaba rastreando ideas en la ciencia de frontera. En la década de los ochenta, Talbot se topó con un desconocido experimento francés llevado a cabo por un joven académico para su tesis doctoral. Se trataba de un proyecto audaz: Alain Aspect, un doctorando de la École Normale Supérieure de Cachan, a las afueras de París, se propuso demostrar que, al menos en parte, Albert Einstein estaba equivocado.

Aspect estaba analizando una extraña característica de la física cuántica llamada *no localidad* o *entrelazamiento*. Como descubrió Niels Bohr, pionero de la física cuántica y ganador del Premio Nobel, una vez que las partículas subatómicas, como los electrones o los fotones, entran en contacto, empiezan a influirse unas a otras para siempre y sin motivo aparente, independientemente del tiempo o la distancia.

Cuando las partículas están entrelazadas, las acciones de una seguirán afectando a la otra en la misma dirección o en la opuesta, por muy separadas que se encuentren. Se comportan como un par de amantes desafortunados que se ven obligados a separarse y a vivir para siempre de manera independiente, pero que continúan no solo conociendo los movimientos del otro, sino también imitando cada una de sus actividades durante el resto de sus días.

Albert Einstein se había negado a aceptar la no localidad, despreciando la teoría por considerarla una «espeluznante acción a distancia». Einstein afirmaba que este tipo de conexión instantánea no podía producirse porque exigiría que la información viajase más rápido que la velocidad de la luz, lo que él establecía como el límite exterior absoluto de la rapidez con que una cosa puede afectar a otra. Ni siquiera las partículas subatómicas deberían poder afectarse unas a otras más rápido de lo que tardaría la primera en alcanzar a la segunda viajando a la velocidad de la luz.

En 1972, John Bell, un físico irlandés, diseñó un sencillo método para verificar la existencia de la no localidad, que consistía en efectuar mediciones en un par de partículas cuánticas que tiempo atrás habían estado en contacto, pero que en ese momento se encontraban separadas. Nuestra visión del mundo, basada en el sentido común, sostiene que una medición será mayor que la otra, demostrando así su «desigualdad». La «violación» de esa desigualdad sería la prueba de que las dos partículas están entrelazadas.

La desigualdad de Bell, como pasó a conocerse el teorema, era un experimento ingenioso hasta que el efectuado por Aspect en condiciones reales demostró que, cuando dos fotones eran emitidos desde un único átomo, la medición de uno de ellos afectaba instantáneamente a la posición del segundo. Lo que le ocurriera a uno era idéntico, o todo lo contrario, a lo que le ocurría al otro. La comparación de las mediciones demostró que ambas eran iguales. Estas partículas cuánticas parecían estar conectadas en el espacio por medio de un hilo invisible que hacía que se siguieran la una a la otra para siempre.

Aspect había demostrado de manera concluyente que las partículas podían viajar más rápido que la velocidad de la luz.

Pero también había presentado una importante evidencia temprana de que, en la capa inferior de la materia, las cosas están interconectadas.

Aunque el experimento de Aspect recibió poca cobertura en la prensa, Talbot reconoció su relevancia de inmediato. Le atrajo especialmente la interpretación de los hallazgos de Aspect propuesta por David Bohm, un físico de la Universidad de Londres. Según Bohm, con un pequeño experimento, Aspect había hecho añicos el fundamento mismo de la física: la materia ya no podía considerarse algo separado e individual, sino que debía verse como algo fundamentalmente interconectado.

En palabras de Talbot: «Bohm considera que las partículas subatómicas son capaces de permanecer en contacto entre sí con independencia de la distancia que las separe, no porque estén enviando algún tipo de señal misteriosa de acá para allá, sino porque su separación es una ilusión. Sostiene que, en algún nivel más profundo de la realidad, dichas partículas no constituyen entidades individuales, sino que son extensiones del mismo algo fundamental».

Bohm fue uno de los primeros defensores de la idea de que no existe una realidad objetiva y «rígida». Creía que el mundo se encuentra envuelto en un estado «implicado», y utilizó un holograma como modelo.

Un holograma es, en cierto modo, un archivador cuántico en el cual la información se envuelve —es decir, se almacena— en ondas cuánticas. En un holograma láser clásico, se divide un rayo láser. Una parte se refleja en un objeto —digamos una manzana— y la otra se refleja en varios espejos. A continuación, ambas se reúnen y quedan capturadas en una película fotográfica. El resultado sobre la placa —que representa el patrón de interferencia de esas ondas— se asemeja a un extraño conjunto de círculos concéntricos.

Sin embargo, cuando se proyecta un haz de luz del mismo tipo de láser a través de la película, lo que se ve es una imagen virtual, tridimensional y totalmente formada de la manzana. Un ejemplo perfecto de esto es la imagen de la princesa Leia generada por R2-D2 en el episodio IV de la saga *La guerra de las galaxias.*

Bohm consideraba que el universo era una enorme reserva de información de «totalidad continua», en la que todo lo que hay en el universo ya está presente en algún dominio invisible más allá del tiempo y el espacio —un campo de toda posibilidad— para ser convocado y volverse «explícito», o manifiesto, cuando sea necesario. Según Talbot: «Debe verse como una especie de almacén cósmico de "todo lo que existe"».

Talbot también se había topado con Karl Pribram, un neurocientífico que creía que nuestra percepción del mundo se produce como resultado de una compleja lectura y transformación de la información en un nivel diferente de la realidad. Pribram defendía que el cerebro usa ondas cuánticas, como un holograma, para almacenar inmensas cantidades de información. Nuestros cerebros leen esta información y crean el mundo tridimensional a partir de ella, al igual que puede recrearse la imagen de la princesa Leia cuando uno de los láseres originales se proyecta sobre la placa fotográfica. Lo primordial es que este enfoque le proporcionó a Pribram un arquetipo capaz de explicar cómo el cerebro puede llevar a cabo tareas localizadas y, a la vez, procesar o almacenar información en un todo mayor.

En *El universo holográfico*, Talbot tomó estas ideas y las desarrolló. El autor fue un partidario temprano de la idea de que el conjunto del universo era un organismo gigante e inseparable. Según sus propias palabras: «Todo penetra en todo y, por mucho que la naturaleza humana pretenda clasificar, encasillar y subdividir los diversos fenómenos del universo, todo fraccionamiento es, por necesidad, artificial, y toda la naturaleza es, en definitiva, una red sin interrupciones. A pesar de su aparente solidez, el universo es, en el fondo, un espectro, un holograma gigante y espléndidamente detallado».

El «todo en lo pequeño» era el aspecto de la holografía que más fascinaba a Talbot: la idea de que cada porción diminuta de la información codificada contiene la totalidad de la imagen. Si troceásemos la placa fotográfica de la princesa Leia en pedacitos minúsculos y proyectásemos un rayo láser sobre cualquiera de ellos, aparecería una imagen completa de la princesa.

Michael Talbot no llegó a conocer el destino de su libro como un clásico en el ámbito de la ciencia y la espiritualidad. Falleció de leucemia linfocítica crónica en mayo de 1992 con tan solo 38 años, apenas un año después de la publicación de *El universo holográfico*, sin haber completado la obra a la que consagró su vida.

No obstante, *El universo holográfico* se ha convertido en un poderoso homenaje a su persona. A lo largo de los años, ha mantenido una popularidad constante, y no resulta difícil adivinar el motivo. Esta historia cala profundamente en nosotros. Muchas personas reconocen de manera muy visceral que, en esencia, todos somos uno; vemos a diario en nuestras vidas infinidad de manifestaciones del todo en lo pequeño.

Afortunadamente, la ciencia está poniéndose al día con la visión de futuro de Talbot, quien habría celebrado muchos de los estudios científicos más recientes, especialmente los relacionados con la física cuántica, que demuestran que las cosas son mucho menos individuales de lo que pensábamos. Está emergiendo una nueva narrativa científica que aporta evidencias de que toda la materia existe dentro de una inmensa red de conexiones. El aspecto más importante de la vida ya no es la cosa, sino la relación *entre* las cosas.

Con el paso de los años, he sentido un vínculo con Talbot que trasciende nuestro amor común por este tema y mi admi-

ración hacia su espléndido libro. Compartimos editor en HarperCollins: el fallecido Larry Ashmead, quien supervisó mi libro *El campo*. La popularidad de *El universo holográfico* es un
tributo a Larry Ashmead y a su clarividencia, así como al talento de Talbot. Ambos se sentirían satisfechos por la extraordinaria vigencia de este libro.

LYNNE MCTAGGART,
diciembre de 2010

Introducción

E N LA PELÍCULA *La guerra de las galaxias*, la aventura de Luke Skywalker comienza cuando surge una luz del robot R2-D2 y proyecta una imagen tridimensional en miniatura de la princesa Leia. Luke contempla embelesado cómo la figura fantasmal de luz suplica a alguien llamado Obi-wan Kenobi que acuda en ayuda de la princesa. La imagen es un holograma, una representación tridimensional realizada con ayuda del láser, cuya creación requiere una magia tecnológica extraordinaria. Pero lo más increíble es que algunos científicos están empezando a creer que el universo mismo es una especie de holograma gigante, una ilusión espléndidamente detallada que no es ni más ni menos real que la imagen de la princesa Leia que impulsa a Luke a iniciar su búsqueda.

Por decirlo de otra manera: hay indicios que sugieren que nuestro mundo y todo lo que contiene, desde los copos de nieve hasta los arces y desde las estrellas fugaces hasta los electrones en órbita, también son únicamente imágenes fantasmales, proyecciones de un nivel de realidad tan alejado del nuestro que está literalmente más allá del espacio y del tiempo.

Los artífices principales de esta asombrosa idea son dos de los pensadores más eminentes del mundo: David Bohm, físico de la Universidad de Londres, protegido de Einstein y uno de los físicos teóricos más respetados, y Karl Pribram, neurofisiólogo de la Universidad de Stanford, autor del texto clásico de neurofisiología *Languages of the Brain (Lenguajes del cerebro)*. Lo intrigante es que Bohm y Pribram llegaron a sus conclusiones respectivas de manera independiente, mientras trabajaban desde dos direcciones muy diferentes. Bohm solo se convenció de la naturaleza holográfica del universo tras años de insatisfacción con la incapacidad de las teorías clásicas para explicar los fenómenos que encontraba en la física cuántica. Pribram se convenció por el fracaso de las teorías clásicas del cerebro para explicar varios enigmas neurofisiológicos.

Sin embargo, una vez desarrolladas sus respectivas teorías, Bohm y Pribram advirtieron de inmediato que el modelo holográfico explicaba también otros muchos misterios. Entre ellos figuraban la aparente incapacidad de cualquier teoría, por exhaustiva que sea, para explicar todos los fenómenos de la naturaleza; la habilidad de quienes solo oyen por un oído para determinar la dirección de la que proviene el sonido, o nuestra facultad para reconocer el rostro de alguien a quien no hemos visto en muchos años, aunque haya cambiado considerablemente desde entonces.

Pero lo más asombroso del modelo holográfico era que súbitamente hacía que cobrara sentido una amplia gama de fenómenos tan difíciles de entender que habían sido relegados, por lo general, fuera del ámbito de la interpretación científica. Entre ellos se encuentran la telepatía, la precognición, el sentimiento místico de unidad con el universo e incluso la psicoquinesia (la capacidad de la mente para mover objetos físicos sin que nadie los toque).

En efecto, el grupo de científicos, cada vez más numeroso, que llegó a abrazar el modelo holográfico enseguida advirtió que contribuía a explicar prácticamente todas las experiencias paranormales y místicas. En la última media docena de años ha seguido inspirando a muchos investigadores y ha arrojado luz sobre un conjunto creciente de fenómenos anteriormente inexplicables. Por ejemplo:

- En 1980, un psicólogo de la Universidad de Connecticut, el doctor Kenneth Ring, planteó que el modelo holográfico podía explicar las experiencias cercanas a la muerte. El doctor Ring, presidente de la International Association for Near-Death Studies, cree que tales experiencias, así como la muerte misma, no son más que el tránsito de la consciencia de la persona de un nivel del holograma de la realidad a otro.
- En 1985, el doctor Stanislav Grof, director de investigación psiquiátrica en el Maryland Psychiatric Research Center y profesor colaborador de Psiquiatría en la Facultad de Medicina de la Universidad Johns Hopkins, publicó un libro en el que concluía que los modelos existentes de neurofisiología cerebral resultaban inadecuados y que solo el modelo holográfico lograba explicar las experiencias arquetípicas, los encuentros con el inconsciente colectivo y otros fenómenos inusuales propios de los estados alterados de consciencia.
- En la reunión anual de 1987 de la Asociación para el Estudio de los Sueños, celebrada en Washington D. C., el físico Fred Alan Wolf ofreció una charla en la que aseguraba que el modelo holográfico explica los sueños lúcidos (sueños inusualmente vívidos en los que la persona es consciente de estar soñando). Wolf cree que esos sueños son en realidad visitas a realidades paralelas y que el modelo holográfico permitirá desarrollar, finalmente, una «física de la consciencia» que nos permitirá empezar a explorar en profundidad los niveles de existencia de esas otras dimensiones.

- En su libro titulado *Sincronicidad: puente entre mente y materia* (1987), el doctor F. David Peat, físico de la Universidad Queen's de Canadá, afirmaba que la sincronicidad (coincidencia tan inusual y tan significativa psicológicamente hablando que no parece ser solo fruto del azar) se podía explicar con el modelo holográfico. En su opinión, coincidencias como estas son realmente «fallos en el tejido de la realidad» y revelan que los procesos del pensamiento están conectados con el mundo físico mucho más íntimamente de lo que se ha sospechado hasta ahora.

Estos apuntes son solo una muestra de las sugerentes ideas que analizaremos en el presente libro; todas ellas invitan a la reflexión. Muchas son extraordinariamente polémicas. En efecto, el modelo holográfico en sí es un tema muy debatido y la mayoría de los científicos no lo acepta bajo ningún concepto. Sin embargo, como veremos, cuenta con el respaldo de numerosos pensadores importantes y admirables que creen que puede ser la imagen más precisa de la realidad que tenemos hasta la fecha.

El modelo holográfico también ha recibido un sólido respaldo experimental. En el campo de la neurofisiología, numerosos estudios han corroborado varias predicciones de Pribram sobre la naturaleza holográfica de la memoria y la percepción. De manera similar, un célebre experimento realizado en 1982 por un equipo de investigación dirigido por el físico Alain Aspect en el Institute of Theoretical and Applied Optics de París demostró que la red de partículas subatómicas que compone el universo físico —el verdadero tejido de la realidad misma— posee lo que parece ser una innegable propiedad holográfica. En este libro también analizaremos sus conclusiones.

Además de las pruebas experimentales, varios factores confieren autoridad a la hipótesis holográfica. Quizá los más importantes sean el carácter y los logros de los dos hombres que dieron origen a la idea. Al comienzo de sus carreras, antes de que el modelo holográfico fuera siquiera un destello en sus pensamientos, ambos acumularon logros tan destacados que la mayoría de los investigadores hubieran dormitado en los laureles durante el resto de sus vidas académicas. En la década de los cuarenta, Pribram realizó un trabajo pionero sobre el sistema límbico, una zona del cerebro vinculada con las emociones y la conducta. Por su parte, la obra de Bohm de la década de los cincuenta sobre la física de los plasmas también se considera un hito.

Pero más significativo todavía es que ambos se hayan distinguido también por otra cualidad. Se trata de algo que rara vez pueden reclamar para sí los hombres y mujeres más brillantes, porque no se mide meramente por la inteligencia, ni siquiera por el talento. Se mide por el coraje, por la tremenda resolución que supone mantener las propias convicciones, incluso frente a una oposición sobrecogedora. Cuando era estudiante, Bohm trabajó con Robert Oppenheimer para obtener el doctorado. Después, en 1951, cuando Oppenheimer cayó bajo la peligrosa mirada escrutadora del Comité de Actividades Antiamericanas del senador Joseph McCarthy, llamaron a Bohm para que testificara en su contra y él se negó. En consecuencia, perdió su trabajo en Princeton y nunca volvió a dar clase en Estados Unidos; se trasladó primero a Brasil y después a Londres.

Al comienzo de su carrera, Pribram se enfrentó a una prueba de temple parecida. En 1935, un neurólogo portugués llamado Egas Moniz ideó lo que creía un tratamiento infalible para las enfermedades mentales. Descubrió que, al perforar el cráneo de un paciente con un instrumento quirúrgico y separar la corteza prefrontal del resto del cerebro, lograba transformar a los pacientes más problemáticos en individuos dóciles. Bautizó el procedimiento como *lobotomía prefrontal*, técnica que, en la década de los cuarenta, alcanzó tanta popularidad que le valió a Moniz el Premio Nobel. En los años cincuenta, el procedimiento conservaba su popularidad y, al igual que las escuchas de McCarthy, se convirtió en una herramienta para acabar con las personas indeseables culturalmente hablando. Su utilización con esa finalidad estaba tan aceptada que el cirujano Walter Freeman, defensor acérrimo del procedimiento en Estados Unidos, escribió sin avergonzarse que las lobotomías «hacían buenos ciudadanos americanos» de los inadaptados sociales, es decir, de los «esquizofrénicos, homosexuales y radicales».

Fue entonces cuando apareció en escena Pribram. A diferencia de muchos de sus colegas, él creía que no estaba bien manipular el cerebro de otra persona tan temerariamente. Sus convicciones eran tan profundas que, mientras trabajaba como un joven neurocirujano en Jacksonville (Florida), se opuso a los criterios médicos aceptados de la época y se negó a permitir que se realizaran lobotomías en la sala que estaba bajo su supervisión. Posteriormente, mantuvo en Yale esa misma postura controvertida, y sus opiniones, radicales en aquel entonces, estuvieron a punto de hacerle perder el trabajo.

El compromiso de Bohm y Pribram con aquello en lo que creían, sin importarles las consecuencias, resulta evidente también en lo que se refiere al modelo holográfico. Como veremos, exponer su nada desdeñable reputación apoyando una idea tan polémica no era el camino más fácil que cualquiera de ellos podía haber tomado. Tanto el valor como la visión que ambos demostraron en el pasado confieren relevancia a la idea holográfica.

Por último, otro indicio favorable al modelo holográfico es lo paranormal mismo. No se trata de un asunto menor, porque en las últimas décadas se ha acumulado un extraordinario conjunto de pruebas que sugiere que nuestra interpretación actual de la realidad —la imagen sólida y confortable del mundo de palos y piedras que aprendimos todos en las clases de Ciencias del instituto— está equivocada. Como ninguno de los modelos científicos clásicos puede explicar los descubrimientos paranormales, la ciencia en general los descarta. No obstante, el volumen de indicios acumulados ha llegado a un punto en que la situación resulta insostenible.

Por poner un solo ejemplo, en 1987, el físico Robert G. Jahn y la psicóloga clínica Brenda J. Dunne, ambos de la Universidad de Princeton, anunciaron que, tras una década de experimentación rigurosa en el Princeton Engineering Anomalies Research Laboratory, habían acumulado datos inequívocos de que la mente puede interaccionar físicamente con la realidad física. Más en concreto, Jahn y Dunne constataron que los seres humanos son capaces de influir en el funcionamiento de determinadas máquinas simplemente con la concentración mental. Se trataba de un descubrimiento asombroso que no tenía explicación según la imagen habitual de la realidad.

El modelo holográfico, en cambio, sí ofrece una explicación. Y a la inversa, los acontecimientos paranormales, como no se pueden explicar según nuestra interpretación científica actual, reclaman a gritos una forma nueva de contemplar el universo, un paradigma científico distinto. Este libro, además de mostrar cómo el modelo holográfico puede explicar lo paranormal, examinará también cómo los indicios cada vez más numerosos en favor de lo paranormal parecen requerir a su vez la existencia de dicho modelo.

El hecho de que nuestra visión científica actual no pueda explicar lo paranormal es solo una de las razones que justifican que siga siendo un tema tan controvertido. Otra de esas razones es que muchas veces es muy difícil captar con precisión el funcionamiento psíquico en el laboratorio, lo cual ha llevado a muchos científicos a concluir que, por lo tanto, no existe. En el presente libro también se analiza esa aparente dificultad.

Una razón todavía más importante es que la ciencia, contrariamente a lo que muchos de nosotros hemos llegado a creer, no está libre de prejuicios. Lo aprendí por primera vez hace unos cuantos años, cuando le pregunté a un conocido físico su opinión sobre un experimento parapsicológico en concreto. El físico, que tenía fama de escéptico respecto a los fenómenos paranormales, me miró y afirmó con gran autoridad que los resultados no revelaban «pruebas de funcionamiento psíquico alguno, sea cual fuere». Yo no había visto aún los resultados, pero, como respetaba tanto la inteligencia del físico como su reputación, acepté su juicio sin cuestionarlo. Más tarde, cuando examiné los resultados por mí mismo, me quedé pasmado al descubrir que el experimento había arrojado indicios muy sorprendentes de capacidad psíquica. Me di cuenta entonces de que hasta los científicos más prestigiosos pueden tener actitudes parciales y puntos débiles.

Desgraciadamente, se trata de una situación habitual en la investigación de lo paranormal. En un artículo reciente publicado en *American Psychologist*, el psicólogo de Yale Irving L. Child examinaba el tratamiento que la comunidad científica oficial había dado a una serie muy conocida de experimentos de percepción extrasensorial (PES) relacionados con el sueño, llevados a cabo en el Centro Médico Maimónides de Brooklyn, Nueva York. A pesar de que los experimentos habían revelado datos espectaculares en apoyo de la PES, Child constató que la comunidad científica había ignorado el trabajo casi por completo. Aún más penoso resultó el descubrimiento de que el puñado de publicaciones científicas que se habían tomado la molestia de comentar los experimentos había «tergiversado» la investigación tan gravemente que su importancia quedó completamente oscurecida[1].

¿Cómo es posible? Una razón es que la ciencia no es siempre tan objetiva como nos gustaría creer. Contemplamos a los científicos con un cierto temor reverencial y, cuando nos dicen algo, estamos convencidos de que tiene que ser verdad. Olvidamos que son simplemente seres humanos y que están sujetos a los mismos prejuicios religiosos, filosóficos y culturales que el resto de nosotros. Es una pena porque, como pondrá de manifiesto este libro, existen numerosos indicios que revelan que el universo abarca bastante más de lo que permite nuestra cosmovisión actual.

Ahora bien, ¿por qué la ciencia opone tanta resistencia a lo paranormal en particular? Esta cuestión es más compleja. El doctor Bernie S. Siegel, cirujano de Yale y autor del éxito de ventas *Amor, medicina milagrosa*, atribuye la resistencia que encontraron sus opiniones poco ortodoxas sobre la salud a que la gente es adicta a sus creencias. Por eso, según él, reaccionan como adictos cuando alguien intenta cambiarlas. Su observación parece encerrar una gran verdad. Quizá por eso muchas de las revelaciones y avances más importantes de la civilización fueran recibidos, en un principio, con un rechazo apasionado. *Somos* adictos a nuestras creencias y *actuamos* como adictos cuando alguien intenta arrancarnos el poderoso opio de nuestros dogmas. Dado que la ciencia occidental ha dedicado varios siglos a rechazar lo paranormal, no va a renunciar a su adicción fácilmente.

Soy un hombre afortunado. Siempre he sabido que en el mundo existe algo más que lo que se acepta generalmente. Crecí en una familia de psíquicos y, desde una edad temprana, experimenté de primera mano muchos de los fenómenos de los que se habla en este libro. Ocasionalmente, relataré algunas experiencias propias cuando resulte pertinente. Aunque solo pueden contemplarse como pruebas anecdóticas, me han proporcionado una evidencia totalmente convincente de que vivimos en un universo que apenas empezamos a comprender; las incluyo, no obstante, por la información que ofrecen.

Finalmente, teniendo en cuenta que el concepto holográfico sigue siendo una idea en ciernes y un mosaico de opiniones e interpretaciones distintas, algunos han sostenido que no debería ser llamado modelo o teoría hasta que estos divergentes puntos de vista se integren en un todo unificado. Por ello, algunos investigadores se refieren a estas ideas como el *paradigma holográfico*. Otros prefieren llamarlo analogía holográfica, metáfora holográfica, etc. En este libro he empleado todas estas expresiones, en aras de la diversidad, además de *modelo holográfico* y *teoría holográfica*; no pretendo con eso, sin embargo, dar a entender que la idea holográfica haya adquirido la categoría de modelo o teoría, en el sentido estricto del término.

En esta misma línea, es importante observar que Bohm y Pribram, si bien son los creadores de la idea holográfica, no abrazan todas las opiniones y conclusiones presentadas en el presente libro. Más bien se trata de una obra que no se centra solo en las teorías de Bohm y Pribram, sino también en las ideas y conclusiones de numerosos investigadores que han sido influidos por el modelo holográfico y que lo han interpretado a su manera, en ocasiones controvertida.

A lo largo del libro abordo asimismo varias ideas de física cuántica, la rama de la física que estudia las partículas subatómicas (electrones, protones, etc.). Como he escrito sobre este tema anteriormente, soy consciente de que a muchas personas les intimida la expresión «física cuántica» y temen no ser capaces de entender los conceptos. Mi experiencia me dice que incluso quienes no saben nada de matemáticas pueden entender el tipo de ideas físicas que se incluyen en este libro. Ni siquiera se requieren conocimientos previos de ciencias. Lo único que se necesita es una mente abierta. Si ojeas una página y ves un término científico que no conoces, no te alarmes. He tratado de reducir esa clase de términos al mínimo, y cuando ha sido necesario emplear alguno, siempre lo explico antes de continuar con el texto.

Así que no te asustes. Una vez que hayas superado el «miedo al agua», creo que te descubrirás nadando entre las ideas extrañas y fascinantes de la física cuántica con mucha más facilidad de lo que piensas. Estoy seguro de que comprobarás que reflexionar sobre algunas puede incluso transformar tu visión del mundo. De hecho, confío en que las ideas expuestas en los siguientes capítulos lo hagan. Con ese deseo humilde presento este libro.

PRIMERA PARTE

UNA VISIÓN NUEVA Y EXTRAORDINARIA DE LA REALIDAD

«Ante un hecho real, siéntate como un niño pequeño y disponte a abandonar toda idea preconcebida, sigue humildemente a la naturaleza dondequiera que te lleve, aun al abismo, sea el que sea, o no aprenderás cosa alguna».

T. H. HUXLEY

CAPÍTULO 1

El cerebro como holograma

«No se trata de que el mundo de las apariencias esté equivocado; no se trata de que no haya objetos ahí fuera, en un nivel de la realidad. Se trata de que, si penetras a través del universo y lo contemplas desde una perspectiva hológráfica, llegas a un punto de vista diferente, a una realidad diferente. Y esa otra realidad puede explicar cosas que hasta ahora eran inexplicables científicamente: los fenómenos paranormales, la sincronicidad o coincidencia de acontecimientos aparentemente significativa».

KARL PRIBRAM, en una entrevista
para *Psychology Today*

EL ENIGMA QUE ENCAMINÓ a Pribram hacia la formulación de su modelo holográfico fue la cuestión de cómo y dónde se almacenan los recuerdos. A comienzos de la década de los cuarenta, cuando se interesó por ese misterio por primera vez, se creía en general que los recuerdos estaban localizados en el cerebro. Se suponía que cada recuerdo (como el de la última vez que viste a tu abuela o el de la fragancia de una gardenia que oliste a los dieciséis años) tenía una posición específica en algún lugar de las células cerebrales. Esos rastros de los recuerdos se llamaban *engramas* y, aunque nadie sabía de qué estaban hechos —si de neuronas o quizá de algún tipo de molécula—, la mayoría de los científicos confiaba en que solo sería cuestión de tiempo averiguarlo.

Había motivos que justificaban esa confianza. Las investigaciones dirigidas por el neurocirujano Wilder Penfield a principios de los años veinte habían producido indicios convincentes de que los recuerdos concretos ocupaban ubicaciones específicas en el cerebro. Uno de los rasgos más inusuales del cerebro es que no siente dolor directamente. Siempre que el cráneo y el cuero cabelludo estén insensibilizados con anestesia local, se puede operar el cerebro de una persona plenamente consciente sin causarle dolor alguno.

Penfield aprovechó este hecho en una serie de famosos experimentos. Cuando operaba el cerebro de personas epilépticas, aplicaba estímulos eléctricos en distintas zonas del cerebro. Descubrió asombrado que, cuando estimulaba los lóbulos temporales (el área del cerebro que se encuentra detrás de las sienes), sus pacientes, que estaban plenamente conscientes, experimentaban recuerdos vívidos y detallados de episodios pasados de sus vidas. Un hombre revivió de pronto una conversación que había tenido con unos amigos en Sudáfrica; un chico oyó a su madre hablar por teléfono y, tras varios toques del electrodo, fue capaz de repetir la conversación entera; una mujer se vio a sí misma en la cocina y podía oír a su hijo jugando en el exterior. Incluso cuando Penfield intentaba confundir a sus pacientes diciéndoles que estaba estimulando una zona diferente cuando en realidad no lo estaba haciendo, descubrió que, al tocar el mismo punto, siempre evocaba el mismo recuerdo.

En su libro *El misterio de la mente*, publicado en 1975, poco después de su muerte, escribió: «Enseguida fue evidente que no eran sueños. Eran activaciones eléctricas del registro secuencial de la consciencia, un registro que se había ido formando durante la experiencia anterior del paciente. El paciente "revivía" todo aquello de lo que había sido consciente en ese periodo anterior de su vida como una película retrospectiva»[1].

De sus investigaciones, Penfield dedujo que todo lo que hemos experimentado alguna vez queda registrado en el cerebro, desde la cara de cada una de las personas desconocidas que hemos vislumbrado en la multitud hasta las telas de araña que mirábamos fijamente de niños. Pensaba que ese era el motivo de que siguieran surgiendo en su muestreo tantos recuerdos de acontecimientos insignificantes. Si la memoria constituye un registro completo de todas las experiencias diarias, incluso de las más triviales, era razonable suponer que una incursión al azar en una crónica de acontecimientos tan masiva debía producir una gran cantidad de información insignificante.

Pribram no tenía motivos para dudar de la teoría de los engramas de Penfield mientras era un joven neurocirujano residente. Pero luego ocurrió algo que iba a cambiar para siempre su forma de pensar. En 1946 comenzó a trabajar con el gran neurofisiólogo Karl Lashley en el Yerkes Laboratory of Primate Biology, ubicado entonces en Orange Park, Florida. Durante más de treinta años, Lashley había estado inmerso en una búsqueda incesante de los complicados mecanismos causantes de la memoria, y Pribram pudo contemplar de primera mano los frutos de su trabajo. Se quedó perplejo al descubrir no ya que Lashley no había conseguido encontrar pruebas de engramas, sino que además parecía que sus investigaciones ponían en tela de juicio los descubrimientos de Penfield.

Lo que había hecho Lashley era adiestrar a ratas en varias tareas, como recorrer un laberinto, por ejemplo. Después, les extirpaba quirúrgicamente varios trozos del cerebro y volvía a someterlas a prueba. Su propósito era eliminar literalmente la zona del cerebro que contenía el recuerdo de la habilidad para recorrer el laberinto. Descubrió sorprendido que no conseguía erradicarlo, extirpara lo que extirpara. A menudo resultaba perjudicada la capacidad motriz de las ratas, que se movían a trompicones por el laberinto, pero sus recuerdos permanecían

pertinazmente intactos incluso cuando les habían quitado trozos enormes de cerebro.

Para Pribram, aquellos descubrimientos eran increíbles. Si los
recuerdos ocupan posiciones específicas en el cerebro del mismo
modo que los libros ocupan posiciones específicas en los estantes
de una biblioteca, ¿por qué no les afectaban los saqueos quirúr-
gicos de Lashley? Para Pribram, la única respuesta parecía ser
que los recuerdos no estaban ubicados en sitios específicos del
cerebro, sino que estaban dispersos o *distribuidos* de algún modo
por todo el cerebro. El problema era que no conocía mecanismo
o proceso alguno que pudiera explicar ese estado de cosas.

Lashley albergaba todavía más dudas; poco después escribió: «A veces, cuando repaso los datos sobre la localización de
los recuerdos, me parece que la conclusión inevitable es que no
es posible aprender en absoluto, sencillamente. Sin embargo, y
a pesar de esos datos en contra, a veces ocurre»[2]. En 1948 ofrecieron a Pribram un puesto en Yale, pero, antes de marcharse,
ayudó a Lashley a poner en limpio su investigación monumen-
tal de treinta años.

El gran avance

En Yale, Pribram continuó sopesando la idea de que los recuerdos están distribuidos por el cerebro, y cuanto más pensaba
en ello, más se convencía. Después de todo, los pacientes a
quienes se les había extirpado parte del cerebro por razones
médicas nunca sufrían una pérdida de recuerdos específicos. La
eliminación de una gran parte del cerebro podía provocar cierta imprecisión general en la memoria, pero nunca nadie había
salido de una operación con una pérdida selectiva de recuerdos.
De manera similar, las personas que habían padecido lesiones
cerebrales por accidentes de tráfico u otras causas nunca mos-

traban lagunas selectivas en su memoria: no olvidaban a la mitad de su familia ni pasajes concretos de una novela que hubieran leído. Ni siquiera la extirpación de una parte del lóbulo temporal (la zona del cerebro que había desempeñado un papel tan importante en la investigación de Penfield) creaba un vacío en los recuerdos de una persona.

Las ideas de Pribram se consolidaron al comprobar que ni él ni otros lograban duplicar los hallazgos de Penfield estimulando el cerebro de personas no epilépticas. Ni siquiera el propio Penfield conseguía repetir sus resultados en pacientes sin epilepsia.

Pese a que los indicios de que los recuerdos se encontraban distribuidos aumentaban constantemente, Pribram seguía sin saber cómo lograba el cerebro semejante proeza, mágica en apariencia. Entonces, a mediados de la década de los sesenta, leyó un artículo en *Scientific American* sobre la construcción de un holograma y la comprensión lo alcanzó como un relámpago. El concepto de la holografía no solo le pareció deslumbrante, sino que además ofrecía la solución al misterio con el que había estado luchando.

Para comprender el entusiasmo de Pribram hay que entender un poco más acerca de los hologramas. Una de las cosas que hace posible la holografía es un fenómeno llamado *interferencia*. La interferencia es el patrón de entrecruzamiento que se produce cuando dos o más ondas se cruzan entre sí, como ocurre con las ondas de agua. Por ejemplo, si se lanza una piedrecita a un estanque, se producen una serie de ondas concéntricas que se extienden hacia el exterior. Si se tiran dos piedras, se obtienen dos conjuntos de ondas que se extienden y se entrecruzan. La compleja organización de crestas y senos que resulta de estos encuentros se conoce como *patrón de interferencia*.

Cualquier fenómeno de ondas similar puede crear un patrón de interferencia, como las ondas lumínicas y las ondas de radio. La luz láser es especialmente idónea para crear patrones de interferencia, pues es una forma de luz extraordinariamente pura y coherente. Proporciona en esencia la piedra perfecta y el estanque perfecto. Por consiguiente, los hologramas, tal y como los conocemos hoy, no fueron posibles hasta que se inventó el láser.

Un holograma se produce cuando un rayo láser se divide en dos rayos distintos. El primero de ellos se hace rebotar contra el objeto que va a ser fotografiado. Luego, se permite que el segundo rayo choque con la luz reflejada del primero. Cuando ocurre la colisión, se crea un patrón de interferencia que se graba después en una placa (véase la figura 1).

A simple vista, la imagen de la película no se parece en absoluto al objeto fotografiado. De hecho, guarda un cierto pare-

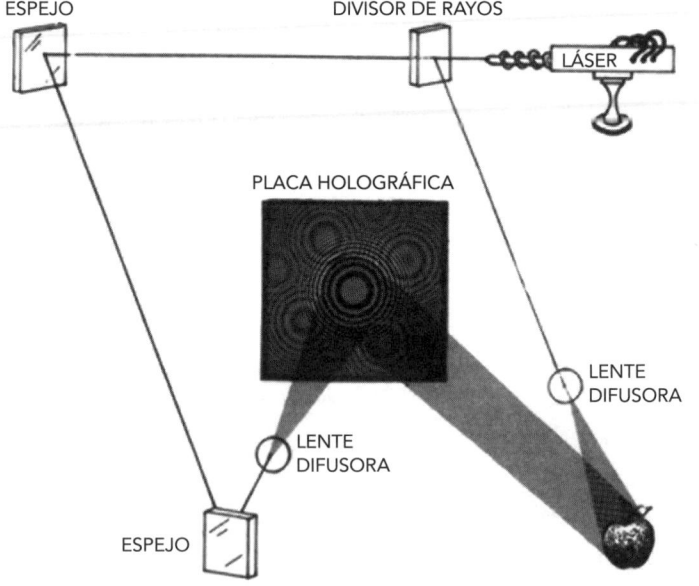

FIGURA 1. Un holograma se produce cuando un rayo láser se divide en dos rayos distintos. El primero se hace rebotar contra el objeto que va a ser fotografiado, en este caso, una manzana. Luego se permite que el segundo rayo choque con la luz reflejada del primero, y el patrón de interferencia resultante se graba en una placa.

cido con los anillos concéntricos que se forman cuando se lanza un puñado de piedrecitas a un estanque (véase la figura 2). Pero, en cuanto se proyecta otro rayo láser a través de la película (o, en algunos casos, simplemente una fuente de luz brillante), reaparece una imagen tridimensional del objeto original.

La tridimensionalidad de esas imágenes es a menudo misteriosamente convincente. De hecho, podemos caminar alrededor de una proyección holográfica y verla desde diferentes ángulos, como haríamos con un objeto real. No obstante, cuando

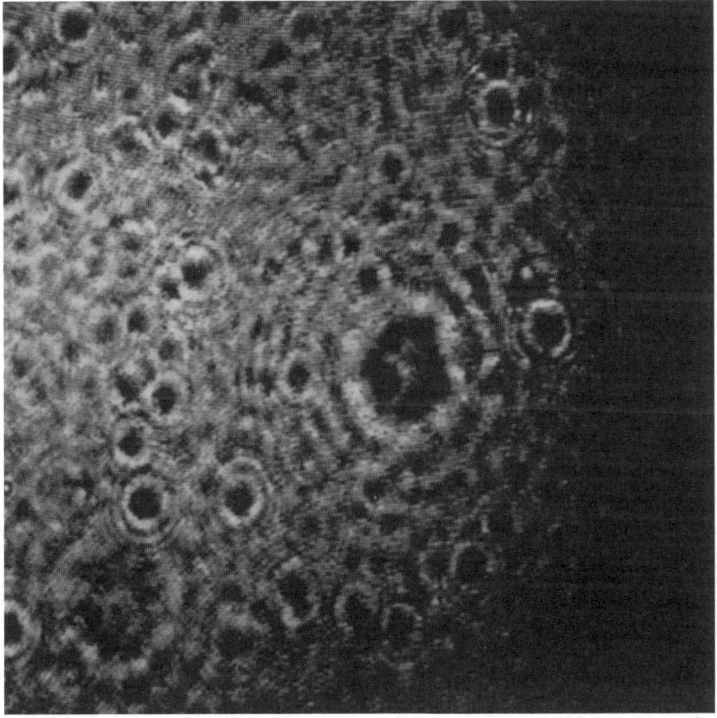

FIGURA 2. Una película holográfica que contiene una imagen codificada. A simple vista, la imagen de la película no se parece en absoluto al objeto fotografiado y está compuesta por ondas que se conocen como *patrones de interferencia*. No obstante, cuando la película se ilumina con otro rayo láser, reaparece una imagen tridimensional del objeto original.

alargamos la mano e intentamos tocarla, descubrimos que la atravesamos sin encontrar resistencia alguna, pues no hay nada en realidad (véase la figura 3).

La tridimensionalidad no es el único aspecto extraordinario del holograma. Si cortamos por la mitad un trozo de película holográfica que contiene la imagen de una manzana y la iluminamos con láser, descubriremos que ¡cada mitad contiene la imagen entera de la manzana! Y si dividimos ambas mitades una vez más y otra y otra, sigue siendo posible reconstruir la manzana entera en cada trocito de película (aunque las imágenes se vuelven más borrosas a medida que los trozos van siendo más pequeños). A diferencia de lo que ocurre con las fotogra-

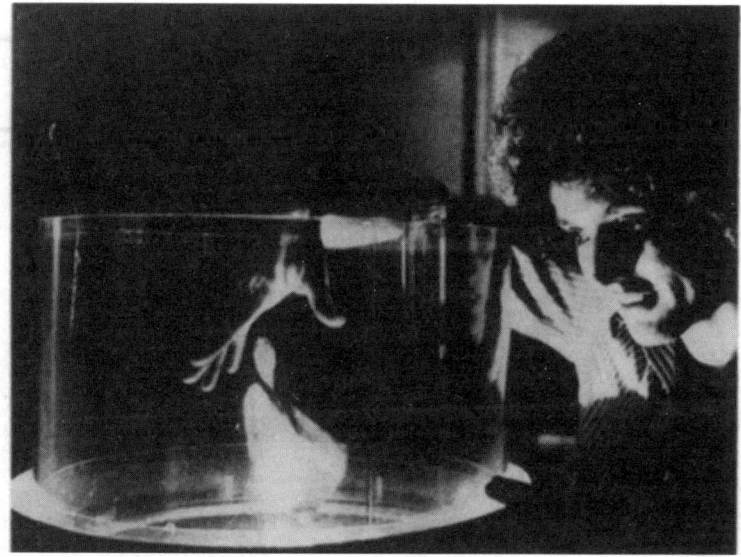

FIGURA 3. La tridimensionalidad de un holograma es a menudo tan enigmáticamente convincente que podemos caminar alrededor de él y verlo desde diferentes ángulos. No obstante, cuando intentamos tocarlo, descubrimos que nuestra mano atraviesa la imagen. (*Celeste Undressed*. Estereograma holográfico de Peter Claudius, 1978. Fotografía de Brad Cantos, colección del Museum of Holography. Usada con permiso).

fías normales, cada pequeño fragmento de película holográfica contiene toda la información grabada* (véase la figura 4).

Esa fue precisamente la característica que entusiasmó a Pribram, porque por fin ofrecía una vía para entender cómo estaban distribuidos los recuerdos en el cerebro, en lugar de ocupar una posición concreta en el mismo. Si cada parte de la placa holográfica podía contener toda la información necesaria para crear la imagen completa, entonces debería ser igualmente posible que cada parte del cerebro contuviera toda la información necesaria para evocar un recuerdo completo.

La visión también es holográfica

El procesamiento holográfico del cerebro no se limita a los recuerdos. Otra de las cosas que había descubierto Lashley era que también los centros visuales del cerebro resistían sorprendentemente la escisión quirúrgica. Tras eliminar hasta el 90 por ciento de la corteza visual de una rata (la parte del cerebro que recibe e interpreta lo que el ojo ve), descubrió que el animal todavía podía realizar tareas que requerían una compleja destreza visual. Asimismo, la investigación dirigida por Pribram reveló que se puede cortar hasta el 98 por ciento de los nervios ópticos de un gato sin que su capacidad para llevar a cabo tareas visuales complejas resultara seriamente afectada[3].

Tal situación equivalía a creer que los espectadores de un cine podrían seguir disfrutando de la película aun cuando falta-

---

* Debería tenerse en cuenta que esa asombrosa propiedad solo se da en las placas holográficas cuyas imágenes son invisibles a simple vista. Si compras en una tienda una película holográfica (o un objeto que contiene una película holográfica) en la que puedes ver una imagen tridimensional sin iluminación especial de ninguna clase, no la cortes por la mitad: acabarías teniendo únicamente trozos de la imagen original.

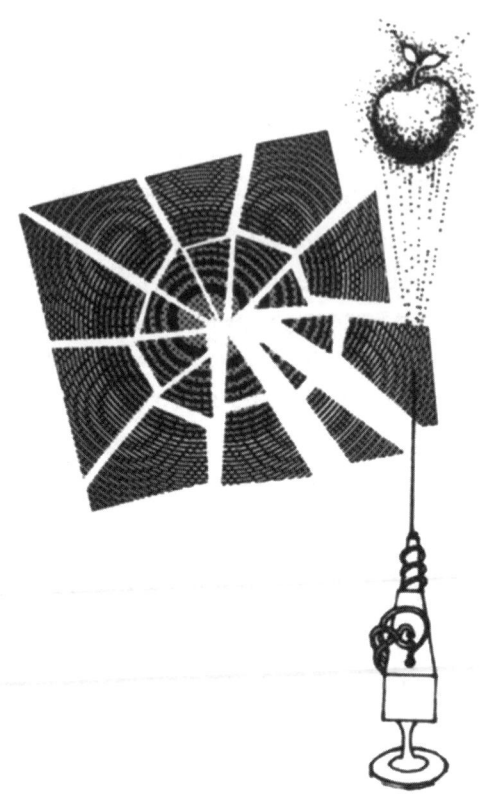

FIGURA 4. A diferencia de lo que ocurre con las fotografías normales, cada parte de una película holográfica contiene toda la información de la imagen completa. Así pues, si se rompe en pedazos una placa holográfica, se puede utilizar cada trozo para reconstruir la imagen.

ra el 90 por ciento de la misma; una vez más, sus experimentos contradecían seriamente el entendimiento convencional del funcionamiento de la visión. De acuerdo con la teoría dominante entonces, existía una correspondencia biunívoca entre la imagen que el ojo ve y la forma en que esa imagen se representa en el cerebro. En otras palabras: se creía que, cuando vemos un cuadrado, la actividad eléctrica de la corteza visual también adopta la forma de un cuadrado (véase la figura 5).

Aunque parecía que descubrimientos como los de Lashley habían asestado un golpe mortal a esa idea, Pribram no estaba satisfecho. Mientras estuvo en Yale, ideó una serie de experimentos para resolver la cuestión y dedicó los siete años siguientes a medir cuidadosamente la actividad eléctrica del cerebro de monos mientras realizaba a cabo diversos ejercicios visuales. Descubrió que no solo no existía esa correspondencia biunívoca, sino que ni siquiera había un patrón reconocible en la secuencia en la que se activaban los electrodos. Sobre sus hallazgos escribió: «Estos resultados experimentales son incompatibles con la idea de que sobre la superficie cortical se proyecta una imagen semejante a una fotografía»[4].

Por otra parte, la resistencia que mostraba la corteza visual frente a la escisión quirúrgica indicaba que la visión también estaba distribuida por el cerebro, al igual que la memoria; cuando Pribram supo de la existencia de la holografía empezó a preguntarse si la visión no sería asimismo holográfica. Lo cierto era que la propiedad del holograma de que «el todo está en cada una de

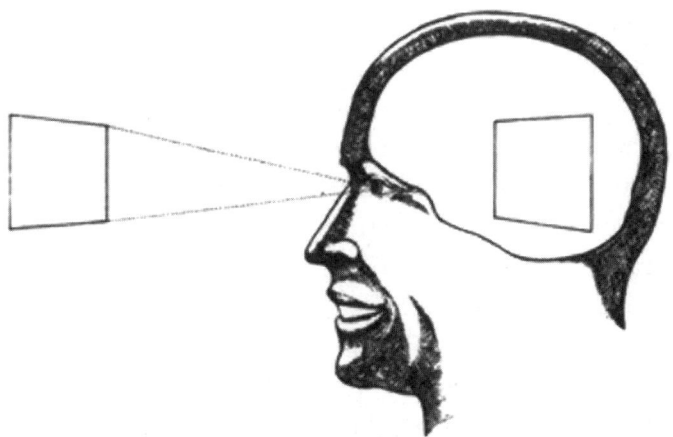

FIGURA 5. Antes, los teóricos de la visión creían que había una correspondencia biunívoca entre la imagen que el ojo ve y la forma en que esa imagen se representa en el cerebro. Pribram descubrió que no era verdad.

las partes» parecía explicar por qué se podía eliminar una parte muy grande de la corteza visual sin afectar a la capacidad de llevar a cabo tareas visuales. Si el cerebro procesaba imágenes mediante una especie de holograma interno, un fragmento muy pequeño del mismo bastaría para reconstruir la totalidad de lo que veían los ojos. Esto explicaba asimismo la falta de correspondencia biunívoca entre el mundo exterior y la actividad eléctrica cerebral. Además, si el cerebro utilizaba principios holográficos para procesar la información visual, no existía una correspondencia biunívoca entre la actividad eléctrica y las imágenes vistas, como tampoco la había entre el remolino carente de significado que forman los patrones de interferencia sobre una placa holográfica y la imagen codificada en la misma.

Lo único que quedaba por determinar era qué tipo de fenómeno ondulatorio podría estar utilizando el cerebro para crear esos hologramas internos. Tan pronto como Pribram se planteó la cuestión, se le ocurrió una posible respuesta. Ya se sabía que las comunicaciones eléctricas que tienen lugar entre las células nerviosas del cerebro, o neuronas, no son eventos aislados. Las neuronas son como pequeños árboles ramificados; cuando un mensaje eléctrico llega al final de una de esas ramas, se irradia hacia el exterior como lo hacen las ondas en un estanque. La concentración de neuronas es tan densa que las ondas eléctricas, que son también un fenómeno ondulatorio por su propia naturaleza, se entrecruzan constantemente unas con otras al expandirse. Cuando Pribram reparó en esto, comprendió que, con toda probabilidad, las ondas eléctricas creaban una colección caleidoscópica y casi infinita de patrones de interferencia y que estos patrones, a su vez, podrían ser precisamente lo que confería al cerebro sus propiedades holográficas. «El holograma había estado allí todo el tiempo, en el carácter de frente de onda de la conexión de las células del cerebro —observó Pribram—, solo que no habíamos tenido el ingenio suficiente para darnos cuenta»[5].

Otros enigmas resueltos
por el modelo holográfico del cerebro

Pribram publicó su primer artículo sobre la posible naturaleza holográfica del cerebro en 1966 y continuó desarrollando y puliendo sus ideas durante varios años. Mientras lo hacía, y a medida que otros investigadores conocían sus teorías, algunos cayeron en la cuenta enseguida de que el carácter distribuido de la memoria y de la visión no era el único misterio neurofisiológico que podía explicar el modelo holográfico.

La inmensidad de la memoria

La holografía explica también cómo puede el cerebro almacenar tantos recuerdos en un espacio tan pequeño. John von Neumann, un brillante físico y matemático húngaro, calculó una vez que, en el curso de una vida humana media, el cerebro almacena del orden de $2,8 \times 10^{20}$ (280 000 000 000 000 000 000) bits de información. Es una cantidad asombrosa de información; las personas que investigan el cerebro han dedicado mucho tiempo y esfuerzo a encontrar el mecanismo que explique esa capacidad tan inmensa.

Lo interesante es que los hologramas poseen también una capacidad increíble para almacenar información. Se pueden grabar muchas imágenes diferentes sobre la misma superficie cambiando el ángulo desde el cual los dos rayos láser impresionan la película holográfica. Una imagen grabada de esa forma se puede recuperar simplemente iluminando la película con un rayo láser que tenga el mismo ángulo que los dos rayos originales. Se ha calculado que, con ese método, ¡en 2,54 cm^2 de película se puede almacenar la misma cantidad de información que en cincuenta Biblias![6].

La capacidad de recordar y de olvidar

Las películas holográficas que contienen múltiples imágenes, como las descritas anteriormente, proporcionan también un modelo para entender nuestra capacidad de recordar y de olvidar. Cuando se sostiene una de esas películas en medio de un rayo láser y se va inclinando hacia delante y hacia atrás, las diversas imágenes que contiene aparecen y desaparecen en una sucesión oscilante. Se ha sugerido que nuestra capacidad de recordar funciona de manera similar: sería como dirigir un rayo láser sobre una película como esa y hacer aparecer una imagen específica. Por el contrario, la incapacidad de recordar algo equivale tal vez a dirigir varios rayos sobre una película con múltiples imágenes sin conseguir dar con el ángulo correcto para evocar la imagen/recuerdo que estamos buscando.

La memoria asociativa

En el libro de Proust *En busca del tiempo perdido*, un sorbo de té y un mordisco a un pequeño bizcocho en forma de vieira, conocido como *petite madeleine*, hacen que el narrador se vea de pronto inundado de recuerdos del pasado. Al principio se queda perplejo, pero luego, tras un gran esfuerzo, recuerda poco a poco que, cuando era pequeño, su tía solía darle té con magdalenas; fue esa asociación lo que le refrescó la memoria. Todos hemos tenido una experiencia similar: el aroma de una comida particular que se está preparando o el encuentro con un objeto olvidado mucho tiempo atrás que nos evoca súbitamente una escena del pasado.

La idea holográfica ofrece otra analogía con la tendencia asociativa de la memoria. Resulta ilustrativa al respecto una técnica de grabación holográfica diferente. En primer lugar, se hace rebotar la luz de un solo rayo láser sobre dos objetos simultáneamente, digamos una butaca y una pipa de fumar. La luz reflejada por ambos objetos se hace converger y entonces se recoge el patrón de interferencia resultante en la placa. Una vez hecho esto, cada vez que se ilumine la butaca con láser y se proyecte la luz reflejada a través de la película, aparecerá una imagen tridimensional de la pipa. Inversamente, cuando se repite el proceso con la pipa, aparece un holograma de la butaca. Del mismo modo, si el cerebro funciona de manera holográfica, un proceso similar podría explicar por qué ciertos objetos nos evocan recuerdos específicos del pasado.

La capacidad de reconocer cosas que nos resultan familiares

A primera vista, quizá no nos parezca muy extraordinaria la capacidad de reconocer cosas que nos resultan familiares; no obstante, hace mucho tiempo que los científicos que investigan el cerebro se percataron de que es una habilidad bastante compleja. Por ejemplo, la certeza absoluta que sentimos cuando identificamos una cara familiar en medio de una multitud de varios centenares de personas no es solamente una emoción subjetiva; al parecer está causada por un tipo de procesamiento de información extraordinariamente rápido y fiable que tiene lugar en el cerebro.

En un artículo de 1970 publicado en la revista científica británica *Nature*, el físico Pieter van Heerden* proponía un tipo de holografía conocido como «holografía de reconocimiento» como medio para entender esa capacidad. El proceso funciona del siguiente modo: se graba una imagen holográfica de un objeto de la manera habitual, salvo por el hecho de que el rayo láser rebo-

---

* Van Heerden, investigador de los Laboratorios de Investigación Polaroid de Cambridge, Massachusetts, en realidad planteó su propia versión del modelo holográfico de la memoria en 1963, pero su trabajo pasó relativamente desapercibido.

ta sobre un tipo especial de espejo (llamado *espejo de enfoque*) antes de impresionar la película no expuesta a la luz. Posteriormente, si se ilumina un segundo objeto —similar al primero pero no idéntico— con luz de láser y se hace que esa luz se refleje en el espejo y sobre la película ya revelada, aparecerá un punto brillante de luz sobre la película. Cuanto más brillante y preciso sea ese punto de luz, mayor será el grado de similitud entre ambos objetos. Si los dos objetos son completamente distintos, no aparecerá punto de luz alguno. Al colocar una célula fotoeléctrica detrás de la película holográfica, todo el equipo funciona como un sistema mecánico de reconocimiento[7].

Una técnica similar, conocida como «holografía de interferencia», permite explicar también cómo podemos reconocer tanto los rasgos familiares como los no familiares de una imagen, como, por ejemplo, la cara de alguien a quien no vemos desde hace muchos años. El procedimiento consiste en observar un objeto a través de una película holográfica que contiene su imagen. Al hacerlo, cualquier rasgo del objeto que haya cambiado desde que se grabó la imagen original reflejará la luz de manera diferente.

Al mirar a través de la película, se percibe al instante lo que ha cambiado en el objeto y lo que permanece igual. La técnica es tan sensible que se detecta inmediatamente hasta la presión de un dedo sobre un bloque de granito; se ha descubierto que el proceso tiene aplicaciones prácticas en la industria de ensayo de materiales[8].

La memoria fotográfica

En 1972, Daniel Pollen y Michael Tractenberg, científicos de la Universidad de Harvard que investigaban la visión, sugirieron que la teoría del cerebro holográfico podía explicar por qué algunas personas poseen memoria fotográfica (conocida también como «memoria eidética»). Las personas con memoria fotográfica dedican un momento a visualizar la escena que desean memorizar. Cuando quieren recuperar la escena de nuevo, *proyectan* una imagen mental de la misma, bien con los ojos cerrados, bien mirando una pared lisa o una pantalla en blanco. Al estudiar a una de esas personas, una profesora de Arte de Harvard llamada Elizabeth, Pollen y Tractenberg descubrieron que las imágenes mentales que proyectaba eran tan reales para ella que, cuando leyó en la imagen mental una página del *Fausto* de Goethe, sus ojos se movían como si estuviera leyendo una página real.

Al notar que la imagen almacenada en un fragmento de película holográfica se vuelve más borrosa a medida que dicho fragmento se hace más pequeño, Pollen y Tractenberg sugieren que quizá esos individuos tienen recuerdos más vívidos porque, de alguna manera, acceden a zonas muy grandes del holograma de la memoria. Y a la inversa: tal vez la mayoría de nosotros experimenta recuerdos mucho menos vívidos porque el acceso que tenemos está limitado a zonas más pequeñas del holograma de la memoria[9].

Transferencia de habilidades aprendidas

Pribram cree que el modelo holográfico también arroja luz sobre la capacidad de transferir habilidades aprendidas desde una parte de nuestro cuerpo a otra. Mientras lees este libro, tómate un momento para escribir tu nombre en el aire con el codo izquierdo. Quizá descubras que es relativamente fácil y, sin embargo, es muy probable que nunca lo hayas hecho. A pesar de que no te parezca una habilidad sorprendente, resulta un tanto enigmática, ya que, según la visión clásica, varias zonas del cerebro (como la que controla los movimientos del codo) están determinadas genéticamente y solo son capaces de realizar tareas tras un aprendizaje repetitivo que establece las conexiones neuronales apropiadas entre las células cerebrales. Pribram señala que el misterio se resolvería fácilmente si el cerebro convirtiera todos los recuerdos —incluidos los recuerdos de habilidades aprendidas, como escribir— en un lenguaje de patrones de onda capaces de interferir unos con otros. Un cerebro semejante sería mucho más flexible y podría traducir la información almacenada con la misma facilidad con que un pianista experimentado transpone una canción de una tonalidad a otra.

Esa misma flexibilidad puede explicar por qué somos capaces de reconocer una cara familiar con independencia del ángulo desde el que la veamos. El cerebro, una vez que ha memorizado una cara (u otro objeto o escena cualquiera) y la ha traducido a un lenguaje de patrones de onda, puede *girar* el holograma interno, como quien dice, y examinarlo desde la perspectiva que quiera.

Sensación de miembro fantasma y cómo construimos mentalmente un «mundo ahí fuera»

Para la mayoría de nosotros es obvio que el sentimiento de amor o de enfado, la sensación de hambre, etc., son realidades internas, y que el sonido de una orquesta tocando, el calor del sol o el olor del pan horneándose son realidades externas. Ahora bien, lo que no está tan claro es cómo el cerebro nos permite distinguir entre ambas. Por ejemplo, según Pribram, cuando miramos a una persona, su imagen está realmente sobre la superficie de nuestra retina y, no obstante, no la percibimos como si la tuviéramos en la retina. La vemos como si estuviera en «el mundo ahí fuera». De manera similar, cuando nos damos un golpe en el dedo gordo del pie, sentimos dolor en el dedo gordo del pie y, sin embargo, el dolor no está ahí en realidad. Es un proceso neurofisiológico que tiene lugar en alguna parte del cerebro. Entonces, ¿cómo puede el cerebro tomar los numerosos procesos neurofisiológicos que manifiesta como nuestra experiencia —procesos internos todos ellos— y hacernos creer engañosamente que algunos son internos y otros están situados más allá de los confines de nuestra materia gris?

Crear la ilusión de que las cosas están situadas donde no lo están es la característica esencial del holograma. Como ya hemos mencionado, cuando miramos un holograma, nos parece que tiene extensión en el espacio, pero, si pasamos la mano a través de él, descubrimos que no hay nada. A pesar de lo que nos dicen los sentidos, ningún instrumento detectará la presencia de energía o de alguna sustancia anómala en el lugar donde el holograma está flotando aparentemente. Esto se debe a que el holograma es una imagen *virtual*, una imagen que parece estar donde no está y que no tiene más extensión en el espacio que la imagen tridimensional que vemos de nosotros mismos cuando nos miramos en el espejo. Al igual que la imagen del espejo está situada en el azogue que cubre la superficie trasera del espejo, la situación real de un holograma está siempre en la emulsión fotográfica de la superficie de la película que lo registra.

Georg von Bekesy, fisiólogo ganador del Premio Nobel, aporta otros datos que demuestran que el cerebro es capaz de engañarnos haciéndonos creer que procesos internos tienen lugar fuera del cuerpo. En una serie de experimentos realizados a finales de la década de los sesenta, Bekesy colocó vibradores en las rodillas de las personas que participaban en el experimento y les vendó los ojos. Luego varió la frecuencia de la vibración de los instrumentos. Así descubrió que podía hacer que los sujetos de la prueba tuvieran la sensación de que el punto donde se originaba la vibración saltaba de una rodilla a la otra. Descubrió también que podía hacer que sintieran incluso que el punto de origen de la vibración estaba en el espacio *entre* ambas rodillas. En resumen, demostró que los seres humanos parecen tener la capacidad de experimentar sensaciones en puntos del espacio donde no tienen receptor sensorial alguno[10].

En opinión de Pribram, el trabajo de Bekesy es compatible con la visión holográfica y arroja luz adicional sobre la forma en que los frentes de onda que causan la interferencia —o las fuentes de interferencia de vibraciones físicas, en el caso de Bekesy— permiten al cerebro localizar experiencias fuera de las fronteras físicas del cuerpo. Según él, ese proceso podría explicar también el fenómeno del miembro fantasma, o la sensación que experimentan algunas personas con miembros amputados de que sigue estando presente la pierna o el brazo que les falta. Muchas veces esas personas sienten calambres, dolores u hormigueos extrañamente realistas en esos apéndices fantasmas; pero quizá lo que experimenten sea el recuerdo holográfico del miembro, que sigue grabado todavía en los patrones de interferencia de sus cerebros.

Apoyo experimental para el cerebro holográfico

Aunque a Pribram le resultaban tentadoras las numerosas semejanzas entre el cerebro y el holograma, sabía que su teoría nada significaría a menos que contara con el apoyo de evidencias más sólidas. El investigador que le proporcionó esas pruebas fue Paul Pietsch, biólogo de la Universidad de Indiana. Curiosamente, Pietsch empezó siendo un incrédulo beligerante de la teoría de Pribram. Se mostraba escéptico específicamente en lo relativo a la pretensión de que los recuerdos no ocupan una posición específica en el cerebro.

Para demostrar que Pribram estaba equivocado, Pietsch diseñó una serie de experimentos y eligió salamandras como sujetos experimentales. Había descubierto en estudios previos que podía extraer el cerebro de una salamandra sin matarla y, aunque el anfibio permanecía en un estado de estupor sin su cerebro, recuperaba por completo su conducta normal en cuanto se lo reimplantaban.

Su razonamiento era el siguiente: si la conducta alimentaria de una salamandra no se encontraba en ningún sitio específico del cerebro, la posición del cerebro en la cabeza carecería de importancia. De lo contrario, quedaría demostrada la falsedad de la teoría de Pribram. Así que cambió los hemisferios izquierdo y derecho del cerebro de una salamandra, pero descubrió consternado que el animal, tan pronto como se recuperó, reanudó de inmediato su alimentación normal.

Tomó otra salamandra e invirtió su cerebro por completo. Cuando se recuperó, también se alimentó normalmente. Cada vez más frustrado, decidió recurrir a medidas más drásticas. En una serie de más de 700 operaciones, cortó los cerebros en rodajas, los sacudió, los mezcló, los redujo y hasta los picó, pero, en cuanto recolocaba lo que quedaba del cerebro en las cabezas de sus desventurados sujetos, estos siempre recuperaban su conducta normal[11].

Esos y otros hallazgos no solo indujeron a Pietsch a creer en las tesis de Pribram, sino que además suscitaron la atención suficiente como para que su investigación se convirtiera en el tema de una parte del programa de televisión *60 Minutes*. Pietsch cuenta esa experiencia en su libro *Shufflebrain*, una obra reveladora que contiene un informe detallado de sus experimentos.

EL LENGUAJE MATEMÁTICO DEL HOLOGRAMA

Si las teorías que posibilitaron el desarrollo del holograma fueron formuladas por primera vez por Dennis Gabor —que después ganaría el Premio Nobel por sus logros— en 1947, la teoría de Pribram recibió un apoyo experimental aún más persuasivo a finales de los años sesenta y principios de los setenta. Cuando Gabor concibió la idea de la holografía, no estaba pensando en el láser. Su objetivo era mejorar el microscopio electrónico, que era un artefacto primitivo e imperfecto en aquel entonces. Gabor utilizó un planteamiento matemático y un tipo de cálculo inventado por un francés del siglo XVIII llamado Jean B. J. Fourier.

Lo que inventó Fourier fue un sistema matemático para convertir cualquier patrón, por complejo que fuera, en un lenguaje de ondas simples. Demostró asimismo el modo en que esas ondas podían transformarse otra vez en el patrón original. En otras palabras, del mismo modo que una cámara de televisión convierte imágenes en frecuencias electromagnéticas y un aparato de televisión las reconvierte de nuevo en las imágenes originales, Fourier mostró cómo efectuar conversiones similares empleando las matemáticas. Las ecuaciones que desarrolló para convertir imágenes en formas de onda y de nuevo en imágenes se conocen como «las transformadas de Fourier».

Las transformadas de Fourier le permitieron a Gabor convertir la imagen de un objeto en una nube borrosa de patrones de interferencia sobre una placa holográfica. Le posibilitaron asimismo idear la forma de volver a convertir dichos patrones de interferencia en la imagen del objeto original. De hecho, la característica especial del holograma —el «todo en cada parte»— es una de las consecuencias que se producen cuando una imagen o un patrón se traducen al lenguaje de formas de onda de Fourier.

A finales de los años sesenta y principios de los setenta, varios investigadores contactaron con Pribram para informarle de que habían hallado indicios de que el sistema visual funcionaba como una especie de analizador de frecuencias. Dado que la frecuencia es una medida del número de oscilaciones que experimenta una onda por segundo, tales hallazgos respaldaban firmemente la idea de que el cerebro podría estar funcionando como un holograma.

Pero no fue hasta 1979 cuando dos neurofisiólogos de Berkeley —Russell y Karen DeValois— realizaron el descubrimiento que resolvió la cuestión. Investigaciones de la década de los sesenta habían demostrado que cada célula cerebral de la corteza visual está programada para responder a un modelo diferente: algunas células cerebrales se activan cuando los ojos ven una línea horizontal, otras, cuando los ojos ven una línea vertical, etcétera. Por consiguiente, muchos investigadores llegaron a la conclusión de que el cerebro obtiene información de células altamente especializadas, llamadas «detectores de rasgos», y las encaja entre sí de algún modo para proporcionarnos nuestra percepción visual del mundo.

A pesar de la popularidad que alcanzó esta teoría, los DeValois pensaban que solo era una verdad parcial. Para demostrar que su suposición era cierta, utilizaron las transformadas de Fourier para convertir patrones semejantes a tableros de damas y cuadros escoceses en ondas simples. Después, comprobaron la respuesta de las células cerebrales de la corteza visual a las nuevas imágenes en forma de ondas y descubrieron que las células cerebrales no respondían a los patrones originales, sino a las traducciones Fourier de los mismos. Solo cabía una conclusión: el cerebro utilizaba las matemáticas de Fourier, las mismas que emplea la holografía, para convertir las imágenes visuales en el lenguaje de ondas de Fourier[12].

Posteriormente, muchos laboratorios del mundo confirmaron el descubrimiento de los DeValois; aunque no proporcionaba una prueba categórica de que el cerebro fuera un holograma, ofrecía indicios suficientes para convencer a Pribram de que su teoría era correcta. Animado por la idea de que la corteza visual no respondía a los patrones sino a la frecuencia de las diversas ondas, Pribram empezó reevaluar el papel que desempeñaba la frecuencia en los otros sentidos.

No tardó mucho tiempo en advertir que los científicos del siglo XX habían pasado por alto la importancia de dicho papel. Más de un siglo antes del descubrimiento de los DeValois, el fisiólogo y físico alemán Hermann von Helmholtz había demostrado que el oído era un analizador de frecuencias. Investigaciones más recientes revelaron que el sentido del olfato parecía estar basado en las llamadas «frecuencias ósmicas». El trabajo de Bekesy había demostrado claramente que la piel es sensible a las frecuencias vibratorias e incluso aportó algún indicio de la posible intervención de un análisis de frecuencia en el sentido del gusto. Resulta significativo que Bekesy constatara que las ecuaciones matemáticas que empleó para predecir la respuesta de los sujetos de sus pruebas a diversas frecuencias vibratorias pertenecían también al tipo Fourier.

EL BAILARÍN COMO FORMA DE ONDA

Pero quizá el descubrimiento más asombroso de todos los que desveló Pribram fue el que hizo el científico ruso Nikolai Bernstein: hasta nuestros movimientos físicos pueden estar codificados en el cerebro en un lenguaje Fourier de patrones de onda. En la década de los treinta, Bernstein vistió a varias personas con mallas negras y les pintó puntos blancos en los hombros, las rodillas y otras articulaciones. Luego, las colocó contra un fondo negro y las filmó mientras realizaban diversas actividades físicas, tales como bailar, andar, saltar, dar golpes con un martillo y escribir a máquina.

Cuando reveló la película, solo aparecieron los puntos blancos moviéndose arriba y abajo y cruzando la pantalla en distintos movimientos fluidos y complejos (véase la figura 6). Para

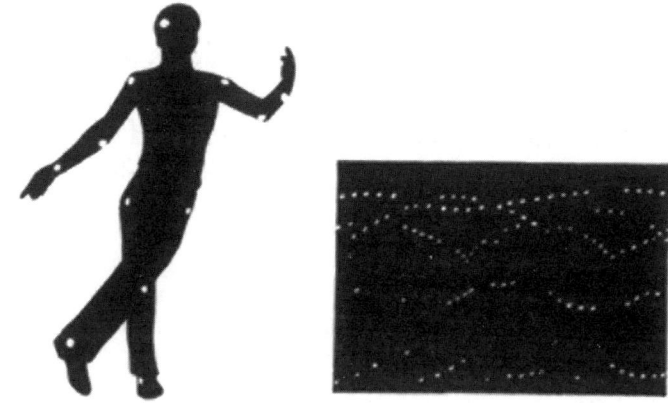

FIGURA 6. El investigador ruso Nikolai Bernstein pintó puntos blancos sobre bailarines y los filmó bailando contra un fondo negro. Cuando convirtió sus movimientos en un lenguaje de patrones de onda, descubrió que podían ser analizados utilizando las matemáticas de Fourier, las mismas matemáticas que Gabor empleó para inventar el holograma.

cuantificar sus hallazgos, analizó según Fourier las diversas líneas trazadas por los puntos y las convirtió en un lenguaje de patrones de onda. Se quedó sorprendido al descubrir que los movimientos ondulatorios contenían pautas ocultas que le permitían predecir el siguiente movimiento con un margen de error inferior a tres centímetros.

Cuando Pribram descubrió el trabajo de Bernstein, advirtió sus consecuencias de inmediato. El hecho de que las pautas ocultas solo se revelaran después de que Bernstein aplicara el análisis de Fourier a esos movimientos sugería que el cerebro podría almacenar los movimientos precisamente en ese formato matemático. Era una posibilidad estimulante, pues, si el cerebro analiza los movimientos fragmentándolos en componentes de frecuencia, esto explicaría la rapidez con la que aprendemos muchas tareas físicas complejas. Por ejemplo, no aprendemos a montar en bicicleta memorizando concienzudamente todos los pasos individuales del proceso, sino captando el movimiento fluido como un todo. Esa totalidad fluida, que ejemplifica la forma en que aprendemos tantas actividades físicas, resultaría difícil de explicar si el cerebro almacenara la información de manera fragmentada. En cambio, sería mucho más fácil de entender si el cerebro procesara esas tareas mediante las transformadas de Fourier y las integrara como un todo.

LA REACCIÓN DE LA COMUNIDAD CIENTÍFICA

A pesar de todos estos datos, el modelo holográfico de Pribram sigue siendo extraordinariamente polémico. Parte del problema es que existen muchas teorías populares sobre el funcionamiento del cerebro respaldadas por datos. Algunos investigadores creen que la distribución de la memoria por todo el cerebro se puede explicar por el flujo y el reflujo de varias sustancias químicas cerebrales. Otros sostienen que las fluctuaciones eléctricas que se producen entre grandes grupos de neuronas pueden explicar la memoria y el aprendizaje. Cada escuela de pensamiento cuenta con defensores acérrimos y probablemente no nos equivocamos al afirmar que los argumentos de Pribram aún no han logrado convencer a la mayoría de los científicos. Por ejemplo, el neuropsicólogo Frank Wood de la Bowman Gray School of Medicine de Winston-Salem (Carolina del Norte) sostiene que «hay unos cuantos hallazgos experimentales preciosos para los cuales la holografía constituye la explicación necesaria y hasta preferible»[13]. Ante declaraciones como esta, Pribram, desconcertado, replica que actualmente tiene un libro en la imprenta con más de 500 referencias que demuestran lo contrario.

Otros investigadores están de acuerdo con Pribram. El doctor Larry Dossey, anterior jefe del equipo directivo del Medical City Dallas Hospital, admite que la teoría de Pribram contradice muchas suposiciones antiguas sobre el cerebro, pero señala que «muchos especialistas en el funcionamiento del cerebro se sienten atraídos por la idea, aunque no sea más que por lo inadecuadas que resultan las concepciones ortodoxas actuales»[14].

El neurólogo Richard Restak, autor de la serie televisiva de la cadena PBS *The Brain*, comparte la opinión de Dossey. Advierte de que, a pesar de que hay datos abrumadores que muestran que las facultades están dispersas por todo el cerebro de una manera holística, la mayoría de los investigadores continúa aferrándose a la idea de que se pueden localizar en el cerebro del mismo modo en que las ciudades pueden ser localizadas en un mapa. A su juicio, las teorías basadas en tal premisa no solo son «supersimplistas», sino que actúan realmente como «corsés conceptuales» que nos impiden reconocer la verdadera complejidad del cerebro[15]. Según él, «el holograma no solo es posible, sino que es seguramente el mejor "modelo" del funcionamiento cerebral que tenemos en este momento»[16].

PRIBRAM ENCUENTRA A BOHM

A mediados de los setenta se había acumulado suficiente información para que Pribram se convenciera de que su teoría era correcta. Además, había llevado sus ideas al laboratorio y descubierto que las neuronas de la corteza motora respondían selectivamente a una gama limitada de frecuencias, lo cual respaldaba aún más sus conclusiones. Sin embargo, le preocupaba la siguiente cuestión: si la imagen de la realidad que se forma en el cerebro no es una imagen sino un holograma, ¿qué representa ese holograma? Para ilustrar este dilema podemos imaginar lo siguiente: tomamos una fotografía con una Polaroid de un grupo de personas sentadas alrededor de una mesa y, al revelarla, descubrimos que, en torno a la mesa, en vez de gente, solo hay una nube borrosa de patrones de interferencia. En ambos casos se podría preguntar con razón: ¿cuál es la realidad verdadera, el mundo aparentemente objetivo que experimenta el observador/fotógrafo o la nube borrosa de patrones de interferencia recogida por la cámara/cerebro?

Pribram se dio cuenta de que, si se llevaba el modelo holográfico del cerebro a su conclusión lógica, se abría la puerta a la posibilidad de que la realidad objetiva —el mundo de las tazas de café, de los paisajes de montaña, de los olmos y de las lámparas de mesa— podría no existir siquiera o, al menos, no existir de la forma en que creemos que existe.

¿Era posible —se preguntaba— que fuera verdad lo que los místicos han estado diciendo durante siglos y siglos, es decir, que la realidad es *maya*, una ilusión, y que ahí fuera no hay sino una inmensa sinfonía plagada de patrones de onda, un «dominio de frecuencias» que se transforma en el mundo tal y como lo conocemos solamente *después* de que nos entre por los sentidos?

Como comprendió que la solución que estaba buscando podría estar fuera de su campo, acudió a su hijo, a la sazón físico, en busca de consejo. Este le recomendó que examinara la obra de un especialista en física llamado David Bohm. Cuando Pribram lo hizo, se quedó estupefacto: no solo encontró la respuesta a su pregunta, sino que descubrió, además, que, según Bohm, el universo entero es un holograma.

CAPÍTULO 2

El cosmos como holograma

«Es inevitable quedarse asombrado al ver hasta qué punto Bohm ha sido capaz de romper los rígidos moldes de los condicionamientos científicos manteniendo él solo una idea completamente nueva y literalmente inmensa, una idea que tiene coherencia interna y la fuerza de la lógica para explicar fenómenos de la experiencia física ampliamente divergentes desde un punto de vista totalmente inesperado...

Es una teoría tan satisfactoria intelectualmente hablando que mucha gente cree que, si el universo no es como Bohm lo describe, debería serlo».

JOHN P. BRIGGS Y F. DAVID PEAT,
A través del maravilloso espejo del universo

EL CAMINO QUE LLEVÓ a Bohm a la convicción de que el universo está estructurado como un holograma se inició en el límite mismo de la materia, en el mundo de las partículas subatómicas. Su interés por la ciencia y por el modo en que las cosas funcionan se despertó en él muy pronto. Siendo un chaval, en su casa de Wilkes-Barre, Pensilvania, inventó una tetera que no goteaba, y su padre, un exitoso hombre de negocios, le instó a sacar provecho de la idea. Sin embargo, cuando Bohm se enteró de que el primer paso de la empresa consistía en hacer una encuesta puerta a puerta para evaluar su invento en el mercado, se desvaneció todo su interés por el negocio[1].

Su pasión por la ciencia, en cambio, no decayó, y su curiosidad prodigiosa lo impulsó a buscar nuevas cumbres que conquistar. En los años treinta, cuando estudiaba en el State College de Pensilvania, encontró la cumbre más interesante, pues allí fue donde se quedó fascinado con la física cuántica.

Es una fascinación fácil de entender. El campo nuevo y extraño que habían descubierto los físicos escondido en el núcleo del átomo albergaba maravillas que superaban las que Hernán Cortés o Marco Polo encontraron jamás. Lo que hacía que aquel mundo nuevo fuera tan intrigante era que allí, al parecer, todo desafiaba el sentido común. Más parecía una tierra gobernada por la brujería que una extensión del mundo natural; era un reino como el de *Alicia en el País de las Maravillas*, donde las fuerzas inexplicables eran la norma y lo lógico se había vuelto del revés.

Un descubrimiento asombroso de la física cuántica era que, si la materia se fragmentaba en porciones cada vez más pequeñas, al final se llega a un punto en que esos fragmentos (electrones, protones, etc.) dejan de tener características de objetos. Por ejemplo, la mayoría de nosotros tendemos a pensar en un electrón como si fuera una esfera diminuta o una bolita que da vueltas a toda velocidad, pero tal idea no podría estar más lejos de la verdad. Los físicos han descubierto que un electrón, si bien puede comportarse a veces como una pequeña partícula compacta, *materialmente no posee dimensión alguna*. A la mayoría nos cuesta imaginarlo porque, en nuestro nivel de existencia, todas las cosas tienen dimensiones; pero, si intentáramos medir la anchura de un electrón, descubriríamos que es una tarea imposible. Un electrón no es simplemente un objeto tal y como lo conocemos.

Otro hallazgo de los físicos es que un electrón puede manifestarse bien como una partícula, bien como una onda. Si se dispara un electrón contra la pantalla de una televisión apagada, cuando choca con las sustancias fosforescentes que cubren el cristal, aparece un diminuto punto de luz. Este único punto de impacto que el electrón deja en la pantalla evidencia claramente la faceta de partícula de su naturaleza.

Ahora bien, esta no es la única forma que puede adoptar un electrón. También puede disolverse en una nube borrosa de energía y comportarse como una onda extendida por el espacio. Cuando se manifiesta en forma de onda, un electrón puede hacer cosas que en su forma de partícula resultan imposibles. Si se dispara contra una barrera en la que se han hecho dos ranuras, puede atravesar ambas simultáneamente. Cuando los electrones en forma de onda chocan unos con otros, crean patrones de interferencia. Al igual que los magos de los cuentos de hadas son capaces de cambiar de forma, el electrón puede manifestarse como partícula o como onda.

Esa capacidad camaleónica es común a todas las partículas subatómicas. También es común a todo lo que antaño se creía que se manifestaba exclusivamente como ondas. La luz, los rayos gamma, las ondas de radio, los rayos X: todo puede transformarse de onda en partícula y de nuevo en onda. Hoy, los físicos creen que los fenómenos subatómicos no deberían ser clasificados como ondas o como partículas, sino en una sola categoría de *algos* que son siempre ambas cosas de un modo u otro. Esos *algo* se denominan *quanta* y constituyen, según los físicos, la materia básica de la que está hecho el universo entero*.

Pero lo más asombroso es quizá la existencia de indicios contundentes de que *estos quanta se manifiestan como partículas únicamente cuando los observamos*. Es decir, hay descubrimien-

---

* *Quanta* es el plural de *quantum*. Un electrón es un *quantum*. Varios electrones son un grupo de *quanta*. La palabra *quantum* es sinónimo de partícula/onda, expresión que se utiliza también para referirse a aquello que posee aspectos tanto de partícula como de onda.

tos experimentales que indican que un electrón, cuando no está siendo observado, siempre es una onda. Los físicos pueden llegar a esta conclusión porque han ideado tácticas inteligentes para deducir el comportamiento de un electrón cuando no está siendo observado (deberíamos señalar que esta es solo una de las interpretaciones de estos indicios y no la conclusión a la que llegan todos los físicos; como veremos después, el propio Bohm propone una interpretación distinta).

Una vez más, esto nos parece magia más que la clase de conducta que solemos esperar del mundo natural. Imaginemos que tenemos una bola que solo es una bola cuando la miramos. Si esparcimos polvos de talco sobre la pista y lanzamos la bola *cuántica* rodando hacia los bolos, veremos que, mientras la estemos contemplando, traza una sola línea en los polvos de talco. Pero, si parpadeáramos mientras la bola está en tránsito, descubriríamos que, durante el segundo o los dos segundos en que no la estábamos observando, la bola habría dejado de trazar una sola línea y habría dejado en cambio una amplia franja ondulante, como la que deja una serpiente del desierto cuando se mueve por la arena zigzagueando (véase la figura 7).

La situación es comparable a la que experimentaron los físicos teóricos cuando descubrieron por primera vez indicios de que los *quanta* se comportan como partículas solo cuando son observados. El físico Nick Herbert mantiene esta interpretación, la cual —afirma— muchas veces le ha hecho imaginar que el mundo a su espalda es siempre «un brebaje cuántico radicalmente ambiguo que fluye sin cesar»; pero, siempre que se da la vuelta para intentar verlo, su mirada lo congela al instante y lo transforma de nuevo en la realidad ordinaria. Según él, esto nos convierte en pequeños Midas, el rey legendario que nunca conoció el tacto de la seda ni la caricia de una mano porque todo lo que tocaba se convertía en oro. Y concluye con esta reflexión: «Asimismo, los seres humanos jamás podremos experimentar la

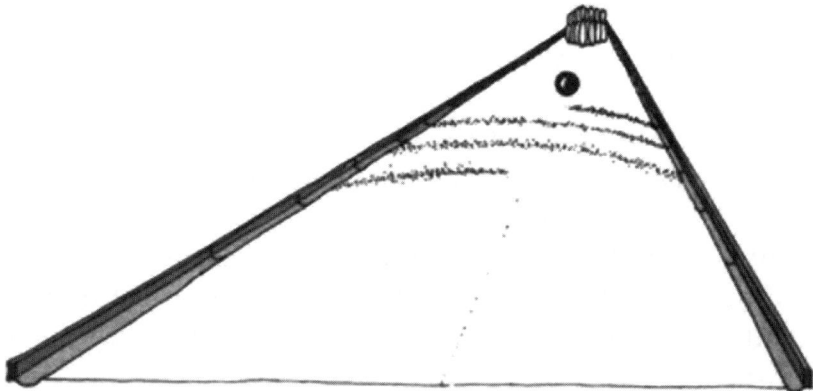

FIGURA 7. Los físicos han encontrado indicios contundentes de que los electrones y otros *quanta* se manifiestan como partículas únicamente cuando los observamos. El resto del tiempo se comportan como ondas. Esto es tan extraño como poseer una bola de bolos que traza una sola línea por la pista mientras la observas, pero deja un patrón ondulante cada vez que parpadeas.

verdadera textura de la realidad cuántica, pues todo lo que tocamos se convierte en materia»[2].

BOHM Y LA INTERCONEXIÓN

Un aspecto de la realidad cuántica que a Bohm le resultaba especialmente interesante era el extraño estado de interconexión que parecía existir entre acontecimientos subatómicos que aparentemente no estaban relacionados entre sí. Y se le antojaba igualmente asombroso que los físicos, en su mayoría, tendieran a dar poca importancia al fenómeno. De hecho, estaba tan subestimado que uno de los ejemplos más famosos de interconexión permaneció oculto durante varios años en una de las suposiciones básicas de la física cuántica, antes de que alguien se diera cuenta de que estaba ahí.

El autor de dicha suposición fue uno de los padres fundadores de la física cuántica, el físico danés Niels Bohr. En su opinión, si las partículas subatómicas solo empiezan a existir en presencia de un observador, entonces no tiene sentido hablar de las propiedades y características que tienen antes de ser observadas. Aquello molestó a muchos físicos, pues gran parte de la ciencia se basaba en el descubrimiento de las propiedades de los fenómenos. Pero, si el acto de la observación ayudaba realmente a crear esas propiedades, ¿qué implicaba esto para el futuro de la ciencia?

Un físico al que incomodaban las afirmaciones de Bohr era Albert Einstein. A pesar del papel que había desempeñado en la fundación de la teoría cuántica, Einstein no comulgaba en absoluto con el curso que había tomado aquella ciencia en ciernes. Encontraba especialmente objetable la conclusión de Bohr sobre que las propiedades de una partícula no existen hasta ser observadas, porque, en combinación con otro hallazgo de la física cuántica, implicaba que las partículas subatómicas estaban conectadas entre sí de un modo que, a juicio de Einstein, era sencillamente imposible.

El descubrimiento en cuestión consistía en que algunos procesos subatómicos generan un par de partículas con propiedades idénticas o íntimamente relacionadas. Consideremos, por ejemplo, un átomo extraordinariamente inestable denominado positronio. Está compuesto por un electrón y un positrón (un positrón es un electrón con carga positiva). Dado que el positrón es la antipartícula del electrón, ambos acabarán aniquilándose mutuamente y se desintegrarán en dos *quanta* de luz, o «fotones», que se desplazarán en direcciones opuestas (la capacidad de transformarse de un tipo de partícula en otro es otra de las propiedades del *quantum*). De acuerdo con la teoría cuántica, por mucho que se distancien los fotones, siempre presentan ángulos de *polarización* idénticos, como se comprobará al medirlos. (La polarización es la orientación espacial del aspecto ondulatorio del fotón cuando se desplaza desde su punto de origen).

En 1935, Einstein y sus colegas Boris Podolsky y Nathan Rosen publicaron un artículo, hoy famoso, titulado «¿Se puede considerar completa la descripción de la realidad física según la mecánica cuántica?». En él explicaban por qué la existencia de las partículas gemelas demostraba la imposibilidad de que la tesis de Bohr fuera correcta. Argumentaban que se podían crear dos partículas semejantes —pongamos los fotones emitidos cuando se desintegra el positronio— y permitir que se desplazaran alejándose a una distancia significativa*. Luego se interceptaría cada una y se medirían sus ángulos de polarización. Si las polarizaciones se miden precisamente en el mismo momento y se comprueba que son idénticas (como predice la física cuántica), y si Bohr tenía razón al sostener que propiedades como la polarización no empiezan a existir hasta ser observadas o medidas, esto implica necesariamente que los dos fotones deben comunicarse instantáneamente entre sí para coincidir en su ángulo de polarización. El problema era que, según la teoría de la relatividad de Einstein, nada puede viajar a una velocidad mayor que la de la luz, y mucho menos instantáneamente, pues equivaldría a romper la barrera del tiempo y abriría la puerta a toda clase de paradojas inaceptables. Einstein y sus colegas estaban convencidos de que ninguna «definición razonable» de la realidad permitiría la existencia de una interconexión más rápida que la luz y, por tanto, Bohr tenía que estar equivocado[3]. Hoy su argumentación se conoce como la paradoja Einstein-Podolsky-Rosen, o paradoja EPR, en forma abreviada.

---

* La desintegración del positronio no es el proceso subatómico que utilizaron Einstein y sus colegas en su experimento teórico, pero nosotros lo empleamos aquí porque es fácil de visualizar.

Bohr permaneció imperturbable ante la argumentación de Einstein. En vez de creer que se producía una comunicación más rápida que la velocidad de la luz, ofreció otra explicación. Si las partículas subatómicas no existen hasta que son observadas, entonces no se puede pensar en ellas como «cosas» independientes. Einstein, por tanto, estaba basando su argumentación en un error, puesto que trataba las partículas gemelas como si fueran independientes. En realidad, las partículas gemelas formaban parte de un sistema indivisible y no tenía sentido pensar en ellas de otro modo.

En aquella época, la mayor parte de los físicos se pusieron de parte de Bohr y celebraron que su interpretación fuera correcta. Un factor decisivo en el triunfo de Bohr fue el éxito espectacular que la física cuántica había demostrado en la predicción de fenómenos, lo cual disuadía a la mayoría de los físicos de considerar siquiera la posibilidad de que pudiera presentar algún fallo. Además, cuando Einstein y sus colegas plantearon el argumento de las partículas gemelas, el experimento nunca pudo llevarse a cabo debido a razones técnicas y de otro tipo. Esto hizo que fuera aún más fácil descartarlo.

Es curioso que, aunque Bohr había ideado su argumentación como réplica al ataque de Einstein contra la física cuántica, su tesis de que los sistemas subatómicos son indivisibles tuviera repercusiones igualmente profundas en la naturaleza de la realidad, como veremos más adelante. Lo irónico es que tampoco se prestara atención a dichas repercusiones y que se oscureciera, una vez más, la importancia potencial de la interconexión.

UN MAR VIVO DE ELECTRONES

Durante sus primeros años como físico, Bohm también aceptó la posición de Bohr, pero seguía desconcertado ante la falta de interés por la interconexión que demostraban Bohr y sus colegas. Cuando se licenció en el State College de Pensilvania, ingresó en la Universidad de California, en Berkeley, donde se doctoró en 1942. Mientras preparaba su doctorado, trabajó en el Lawrence Berkeley Radiation Laboratory y allí se encontró con otro ejemplo increíble de interconexión cuántica.

En aquel laboratorio de Berkeley, Bohm empezó lo que se convertiría en su obra cumbre sobre los plasmas. Un plasma es un gas con una alta densidad de electrones y de iones positivos, o átomos con carga positiva. Bohm descubrió asombrado que, cuando los electrones estaban en un plasma, dejaban de comportarse como entidades individuales y empezaban a actuar como si formaran parte de un todo mayor e interconectado. Aunque sus trayectorias individuales parecían aleatorias, cantidades inmensas de electrones eran capaces de producir efectos sorprendentemente coordinados. Como si fuera una criatura ameboide, el plasma se regeneraba constantemente y cercaba con un muro todas las impurezas, al igual que un organismo biológico rodearía una sustancia extraña con una cista[4].

Tan atónito estaba Bohm ante esas cualidades orgánicas que comentó después que había tenido a menudo la impresión de que aquel mar de electrones estaba «vivo»[5]. En 1947, Bohm aceptó una plaza de profesor ayudante en la Universidad de Princeton, lo que revela la gran consideración y respeto que suscitaba entre sus colegas, y allí extendió la investigación que había iniciado en Berkeley al estudio de los electrones en los metales. Descubrió una vez más que los movimientos aparentemente aleatorios de los electrones individuales lograban producir efectos colectivos sumamente organizados. Como en el caso de los plasmas que había estudiado en Berkeley, ya no se trataba de dos partículas que parecían coordinarse entre sí, sino de auténticos mares de partículas en los que cada una actuaba como si conociera lo que estaban haciendo innumerables billones de sus congéneres. Bohm denominó *plasmones* a esos movimientos colectivos de electrones, y su descubrimiento consolidó su gran prestigio como físico.

LA DESILUSIÓN DE BOHM

La importancia que él atribuía a la interconexión, así como su creciente insatisfacción con varias de las teorías predominantes en el campo de la física, lo llevaron a cuestionar cada vez más la interpretación de Bohr de la teoría cuántica. Tras impartir durante tres años la asignatura de Física Cuántica en Princeton, decidió profundizar en su comprensión de la misma escribiendo un libro de texto. Cuando lo terminó, descubrió que seguía sin sentirse cómodo con lo que planteaba la física cuántica y envió copias del libro a Bohr y a Einstein para pedirles su opinión. No recibió respuesta de Bohr, pero Einstein se puso en contacto con él y le dijo que, puesto que ambos estaban en Princeton, deberían reunirse para hablar del libro. Aquel primer encuentro inauguró una serie de animadas conversaciones que se prolongarían durante seis meses. Ya en esa primera reunión, Einstein declaró entusiasmado que se trataba de la explicación más clara de la teoría cuántica que había escuchado en su vida. Con todo, admitió que la teoría le resultaba tan insatisfactoria como al propio Bohm.

Durante sus conversaciones, ambos descubrieron que compartían su admiración por la capacidad de la teoría para predecir fenómenos. Lo que les preocupaba era que esta no permitía concebir la estructura básica del mundo de una forma real. Bohr y sus seguidores afirmaban que la teoría cuántica era una teoría completa y que resultaba imposible entender con más claridad lo que acontecía en el terreno cuántico.

Tales afirmaciones equivalían a decir que no había otra realidad más profunda más allá del panorama subatómico, ni más respuestas que encontrar, lo cual chocaba también con la sensibilidad filosófica de Bohm y Einstein. En sus reuniones discutían sobre otras muchas cuestiones, pero esos puntos en particular pasaron a ocupar una posición destacada en los pensamientos de Bohm. Inspirado por la influencia recíproca que existía entre él y Einstein, reconoció la validez de sus recelos sobre la física cuántica y decidió que tenía que haber una visión alternativa. Cuando publicó su libro de texto *Quantum Theory*, en 1951, la obra fue recibida como un clásico, pero se trataba de un clásico sobre una materia en la que Bohm ya no depositaba toda su confianza. Su mente, siempre activa y en constante búsqueda de explicaciones más profundas, ya estaba explorando una manera mejor de describir la realidad.

Un nuevo tipo de campo y la bala que mató a Lincoln

Tras sus charlas con Einstein, Bohm intentó encontrar una interpretación viable que sustituyera a la de Bohr. Empezó por suponer que las partículas, como los electrones, *sí* existen en ausencia del observador. Sostuvo también que existía una realidad más profunda bajo el muro inviolable de Bohr, un nivel subcuántico que aún esperaba ser descubierto por la ciencia. A partir de esas premisas, descubrió que podía explicar los hallazgos de la física cuántica tan bien como Bohr simplemente proponiendo la existencia de una nueva clase de campo en ese nivel subcuántico. Denominó a ese nuevo campo *potencial cuántico* y postuló que teóricamente se extendía por todo el espacio, al igual que la gravedad. No obstante, a diferencia de lo que ocurría en los campos gravitacionales, magnéticos y demás, su influencia no disminuía con la distancia. Aunque sus efectos eran sutiles, el campo poseía la misma intensidad en cualquier punto. Bohm publicó su interpretación de la teoría cuántica en 1952. La reacción ante el nuevo planteamiento fue predominantemente negativa. Algunos físicos estaban tan convencidos de la imposibilidad de otra solución que rechazaron sin más las ideas de Bohm. Otros lanzaron ataques apasionados contra sus razonamientos. Al final, prácticamente la totalidad de los argumentos se basaba sobre todo en diferencias filosóficas, pero eso no importaba: el punto de vista de Bohr había arraigado de tal modo en el campo de la física que la solución de Bohm se consideró casi una herejía.

Pese a la dureza de los ataques, Bohm mantuvo la firme convicción de que en la realidad había algo más de lo que posibilitaba la visión de Bohr. Pensaba también que la ciencia mostraba una actitud demasiado limitada a la hora de enjuiciar ideas nuevas como la suya y examinó varias suposiciones filosóficas causantes de dicha actitud en su libro *Causalidad y azar en la física moderna*, publicado en 1957. Una de ellas era la presunción, muy extendida, de que cualquier teoría, como la teoría cuántica, puede *ser* completa por sí sola. Bohm la criticaba alegando que la naturaleza puede ser infinita. Como ninguna teoría puede explicar completamente algo que es infinito, Bohm insinuaba que, si los investigadores se abstuvieran de hacer suposiciones semejantes, la investigación científica sin barreras saldría beneficiada.

En el libro argumentaba que la ciencia contemplaba la causalidad de una manera demasiado limitada. Se creía que la mayoría de los efectos tenían una sola causa o varias. Bohm pensaba, sin embargo, que un efecto podía tener un número infinito de causas. Por ejemplo, si se le preguntara a alguien por la causa de la muerte de Lincoln, podría contestar que fue la bala de la pistola de John Wilkes Booth. Ahora bien, en una lista completa de las causas que contribuyeron a la muerte de Lincoln tendrían que figurar los acontecimientos que llevaron a la invención de la pistola, los factores que hicieron que Booth quisiera matar a Lincoln, las etapas de la evolución de la raza humana que posibilitaron que una mano fuera capaz de sostener una pistola, etcétera, etcétera. Bohm admitía que, en la mayoría de los casos, se podía obviar la larguísima cadena de causas que llevaban a un efecto determinado, pero creía también que resultaba importante que los científicos recordaran que no podía existir una sola relación causa-efecto al margen del universo como totalidad.

Si quieres saber dónde estás, pregunta a los no locales

Durante esa misma época de su vida, Bohm continuó puliendo su planteamiento de la física cuántica. Cuando estudió con más detenimiento el significado del potencial cuántico, halló en él varias características que implicaban una desviación aún más radical respecto al pensamiento ortodoxo. Una de ellas era la importancia de la totalidad. La ciencia clásica había considerado siempre que el estado de totalidad de un sistema se debía meramente a la interacción de las partes. Sin embargo, el potencial cuántico invertía esa visión e indicaba que, en realidad, era el todo el que organizaba el comportamiento de las partes, lo cual, además de llevar un paso más allá la afirmación de Bohr de que las partículas subatómicas no son *algos* independientes, sino que forman parte de un sistema indivisible, sugería que la totalidad era la realidad primaria en varios aspectos.

Esto explicaba también por qué los electrones pueden comportarse en los plasmas (y en otros estados especializados como la superconductividad) como totalidades interconectadas. En palabras de Bohm: «Los electrones no están dispersos porque el sistema entero, mediante la acción del potencial cuántico, experimenta un movimiento coordinado que parece más una danza de ballet que una multitud de gente desorganizada». Y observaba, una vez más, que «la totalidad cuántica de la actividad se asemeja más a la unidad organizada con que funcionan los órganos de un ser vivo que a la clase de unidad que se obtiene al juntar las partes de una máquina»[6].

Una característica del potencial cuántico aún más sorprendente era su repercusión sobre la naturaleza de la localización. En el nivel de nuestras vidas cotidianas, las cosas poseen posiciones muy específicas; no obstante, según la interpretación de Bohm de la física cuántica, la posición deja de existir en el nivel subcuántico, el nivel en que actúa el potencial cuántico. Todos los puntos del espacio se vuelven indistinguibles y resulta absurdo decir que una cosa está separada de otra. Los físicos denominan *no localidad* a esa propiedad.

El aspecto de no localidad del potencial cuántico permitió a Bohm explicar la conexión que existe entre partículas gemelas sin violar la prohibición de superar la velocidad de la luz que impone la teoría de la relatividad especial. Como ejemplo ilustrativo, ofrecía la siguiente analogía: imagina un pez nadando en un acuario. Imagina también que nunca has visto un pez ni un acuario y que el único conocimiento que tienes de ellos procede de dos cámaras de televisión, una dirigida hacia el frente del acuario, y la otra, hacia un lateral. Al mirar los dos monitores de televisión podrías creer equivocadamente que los peces que aparecen en ambas pantallas son dos entidades diferentes. Después de todo, cada imagen será ligeramente distinta, ya que las cámaras están colocadas en distintos ángulos. Pero, si sigues mirando, al final caerás en la cuenta de que hay una relación entre los dos peces: cuando uno gira, el otro gira también, con un giro ligeramente distinto pero relacionado; cuando uno mira al frente, el otro mira al lateral, y así sucesivamente. Si no conocieras toda la situación, podrías llegar a la conclusión errónea de que los peces se están comunicando de manera instantánea, aunque no sea así. No se produce comunicación alguna porque, en un nivel más profundo de la realidad —la realidad del acuario—, el hecho es que ambos peces son uno solo y el mismo (véase la figura 8). Esto, según Bohm, es precisamente lo que ocurre con partículas como los dos fotones que emite un átomo de positronio al desintegrarse.

En efecto, dado que el potencial cuántico cubre todo el espacio, todas las partículas están conectadas entre sí de una manera no local.

El panorama de la realidad que Bohm estaba elaborando se asemejaba cada vez más no a una imagen en la que las partícu-

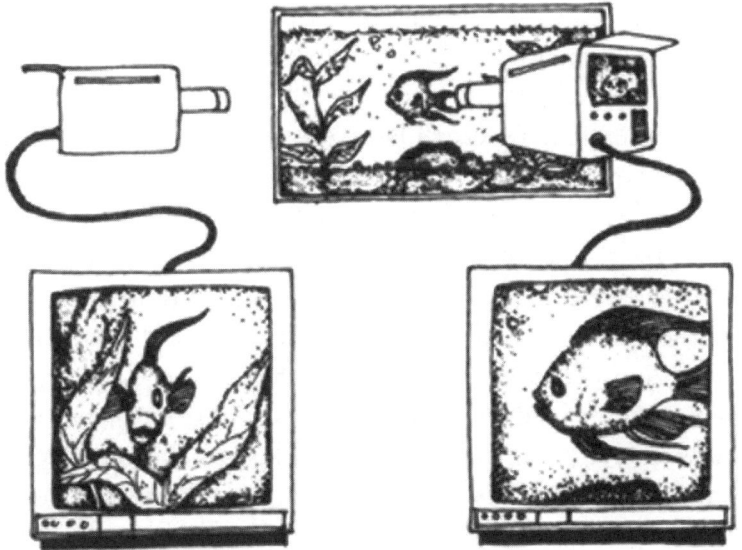

FIGURA 8. Bohm cree que las partículas subatómicas están conectadas como lo están las imágenes de un pez en los dos monitores de televisión. Aunque parezca que las partículas, como los electrones, están separadas unas de otras, el hecho es que, en un nivel más profundo de la realidad —un nivel parecido al del acuario—, constituyen aspectos distintos de una unidad cósmica más profunda.

las subatómicas estaban separadas unas de otras y se movían por el vacío del espacio, sino a una imagen en la que todas las cosas formaban parte de una red sin divisiones y estaban incrustadas en un espacio tan real y tan rico en procesos como la materia que se movía en él.

Las ideas de Bohm seguían sin persuadir a la mayoría de los físicos, pero suscitaron el interés de unos pocos. Uno de ellos fue John Stewart Bell, físico teórico del CERN, un centro para la investigación atómica pacífica situado cerca de Ginebra, Suiza. Al igual que Bohm, tampoco estaba satisfecho con la teoría cuántica y pensaba que tenía que haber una alternativa. Como dijo posteriormente: «Entonces, en 1952, vi el ensayo de Bohm. Su idea era completar la mecánica cuántica afirmando que hay otras variables además de las conocidas por todos. Aquello me impresionó mucho»[7].

Bell se percató también de que la teoría de Bohm implicaba la existencia de la no localidad y se preguntaba si habría algún modo de verificarla experimentalmente. Arrinconó el asunto en el fondo de su mente durante años hasta que, en 1964, gracias a un año sabático, tuvo libertad para dedicarle toda su atención. No tardó entonces en idear una prueba matemática, ingeniosa y simple, que revelaba la manera de llevar a cabo el experimento. El único problema era que requería un nivel de precisión tecnológica que todavía no era factible. Para estar seguro de que partículas como las de la paradoja EPR no utilizaban medios normales de comunicación, las operaciones básicas del experimento debían realizarse en un instante tan infinitesimalmente breve que no habría tiempo suficiente para que un rayo de luz cruzara la distancia que separaba ambas partículas. Eso significaba que los instrumentos utilizados en el experimento tenían que ejecutar todas las operaciones necesarias en millonésimas de segundo.

Entra en el holograma

A finales de los años cincuenta, Bohm había tenido un encontronazo con el comité del senador McCarthy y se había establecido como profesor investigador en la Universidad de Bristol, Inglaterra. Allí identificó otro ejemplo relevante de interconexión no local, trabajando junto con Yakir Aharonov, un joven investigador y alumno suyo. Ambos descubrieron que, en las circunstancias adecuadas, un electrón puede *sentir* la presencia de un campo magnético situado en una zona donde la probabilidad de hallarlo es nula. Hoy se conoce este fenómeno como el efecto Bohm-Aharonov; cuando publicaron su descubrimiento, muchos físicos creían que no era posible. Todavía hoy persiste el suficiente escepticismo para que periódicamente aparezcan ensayos argumentando que no existe tal efecto, a pesar de haberse confirmado en numerosos experimentos.

Como siempre, Bohm adoptó estoicamente su recurrente papel de voz que clama a la multitud y señala valientemente que el emperador está desnudo. En una entrevista concedida varios años después, resumió sencillamente la filosofía que sustentaba su coraje: «A la larga, es mucho más peligroso adherirse a una ilusión que enfrentarse al hecho real»[8]. No obstante, la escasa respuesta que encontraron sus ideas sobre la totalidad y la no localidad, así como su propia incapacidad para encontrar un camino que le permitiera avanzar, le hicieron centrar la atención en otras cuestiones. Todo ello lo llevó a examinar el *orden* con mayor detenimiento durante la década de los sesenta. La ciencia clásica, por lo general, divide las cosas en dos categorías: aquellas cuyas partes presentan una disposición ordenada y aquellas cuyas partes se encuentran desordenadas o en una disposición azarosa. Los copos de nieve, los ordenadores y los seres vivos pertenecen a la primera categoría. La distribución de un puñado de granos de café esparcidos por el suelo, los restos de una explosión o una serie de números generados por una ruleta ejemplifican la segunda.

A medida que profundizaba en el asunto, Bohm advirtió que también había distintos grados de orden. Algunas cosas estaban mucho más ordenadas que otras, lo cual sugería que las categorías de orden presentes en el universo podían ser infinitas. A partir de ahí, se le ocurrió que las cosas que vemos desordenadas tal vez no lo estuvieran en absoluto. Tal vez posean un orden de un «grado [tan] indefinidamente alto» que nos parece que son aleatorias (es interesante señalar que los matemáticos no son capaces de demostrar la aleatoriedad; y, aunque algunas secuencias de números se clasifican como aleatorias, constituyen solo estimaciones dictadas por el conocimiento y la experiencia).

Mientras se hallaba inmerso en estos pensamientos, Bohm contempló un artilugio en un programa de televisión de la BBC que le ayudó a desarrollar algo más sus ideas. Se trataba de un recipiente diseñado especialmente que contenía un gran cilindro rotatorio. El estrecho espacio entre el cilindro y el recipiente se había llenado de glicerina (un líquido espeso y claro) sobre la cual flotaba inmóvil una gota de tinta. Lo que interesó a Bohm fue que, cuando se giraba la manivela del cilindro, la gota de tinta se extendía por la espesa glicerina y parecía desvanecerse. Pero, en cuanto se giraba la manivela en la dirección opuesta, los restos de tinta dispersos se replegaban lentamente sobre sí mismos y formaba de nuevo la gotita (véase la figura 9).

En palabras de Bohm: «De inmediato pensé que estaba muy relacionado con la cuestión del orden, pues, cuando la gota de tinta se extendía, conservaba todavía un orden "oculto" (es decir, no manifiesto) que se revelaba cuando se reconstituía. Por otra parte, en nuestro lenguaje habitual diríamos que, cuando la tinta estaba diluida en la glicerina, estaba en un estado de "desorden". Aquello me hizo ver que tenían que intervenir nuevas nociones de orden»[9]. El descubrimiento le llenó de entusiasmo,

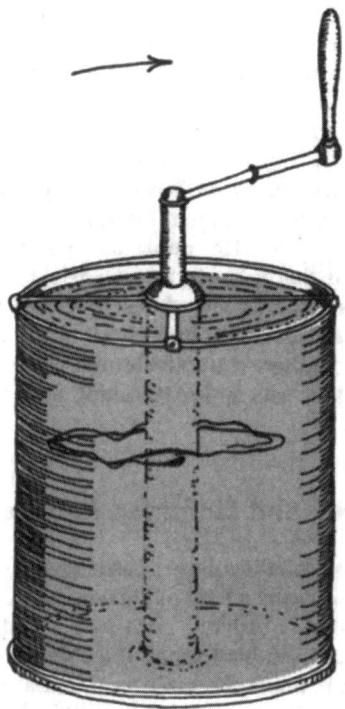

FIGURA 9. Cuando se coloca una gota de tinta en un frasco lleno de glicerina y se gira un cilindro dentro del frasco, la gota parece expandirse y desaparecer. Pero, cuando el cilindro se gira en la dirección opuesta, la gota vuelve a reunirse. Bohm utiliza este fenómeno como ejemplo de cómo el orden puede ser manifiesto (explícito) u oculto (implícito).

pues le proporcionaba una forma nueva de contemplar muchos de los problemas que había estado considerando. Poco después de toparse con el artilugio de la tinta y la glicerina, halló una metáfora aún mejor para entender el orden, una metáfora que le permitía no solo atar los diversos cabos de años de cavilaciones, sino también hacerlo con tal fuerza explicativa que casi parecía haber sido expresamente concebida con ese fin. Era el holograma. En cuanto Bohm empezó a reflexionar sobre el holograma, vio que *también* proporcionaba una forma nueva de entender el orden. Al igual que la mancha de tinta en estado disperso, los patrones de interferencia grabados en una película holográfica parecían desordenados a simple vista. Ambos poseen un orden que está oculto o *envuelto*, del mismo modo que, en un plasma, el orden está plegado en la conducta aparentemente aleatoria de cada uno de sus electrones. Pero esta no era la única revelación que ofrecía el holograma.

Cuanto más reflexionaba sobre ello, más persuadido estaba de que el universo utilizaba realmente principios holográficos en sus operaciones; llegó a la convicción de que el universo *era en sí mismo una especie de holograma gigante y fluido*, y esta idea propició que sus diversas revelaciones cristalizaran en un conjunto coherente y sistemático. Publicó sus primeros trabajos sobre su visión holográfica del universo a principios de la década de los setenta, y en 1980 presentó un compendio meditado y maduro de sus pensamientos en un libro titulado *La totalidad y el orden implicado*, obra en la que no se limitó a reunir sus múltiples ideas, sino que las transfiguró en una nueva manera de contemplar la realidad tan increíble como radical.

ÓRDENES ENVUELTOS Y REALIDADES DESENVUELTAS

Una de las afirmaciones más sorprendentes de Bohm es que la realidad tangible de nuestras vidas cotidianas es realmente una especie de ilusión, como una imagen holográfica. Por debajo de la misma hay un orden de existencia más profundo, un nivel de realidad vasto y primario que da origen a todos los objetos y apariencias del mundo físico, de la misma manera que una placa holográfica da origen al holograma. Bohm llama orden *implicado* (que significa «envuelto» o «plegado») a ese nivel más profundo de la realidad, y se refiere a nuestro nivel de existencia como el orden *explicado* o desenvuelto.

Emplea estos términos porque concibe la manifestación de todas las formas del universo como el resultado de incontables envolvimientos y desenvolvimientos entre ambos órdenes. Sostiene, por ejemplo, que un electrón no es un objeto sino una totalidad o un conjunto envuelto en todo el espacio. Cuando un instrumento detecta la presencia de un solo electrón, ello se debe simplemente a que se ha desenvuelto un aspecto del conjunto del electrón, algo parecido a la gota de tinta que se despliega de la glicerina, en esa situación particular. Cuando parece que un electrón se mueve, ello obedece a una serie continua de envolvimientos y desenvolvimientos.

Dicho de otra forma: los electrones y las demás partículas no poseen mayor sustancialidad ni más permanencia que la forma que adopta un géiser cuando sale a borbotones de una montaña. Los sostiene una afluencia constante procedente del orden implicado. Y cuando parece que se destruye una partícula, no se ha perdido, sencillamente se ha vuelto a envolver en el orden más profundo del que surgió. Una película holográfica y la imagen que genera constituyen también un ejemplo de los órdenes implicado y explicado. La película representa el orden implicado porque la imagen codificada en sus patrones de interferencia constituye un todo oculto envuelto en la totalidad. El holograma que se proyecta a partir de la película es el orden explicado porque representa la versión perceptible y desenvuelta de la imagen.

El intercambio fluido y constante entre los dos órdenes explica que las partículas puedan transmutarse de un tipo a otro, como el electrón en el positronio. Cambios como este se pueden interpretar como que una partícula, digamos un electrón, se envuelve de nuevo en el orden implicado, mientras que otra, un fotón, se desenvuelve y ocupa su lugar. El intercambio explica también que un *quantum* pueda manifestarse como partícula o como onda. Según Bohm, ambos aspectos están siempre envueltos en un conjunto cuántico y lo que determina qué aspecto se despliega y cuál

permanece oculto es la manera en que el observador interactúa
con el conjunto. El papel que juega el observador en la determinación de la forma que adopta un *quantum* no es más misterioso
que el que desempeña un joyero cuando, al manipular una piedra
preciosa, decide qué facetas serán visibles y cuáles no. Como el
término *holograma* se refiere habitualmente a una imagen estática
que no transmite la naturaleza dinámica y siempre activa de los
incalculables envolvimientos y desenvolvimientos que crean el
universo momento a momento, Bohm prefiere describir el universo no como holograma, sino como «holomovimiento».

La existencia de un orden más profundo, organizado holográficamente, explica también por qué la realidad se vuelve no
local en el nivel subcuántico. Como hemos visto, cuando algo
se organiza holográficamente, toda noción de localización pierde sentido. Afirmar que cada parte de una película holográfica
contiene toda la información que posee toda la película es solo
otra forma de decir que la información está distribuida de forma no local. De ahí que, si el universo está organizado de acuerdo con principios holográficos, se pueda esperar que también
posea propiedades no locales.

LA TOTALIDAD NO DIVIDIDA DE TODAS LAS COSAS

Lo que más nos llena de perplejidad son las ideas plenamente desarrolladas de Bohm acerca de la totalidad. Como en
el cosmos todo está formado por el tejido holográfico ininterrumpido del orden implicado, a juicio de Bohm, tiene tan poco
sentido pensar que el universo está formado por «partes» como
creer que los distintos chorros de una fuente son independientes del agua de la que fluyen. Un electrón no es una «partícula
elemental»; es simplemente el nombre que se da a cierto aspecto del holomovimiento. Dividir la realidad en partes y después

darles nombre es siempre arbitrario, un mero convencionalismo, porque las partículas subatómicas (y todas las demás cosas que hay en el universo) no están más separadas unas de otras que los distintos motivos de una alfombra estampada.

Es una idea profunda. Einstein asombró al mundo cuando afirmó, en la teoría de la relatividad, que el espacio y el tiempo no son magnitudes independientes, sino que están uniformemente unidos y forman parte de un todo mayor que él denominó «continuo espacio-tiempo». Bohm lleva esa idea un paso —gigante— más allá. En su opinión, *todo* lo que hay en el universo forma parte de un continuo. A pesar de la aparente separación de las cosas en el orden explicado, todo es una extensión continua de todo lo demás y, al final, incluso los órdenes implicado y explicado se funden el uno con el otro.

Tómate un momento para pensar en esto. Observa tu mano. Ahora mira la luz que surge de la lámpara que tienes al lado. Contempla al perro que reposa a tus pies. No se trata meramente de que estéis hechos de lo mismo, sino de que *sois la misma cosa*. Una sola cosa. Indivisa. Un ente inmenso que ha extendido sus brazos y sus apéndices incontables hacia todos los objetos visibles, hacia los átomos, los mares turbulentos y las estrellas centelleantes del cosmos.

Bohm advierte que esto no significa que el universo sea una masa gigante indiferenciada. Las cosas pueden formar parte de un todo indiviso y poseer cualidades propias únicas. Para aclarar su planteamiento, dirige la mirada a los pequeños remolinos que se forman a menudo en los ríos. A primera vista, parecen elementos independientes y tienen muchas características individuales, como el tamaño, la velocidad, la dirección de rotación, etc. No obstante, un análisis minucioso revela que resulta imposible determinar dónde termina un remolino y dónde empieza el río. Del mismo modo, Bohm no insinúa que las diferencias entre las «cosas» carezcan de significado. Simplemente quiere que tengamos siempre presente que la división en «cosas» de diversos aspectos del holomovimiento constituye siempre una división teórica, una forma de resaltar esos aspectos en nuestra percepción mediante la forma en que pensamos. En un intento de corregir esa imprecisión, en lugar de llamar *cosas* a los diferentes aspectos del holomovimiento, prefiere denominarlos *subtotalidades relativamente autónomas*[10].

Lo cierto es que Bohm cree que la tendencia casi universal a fragmentar el mundo y a desestimar la interconexión dinámica que existe entre todas las cosas es la causa de muchos problemas no solo en el campo de la ciencia, sino también en nuestras vidas y en nuestra sociedad. Por ejemplo, creemos que podemos extraer las partes valiosas de la tierra sin afectar al conjunto. Pensamos que es posible tratar partes del cuerpo sin preocuparnos por la totalidad. Creemos que podemos abordar diversos problemas de la sociedad, como el crimen, la pobreza o la adicción a las drogas, sin examinar los problemas de la sociedad en su totalidad, etc. En sus escritos, Bohm argumenta vehementemente que nuestra forma actual de fragmentar el mundo en partes no solo no funciona, sino que puede llevarnos a la extinción.

La consciencia como una forma más sutil de materia

Además de explicar por qué los teóricos de la física cuántica encuentran tantos ejemplos de interconexión cuando se sumergen en las profundidades de la materia, el universo holográfico de Bohm explica otros muchos misterios. Uno de ellos es el efecto que la consciencia parece ejercer en el mundo subatómico. Como hemos visto, aunque Bohm rechaza la idea de que las partículas no existen hasta que son observadas, no se opone en principio al intento de unir la física y la consciencia. Sostiene simplemente que la mayoría de los físicos lo abordan de manera equivocada, tratando de fragmentar la realidad una vez más y afirmando que una entidad independiente, como la consciencia, interactúa con otra entidad independiente, como una partícula subatómica.

Como todas esas cosas son aspectos del holomovimiento, Bohm opina que no tiene sentido hablar de interacción entre la consciencia y la materia. En cierta manera, el observador *es* el observado. El observador es también el aparato de medición, los resultados de los experimentos, el laboratorio y la brisa que sopla fuera del laboratorio. De hecho, concibe la consciencia como una forma más sutil de materia y sostiene que la base de toda relación entre ambas no se encuentra en nuestro nivel de realidad, sino en las profundidades del orden implicado. La consciencia está presente en diversos grados del envolvimiento y del desenvolvimiento de la materia y tal vez sea esa la causa de que los plasmas posean características de organismos vivos. Según Bohm: «La capacidad de la forma para ser activa es el rasgo más característico de la mente, y ya con el electrón tenemos algo semejante a la mente»[11].

De manera similar, cree que tampoco tiene sentido dividir el universo en organismos vivos y objetos inertes. La materia animada y la materia inanimada están entretejidas inseparablemente y la vida también está envuelta en la totalidad del universo. Hasta una roca está viva en cierto modo, afirma Bohm, porque la vida y la inteligencia están presentes no ya en toda la materia, sino también en la «energía», en el «espacio», en el «tiempo», en «el tejido del universo entero» y en todo lo demás que extraemos del holomovimiento y contemplamos erróneamente como entidades independientes.

La idea de que la consciencia y la vida (y, de hecho, todas las cosas) son conjuntos envueltos en todo el universo tiene un aspecto secundario igualmente asombroso. Al igual que cada fragmento de un holograma contiene la imagen del todo, cada porción del universo contiene el todo. Esto significa que podríamos encontrar la galaxia Andrómeda en la uña del dedo gordo de nuestra mano izquierda si supiéramos cómo acceder a ella. Asimismo, podríamos encontrar a Cleopatra cuando se reunió con César por primera vez, porque, en principio, todo el pasado y las repercusiones para todo el futuro también están ocultos en cada pequeña región del espacio y del tiempo. El cosmos entero está envuelto en cada célula de nuestro cuerpo. Y lo mismo ocurre con cada hoja, cada gota de lluvia, cada mota de polvo, lo cual otorga un significado nuevo al famoso poema de William Blake:

> *Ver un mundo en un grano de arena*
> *y un cielo en una flor silvestre,*
> *abarcar el infinito en la palma de la mano*
> *y la eternidad en una hora.*

LA ENERGÍA DE UN BILLÓN DE BOMBAS ATÓMICAS EN CADA CENTÍMETRO CÚBICO DEL ESPACIO

Si nuestro universo es solo una pálida sombra de un orden más profundo, ¿qué más yace oculto, envuelto en la trama y la urdimbre de nuestra realidad? Bohm tiene una sugerencia. Según los conocimientos actuales de la física, todas las zonas del espacio están plagadas de distintos tipos de campos formados por ondas de diversas longitudes. Cada onda posee siempre al menos cierta cantidad de energía. Cuando los físicos calcularon la cantidad mínima de energía que puede tener una onda, descubrieron que *¡cada centímetro cúbico de espacio vacío contiene más energía que la energía total de toda la materia que existe en el universo conocido!*

Algunos físicos se niegan a tomarse en serio un cálculo como este y suponen que es erróneo de un modo u otro. Según Bohm, es cierto que existe ese mar infinito de energía y que revela al menos algo sobre la inmensa naturaleza oculta del orden implicado. Cree que la mayoría de los físicos ignoran la existencia de ese inmenso mar de energía porque, como peces que no son conscientes del agua en la que nadan, han aprendido a concentrarse primordialmente en los objetos inmersos en el mar, en la materia.

La idea de Bohm de que el espacio es tan real y tan rico en procesos como la materia que se mueve en él alcanza su plena madurez en sus tesis sobre el mar implicado de energía. La materia no existe con independencia de ese mar, del llamado *espacio vacío*; constituye una parte del espacio. Para explicar lo que quiere decir, Bohm propone la siguiente analogía: un cristal enfriado hasta el cero absoluto permite que un chorro de electrones lo atraviese sin dispersarlos. Si se eleva la temperatura, se producirán grietas en el cristal que comprometerán su transparencia, por decirlo así, y los electrones empezarán a dispersarse. Desde la perspectiva de un electrón, las grietas aparentarían ser trozos de «materia» flotando en un mar de nada, cuando en realidad no es así. La nada y los trozos de materia no existen con independencia unos de otros. Forman parte del mismo tejido, del orden más profundo del cristal.

Bohm sostiene que en nuestro nivel de existencia sucede lo mismo. El espacio no está vacío. Está *lleno*. Constituye un pleno más que un vacío y representa la base de la existencia de todo, incluidos nosotros mismos. El universo no está separado de este mar cósmico de energía; representa una onda en su superficie, un «patrón de excitación» comparativamente ínfimo en medio de un océano inimaginablemente inmenso. «Este patrón de excitación es relativamente autónomo y origina proyecciones aproximadamente recurrentes, estables y separables en un orden explicado de manifestación tridimensional», afirma Bohm[12]. En otras palabras: a pesar de su materialidad aparente y de su enorme tamaño, el universo no existe en sí mismo ni por sí mismo, sino que es un vástago de algo mucho más extenso e inefable. Más aún: no es siquiera una gran manifestación de ese algo más vasto, sino únicamente una sombra pasajera, un detalle menor en el gran esquema de las cosas.

El mar infinito de energía no es todo lo que está envuelto en el orden implicado. Dado que el orden implicado es la base que ha dado origen a todo lo que hay en nuestro universo, contiene también como mínimo todas las partículas subatómicas que han sido o serán, toda forma posible de materia, energía, vida y consciencia, desde los quásares hasta el cerebro de Shakespeare, desde la doble hélice del ADN hasta las fuerzas que controlan el tamaño y la forma de las galaxias. Y ni siquiera esto es todo lo que puede contener. Bohm admite que no hay razón para creer que el orden implicado representa el fin de las cosas. Más allá puede haber otros órdenes jamás soñados, etapas infinitas de una evolución ulterior.

APOYO EXPERIMENTAL AL UNIVERSO HOLOGRÁFICO DE BOHM

Hay varios descubrimientos fascinantes en el campo de la física que sugieren que Bohm puede tener razón. Aun dejando aparte el mar implicado de energía, el espacio está repleto de luz y de otras ondas electromagnéticas que se entrecruzan e interfieren entre sí constantemente. Como hemos visto, las partículas son también ondas. Esto significa que los objetos físicos y todo lo demás que percibimos en la realidad están compuestos de patrones de interferencia, lo cual tiene consecuencias holográficas innegables.

Otro dato convincente procede de un descubrimiento realizado en un experimento reciente. En los años setenta, la tecnología había avanzado lo suficiente como para llevar a cabo el experimento de las dos partículas planteado por Bell, y varios investigadores acometieron la tarea. Aunque sus resultados resultaron prometedores, ninguno alcanzó conclusiones definitivas. Fue en 1982 cuando los físicos Alain Aspect, Jean Dalibard y Gérard Roger del Instituto de Óptica de la Universidad de París obtuvieron el éxito esperado. En primer lugar, produjeron una serie de fotones gemelos mediante el calentamiento con láser de átomos de calcio. A continuación, permitieron que cada fotón se desplazara en direcciones opuestas por un conducto de seis metros y medio hasta pasar por unos filtros especiales que los dirigían hacia uno de los dos analizadores de polarización posibles. Cada filtro tardó diez mil millonésimas de segundo en cambiar de un analizador al otro, alrededor de treinta mil millonésimas de segundo menos de lo que tardó la luz en recorrer los trece metros que separaban cada par de fotones. De esta manera, Aspect y sus colegas consiguieron descartar toda posibilidad de que los fotones se comunicaran a través de cualquier proceso físico conocido.

Aspect y su equipo descubrieron que, como predecía la teoría cuántica, cada fotón seguía siendo capaz de correlacionar su ángulo de polarización con el de su gemelo. Eso significaba que, o bien se estaba violando la prohibición de Einstein respecto a la posibilidad de una comunicación más rápida que la luz, o bien los dos fotones estaban conectados de forma no local. Como la mayoría de los físicos se resisten a admitir procesos más rápidos que la luz, el experimento de Aspect se contempla por lo general como una prueba material de que la conexión entre los dos fotones no es local. Además, como observa Paul Davies, físico de la Universidad de Newcastle-upon-Tyne, Inglaterra, dado que *todas* las partículas están continuamente interactuando y separándose, «el aspecto no local de los sistemas cuánticos es, pues, una propiedad general de la naturaleza»[13].

Los descubrimientos de Aspect no demuestran que el modelo de universo de Bohm sea correcto, pero le proporcionan un respaldo enorme. De hecho, como hemos mencionado ya, en opinión de Bohm, ninguna teoría resulta correcta en términos absolutos, ni siquiera la suya. Todas las teorías no son más que aproximaciones a la verdad, mapas finitos que usamos para intentar representar un territorio infinito e indivisible. Esto no significa que Bohm considere que su teoría no es demostrable. Está convencido de que, en algún momento en el futuro, se desarrollarán técnicas que permitirán someter a prueba sus ideas (cuando a Bohm le critican este punto, señala que hay varias teorías en física, como la «teoría de las supercuerdas», que probablemente no podrán verificarse durante varias décadas).

LA REACCIÓN DE LA COMUNIDAD FÍSICA

La mayoría de los físicos contemplan las ideas de Bohm con escepticismo. Por ejemplo, el físico de Yale Lee Smolin simplemente no encuentra la teoría de Bohm «muy convincente, físicamente»[14]. Sin embargo, existe un respeto casi universal por la inteligencia de Bohm. La opinión de Abner Shimony, físico de la Universidad de Boston, es representativa en este sentido: «Me temo que simplemente no entiendo su teoría. Es una metáfora, ciertamente, y la cuestión es cómo interpretar literalmente esa metáfora. No obstante, ha pensado profundamente sobre el tema y creo que ha prestado un servicio enorme al poner esas cuestiones al frente de la investigación de la física en lugar de haberse limitado a silenciarlas. Ha sido un hombre valeroso, audaz e imaginativo»[15].

Aparte de ese escepticismo, también hay físicos que ven con simpatía las ideas de Bohm, entre los cuales figuran mentes privilegiadas como Roger Penrose, de Oxford, creador de la teoría moderna del agujero negro; Bernard d'Espagnat, de la Universidad de París, una de las autoridades más importantes del mundo sobre los fundamentos conceptuales de la teoría cuántica, y Brian Josephson, de Cambridge, ganador del Premio Nobel de Física en 1973. En opinión de Josephson, el orden implicado de Bohm puede llegar algún día a incluir a Dios, o a la Mente, en el marco de la ciencia, una idea que Josephson apoya[16].

LA CONFLUENCIA DE PRIBRAM Y BOHM

Consideradas conjuntamente, las teorías de Bohm y de Pribram proporcionan una forma nueva y profunda de contemplar el mundo: *nuestros cerebros construyen matemáticamente la realidad objetiva interpretando frecuencias que son, en última instancia, proyecciones procedentes de otra dimensión, de un orden más profundo de la existencia que trasciende el tiempo y el espacio. El cerebro es un holograma envuelto en un universo holográfico.*

Esta síntesis hizo que Pribram se percatara de que el mundo objetivo no existe, al menos no de la manera en que estamos acostumbrados a creer. Lo que hay «ahí fuera» es un vasto mar de ondas y frecuencias, y la realidad nos parece concreta solo porque nuestros cerebros son capaces de tomar la confusa nube holográfica y convertirla en palos y piedras y demás objetos familiares que constituyen nuestro mundo. ¿Cómo puede el cerebro (que está compuesto, a su vez, de frecuencias de materia) captar algo tan insustancial como una nube borrosa de frecuencias y hacer que parezca sólido al tacto? «La clase de proceso matemático que Bekesy simuló con los vibradores es fundamental para entender la forma en que nuestros cerebros construyen la imagen que tenemos del mundo exterior», declara Pribram[17]. En otras palabras: la finura de una pieza de buena porcelana china y la sensación de la arena de la playa bajo los pies constituyen en realidad meras versiones elaboradas del síndrome del miembro fantasma.

De acuerdo con Pribram, esto no significa que no haya tazas de porcelana y granos de arena ahí fuera. Significa simplemente que la realidad de una taza de porcelana posee dos aspectos muy distintos. Cuando se filtra a través de la lente del cerebro, se manifiesta como una taza. Pero, si pudiéramos desprendernos de nuestras lentes, la experimentaríamos como un patrón de interferencia. ¿Cuál es real, y cuál, una ilusión?

«Para mí, ambas son reales —dice Pribram— o, si queréis, ninguna de las dos lo es»[18].

Este estado de cosas no se limita a las tazas de porcelana. También nosotros tenemos dos aspectos muy distintos en nuestra realidad. Podemos vernos como cuerpos físicos que se mueven por el espacio. O podemos vernos como una nube borrosa de patrones de interferencia envueltos en todo el holograma cósmico. Bohm cree que el segundo punto de vista podría ser el más acertado, porque pensar en nosotros como una mente/cerebro holográfico que *mira* un universo holográfico es un pensamiento teórico nuevamente, un intento de separar dos cosas que en última instancia resultan inseparables[19].

No te preocupes si esto te resulta difícil de entender. La idea del holismo es relativamente sencilla cuando se trata de algo externo a nosotros, como una manzana representada en un holograma. La verdadera complejidad surge del hecho de que, en este caso, no estamos contemplando un holograma desde fuera, sino que formamos parte del holograma mismo.

Esta dificultad revela, además, lo radical que es la revisión de nuestra manera de pensar que proponen Bohm y Pribram. Sin embargo, no es la única revisión radical. La afirmación de Pribram de que el cerebro construye objetos palidece ante otra de las conclusiones de Bohm: *construimos el tiempo y el espacio*[20]. Las implicaciones de tal afirmación figuran entre los temas que examinaremos al analizar cómo las ideas de Bohm y Pribram han influido en la obra de investigadores de otros campos.

SEGUNDA PARTE

CUERPO Y MENTE

«Si contemplásemos de cerca a un ser humano, advertiríamos inmediatamente que es un holograma único en sí mismo; contenido, generado y cognoscible por sí mismo. Pero, si arrancásemos a este ser de su contexto planetario, observaríamos enseguida que la forma humana se asemeja al mandala o al poema simbólico, puesto que en su forma y flujo reside una vasta información sobre diversos contextos físicos, sociales, psicológicos y evolutivos dentro de los cuales se creó».

KEN DYCHTWALD, *El paradigma holográfico*

CAPÍTULO 3

El modelo holográfico y la psicología

«El modelo tradicional de la psiquiatría y el psicoanálisis es estrictamente personalista y biográfico, pero la investigación moderna sobre la consciencia ha añadido nuevos niveles, planos y dimensiones y demuestra que la psique humana se corresponde esencialmente con el universo entero y con toda la existencia».

STANISLAV GROF, *Psicología transpersonal: nacimiento, muerte y trascendencia en psicoterapia*

L A PSICOLOGÍA ES UNA DE LAS ÁREAS de investigación que ha recibido el impacto del modelo holográfico. No es de extrañar porque, como ha señalado Bohm, la consciencia misma proporciona un ejemplo perfecto de lo que pretende expresar cuando habla de movimiento continuo y fluido. Si bien el flujo y reflujo de la consciencia no se puede definir con precisión, sí se puede contemplar como la realidad más profunda y fundamental desde la cual se desenvuelven nuestras ideas y pensamientos. Los pensamientos e ideas, por su parte, no se diferencian de las olas, remolinos y vórtices que se forman en un arroyo que fluye y, al igual que los remolinos de un arroyo, algunos pueden reaparecer y persistir de forma más o menos estable, mientras que otros son etéreos y se desvanecen casi con la misma rapidez con que aparecen.

La idea holográfica también arroja luz sobre la conexión inexplicable que se produce a veces entre las consciencias de dos o más individuos. Uno de los ejemplos más célebres de dichas conexiones se materializa en el concepto del inconsciente colectivo del psiquiatra suizo Carl Jung. A comienzos de su carrera, Jung se convenció de que los sueños, las obras de arte, las fantasías y las alucinaciones de sus pacientes a menudo contenían símbolos e ideas que no podían ser explicadas por completo como productos de su historia personal. Dichos símbolos, en cambio, guardaban mayor semejanza con imágenes y temas de las grandes mitologías y religiones del mundo. Llegó a la conclusión de que los mitos, los sueños, las alucinaciones y las visiones religiosas proceden de la misma fuente: un inconsciente colectivo compartido por todos.

Jung llegó a esa conclusión en 1906, tras una experiencia relacionada con la alucinación de un joven que padecía esquizofrenia paranoide. Un día, mientras hacía la ronda de visitas, encontró al joven contemplando el sol junto a la ventana. Además, movía la cabeza de un lado a otro de forma curiosa. Cuando Jung le preguntó qué estaba haciendo, él le explicó que estaba mirando el pene del sol y que, cuando movía la cabeza de un lado a otro, el pene del sol se movía y hacía que soplara el viento.

En aquel entonces, Jung consideró que la afirmación del joven era producto de una alucinación. Sin embargo, varios años después, encontró una traducción de un texto religioso persa de dos mil años de antigüedad que le hizo cambiar de opinión. El texto contenía una serie de rituales e invocaciones destinados a provocar visiones. Describía una de las visiones y afirmaba que, si el participante miraba el sol, vería que un tubo colgaba de este y que, cuando el tubo se moviera de lado a lado, haría que el viento soplara. Como las circunstancias hacían que fuera extremadamente improbable que el hombre hubiera tenido contacto con aquel texto, Jung llegó a la conclusión de que la visión del hombre no era simplemente fruto de su inconsciente, sino que había emergido de un nivel más profundo, del inconsciente colectivo de la propia raza humana. Jung denominó *arquetipos* a esas imágenes y creía que eran tan antiguas que era como si cada uno de nosotros albergara la memoria de un hombre de dos millones de años oculta en lo más recóndito del inconsciente.

Aunque el concepto de inconsciente colectivo ha tenido un impacto enorme en la psicología y, hoy en día, lo aceptan innumerables psicólogos y psiquiatras, nuestro entendimiento actual del universo no ofrece mecanismo alguno que explique su existencia. No obstante, la interconexión de todas las cosas que predice el modelo holográfico sí ofrece una explicación. En un universo en el que todo está infinitamente interconectado, las consciencias están también interconectadas. Somos seres sin fronteras, a pesar de las apariencias. O, en palabras de Bohm, «en lo más profundo, la consciencia de la humanidad es una»[1].

Si cada uno de nosotros tiene acceso al conocimiento inconsciente de toda la raza humana, ¿cómo es que no somos todos enciclopedias andantes? Robert M. Anderson Jr., psicólogo del Rensselaer Polytechnic Institute de Troy, Nueva York, cree que el motivo radica en que solo somos capaces de obtener del orden implicado la información directamente relacionada con nuestros recuerdos. Anderson denomina a ese proceso selectivo *resonancia personal* y lo vincula al hecho de que un diapasón en vibración resonará con otro diapasón (o creará una vibración en él) *únicamente* si la estructura, el tamaño y la forma del segundo son similares a los del primero. En su opinión, «debido a la resonancia personal, la consciencia personal de un individuo solo tiene a su disposición unas cuantas imágenes, relativamente pocas, de la casi infinita variedad de imágenes que hay en la estructura holográfica implicada del universo. Así, cuando hace siglos las personas iluminadas vislumbraron esa consciencia unitiva, no escribieron la teoría de la relatividad porque no estaban aprendiendo física en un contexto similar al de Einstein durante sus estudios de Física»[2].

LOS SUEÑOS Y EL UNIVERSO HOLOGRÁFICO

Otro investigador convencido de que el orden implicado de Bohm tiene aplicaciones en la psicología es el psiquiatra Montague Ullman, fundador del Laboratorio del Sueño del Centro Médico Maimónides de Brooklyn, Nueva York, y profesor emérito de Psiquiatría Clínica en el Albert Einstein College of Medicine, también en Nueva York. Su interés por el concepto holográfico surgió de la sugerencia de que todas las personas están interconectadas en el orden holográfico. Tal interés obedecía a una buena razón: a lo largo de las décadas de los sesenta y los setenta dirigió muchos de los experimentos EPS del sueño mencionados en la introducción. Todavía hoy, los estudios EPS del sueño realizados en el Maimónides constituyen una de las mejores pruebas empíricas de que, al menos en nuestros sueños, poseemos la capacidad de comunicarnos de varias maneras que carecen de explicación en la actualidad.

Uno de sus experimentos representativos consistía en pedirle a un voluntario, que afirmaba que no poseía dotes psíquicas, que durmiera en una habitación del laboratorio mientras otra persona, en otra habitación, se concentraba en una pintura seleccionada al azar y trataba de conseguir que el voluntario soñara con la imagen que contenía. Algunas veces, los resultados no fueron concluyentes, pero, otras, los voluntarios tuvieron sueños claramente influidos por las pinturas. Por ejemplo, cuando la pintura seleccionada era *Animales*, de Tamayo —que representa a dos perros mostrando los dientes y aullando sobre un montón de huesos—, el sujeto soñó que asistía a un banquete en el que no había carne suficiente y todos los comensales se miraban con recelo mientras devoraban con gula las porciones que les habían repartido.

En otro experimento, el cuadro en cuestión era *París a través de la ventana*, de Chagall, una pintura de colores vibrantes que representa a un hombre asomado a la ventana contemplando las casas de París recortadas contra el horizonte. La pintura contenía también otras características inusuales, como un gato con rostro humano, varias figuritas humanas volando por el aire y una silla cubierta de flores. Durante varias noches, el sujeto soñó repetidamente con motivos franceses: arquitectura francesa, la gorra de un policía francés y un hombre con atuendo francés que contemplaba varias «capas» de un pueblo francés. Algunas imágenes de sus sueños también parecían referencias específicas a los vivos colores de la pintura y sus rasgos inusuales, como, por ejemplo, la imagen de un grupo de abejas volando alrededor de unas flores o una celebración carnavalesca, de colores brillantes, en la que la gente llevaba disfraces y máscaras[3].

Aunque Ullman cree que esos descubrimientos constituyen una prueba del estado subyacente de interconexión del que habla Bohm, piensa asimismo que puede encontrarse un ejemplo aún más profundo de la totalidad holográfica en otro aspecto del sueño. Se trata de la capacidad de nuestro yo soñador para ser mucho más sabio de lo que somos cuando estamos despiertos. Según Ullman, podía suceder que, en su consulta de psicoanálisis, atendiera a un paciente que, en estado de vigilia, no revelaba iluminación alguna: una persona mezquina, egoísta, arrogante, explotadora y manipuladora que había fragmentado y deshumanizado todas sus relaciones personales. Ahora bien, por muy ciega que estuviera una persona espiritualmente hablando, o por poco dispuesta que estuviera a reconocer sus defectos, sus sueños los exponían con una sinceridad invariable y construían metáforas que parecían concebidas para persuadirla amablemente de que alcanzara un estado de mayor auto-conocimiento.

Además, esos sueños no se tienen solo una vez. A lo largo de su carrera, Ullman observó que, cuando uno de sus pacientes no reconocía o no aceptaba alguna verdad sobre sí mismo, esa verdad salía a la luz una y otra vez en sus sueños, bajo distintos disfraces metafóricos y vinculada a distintas experiencias de su pasado, pero siempre como si pretendiera ofrecerle nuevas oportunidades para aceptar la verdad.

Como un hombre puede desoír el consejo de sus sueños y, sin embargo, vivir hasta los cien años, Ullman cree que ese proceso autoeducativo persigue algo más que el bienestar del individuo en sí. Cree que la naturaleza se preocupa por la supervivencia de las especies. También está de acuerdo con Bohm sobre la importancia de la totalidad y piensa que los sueños constituyen el modo en que la naturaleza intenta contrarrestar nuestra compulsión, aparentemente inagotable, por fragmentar el mundo. En sus propias palabras: «Un individuo puede desvincularse de todo lo cooperativo, significativo y cariñoso y, aun así, sobrevivir, pero las naciones no cuentan con ese lujo. A menos que aprendamos a superar las distintas formas en que hemos fragmentado la raza humana —nacionalmente, religiosamente, económicamente o como sea—, continuaremos encontrándonos en una posición en la que podemos destruirlo todo accidentalmente. La única manera en que podemos lograrlo es comprender cómo fragmentamos nuestra existencia como individuos. Los sueños reflejan nuestra experiencia individual, pero obedecen a una necesidad mayor subyacente de preservar la especie, de mantener la cohesión de la especie»[4].

¿Cuál es la fuente del flujo interminable de sabiduría que emerge en nuestros sueños? Ullman admite su ignorancia, pero ofrece una sugerencia. Dado que el orden implicado representa una fuente infinita de información, quizá sea el origen de ese inmenso fondo de conocimiento. Tal vez los sueños constituyan el puente de unión entre los órdenes no manifiestos de percepción y representen «la transformación natural de lo implicado en lo explicado»[5]. De ser así, la suposición de Ullman invierte la visión psicoanalítica tradicional de los sueños, pues, en vez de que el contenido onírico emerja de un sustrato primitivo de la personalidad hacia la consciencia, el proceso sería exactamente el contrario.

LA PSICOSIS Y EL ORDEN IMPLICADO

En opinión de Ullman, la idea holográfica también puede explicar algunos aspectos de la psicosis. Tanto Bohm como Pribram han señalado que las experiencias que los místicos han relatado durante años —la sensación de unidad cósmica con el universo, el sentido de comunión con la vida, etc.— guardan un notable parecido con las descripciones del orden implicado. Sugieren que quizá los místicos son capaces de un modo u otro de ver más allá de la realidad explicada ordinaria y de vislumbrar sus cualidades más profundas y holográficas. Ullman piensa que los psicóticos también experimentan ciertos aspectos del nivel holográfico de la realidad, aunque, al ser incapaces de ordenar sus experiencias racionalmente, sus atisbos constituyen meras parodias trágicas de lo que relatan los místicos.

Los esquizofrénicos, por ejemplo, cuentan a menudo que tienen sensaciones oceánicas de unidad con el universo, pero de una forma mágica y artificiosa. Describen la sensación de pérdida de fronteras entre ellos y los otros, lo cual los lleva a suponer que sus pensamientos ya no son privados, o a creer que pueden leer los pensamientos de otras personas. En lugar de percibir a la gente, los objetos y los conceptos como entidades individuales, muchas veces los conciben como miembros de subclases cada vez más grandes, una tendencia que parece ser una forma de expresar el carácter holográfico de la realidad en la que se encuentran.

A juicio de Ullman, los esquizofrénicos intentan transmitir su sensación de totalidad continua del mismo modo en que perciben el tiempo y el espacio. Diversos estudios revelan que muchas veces los esquizofrénicos tratan lo contrario de una relación exactamente igual que la relación misma[6]. Por ejemplo, según la forma de pensar de los esquizofrénicos, decir que «el acontecimiento A sigue al acontecimiento B» equivale a afirmar que «el acontecimiento B sigue al acontecimiento A». La idea de que un acontecimiento siga a otro en una secuencia temporal cualquiera no tiene sentido, porque todos los momentos son iguales para ellos. Lo mismo ocurre con las relaciones espaciales. Si la cabeza de un hombre está sobre sus hombros, entonces sus hombros están también sobre su cabeza. Como ocurre con la imagen en una película holográfica, los objetos ya no disponen de ubicaciones precisas y las relaciones espaciales dejan de tener significado.

Ullman cree que ciertos aspectos del pensamiento holográfico son todavía más pronunciados en los maníaco-depresivos. Mientras que el esquizofrénico solo obtiene bocanadas del orden holográfico, el maníaco está profundamente inmerso en él y se identifica presuntamente con su potencial infinito. «No puede mantenerse al tanto de todos los pensamientos e ideas que le asaltan de manera abrumadora —afirma Ullman—. Tiene que mentir, disimular y manipular a los que están a su alrededor para acomodarse a su perspectiva expansiva. El resultado final es mayormente el caos y la confusión mezclados con estallidos ocasionales de creatividad y éxito en la realidad consensual»[7]. Por otro lado, el maníaco se deprime al regresar de sus vacaciones surrealistas y enfrentarse una vez más a los peligros y a los sucesos azarosos de la vida cotidiana. Si es verdad que todos accedemos a aspectos del orden implicado cuando soñamos, ¿por qué esos encuentros no producen en nosotros el mismo efecto que tienen sobre los psicóticos? Una razón, según Ullman, es que, cuando nos despertamos, dejamos atrás la lógica única y estimulante del sueño. El psicótico, por su enfermedad, se ve obligado a luchar con ella mientras intenta simultáneamente funcionar en la realidad cotidiana. Asimismo, Ullman mantiene la teoría de que, cuando soñamos, la mayoría de nosotros posee un mecanismo protector natural que nos impide entrar en contacto con más aspectos del orden implicado de los que podemos sobrellevar.

SUEÑOS LÚCIDOS Y UNIVERSOS PARALELOS

En los últimos años, los psicólogos se han ido interesando cada vez más por los *sueños lúcidos*, una clase de sueño en la que el soñador mantiene la consciencia plenamente despierta y es consciente de que está soñando. Además del factor de la consciencia, los sueños lúcidos son únicos por otros motivos. A diferencia de los sueños convencionales, en los que el soñador es un participante pasivo principalmente, el soñador, en un sueño lúcido, con frecuencia es capaz de controlar el sueño de varias maneras: transformando las pesadillas en experiencias agradables, modificando el escenario del sueño o evocando individuos o situaciones particulares. Los sueños lúcidos son también mucho más vívidos que los sueños normales y están llenos de vitalidad. En un sueño lúcido, los suelos de mármol parecen extrañamente sólidos y reales, y las flores, asombrosamente coloridas y fragantes; todo es vibrante y está dotado de una extraña energía. Quienes investigan los sueños lúcidos sostienen que estos pueden estimular el crecimiento personal, reforzar la confianza en uno mismo, promover la salud física y mental y facilitar el abordaje creativo de los problemas[8].

En la reunión anual de 1987 de la Asociación para el Estudio de los Sueños celebrada en Washington D. C., el físico Alan Wolf impartió una conferencia en la que afirmó que el modelo holográfico puede ayudar a explicar ese fenómeno inusual. Wolf, que tiene sueños lúcidos de vez en cuando, señala que una placa holográfica genera dos imágenes: una imagen virtual que se sitúa aparentemente en el espacio detrás de la película y una imagen real que aparece en el espacio frente a la película. Una diferencia entre ambas radica en que las ondas lumínicas que componen la imagen virtual parecen emanar *de* un foco o fuente aparentes. Como hemos visto antes, eso es una ilusión, pues la imagen virtual de un holograma no tiene más extensión en el espacio que una imagen en un espejo. Pero la imagen real del holograma está formada por ondas lumínicas que convergen hacia un foco, y eso no es una ilusión. La imagen real sí posee extensión en el espacio. Desgraciadamente, se presta poca atención a esta imagen real en las aplicaciones habituales de la holografía, pues, al formarse en el aire vacío, permanece invisible y solo se revela cuando es atravesada por partículas de polvo o cuando alguien lanza una bocanada de humo sobre ella.

Wolf considera que todos los sueños son hologramas internos y que los sueños ordinarios son menos vívidos porque corresponden a imágenes virtuales. En su opinión, el cerebro también posee la capacidad de generar imágenes reales y eso es exactamente lo que hace cuando tenemos sueños lúcidos. La viveza inusual del sueño lúcido se debe a que las ondas convergen en lugar de divergir. «Si en el punto donde se concentran las ondas hay un *espectador*, este estará sumergido en la escena, y la escena que aparece lo *contendrá*. De esta forma, la experiencia del sueño se le antojará *lúcida*», observa Wolf[9].

Al igual que Pribram, Wolf cree que la mente crea la ilusión de la realidad *exterior* a través del mismo tipo de procesos estudiados por Bekesy. A su juicio, esos procesos son también lo que le permite al soñador lúcido crear realidades subjetivas, realidades en las que cosas como los suelos de mármol y las flores son tan reales y tangibles como sus equivalentes objetivos. De hecho, piensa que la capacidad para permanecer lúcido en los sueños sugiere que quizá no haya mucha diferencia entre el mundo exterior y el mundo interior. Y añade: «Cuando el observador y lo observado se pueden separar hasta poder decir "esto es lo observado" y "este es el observador", lo que según parece es una impresión característica del estado lúcido, me parece cuestionable considerar que [los sueños lúcidos] son subjetivos»[10].

Wolf plantea que los sueños lúcidos (y quizá todos los sueños) son realmente visitas a universos paralelos. Se trata de hologramas más pequeños integrados en el holograma mayor y más inclusivo. Sugiere incluso que la capacidad de tener sueños lúcidos debería llamarse «consciencia de universo paralelo». Como afirma: «La llamo así porque creo que los universos paralelos surgen como otras imágenes en el holograma»[11]. Posteriormente examinaremos con más profundidad esta y otras ideas sobre la naturaleza última del sueño.

UN VIAJE GRATIS EN EL METRO INFINITO

La idea de que somos capaces de acceder a imágenes del inconsciente colectivo, o incluso de visitar universos paralelos en sueños, palidece ante las conclusiones de otro investigador destacado, influido por el modelo holográfico. Es Stanislav Grof, jefe de investigación psiquiátrica del Maryland Psychiatric Research Center y profesor ayudante de Psiquiatría en la Facultad de Medicina de la Universidad Johns Hopkins. Después de dedicar más de treinta años al estudio de estados no ordinarios de consciencia, Grof ha llegado a la conclusión de que la interconexión holográfica pone a disposición de la psique una cantidad abrumadora de vías de exploración, que son prácticamente infinitas.

Grof empezó a interesarse por los estados no ordinarios de consciencia en los años cincuenta, mientras investigaba los usos clínicos del alucinógeno LSD en el Instituto de Investigación Psiquiátrica de su Praga natal (Checoslovaquia). El propósito de la investigación era determinar si el LSD tenía aplicaciones terapéuticas. Cuando comenzó su investigación, la mayoría de los científicos consideraba que la experiencia con el LSD constituía poco más que una reacción por estrés, la manera en que el cerebro respondía a una sustancia química nociva. Pero, al estudiar los informes de las experiencias de sus pacientes, Grof no encontró indicios de reacciones recurrentes por estrés. Había, en cambio, una clara continuidad a lo largo de las sesiones de cada paciente. Según él, «parecía que el contenido de las experiencias, en vez de ser inconexo y aleatorio, revelaba sucesivamente niveles cada vez más profundos del inconsciente»[17]. Aquello sugería que sesiones repetidas de LSD tenían consecuencias importantes para la práctica y la teoría de la psicoterapia y proporcionó a Grof y a sus colegas el impulso que necesitaban para seguir con la investigación. Los resultados fueron asombrosos. Enseguida estuvo claro que una serie de sesiones consecutivas de LSD podía acelerar el proceso psicoterapéutico y acortar el tiempo de tratamiento necesario para muchas alteraciones. Se desenterraban y afrontaban recuerdos traumáticos que habían obsesionado a personas durante años y en alguna ocasión se curaron incluso afecciones graves como la esquizofrenia[13]. Pero lo más sorprendente fue que muchos pacientes enseguida dejaron atrás las cuestiones relacionadas con su enfermedad y se adentraron en zonas desconocidas para la psicología occidental.

Una experiencia común era la de revivir la existencia en el útero. Al principio, Grof pensaba que eran solo experiencias imaginadas, pero, cuando los datos se siguieron acumulando, cayó en la cuenta de que el conocimiento embriológico implícito en las descripciones superaba con creces la formación previa en la materia que poseían los pacientes. Estos describían con precisión ciertas características de los sonidos del corazón de su madre, la naturaleza de los fenómenos acústicos en la cavidad peritoneal, detalles específicos sobre la circulación de la sangre en la placenta y hasta pormenores acerca de los diversos procesos celulares y bioquímicos que se producían. Describían también sentimientos y sensaciones importantes que había experimentado su madre durante el embarazo y acontecimientos tales como los traumas físicos que había sufrido.

Siempre que le era posible, Grof investigaba esas declaraciones y pudo verificarlas en varias ocasiones consultando a la madre y a otras personas que habían participado en la experiencia. Los psiquiatras, psicólogos y biólogos que tuvieron recuerdos anteriores al nacimiento durante su formación para el programa (todos los terapeutas que participaron en el estudio se sometieron a varias sesiones de psicoterapia con LSD) expresaban un asombro similar por la aparente autenticidad de las experiencias[14].

Las más desconcertantes eran las experiencias en las que la consciencia parecía expandirse más allá de los límites habituales del yo para explorar la experiencia de ser otras cosas vivas e incluso otros objetos inanimados. Por ejemplo, Grof atendió a una paciente que se convenció de repente de que había adoptado la identidad de un reptil prehistórico hembra. No solo daba una descripción rica en detalles de lo que suponía hallarse confinada en dicha forma, sino que comentó que el elemento de la anatomía del macho de su especie que le parecía más excitante sexualmente consistía en una mancha de escamas de colores situada en el lateral de la cabeza. Si bien la mujer carecía de conocimientos previos sobre esta materia, Grof consultó posteriormente a un zoólogo que confirmó que, en ciertas especies de reptiles, las zonas coloreadas de la cabeza juegan ciertamente un papel importante como estímulo en la excitación sexual.

Los pacientes eran capaces asimismo de conectar con la consciencia de sus parientes y ancestros. Una mujer experimentó lo que suponía ser su madre a la edad de trece años y describió con exactitud un suceso aterrador que le había ocurrido a su madre en aquel momento. La mujer describió asimismo con precisión la casa en la que había vivido su madre, así como el pichi blanco que solía llevar, detalles que su madre confirmó después, admitiendo que nunca se los había confiado antes. Otros pacientes ofrecieron descripciones igualmente exactas sobre acontecimientos vividos por sus ancestros décadas e incluso siglos atrás.

Entre otras experiencias estaba el acceso a recuerdos colectivos y raciales. Individuos de origen eslavo experimentaron lo que suponía participar en las conquistas de las hordas mongolas de Gengis Kan, bailar en trance con los bosquimanos del Kalahari, sufrir los ritos iniciáticos de los aborígenes australianos y morir como víctimas en los sacrificios aztecas. Y, una vez más, las descripciones contenían frecuentemente hechos históricos oscuros y demostraban un grado de conocimiento que muchas veces no se correspondía en absoluto con la educación o la raza del paciente, ni con su experiencia previa sobre el tema. Por ejemplo, un paciente sin formación al respecto ofreció un relato rico en detalles acerca de las técnicas que conlleva la costumbre egipcia del embalsamamiento y la momificación, incluyendo la forma y el significado de diversos amuletos y cajas sepulcrales, los materiales utilizados para fijar la tela de la momia, el tamaño y la forma de los vendajes y otros aspectos esotéricos de las ceremonias funerarias egipcias. Otras personas sintonizaron con culturas del Lejano Oriente y no solo hicieron descripciones impresionantes de lo que era tener una mentalidad japonesa, china o tibetana, sino que además expusieron diversas enseñanzas taoístas o budistas.

De hecho, parecía no haber límite en lo que podían interceptar aquellos individuos. Aparentemente eran capaces de experimentar las sensaciones de cualquier animal y cualquier planta de la cadena evolutiva. Podían vivir lo que era ser una célula de la sangre, un átomo, un proceso termonuclear en el interior del Sol, la consciencia de todo el planeta y hasta la consciencia del cosmos entero. Más aún: mostraban la capacidad de trascender el espacio y el tiempo y, en alguna ocasión, ofrecieron una información precognitiva de una precisión extraordinaria. Había asimismo una tendencia todavía más extraña: los encuentros ocasionales con inteligencias no humanas durante los viajes mentales, seres incorpóreos, guías espirituales procedentes de «planos superiores de la consciencia» y otras entidades sobrehumanas.

Algunos viajaron también a lo que parecían ser otros universos y otros niveles de la realidad. En una sesión especialmente inquietante, un joven que padecía una depresión se encontró en lo que parecía ser otra dimensión. Una luminiscencia misteriosa impregnaba el espacio y, aunque no lograba distinguir a nadie, experimentaba la sensación de hallarse rodeado de seres incorpóreos. De repente advirtió una presencia muy cerca que lo sorprendió cuando empezó a comunicarse telepáticamente con él. Esta presencia le pidió que se pusiera en contacto con una pareja que vivía en la ciudad morava de Kromeriz para transmitirles que estaban cuidando de su hijo Ladislav y que estaba muy bien. Luego le proporcionó el nombre de la pareja, su dirección y su número de teléfono.

Aquella información no significaba nada ni para Grof ni para el joven, y parecía no guardar ninguna relación con los problemas de este ni con su tratamiento. Pero Grof no lograba dejar de pensar en ello. «Tras cierta indecisión y con sentimientos encontrados, finalmente decidí hacer lo que sin duda me habría convertido en el blanco de las bromas de mis colegas si se hubieran enterado —relata Grof—. Cogí el teléfono, marqué el número de Kromeriz y pregunté si podía hablar con Ladislav. Me quedé asombrado cuando la mujer que estaba al otro lado de la línea rompió a llorar. Cuando se calmó, me dijo con la voz quebrada: "Nuestro hijo ya no está con nosotros; murió. Lo perdimos hace tres semanas"»[15].

En la década de los sesenta ofrecieron a Grof un puesto en el Maryland Psychiatric Research Center y se trasladó a Estados Unidos. Como allí también se realizaban estudios controlados sobre aplicaciones psicoterapéuticas de LSD, Grof pudo continuar su investigación. Además de examinar los efectos que producían sesiones repetidas de LSD sobre individuos con diversos desórdenes mentales, el centro estudiaba sus efectos en voluntarios «normales» (médicos, enfermeras, pintores, músicos, filósofos, científicos, sacerdotes y teólogos). Grof descubrió que una y otra vez ocurría el mismo tipo de fenómenos. Era como si el LSD facilitara a la consciencia humana el acceso a una especie de metro infinito, un laberinto de túneles y pasajes secundarios que se extendía por las profundidades soterradas del inconsciente y que conectaba literalmente todo lo que hay en el universo con todo lo demás.

Tras dirigir personalmente más de tres mil sesiones de LSD (cada una de ellas de una duración de cinco horas cuando menos) y tras estudiar los informes de más de dos mil sesiones supervisadas por colegas suyos, Grof llegó al convencimiento inquebrantable de que sucedía algo extraordinario. «Después de muchos años de lucha y confusión intelectual, he llegado a la conclusión de que la información procedente de la investigación con LSD indica la necesidad urgente de una revisión profunda de los paradigmas existentes en la psicología, la psiquiatría, la medicina y posiblemente en la ciencia en general —declaró—.

Ahora apenas tengo dudas de que nuestra interpretación actual del universo, de la naturaleza de la realidad y, en particular, de los seres humanos es superficial, incorrecta e incompleta»[16].

Grof acuñó el término *transpersonal* para describir esos fenómenos, las experiencias en las que la consciencia trasciende los límites usuales de la personalidad y, a finales de los años sesenta, se unió a otros profesionales que compartían las mismas ideas, entre los que se encontraba el psicólogo y educador Abraham Maslow, para fundar una nueva rama de la psicología denominada *psicología transpersonal*.

Si nuestra manera actual de ver la realidad no puede explicar los hechos transpersonales, ¿qué nueva interpretación debería ocupar su puesto? Según Grof, la respuesta es el modelo holográfico. En su opinión, las características esenciales de las experiencias transpersonales —la sensación de que todas las fronteras son ilusorias, la falta de distinción entre la parte y el todo y la interconexión universal— constituyen precisamente las cualidades que esperaríamos encontrar en un universo holográfico. Además, a su parecer, el carácter relativo que poseen el espacio y el tiempo en el dominio holográfico explica por qué las experiencias transpersonales no están restringidas por las habituales limitaciones espaciales o temporales.

A juicio de Grof, la capacidad casi infinita de almacenamiento y recuperación de información que tienen los hologramas explica también el hecho de que las visiones, las fantasías y otras «*gestalt* psicológicas» contengan una cantidad enorme de información sobre la personalidad del individuo. Una sola imagen experimentada durante una sesión de LSD puede contener información sobre la actitud de la persona ante la vida en general, sobre un trauma que haya sufrido en la niñez, sobre su autoestima, sobre la opinión que tiene de sus padres y la que le merece su matrimonio, todo ello representado en la metáfora global de la escena. Tales experiencias son holográficas también por otra razón: cada pequeña parte de la escena contiene asimismo un universo de información. Así, la asociación libre y otras técnicas analíticas aplicadas a detalles minúsculos de la escena pueden evocar un aluvión adicional de datos sobre la persona en cuestión.

La idea holográfica permite también comprender el carácter compuesto de las imágenes arquetípicas. Como observa Grof, la holografía hace posible construir una secuencia de exposiciones sobre la misma placa, como, por ejemplo, imágenes de cada uno de los miembros de una gran familia. Una vez realizado este proceso, el revelado de la película contendrá la imagen de un individuo que representa no ya a un miembro de la familia, sino a todos ellos al mismo tiempo. En su opinión, «estas imágenes verdaderamente compuestas nos brindan un modelo exquisito de cierto tipo de experiencias transpersonales, tales como las imágenes arquetípicas del hombre cósmico, la mujer, la madre, el padre, el amante, el pícaro, el loco o el mártir»[17].

Si cada toma se realiza desde un ángulo ligeramente distinto, la placa puede generar, en vez de una imagen compuesta, una serie de imágenes holográficas que parecen fluir unas hacia otras. Según Grof, esto puede esclarecer otro aspecto de la experiencia visionaria, a saber: el hecho de que incontables imágenes emerjan en una rápida secuencia, en la que cada una aparece y luego se disuelve en la siguiente como por arte de magia. Piensa que el éxito con que la holografía ejemplifica tantos aspectos diferentes de la experiencia arquetípica indica que existe un vínculo profundo entre los procesos holográficos y el modo en que se manifiestan los arquetipos.

En efecto, según Grof, cada vez que se experimenta un estado de consciencia no ordinario afloran a la superficie indicios de la existencia de un orden holográfico oculto.

El concepto de Bohm de los órdenes explicados e implicados, así como la idea de que ciertos aspectos importantes de la realidad no son accesibles a la experiencia y al estudio en circunstancias normales, son de gran importancia para la comprensión de los estados inusuales de consciencia. Quienes han experimentado diversos estados extraordinarios de consciencia, entre los que se cuentan científicos muy cualificados y especializados de otras disciplinas, con frecuencia afirman haber accedido a dominios ocultos de la realidad que parecían auténticos y, en cierto sentido, inherentes a la realidad cotidiana y subordinados a la misma[18].

TERAPIA HOLOTRÓPICA

Quizá el logro más extraordinario de Grof sea haber descubierto que, sin recurrir a ninguna clase de drogas, se pueden experimentar los mismos fenómenos que relatan quienes han tomado LSD. Con ese fin, Grof y Christina, su esposa, han desarrollado una técnica sencilla para inducir estados de consciencia *holotrópicos* o no ordinarios sin utilizar drogas. Definen un estado holotrópico de consciencia como aquel que permite acceder al laberinto holográfico que conecta todos los aspectos de la existencia. Este contiene la historia espiritual, racial, psicológica y biológica del individuo, así como el pasado, el presente y el futuro del mundo, otros niveles de la realidad y todas las demás experiencias ya discutidas en el contexto de la experiencia con LSD.

Los Grof llaman a su técnica *terapia holotrópica*. Para inducir estados alterados de consciencia utilizan solamente técnicas de respiración rápida y controlada, música evocativa, masaje y trabajo corporal. Hasta la fecha, miles de individuos han acudido a sus talleres y cuentan experiencias tan espectaculares y de una carga emocional tan profunda como las que describen los sujetos de su trabajo previo con el LSD.

VÓRTICES DE PENSAMIENTO Y PERSONALIDADES MÚLTIPLES

Varios investigadores han utilizado el modelo holográfico para explicar diversos aspectos del proceso mismo del pensamiento. Por ejemplo, el psiquiatra neoyorquino Edgar A. Levenson cree que el holograma proporciona un modelo valioso para entender los cambios repentinos y transformadores que se experimentan muchas veces durante la psicoterapia. Basa su conclusión en el hecho de que dichos cambios se producen con independencia de la técnica o del enfoque psicoanalítico que utilice el terapeuta. De ahí que considere que todos los enfoques psicoanalíticos constituyen puros rituales y que el cambio se debe por entero a algo más.

Según Levenson, ese algo es la resonancia. Para él, un terapeuta siempre sabe si la terapia va bien. Tiene la profunda sensación de que están a punto de encajar todas las piezas de un rompecabezas oscuro. Aunque el terapeuta no comunique nada nuevo al paciente, parece que está evocando algo que el paciente ya conoce inconscientemente: «Es como si surgiera una representación enorme, tridimensional y codificada espacialmente de la experiencia del paciente, que recorre todos los aspectos de su vida, su historia y su participación con el terapeuta. En algún momento, se produce una especie de "sobrecarga" y todo cobra sentido»[19].

Levenson cree que esas representaciones tridimensionales de la experiencia son hologramas que yacen en las profundidades de la psique del paciente y que emergen cuando se produce una resonancia emocional entre el terapeuta y el paciente, en un proceso similar al que hace que un láser de una frecuencia determinada haga surgir una imagen realizada con un láser de la misma frecuencia, de un holograma de imágenes múltiples.

«El modelo holográfico sugiere un paradigma radicalmente nuevo que podría proporcionarnos una manera novedosa de percibir y de relacionar fenómenos clínicos que siempre se ha sabido que son importantes y que, no obstante, se han relegado al "arte" de la psicoterapia —declara Levenson—. Ofrece una posible guía teórica para el cambio y una esperanza práctica de esclarecer las técnicas psicoterapéuticas»[20].

El psiquiatra David Shainberg, director asociado del Programa Psicoanalítico de posgrado del Instituto de Psiquiatría William Alanson de Nueva York, cree que habría que aceptar literalmente la afirmación de Bohm de que los pensamientos son como vórtices de un río, y explica el motivo de que nuestras actitudes y creencias sean algunas veces inalterables y resistentes al cambio. La gran mancha roja de Júpiter, un vórtice gigante de gas de quince mil kilómetros de ancho, ha permanecido inalterada desde su descubrimiento hace trescientos años. Shainberg piensa que esa misma tendencia hacia la estabilidad hace que ciertos vórtices de pensamiento (nuestras ideas y opiniones) se fijen a veces firmemente en nuestra consciencia.

En su opinión, la permanencia virtual de algunos vórtices muchas veces va en detrimento de nuestro crecimiento como seres humanos. Un vórtice especialmente poderoso puede dominar nuestra conducta e inhibir nuestra capacidad de asimilar información e ideas nuevas. Puede hacer que nos volvamos repetitivos, crear bloqueos en el flujo creativo de la consciencia, impedir que veamos la totalidad de nosotros mismos y hacer que nos sintamos desconectados de nuestra especie. Shainberg piensa que los vórtices pueden explicar incluso fenómenos como la carrera de armamento nuclear: «Veo la carrera de armamento nuclear como un vórtice que surge de la avaricia de seres humanos aislados en sus yoes individuales y desprovistos del sentimiento de conexión con los demás. Experimentan también un vacío peculiar y desarrollan una gran avidez por conseguir todo lo que puedan para llenarse. De ahí que proliferen las industrias nucleares, pues proporcionan grandes canti-

dades de dinero, y la codicia de esa gente es tan grande que no
les importan las consecuencias de sus acciones»[21].

Como Bohm, Shainberg cree también que la consciencia se
despliega constantemente desde el orden implicado; a su juicio,
cuando permitimos que se formen los mismos vórtices repetidamente, estamos erigiendo una barrera entre nosotros y las
ilimitadas interacciones positivas y novedosas que podríamos
tener con la fuente infinita de todo ser. Sugiere que contemplemos a un niño para vislumbrar lo que nos estamos perdiendo.
Los niños todavía no han tenido tiempo de formar vórtices y
eso se refleja en su forma de interactuar con el mundo, una
forma abierta y flexible. Según Shainberg, la viveza chispeante
de un niño representa la esencia misma de la propiedad intrín-
seca de la consciencia mediante la cual se envuelve y se desenvuelve cuando está libre de trabas.

Si queremos saber si tenemos vórtices de pensamiento bloqueados, Shainberg recomienda que prestemos atención a
nuestro comportamiento durante una conversación. Cuando
la gente con creencias fijas conversa con otras personas, intenta justificar su identidad apoyando y defendiendo sus opiniones. Rara vez cambia de opinión como consecuencia de obtener información nueva y muestra poco interés en dejar que se
produzca un verdadero intercambio en la conversación. Una
persona abierta a la naturaleza fluida de la consciencia está
más dispuesta a advertir el bloqueo que imponen los vórtices
del pensamiento sobre las relaciones. Tales personas son más
proclives a intercambiar opiniones que a repetir incesantemente una letanía estática de argumentos. Como dice Shainberg:
«La respuesta humana y la articulación de la misma, el eco de
las reacciones ante la respuesta y la explicación de las relaciones existentes entre respuestas distintas constituyen la manera en que los seres humanos participan en el flujo del orden
implicado»[22].

Otro fenómeno psicológico que presenta varios rasgos definitorios del orden implicado es el desorden mental de la personalidad múltiple o DPM. Se trata de un síndrome muy raro que manifiestan aquellos que tienen dos o más personalidades distintas habitando un solo cuerpo. Muchas veces, las personas que lo padecen (o «múltiples») no son conscientes de ello. No se dan cuenta de que el control de su cuerpo se traspasa de una personalidad a otra y creen en cambio que sufren una especie de amnesia, una confusión o una pérdida temporal de consciencia. La mayoría de los múltiples tienen entre ocho y trece personalidades de media, aunque los llamados *supermúltiples* pueden albergar más de cien.

Uno de los datos estadísticos más reveladores sobre los múltiples es que el 97 por ciento ha sufrido traumas severos durante la niñez, con frecuencia en forma de monstruosos abusos psicológicos, físicos o sexuales. Esta evidencia ha llevado a muchos investigadores a concluir que la multiplicidad de personalidades es el mecanismo mediante el cual la psique afronta un dolor atroz y desgarrador. Al fragmentarse en una o más personalidades, la psique distribuye el dolor en cierto modo y permite que varias identidades compartan un sufrimiento que una sola personalidad no podría tolerar.

En este sentido, la multiplicidad de personalidades podría ser el ejemplo más extremo de lo que expresa Bohm al hablar de fragmentación. Resulta interesante señalar que, cuando la psique se fragmenta, no se convierte en una colección de añicos, sino en un conjunto de totalidades más pequeñas, pero completas y autosostenibles, que tienen sus propios rasgos, motivos y deseos. Aunque no son copias idénticas de la personalidad original, esas totalidades pertenecen a la dinámica de la personalidad original, lo cual indica la participación de un proceso holográfico de algún tipo.

El síndrome de la personalidad múltiple refleja de forma evidente la afirmación de Bohm de que la fragmentación siem-

pre resulta destructiva. Aunque la multiplicidad de personalidades permite a la persona sobrevivir a una niñez por otra parte insoportable, puede traer consigo una gran cantidad de
efectos secundarios indeseables: depresión, ansiedad y ataques
de pánico, fobias, problemas cardíacos y respiratorios, náuseas
inexplicables, dolores de cabeza tipo migraña, tendencias hacia
la automutilación y muchos otros trastornos mentales y físicos.
Sorprendentemente, pero con la precisión de un reloj, a la mayoría de los múltiples se les diagnostica entre los 25 y los 35
años, una «coincidencia» que sugiere que tal vez a esa edad se
activa algún sistema de alarma interno que les advierte de la
necesidad crucial de recibir un diagnóstico del trastorno para
obtener así la ayuda que necesitan. Esta idea parece confirmar-
se por el hecho de que los múltiples que alcanzan los cuarenta
años antes de ser diagnosticados relatan a menudo que tenían
la sensación de que, si no buscaban ayuda pronto, perderían la
oportunidad de recuperarse[23] A pesar de las ventajas tempora
les que obtiene la psique torturada al fragmentarse, está claro
que el bienestar físico y mental, y quizá la supervivencia, siguen
dependiendo de la totalidad.

Otra característica inusual de las personas con trastorno de
personalidad múltiple es que cada una de sus personalidades
presenta un patrón de ondas cerebrales diferente. Se trata de un
hallazgo sorprendente, porque, como señala Frank Putnam, psiquiatra del Instituto Nacional de Salud que ha estudiado el fenómeno, estos patrones no suelen variar ni siquiera en estados
de emoción extrema. Sin embargo, las variaciones no se limitan
a las ondas cerebrales. El ritmo de circulación sanguínea, el
tono muscular, el ritmo cardíaco, la postura y hasta las alergias
pueden modificarse cuando un múltiple cambia de una personalidad a otra.

El hecho de que los patrones de ondas cerebrales no se limi-
ten a una sola neurona o a un grupo de neuronas, sino que

abarquen el conjunto del cerebro, puede implicar también que exista algún tipo de proceso holográfico funcionando. Al igual que un holograma de múltiples imágenes puede almacenar y proyectar docenas de escenas completas, quizá el holograma del cerebro puede almacenar y evocar una multitud similar de personalidades completas. En otras palabras: quizá lo que llamamos *ser* constituye también un holograma, y cuando el cerebro de un múltiple transita súbitamente de un ser holográfico a otro, esas rápidas transiciones semejantes a una sucesión de diapositivas se reflejan en los cambios globales que tienen lugar en la actividad de las ondas cerebrales, así como en el cuerpo en general (véase la figura 10). Los cambios fisiológicos que se producen cuando un múltiple transita de una personalidad a otra

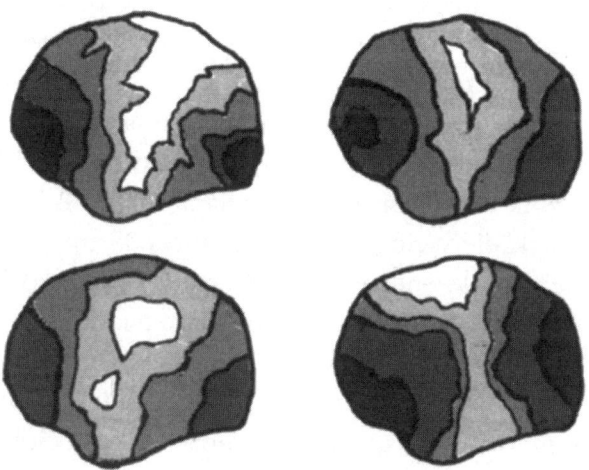

FIGURA 10. Los patrones de ondas cerebrales de cuatro personalidades distintas de un individuo que padece trastorno de personalidad múltiple. ¿Es posible que el cerebro utilice principios holográficos para almacenar la inmensa cantidad de información necesaria para albergar docenas, incluso cientos, de personalidades diferentes en un solo cuerpo? (Reinterpretado por el autor a partir de la ilustración original publicada en un artículo de Bennett G. Braun en *American Journal of Clinical Hypnosis*).

tienen también profundas consecuencias sobre la relación entre la mente y la salud y los abordaremos con mayor profundidad en el siguiente capítulo.

UN FALLO EN EL TEJIDO DE LA REALIDAD

Otra de las grandes aportaciones de Jung fue la definición del concepto de sincronicidad. Como se ha mencionado en la introducción, la sincronicidad es una coincidencia tan inusual y tan significativa que difícilmente podría atribuirse exclusivamente al azar. Todos hemos experimentado una sincronicidad en algún momento de la vida, como, por ejemplo, cuando aprendemos una palabra nueva y extraña y después la oímos en las noticias unas cuantas horas después, o cuando pensamos en un tema no habitual y luego nos damos cuenta de que hay otras personas hablando de él.

Hace unos cuantos años, experimenté una serie de sincronicidades relacionadas con la estrella del rodeo Buffalo Bill. A veces enciendo la televisión por la mañana mientras realizo una sencilla tabla de ejercicios de gimnasia antes de empezar a escribir. Una mañana de enero de 1983 estaba haciendo flexiones mientras veía un concurso y de repente me encontré gritando el nombre Buffalo Bill. Al principio, mi reacción me dejó perplejo, pero luego me di cuenta de que el presentador del concurso había preguntado: «¿Por qué otro nombre era conocido William Frederick Cody?». Aunque no había estado prestando atención al programa conscientemente, por alguna razón mi mente inconsciente se había concentrado en la pregunta y había respondido. En aquel momento, no pensé mucho en lo sucedido y seguí con mis ocupaciones cotidianas. Unas horas después recibí la llamada de un amigo que me pedía ayuda para zanjar una discusión amistosa sobre una cuestión trivial acerca del mundo del espectáculo. Me ofrecí a intentarlo y entonces me preguntó: «¿Es verdad que las últimas palabras de John Barrymore fueron "¿No eres tú el hijo ilegítimo de Buffalo Bill?"». Aquel segundo encuentro con Buffalo Bill me pareció extraño, pero lo achaqué a la casualidad hasta que poco después abrí un ejemplar de la revista *Smithsonian* que me había llegado por correo aquel mismo día. Uno de los artículos principales se titulaba «Ha vuelto el último de los grandes *scouts*». Trataba sobre —como habrás adivinado— Buffalo Bill. (Por cierto, fui incapaz de resolver la pregunta de mi amigo y sigo sin tener ni idea de si aquellas fueron o no las últimas palabras de Barrymore).

Por increíble que fuera esa experiencia, lo único que me pareció significativo fue su carácter improbable. No obstante, hay otra clase de sincronicidad que merece la pena observar no solo por su carácter improbable, sino también por su aparente relación con lo que sucede en las profundidades de la psique humana. El ejemplo paradigmático es la historia del escarabajo de Jung. En su consulta estaba atendiendo a una paciente con una visión de la vida tan absolutamente racional que le impedía beneficiarse de la terapia. Después de una serie de sesiones frustrantes, la mujer le contó un sueño en el que aparecía un escarabajo. Jung sabía que el escarabajo simbolizaba el renacer en la mitología egipcia y se preguntaba si el inconsciente de la mujer anunciaba simbólicamente que iba a experimentar algún tipo de renacer psicológico. Cuando estaba a punto de decírselo, oyó que algo golpeaba la ventana y, cuando levantó la vista, descubrió un escarabajo verde y dorado al otro lado del cristal (fue la única ocasión en la que apareció un escarabajo en su ventana). Abrió la ventana mientras exponía su interpretación del sueño. La mujer se quedó tan asombrada que atenuó su excesiva racionalidad y, desde entonces, su respuesta a la terapia experimentó una mejoría notable.

Jung se topó con muchas coincidencias significativas como esta mientras ejercía la psicoterapia y se dio cuenta de que casi siempre acompañaban a periodos de transformación y de intensidad emocional ocasionados por cambios fundamentales en las creencias, revelaciones nuevas y repentinas, muertes, nacimientos e incluso cambios de profesión. Se percató también de que tendían a producirse más a menudo cuando la revelación o la constatación de la novedad estaban a punto de aflorar a la consciencia del paciente. Cuando se difundieron sus ideas, otros terapeutas empezaron a contar sus propias experiencias con la sincronicidad.

Por ejemplo, Carl Alfred Meier, psiquiatra establecido en Zúrich y colaborador durante mucho tiempo de Jung, cuenta un ejemplo de sincronicidad que se prolongó durante muchos años. Una mujer americana que sufría una depresión seria viajó a Suiza desde Wuchang, en China, para que la tratase Meier. Era cirujana y había dirigido el hospital de la misión de Wuchang durante veinte años. También se había empapado de la cultura del país y era una experta en filosofía china. Durante la terapia, le contó a Meier un sueño en el que había visto el hospital con una de las alas destruida. Como su identidad se hallaba profundamente vinculada al hospital, Meier interpretó que el sueño revelaba la pérdida progresiva de su identidad americana, y eso constituía la causa de su depresión. Le aconsejó que regresara a Estados Unidos, y cuando lo hizo, su depresión desapareció rápidamente, tal y como él había pronosticado. Antes de partir, Meier le pidió que hiciera un dibujo detallado del hospital.

Años después, los japoneses atacaron China y bombardearon el hospital de Wuchang. La mujer envió a Meier un ejemplar de la revista *Life* que contenía una fotografía a doble página del hospital parcialmente destruido, idéntica al dibujo que había hecho ella nueve años antes. El mensaje simbólico y muy personal de su sueño había trascendido los límites de la psique de la paciente de alguna manera hasta alcanzar la realidad física[24].

Dado el carácter llamativo de las sincronicidades, Jung se convenció de que no eran hechos que ocurrieran por casualidad, sino que estaban relacionados con los procesos psicológicos de las personas que los experimentaban. Como no podía concebir cómo algo que ocurría en lo más hondo de la psique podía *causar* un hecho o una serie de acontecimientos en el mundo físico, al menos en un sentido clásico, lanzó la idea de que tenía que intervenir algún principio nuevo, un principio de conexión *acasual*, desconocido para la ciencia hasta entonces.

Cuando Jung presentó la idea, la mayoría de los físicos no se la tomaron en serio (aunque un físico eminente de la época, Wolfgang Pauli, pensó que era lo bastante importante como para escribir con Jung un libro sobre el tema titulado *La interpretación y naturaleza de la psique: la sincronicidad como un principio de conexión acausal*). Sin embargo, ahora que la existencia de las conexiones no locales es un principio establecido, algunos físicos están reconsiderando la idea de Jung*. El físico Paul Davies afirma que «esos efectos cuánticos no locales son realmente una forma de simultaneidad en el sentido de que establecen una conexión —de forma más precisa, una correlación— entre sucesos entre los que está prohibido cualquier tipo de nexo causal»[25].

Otro físico que concede credibilidad a la sincronicidad es F. David Peat. A su juicio, sincronicidades como las de Jung no solo son reales, sino que constituyen indicios adicionales del orden implicado. Como hemos visto, la aparente separación entre la consciencia y la materia es una ilusión, según Bohm, un fenómeno que se produce únicamente cuando ambas se despliegan en el orden explicado de los objetos y el tiempo secuencial. Si no hay división entre mente y materia en el orden

---

* Como hemos mencionado antes, los efectos no locales no se deben a una relación causa-efecto y, por lo tanto, son acasuales.

implicado, la base de la que surgen todas las cosas, entonces resulta natural que la realidad permanezca impregnada de huellas de esa conexión profunda.

Peat cree que las sincronicidades son «defectos» en el tejido de la realidad, grietas momentáneas que nos permiten atisbar el orden inmenso y unitario que subyace tras la naturaleza entera.

Dicho de otra forma: en opinión de Peat, las sincronicidades revelan la falta de división entre el mundo físico y nuestra realidad psicológica interior. Así, la relativa escasez de experiencias sincrónicas en nuestras vidas evidencia no solo hasta qué punto nos hemos desgajado del campo general de la consciencia, sino también el grado de aislamiento que tenemos con respecto al potencial infinito y deslumbrante de los órdenes más profundos de la mente y la realidad. De acuerdo con Peat, cuando experimentamos una sincronicidad, lo que realmente estamos experimentando es «la mente humana funcionando, por un momento, en su orden verdadero y extendiéndose a través de la sociedad y la naturaleza, moviéndose a través de órdenes de creciente sutileza, hasta más allá de la fuente de la mente y la materia, hasta la creatividad misma»[26]. Es una idea pasmosa. Prácticamente todos los prejuicios que nos dicta el sentido común acerca del mundo se basan en la premisa de que la realidad objetiva y la realidad subjetiva están muy, pero que muy separadas. Por eso las sincronicidades nos resultan tan desconcertantes e inexplicables. Pero, si, en última instancia, no existe división entre el mundo físico y los procesos psicológicos internos, entonces debemos estar preparados para cambiar algo más que la interpretación que el sentido común nos ofrece del universo, porque las consecuencias nos dejarán estupefactos.

Una de ellas es que la realidad objetiva se asemeja más a un sueño de lo que hemos sospechado jamás. Imagina por ejemplo que sueñas que estás sentado a la mesa cenando con tu jefe y su mujer. Como ya sabes por experiencia, todos los objetos del sueño —la mesa, las sillas, los platos, el salero y el pimentero— son, en apariencia, objetos independientes. Supongamos ahora que experimentas una sincronicidad en el sueño: te sirven un plato de aspecto especialmente repulsivo y, cuando le preguntas al camarero qué es, te contesta que el nombre del plato es «Tu Jefe». Al percatarte de que el desagrado que te produce la comida refleja tus verdaderos sentimientos hacia tu jefe, te pones nervioso y te preguntas cómo es posible que un aspecto de tu ser «interior» se las haya arreglado para desbordarse hasta la realidad «exterior» de la escena que estás soñando. Naturalmente, en cuanto te despiertas, te das cuenta de que la sincronicidad no era extraña en absoluto, porque realmente no había distinción alguna entre tu ser «interior» y la realidad «exterior» del sueño. De manera similar, caes en la cuenta de que la aparente independencia de los diversos objetos del sueño era también una ilusión, pues todo era producto de un orden más profundo y fundamental: la totalidad no dividida de tu inconsciente.

Si no existe división entre los mundos físico y mental, esas mismas propiedades se dan también en la realidad objetiva. De acuerdo con Peat, esto no significa que el universo material sea una ilusión, porque tanto lo explicado como lo implicado desempeñan un papel en la creación de la realidad. Tampoco implica la disolución de la individualidad, al igual que la imagen de una rosa tampoco se pierde al grabarse en una película holográfica. Lo que esto revela simplemente es que somos como los vórtices de un río, únicos pero inseparables del flujo de la naturaleza. O, como dice Peat, «el yo sigue viviendo, pero como un aspecto de movimiento más sutil que abarca el orden de la consciencia entera»[27].

Y así hemos vuelto al punto de partida, desde el descubrimiento de que la consciencia contiene toda la realidad objetiva —toda la historia de la vida biológica en el planeta, las religiones y los mitos del mundo y la dinámica tanto de las células sanguíneas como de las estrellas—, hasta el descubrimiento de que el universo material también puede contener entre la trama y la urdimbre los procesos más íntimos de la consciencia. Tal es la naturaleza de la profunda conexión que existe entre todas las cosas en un universo holográfico. En el siguiente capítulo analizaremos cómo influye esa conexión, así como otros aspectos de la idea holográfica, en nuestra interpretación actual de la salud.

CAPÍTULO 4

Canto al cuerpo holográfico

«Apenas podrás saber quién soy o qué quiero decir, no obstante, seré tu buena salud».

WALT WHITMAN, «Canto a mí mismo»

AUN HOMBRE DE 61 AÑOS al que llamaremos Frank le diagnosticaron un tipo de cáncer de garganta casi mortal y le comunicaron que sus probabilidades de supervivencia no superaban el 5 por ciento. Su peso había bajado de 59 a 45 kilos. Se encontraba extremadamente débil, apenas podía tragar su propia saliva y tenía problemas para respirar. De hecho, incluso los médicos habían debatido si resultaba conveniente administrarle radioterapia, dado que existía la evidente posibilidad de que el tratamiento solo le ocasionara más molestias sin incrementar significativamente sus opciones de sobrevivir. Finalmente optaron por seguir adelante de todos modos.

Afortunadamente para Frank, sus médicos recurrieron al doctor Carl O. Simonton, oncólogo radioterapeuta y director médico del Centro de Investigación y Asesoramiento sobre el Cáncer de Dallas (Texas), para que participara en el tratamiento. Simonton sugirió que el propio Frank podía influir en el curso de su enfermedad. Entonces, le enseñó unas cuantas técnicas de relajación y visualización de imágenes mentales que había desarrollado junto con unos colegas. A partir de ese momento, tres veces al día, Frank se imaginaba el tratamiento de radio que recibía como si fueran millones de minúsculos proyectiles de energía que bombardeaban sus células. También visualizaba sus células cancerígenas y las imaginaba debilitadas y más desorientadas que las células normales y, por tanto, incapaces de combatir el daño que sufrían. Luego visualizaba que los leucocitos —los soldados del sistema inmunitario— se lanzaban en masa contra las células cancerígenas moribundas. Después veía cómo las trasladaban hasta el hígado y los riñones para expulsarlas del cuerpo.

El resultado fue espectacular y excedía con mucho lo que ocurría normalmente en los casos en que se trataba a los pacientes solo con radioterapia. El tratamiento funcionó como si fuera magia. Frank no experimentó prácticamente ninguno de los efectos secundarios negativos —lesiones en la piel y en las membranas mucosas— que acompañan habitualmente a esa terapia. Recuperó el peso que había perdido y la fuerza y, al cabo de apenas un par de meses, desaparecieron todos los síntomas del cáncer. Simonton considera que la extraordinaria recuperación de Frank se debió en gran parte al programa diario de ejercicios de visualización.

En un estudio complementario, Simonton y sus colegas enseñaron sus técnicas de visualización de imágenes mentales a 159 pacientes que padecían un cáncer incurable desde el punto de vista médico. El tiempo de supervivencia estimado para un paciente semejante es de doce meses. Cuatro años después, 63 pacientes seguían vivos. De ellos, 14 no presentaban indicio alguno de la enfermedad, en 12 pacientes, el cáncer estaba remitiendo, y en 17, la enfermedad se hallaba estabilizada. El tiempo medio de supervivencia del grupo en conjunto fue de 24,4 meses, casi el doble de la media nacional[1].

Desde entonces, Simonton ha dirigido varios estudios similares, todos ellos con resultados positivos. A pesar de esos descubrimientos prometedores, su trabajo se sigue considerando controvertido. Por ejemplo, los críticos argumentan que los individuos que participan en sus estudios no son pacientes «típicos». Muchos buscaron expresamente a Simonton con el propósito de aprender sus técnicas, lo que demuestra que poseen un espíritu extraordinariamente luchador. Sin embargo, numerosos investigadores creen que los resultados de Simonton son lo bastante convincentes como para apoyar su trabajo, y el propio Simonton ha fundado el Simonton Cancer Center, en Pacific Palisades, California, unas exitosas instalaciones para investigación y tratamiento dedicadas a enseñar su técnica de visualización de imágenes a pacientes que combaten diversas enfermedades. El uso terapéutico de imágenes también ha cautivado la imaginación del público; un sondeo reciente ha revelado que es el cuarto tratamiento contra el cáncer más utilizado[2].

¿Cómo es posible que una imagen mental pueda influir sobre algo tan formidable como un cáncer incurable? No es de extrañar que la teoría holográfica del cerebro pueda emplearse para explicar este fenómeno. La psicóloga Jeanne Achterberg, directora de investigación y ciencia de la rehabilitación en el Health Science Center de la Universidad de Texas, en Dallas, y una de las científicas que han ayudado a desarrollar las técnicas de imágenes que utiliza Simonton, cree que la clave está en la capacidad del cerebro para formar imágenes holográficas.

Como ya hemos señalado, todas las experiencias, en última instancia, no son sino procesos neurofisiológicos que tienen lugar en el cerebro. Según el modelo holográfico, el cerebro sitúa algunas de estas experiencias como realidades internas (como las emociones, por ejemplo) y otras como realidades externas (como el canto de los pájaros o el ladrido de los perros) al generar el holograma interno que experimentamos como realidad. No obstante, como también hemos visto, el cerebro no siempre logra distinguir entre lo que se encuentra «ahí fuera» y lo que cree que está «ahí fuera», lo que explica que las personas con un miembro amputado experimenten sensaciones de miembros fantasmas. Dicho de otro modo: en un cerebro que funciona de manera holográfica, la imagen evocada de una cosa puede resultar tan real para los sentidos como la cosa misma.

Dicha imagen puede ejercer un efecto igualmente poderoso sobre el funcionamiento del cuerpo, una situación que habrá experimentado de primera mano todo aquel que haya sentido alguna vez cómo se le aceleraba el pulso al imaginarse abrazando al ser amado, o quien haya experimentado el sudor en las manos tras evocar el recuerdo de una experiencia inusualmente aterradora. A primera vista, puede parecer extraño que el cuerpo no siempre sepa distinguir entre un acontecimiento imaginado y uno real; ahora bien, la situación se vuelve mucho menos desconcertante si tenemos en cuenta el modelo holográfico, que afirma que todas las experiencias, reales o imaginadas, se reducen a un lenguaje único y común de formas ondulatorias con arreglo a principios holográficos. En palabras de Achterberg: «Cuando las imágenes se contemplan de forma holográfica, se desprende de ellas de manera lógica la influencia omnipotente que ejercen sobre las funciones orgánicas. La imagen, el comportamiento y el estado fisiológico consiguiente constituyen aspectos unificados del mismo fenómeno»[3].

Bohm se hace eco de esa opinión utilizando su idea del orden implicado, el nivel más profundo y no local de la existencia, del que emerge el universo entero: «Toda acción comienza con una intención en el orden implicado. La imaginación constituye ya la creación de la forma; posee ya la intención y el germen de todos los movimientos necesarios para llevarla a cabo. Y como afecta al cuerpo y demás, cuando la creación tiene lugar de esa manera, desde los niveles más sutiles del orden implicado, los recorre todos hasta manifestarse en el orden explicado»[4]. En otras palabras: en el orden implicado, como en el propio cerebro, la imaginación y la realidad son indistinguibles en última instancia y, por lo tanto, no debería sorprendernos que las imágenes de la mente puedan manifestarse finalmente como realidades en el cuerpo físico.

Achterberg descubrió que la utilización de imágenes produce efectos fisiológicos que, además de poderosos, pueden ser extraordinariamente específicos. Por ejemplo, la expresión *célula blanca sanguínea* se refiere realmente a varios tipos distintos de célula. Achterberg diseñó un estudio para determinar si podía entrenar a algunas personas para que incrementaran el número de un solo tipo de células blancas sanguíneas. Con este propósito, instruyó a un grupo de alumnos universitarios en la visualización de una célula llamada neutrófilo, el mayor componente de la población de las células blancas sanguíneas. Un segundo grupo recibió entrenamiento para visualizar células T, un tipo más especializado de células blancas sanguíneas. Al final del estudio, el grupo que se había concentrado en imaginar neutrófilos tuvo un aumento significativo en el número de estas células, pero ningún cambio en el número de células T. Por su parte, quienes aprendieron a imaginar células T generaron un aumento significativo en el número de esa clase de células, mientras que el número de neutrófilos permaneció invariable[5].

Achterberg afirma que la fe resulta asimismo crucial para la salud de una persona. A su juicio, prácticamente cualquiera que haya estado en contacto con el mundo médico conoce al menos el caso de un paciente desahuciado que, gracias a su fe inquebrantable, experimentó una recuperación completa que dejó perplejos a sus médicos. En su fascinante libro *Por los caminos del corazón: pasado, presente y futuro de la visualización como instrumento de curación* describe varios casos semejantes que encontró durante el ejercicio de su profesión. Uno de ellos está protagonizado por una mujer que ingresó en el hospital paralizada y en coma, a quien le diagnosticaron un tumor cerebral de gran tamaño. Le practicaron una intervención quirúrgica para reducirlo (extrayendo la mayor cantidad posible sin causar un daño mayor), pero, como los médicos creían que estaba a punto de morir, la enviaron a casa sin administrarle radioterapia ni quimioterapia. Sin embargo, en lugar de morir, la paciente se fortalecía día tras día. Achterberg pudo seguir el progreso de la mujer en su calidad de terapeuta de retroalimentación biológica; al cabo de dieciséis meses, no mostraba indicio alguno del cáncer.

¿Por qué? Aunque la mujer era inteligente y competente, su formación era limitada y, de hecho, desconocía por completo el significado de la palabra *tumor* y de la sentencia de muerte que esta transmite. En consecuencia, no creía que iba a morir y afrontó el cáncer con la misma confianza y determinación con que había superado cualquier otra enfermedad a lo largo de su vida, según Achterberg. Cuando la vio por última vez, la mujer no presentaba signos de parálisis, había desterrado las muletas y el bastón y hasta había ido a bailar un par de veces[6].

Achterberg respalda su afirmación señalando que la incidencia de cáncer en personas con retraso mental y con trastornos emocionales —personas que no pueden comprender la sentencia de muerte que la sociedad vincula con el cáncer— resulta significativamente inferior. En un periodo de cuatro años en Texas, solo alrededor de un 4 por ciento de las muertes producidas en esos dos grupos se debió al cáncer, en comparación con la media estatal, que estaba entre un 15 y un 18 por ciento. Es intrigante que no se registrara ningún caso de leucemia en esos dos grupos entre 1925 y 1978. Estudios similares realizados en el conjunto de Estados Unidos, así como en diversos países como Inglaterra, Grecia y Rumanía, han arrojado resultados similares[7].

Gracias a esos descubrimientos y a otros semejantes, Achterberg cree que todo el que padezca una enfermedad, aunque sea un simple catarro, debería proveerse de tantos «hologramas neuronales» de salud como le fuera posible, en forma de creencias, imágenes de bienestar y armonía e imágenes de activación de funciones específicas de inmunización. Cree que debemos exorcizar cualquier creencia e imagen que conlleve consecuencias negativas para la salud y comprender que nuestros hologramas corporales son algo más que meras imágenes. Contienen una cantidad importante de información de distinto tipo, como, por ejemplo, interpretaciones y discernimientos intelectuales, prejuicios conscientes e inconscientes, miedos, esperanzas, preocupaciones, etc.

La recomendación de Achterberg de que nos libremos de las imágenes negativas es acertada, puesto que hay pruebas de que las imágenes pueden causar enfermedades tanto como curarlas. En *Amor, medicina milagrosa*, Bernie Siegel afirma que a menudo se encuentra con ejemplos en los que parece que las imágenes mentales que utilizan los pacientes para describirse a sí mismos o sus vidas juegan un papel en la gestación de sus dolencias. Entre otros ejemplos incluye los siguientes: una paciente a la que habían practicado una mastectomía que le dijo que «necesitaba sacarse algo fuera del pecho»; un paciente con un mieloma múltiple en la columna vertebral que le confesó que «siempre consideré que no tenía suficiente aplomo», y un hombre con un carcinoma de laringe cuyo padre le castigaba de niño apretándole el cuello con frecuencia mientras exclamaba «¡cállate!».

A veces, la relación entre la imagen y la enfermedad es tan asombrosa que cuesta entender por qué no es evidente para la persona afectada, como en el caso de un psicoterapeuta al que operaron de urgencia para extirparle muchos centímetros de intestino enfermo y luego le comentó a Siegel: «Estoy contento de que haya sido usted mi cirujano. Yo he practicado el análisis didáctico y no podía liberarme ni digerir toda aquella porquería que salía fuera»[8]. Incidentes como estos han convencido a Siegel de que casi todas las enfermedades se originan en la mente, al menos hasta cierto punto; ahora bien, en su opinión, eso no hace que sean enfermedades psicosomáticas o irreales. Prefiere decir que son *soma-significativas*, término derivado del griego *soma*, que significa 'cuerpo', y acuñado por Bohm para expresar mejor la relación. A Siegel no le preocupa que todas las enfermedades puedan originarse en la mente. Lo ve más bien como un signo de gran esperanza, como un indicador de que, si uno tiene el poder de crear enfermedades, también lo tiene para crear bienestar.

La conexión entre la enfermedad y la imagen es tan potente que las imágenes se pueden utilizar incluso para predecir las posibilidades de supervivencia de un paciente. En otro experimento famoso, Simonton y su esposa, la psicóloga Stephanie Matthews-Simonton, junto con Achterberg y el psicólogo G. Frank Lawlis, realizaron una batería de análisis de sangre a 126 pacientes con cáncer avanzado. Luego sometieron a los pacientes a una serie igualmente amplia de pruebas psicológicas que incluían ejercicios en los que se les solicitaba que dibujaran imágenes de sí mismos, de su cáncer, de su tratamiento y de sus sistemas inmunitarios. Los análisis de sangre proporcionaron datos sobre la enfermedad de los pacientes, pero no aportaron revelaciones importantes. No obstante, los resultados de las pruebas psicológicas, y de los dibujos en particular, fueron verdaderas enciclopedias de información sobre la salud del paciente. En efecto, analizando solo los dibujos, Achterberg logró predecir con un 95 por ciento de precisión quiénes morirían en unos cuantos meses y quiénes vencerían la enfermedad y conseguirían que remitiera[9].

JUEGOS DE BALONCESTO DE LA MENTE

Por increíbles que puedan ser los datos obtenidos por los investigadores mencionados anteriormente, no son sino la punta del iceberg en cuanto se refiere al control que ejerce sobre el cuerpo la mente holográfica. Y las aplicaciones prácticas de ese control no se limitan estrictamente a temas de salud. Numerosos estudios realizados en todo el mundo han demostrado que las imágenes tienen también un efecto enorme en el rendimiento físico y atlético.

En un experimento reciente, el psicólogo Shlomo Breznitz, de la Universidad Hebrea de Jerusalén, organizó una marcha de cuarenta kilómetros con varios grupos de soldados israelíes, pero proporcionó a cada grupo una información diferente sobre la distancia. A algunos grupos que habían recorrido treinta kilómetros se les comunicó que aún les quedaban diez kilómetros más hasta la meta. A otros se les dijo que iban a hacer una marcha de sesenta kilómetros, cuando en realidad solo caminarían cuarenta. A algunos se les permitió ver los mojones que marcaban la distancia, mientras que a otros se les ocultó cualquier indicación sobre la distancia recorrida. Al final del estudio, Breznitz descubrió que los niveles hormonales de cansancio reflejaban las estimaciones subjetivas de los soldados, no la distancia real recorrida[10]. En otras palabras: *sus cuerpos respondían a su percepción de la realidad y no a la realidad misma.*

Según el doctor Charles A. Garfield, antiguo investigador de la NASA y actual presidente del Performance Sciences Institute de Berkeley (California), los soviéticos han investigado exhaustivamente la relación existente entre las imágenes y el rendimiento físico. En un estudio, se dividió un equipo de atletas soviéticos de élite en cuatro grupos. El primer grupo dedicó el cien por cien del tiempo de entrenamiento al ejercicio físico. El segundo empleó el 75 por ciento del tiempo en entrenamiento y el 25 en visualizar los movimientos exactos y los logros que deseaban conseguir en el deporte. El tercero destinó el 50 por ciento del tiempo al entrenamiento y el otro 50 a la visualización, y el cuarto, el 25 por ciento al ejercicio físico y el 75 a la visualización. Sorprendentemente, en los Juegos de Invierno de Lake Placid (Nueva York), de 1980, el cuarto grupo experimentó la mayor mejora en su actuación, seguido por los grupos tercero, segundo y primero, en ese orden[11].

Garfield, que ha empleado cientos de horas en entrevistar a atletas e investigadores deportivos por todo el mundo, afirma que los soviéticos han introducido sofisticadas técnicas de visualización en muchos programas de entrenamiento deportivo y que creen que las imágenes mentales actúan como precursores en el proceso de generación de impulsos neuromusculares. Según Garfield, la formación de imágenes funciona porque el movimiento se registra en el cerebro según principios holográficos. En su libro *Rendimiento máximo: las técnicas de entrenamiento mental de los grandes campeones*, declara: «Estas imágenes son holográficas (tridimensionales) y funcionan principalmente a nivel subliminal. El mecanismo de imágenes holográfico te permite solucionar con rapidez problemas espaciales como montar una máquina compleja, idear la coreografía de una rutina de baile u organizar imágenes visuales de obras de teatro»[12].

El psicólogo australiano Alan Richardson ha obtenido resultados similares con jugadores de baloncesto. Seleccionó a tres grupos de jugadores de baloncesto y evaluó su capacidad para encestar tiros libres. Luego, le indicó al primer grupo que dedicara veinte minutos al día a la práctica de tiros libres; al segundo grupo le ordenó que no practicara, y al tercero, que empleara veinte minutos al día a visualizar lanzamientos perfectos. Como era de esperar, el grupo que no hizo nada no mostró mejora alguna. El primer grupo mejoró un 24 por ciento, pero el tercer grupo, gracias únicamente al poder de las imágenes, mejoró un asombroso 23 por ciento, casi tanto como el grupo que había practicado los tiros libres[13].

La indistinción entre salud y enfermedad

El médico Larry Dossey sostiene que la formación de imágenes no es la única herramienta que puede usar la mente holográfica para producir cambios en el cuerpo. Otro instrumento reside en el mero reconocimiento de la totalidad continua que forman todas las cosas. Como observa Dossey, tenemos tendencia a contemplar la enfermedad como algo externo a nosotros. Concebimos que la enfermedad viene de fuera y nos asedia, perturbando nuestro bienestar. Pero, si es verdad que el espacio, el tiempo y las demás cosas del universo son inseparables, entonces tampoco podemos establecer una distinción entre la salud y la enfermedad.

¿Cómo podemos llevarlo a la práctica? Según Dossey, a menudo mejoramos cuando dejamos de contemplar la enfermedad como algo independiente de nosotros mismos y la entendemos en cambio como parte de un todo mayor, de un contexto que abarca conducta, dieta, sueño, pautas de ejercicio y otras relaciones diversas con el mundo en general. A modo de prueba, llama la atención sobre un estudio en el que se pidió a personas que sufrían cefaleas crónicas que registraran en un diario la frecuencia y la severidad de sus dolores. Aunque al principio se concibió el registro como un primer paso de preparación para el tratamiento, la mayoría descubrió que, cuando empezó a llevar el diario, ¡sus dolores desaparecieron espontáneamente![14].

En otro experimento citado por Dossey, se grabó en vídeo a un grupo de niños epilépticos interactuando con sus familias. Durante las sesiones se produjeron algunos momentos de intensa carga emocional que muchas veces precedían a crisis epilépticas reales. Cuando los niños vieron los vídeos y advirtieron la relación existente entre los momentos emocionales y sus ataques, prácticamente dejaron de tenerlos[15]. ¿Por qué? Porque, al llevar un diario o al contemplar una cinta de vídeo, tanto los niños como los pacientes pudieron comprender su situación en el contexto más amplio de sus vidas. Y cuando esto ocurre, Dossey afirma que la enfermedad deja de ser considerada como «una enfermedad intrusa que se origina en alguna parte fuera de mí» y se ve «como parte de un proceso vital que puede ser descrito con precisión como un todo continuo. Cuando nos centramos en un principio de relación y unidad y nos alejamos de la fragmentación y el aislamiento, la salud se manifiesta»[16].

A juicio de Dossey, el término *paciente* es tan equívoco como la palabra *partícula*. Más que unidades biológicas independientes y esencialmente aisladas, somos pautas y procesos fundamentalmente dinámicos que, como ocurre con los electrones, no se pueden dividir y analizar por partes. Más aún: nos hallamos profundamente interconectados con las fuerzas que crean tanto la salud como la enfermedad, con las creencias de nuestra sociedad, con las actitudes de nuestros amigos, nuestra familia y nuestros médicos, y con las imágenes, creencias, metáforas y las palabras mismas que utilizamos para entender el universo.

En un universo holográfico, también estamos conectados con nuestros cuerpos; en páginas anteriores hemos visto algunas de las formas en que se manifiestan esas conexiones. Sin embargo, existen muchas otras formas, quizá infinitas. Esta multiplicidad resulta inevitable si, como afirma Pribram, «cada parte de nuestro cuerpo es realmente un reflejo del todo, pues entonces tiene que haber toda clase de mecanismos que controlen lo que está ocurriendo. Nada hay en firme en relación con este punto»[17]. Dada nuestra ignorancia en la materia, más que preguntar *cómo* controla la mente el cuerpo holográfico, resulta más interesante determinar hasta dónde llega ese control y si posee limitaciones. A continuación examinaremos en profundidad esta cuestión.

El poder curativo de nada en absoluto

Otro fenómeno médico fascinante que nos permite vislumbrar el control de la mente sobre el cuerpo es el efecto placebo. El placebo es un tratamiento médico que no ejerce ninguna acción específica sobre el cuerpo, sino que se administra para satisfacer las expectativas del paciente, o bien como control en un experimento de doble ciego, es decir, un estudio en el que un grupo recibe un tratamiento real, y el otro, un tratamiento falso. En tales experimentos, ni los investigadores ni los sujetos del estudio saben en qué grupo están, con el fin de poder evaluar con exactitud los efectos del tratamiento real. Muchas veces se utilizan píldoras de azúcar como placebos en estudios de medicinas; también se usa una solución salina (agua destilada con sal), aunque los placebos no tienen que por qué ser medicamentos. Mucha gente cree que los beneficios médicos derivados de cristales, brazaletes de cobre y otros remedios no tradicionales se deben también al efecto placebo.

Hasta la cirugía se ha utilizado como placebo. En la década de los cincuenta, la cirugía era el tratamiento habitual para la angina de pecho, un dolor recurrente en el pecho y en el brazo izquierdo provocado por la disminución del riego sanguíneo al corazón. Posteriormente, unos médicos audaces decidieron hacer un experimento y, en vez de practicar la operación acostumbrada, que consistía en ligar la arteria mamaria, abrían a los pacientes y después suturaban la herida sin más. Los pacientes sometidos a esta cirugía simulada experimentaron tanto alivio como los que habían recibido la intervención quirúrgica completa. Los resultados demostraron que la cirugía completa solo producía sus beneficios debido al efecto placebo[18]. No obstante, el éxito de la cirugía simulada indica que tenemos la capacidad de controlar la angina de pecho mediante ciertos mecanismos internos.

Y eso no es todo. Durante la última mitad del siglo XX, se llevó a cabo una investigación exhaustiva sobre el efecto placebo mediante centenares de estudios distintos realizados en todo el mundo. Los hallazgos revelan que, de todas las personas a las que se administra un placebo, un 35 por ciento de media experimentará un efecto significativo, aunque la cifra puede variar considerablemente según cada situación. Entre las dolencias que han respondido al efecto placebo, además de la angina de pecho, figuran la migraña, la fiebre, las alergias, el catarro común, el acné, el asma, las verrugas, dolores de varios tipos, las náuseas y los mareos, las úlceras pépticas, síndromes psiquiátricos como la depresión y la ansiedad, la artritis reumatoide y degenerativa, la diabetes, el malestar producido por la radioterapia, la enfermedad de Parkinson, la esclerosis múltiple y el cáncer.

Es obvio que entre ellas figuran desde enfermedades leves hasta las que ponen en riesgo la vida; sin embargo, el efecto placebo puede producir cambios fisiológicos casi milagrosos incluso en las afecciones más triviales. Tomemos como ejemplo la verruga común, que es un pequeño crecimiento tumoral cutáneo provocado por un virus. Esta afección resulta extraordinariamente fácil de curar utilizando placebos, como demuestra el número casi infinito de rituales populares utilizados en diversas culturas para eliminarlas, remedios que constituyen en sí mismos un tipo de placebo. Lewis Thomas, presidente emérito del Memorial Sloan-Kettering Cancer Center de Nueva York, menciona el caso de un médico que eliminaba las verrugas de sus pacientes mediante la simple aplicación de un tinte púrpura inofensivo. Thomas cree que atribuir ese pequeño milagro a la mente inconsciente en funcionamiento no le hace justicia al fenómeno: «Si mi inconsciente es capaz de descubrir cómo manipular los mecanismos necesarios para esquivar el virus y desplegar todas las diversas células en el orden correcto para eliminar el tejido, entonces lo único que puedo decir es que mi inconsciente está mucho más adelantado que yo»[19].

Asimismo, varía mucho la eficacia del placebo en una circunstancia dada. En nueve estudios a doble ciego realizados para comparar placebos con la aspirina, se demostró que los placebos eran igual de eficaces que el analgésico real[20]. Según esto, se podría esperar que fueran menos efectivos si se comparan con un analgésico mucho más fuerte, como la morfina, y sin embargo no es así. En seis estudios a doble ciego se descubrió que los placebos fueron tan eficaces para aliviar el dolor como la morfina en un 56 por ciento de los casos[21].

¿Por qué? Un factor que puede influir en la eficacia del placebo es el método de administración. En general se considera que las inyecciones son más potentes que las píldoras, de ahí que, cuando se administra un placebo mediante inyección, su eficacia se incremente. De manera similar, se atribuye mayor eficacia a las cápsulas que a las pastillas, y hasta el tamaño, el color y la forma de una píldora pueden desempeñar un papel. Un estudio concebido para determinar el valor de sugestión del color reveló que la gente tiende a creer que las píldoras amarillas o naranjas actúan sobre el estado de ánimo, ya sea estimulándolo o deprimiéndolo. Asimismo se asocian las píldoras de color rojo oscuro con efectos sedantes, las de color lavanda con alucinógenos, y las blancas con calmantes[22].

Otro factor es la actitud que transmite el médico cuando receta el placebo. El doctor David Sobel, un especialista en placebos del Kaiser Hospital de California, cuenta la historia de un médico que trataba a un paciente de asma que experimentaba graves dificultades para mantener abiertos los bronquios. El médico solicitó una muestra de un nuevo medicamento muy potente a una compañía farmacéutica y se la dio al hombre. En unos minutos, este mostró una mejora espectacular y empezó a respirar con más facilidad. Sin embargo, cuando tuvo el siguiente ataque, el médico decidió comprobar qué ocurriría si le administrara un placebo. En esta ocasión, el paciente se quejó de que tenía que haber un error en lo que le había recetado, pues no eliminaba completamente la dificultad respiratoria. Aquello convenció al médico de que la muestra era efectivamente un nuevo medicamento muy potente para el asma, hasta que recibió una carta de la compañía farmacéutica informándole de que, por error, le habían enviado un placebo en lugar del nuevo medicamento. Al parecer, lo que explica la diferencia fue el entusiasmo inconsciente del médico ante el primer placebo frente a su actitud escéptica ante el segundo[23].

Según el modelo holográfico, la extraordinaria respuesta de aquel hombre a la medicación placebo para el asma se explica por la incapacidad última del sistema mente/cuerpo para distinguir entre la realidad imaginada y la real. El hombre creía que había tomado un nuevo y potente fármaco para el asma y esa creencia produjo un efecto fisiológico en sus pulmones tan espectacular como si hubiera recibido un tratamiento auténtico. El hecho de que incluso algo tan sutil como una ligera diferencia en la actitud del médico (y quizá en su lenguaje corporal) al administrar los dos placebos determinara el éxito de uno y el fracaso de otro corrobora la advertencia de Achterberg de que los hologramas neuronales que influyen en nuestra salud son variados y polifacéticos. De ahí se puede deducir que hasta la información que recibimos de manera subliminal puede ejercer una gran influencia en las creencias e imágenes mentales que afectan a nuestra salud. Cabe preguntarse cuántas medicinas han funcionado o han dejado de funcionar por la actitud que el médico transmitía mientras las administraba.

TUMORES QUE SE DERRITEN COMO BOLAS DE NIEVE SOBRE UNA ESTUFA CALIENTE

Es importante entender el papel que desempeñan esos factores en la eficacia de los placebos porque muestra cómo nuestras creencias configuran nuestra capacidad para controlar el cuerpo holográfico. La mente tiene poder para librarnos de las verrugas, para despejar los bronquios y para imitar la capacidad de la morfina para mitigar el dolor, pero, como no somos conscientes de que poseemos ese poder, tenemos que ser engañados para usarlo. Esto podría resultar hasta cómico si no fuera por las tragedias que desencadena con frecuencia el desconocimiento de nuestro propio poder.

Nada resulta más ilustrativo al respecto que un incidente, hoy célebre, que relataba el psicólogo Bruno Klopfer. Este atendía a un hombre llamado Wright que padecía un cáncer avanzado en los nódulos linfáticos. Se habían agotado todos los tratamientos habituales y parecía que a Wright le quedaba poco tiempo. Tenía el cuello, las axilas, el pecho, el abdomen y las ingles llenos de tumores del tamaño de naranjas, y el bazo y el hígado se le habían agrandado tanto que todos los días había que sacarle del pecho casi dos litros de un líquido lechoso. Pero Wright no quería morir. Se enteró de que había un nuevo medicamento asombroso, llamado Krebiozen, y le pidió a su médico que le permitiera intentarlo. El médico se negó al principio porque la medicina solo se había probado en pacientes con una esperanza de vida de al menos tres meses. Pero Wright se lo suplicaba tan insistentemente que al final el médico cedió. Le administró una inyección de Krebiozen un viernes, aunque en su fuero interno no esperaba que Wright sobreviviera al fin de semana. Luego se fue a casa.

Al lunes siguiente, le sorprendió encontrar a Wright levantado y paseando por el hospital. Según el psicólogo, sus tumores se habían «derretido como bolas de nieve sobre una estufa caliente» y se habían reducido a la mitad del tamaño original. Se trataba de una disminución de tamaño mucho más rápida que la que se podría haber conseguido incluso con la radioterapia más agresiva. Diez días después de la primera inyección de Krebiozen, Wright abandonó el hospital y, según los médicos, se había recuperado completamente del cáncer. Cuando ingresó en el hospital necesitaba una mascarilla de oxígeno para respirar; cuando salió, estaba lo bastante bien como para volar en su propio avión a cuatro mil metros de altura sin sentir malestar alguno.

Wright siguió estando bien durante un par de meses aproximadamente, pero entonces empezaron a aparecer artículos afirmando que el Krebiozen no era eficaz contra el cáncer de nódulos del sistema linfático. Wright, que tenía una forma de pensar estrictamente lógica y científica, se deprimió mucho, sufrió una recaída y reingresó en el hospital. Esta vez, el médico decidió intentar un experimento. Le dijo a Wright que el Krebiozen era tan eficaz como parecía, pero que algunas de las remesas iniciales del medicamento se habían deteriorado durante el transporte. Le explicó, no obstante, que disponía de una versión nueva del fármaco, muy concentrada, y que podía tratarle con ella. Naturalmente, el médico no disponía de ninguna versión mejorada del medicamento; su intención era administrarle simplemente agua pura. Para crear el clima apropiado elaboró incluso un meticuloso procedimiento previo a la administración del placebo.

Nuevamente, los resultados fueron espectaculares. Las masas tumorales se derritieron, el fluido del pecho desapareció y Wright no tardó en estar otra vez en pie, se sentía estupendamente. Estuvo sin síntomas durante otros dos meses, pero entonces la American Medical Association anunció que, en un estudio sobre el Krebiozen realizado en todo el país, se había descubierto que el medicamento era totalmente inútil en el tratamiento del cáncer. Aquella vez, la fe de Wright se hizo añicos. El cáncer resurgió y Wright murió dos días después[24].

La historia de Wright es realmente trágica, pero encierra un mensaje poderoso: cuando somos lo bastante afortunados como para superar la incredulidad y utilizar las fuerzas curativas que existen en nuestro interior, podemos lograr que los tumores desaparezcan en una noche.

En el caso del Krebiozen, solo había una persona implicada, pero hay casos similares en los que participa mucha más gente. Examinemos lo que ocurrió con una sustancia utilizada en quimioterapia llamada cisplatino. Cuando estuvo disponible por primera vez, se promocionó también como un medicamento milagroso, y el 75 por ciento de quienes lo tomaron se beneficiaron del tratamiento. No obstante, una vez que se disipó el entusiasmo inicial y su administración se hizo rutinaria, la tasa de eficacia descendió hasta un 25 o un 30 por ciento. Al parecer, la mayor parte del beneficio obtenido con el cisplatino fue consecuencia del efecto placebo[25].

¿FUNCIONA REALMENTE ALGUNA MEDICINA?

Estas anécdotas plantean una cuestión importante. Si fármacos como el Krebiozen y el cisplatino funcionan cuando creemos en ellos y dejan de funcionar cuando dejamos de hacerlo, ¿qué implica esto sobre la naturaleza de los medicamentos en general? Es una pregunta difícil de contestar, aunque disponemos de algunas pistas. Consideremos el caso de Herbert Benson, médico de la Facultad de Medicina de Harvard, quien señala que la gran mayoría de los tratamientos recetados antes del siglo XX carecía de utilidad —desde el sangrado con sanguijuelas hasta el consumo de sangre de lagarto—, si bien resulta-

ron útiles, al menos durante algún tiempo, debido al efecto placebo[26].

Benson, junto con el doctor David P. McCallie Jr., del Laboratorio Thorndike de Harvard, ha analizado estudios de diversos tratamientos prescritos durante años para la angina de pecho y ha descubierto que, aunque fueron remedios transitorios,
la tasa de éxitos fue siempre alta, incluso en tratamientos que
hoy están desacreditados[27]. Estas dos observaciones ponen de
manifiesto que el efecto placebo ha jugado un papel importante en la medicina en el pasado, pero ¿lo sigue jugando en la actualidad? Al parecer, así es. La Federal Office of Technology
Assessment estima que más del 75 por ciento de los tratamientos médicos actuales no han sido objeto de un examen científico riguroso, cifra que sugiere que los médicos podrían seguir
administrando placebos sin saberlo. Benson, por su parte, cree
que, como mínimo, muchos medicamentos que no requieren
receta médica actúan principalmente como placebos[28].

A la luz de los datos que hemos visto hasta el momento, casi
deberíamos preguntarnos si todas las medicinas son placebos o
no. Evidentemente, la respuesta es que no. Muchos medicamentos son eficaces creamos en ellos o no: la vitamina C elimina el escorbuto y la insulina mejora el estado de los diabéticos
aun cuando estos sean escépticos. Pero el asunto no es tan claro
como parece. Consideremos lo siguiente.

En un experimento de 1962, los doctores Harriet Linton y
Robert Langs informaron a los participantes de que iban a formar parte de un estudio sobre los efectos del LSD, aunque les
dieron un placebo en lugar del alucinógeno. Sin embargo, media hora después de tomarlo, los sujetos empezaron a experimentar los clásicos síntomas de la droga real: pérdida de control, supuesta revelación del significado de la existencia, y otras
manifestaciones de esta índole. Aquellos «viajes placebo» dura-
ron varias horas[29].

Unos cuantos años después, en 1966, el psicólogo de Harvard Richard Alpert viajó a Oriente en busca de hombres santos que pudieran revelarle alguna cosa sobre la experiencia con el LSD. Encontró a varios que estaban dispuestos a probar la droga y, curiosamente, obtuvo diversas reacciones. Un experto le dijo que era buena, pero no tanto como la meditación. Otro, un lama tibetano, se quejó de que solo le había levantado dolor de cabeza.

Sin embargo, la reacción que le fascinó fue la de un venerable anciano de aspecto frágil en las laderas del Himalaya. Como tenía más de sesenta años, el primer impulso de Alpert fue darle una dosis suave de entre 50 y 75 miligramos. El asceta, no obstante, mostraba mucho más interés por una de las píldoras de 305 miligramos que Alpert había llevado consigo, una dosis relativamente alta. Alpert se la dio a regañadientes, pero el hombre no quedó satisfecho. Con un guiño, le pidió otra y luego otra más, hasta que se colocó 915 miligramos de LSD sobre la lengua y se los tragó. Se trataba de una dosis masiva desde cualquier parámetro (como dato para comparar, podemos decir que la dosis que utilizaba Grof en sus estudios era, por término medio, de unos 200 miligramos). Alpert, horrorizado, lo observaba atentamente, esperando que empezara a agitar los brazos y a gritar como una *banshee**; pero el hombre se comportaba como si nada hubiera ocurrido. Permaneció así durante el resto del día, con una conducta tan serena e imperturbable como siempre, salvo por las miradas risueñas que le lanzaba a Alpert de vez en cuando. Aparentemente, el LSD no le provocaba efecto alguno. La experiencia impresionó tanto a Alpert que abandonó el LSD, cambió su nombre por el de Ram Dass y abrazó el misticismo[30].

---

* *Banshee:* en la mitología irlandesa, espíritu de mujer cuyo llanto presagia una muerte. *[N. de la T.]*

Así pues, tomar un placebo bien puede producir el mismo efecto que tomar la droga real, mientras que tomar la droga real podría no producir efecto alguno. Es un mundo al revés que se ha demostrado también en experimentos con anfetaminas. En un estudio, se dividió a diez individuos en dos grupos ubicados en habitaciones separadas. En la primera habitación se administraron anfetaminas estimulantes a nueve participantes, mientras que al décimo se le administró un sedante. En la segunda habitación se invirtió la situación. En ambos casos, la persona que había recibido el fármaco diferente se comportó exactamente igual que sus compañeros. En la primera habitación, la única persona que había tomado el sedante, en vez de dormirse, se activó y se estimuló; en la segunda habitación, el único que había tomado la anfetamina se quedó dormido[31]. También hay un caso registrado de un hombre adicto al estimulante Ritalin, cuya adicción se transfirió después al placebo.

En otras palabras: su médico consiguió evitarle todos los efectos desagradables que conlleva la retirada del Ritalin al sustituir en secreto el medicamento prescrito por píldoras de azúcar. Desgraciadamente, ¡el paciente desarrolló adicción al placebo![32].

Estos hechos no se limitan a situaciones acaecidas en experimentos. Los placebos desempeñan también un papel en nuestras vidas cotidianas. ¿La cafeína te mantiene despierto por la noche? Alguna investigación ha mostrado que ni siquiera una inyección de cafeína mantendría despierta a una persona sensible si esta creyera que le están administrando un sedante[33].

¿Alguna vez te ha ayudado un antibiótico a superar un catarro o un dolor de garganta? En caso afirmativo, estabas experimentando un efecto placebo. Los catarros son provocados por virus, al igual que los diversos tipos de dolor de garganta, y los antibióticos solo son eficaces contra las infecciones bacterianas, no contra las víricas. ¿Has experimentado alguna vez un efecto secundario después de tomar un medicamento? En un estudio sobre un sedante llamado mefenesina, se descubrió que entre un 10 y un 20 por ciento de los sujetos de la prueba experimentaron efectos secundarios negativos —como náuseas, sarpullidos y palpitaciones— con independencia de que hubieran tomado la medicina real o un placebo[34]*. De manera similar, en un estudio reciente sobre un nuevo tipo de quimioterapia, el 30 por ciento de las personas del grupo de control perdió el cabello, a pesar de haber recibido el placebo[35]. Así que, si conoces a alguien que esté recibiendo tratamiento de quimioterapia, dile que intente ser optimista en sus expectativas. La mente es una cosa poderosa.

Además de ofrecernos un destello del poder de la mente, los placebos sustentan también un enfoque holográfico de la relación mente/cuerpo. Como observa la nutricionista y columnista Jane Brody en un artículo publicado en *The New York Times*: «La eficacia de los placebos proporciona un apoyo espectacular a la visión "holística" del organismo humano, una visión que está recibiendo cada vez más atención por parte de la investigación médica.

Esa visión sostiene que la mente y el cuerpo interactúan continuamente y están tan inextricablemente unidos que no se pueden tratar como entidades independientes»[36].

El efecto placebo puede estar afectándonos de muchas más maneras de lo que pensamos, como demostró hace poco un misterio médico extraordinariamente sorprendente. Sin duda habrás oído hablar acerca de la capacidad de la aspirina para disminuir el riesgo de sufrir un ataque cardíaco; hay una gran cantidad de indicios convincentes que sostienen esa idea. Hasta

---

* Naturalmente, no estoy sugiriendo en absoluto que todos los efectos secundarios de los medicamentos sean producto del efecto placebo. Si sufres una reacción negativa ante un fármaco, consulta siempre al médico.

aquí todo correcto. El único problema es que, según parece, la aspirina no tiene el mismo efecto sobre las personas que viven en Inglaterra. Un estudio de seis años de duración en el que participaron 5139 médicos reveló que no existían pruebas de que la aspirina redujera el riesgo de un ataque al corazón[37]. ¿Hay un fallo en alguna investigación? ¿O quizá hay que atribuirlo a algún tipo de efecto placebo masivo? Sea como fuere, no dejes de creer en los efectos preventivos de la aspirina, todavía te puede salvar la vida.

LAS REPERCUSIONES EN LA SALUD DE LA PERSONALIDAD MÚLTIPLE

Otra enfermedad que ejemplifica de manera elocuente el poder de la mente para afectar al cuerpo es el desorden de personalidad múltiple (DPM). Además de mostrar diferentes patrones de ondas cerebrales, las distintas personalidades de un múltiple presentan características psicológicas muy distintas. Cada personalidad tiene su propio nombre y su propia edad, así como sus propios recuerdos y habilidades. A menudo cada una cuenta con su propia caligrafía, un género declarado, una identidad cultural y racial particulares, y se distinguen además por sus dotes artísticas, su dominio de idiomas extranjeros y su cociente intelectual.

Más sorprendentes aún son los cambios biológicos que tienen lugar en el cuerpo de un múltiple cuando alterna entre personalidades. Cuando se impone una personalidad, desaparecen misteriosamente las dolencias médicas de las otras personalidades. El doctor Bennet Braun, de la International Society for the Study of Multiple Personality de Chicago, ha documentado un caso en el que todas las personalidades de un paciente, salvo una, eran alérgicas al zumo de naranja. Si el paciente bebía zumo de naranja bajo el dominio de una de sus personalidades alérgicas, desarrollaba una erupción tremenda. Pero, si transitaba hacia su personalidad no alérgica, la erupción empezaba a desaparecer gradualmente y podía beber zumo de naranja sin ningún problema[38].

La doctora Francine Howland, psiquiatra de la Universidad de Yale especializada en el tratamiento de la personalidad múltiple, relata un episodio más asombroso aún sobre la reacción de un múltiple a una picadura de avispa. En aquella ocasión, el paciente acudió a su cita programada con la doctora Howland con el ojo hinchado y completamente cerrado a causa de la picadura de una avispa. Ella pensó que necesitaba atención médica y llamó a un oftalmólogo. Desgraciadamente, el oftalmólogo no podía atenderlo hasta una hora más tarde, pero, como el paciente sufría un intenso dolor, la psiquiatra decidió intentar algo. Resultó que una de las personalidades alternativas de aquel hombre era «anestésica», incapaz de experimentar dolor en absoluto. La doctora hizo que la personalidad anestésica tomara el control del cuerpo y el dolor cesó. Pero sucedió algo más. Cuando el hombre se presentó a su cita con el oftalmólogo, la hinchazón había desaparecido y el ojo había recuperado su aspecto normal. El oftalmólogo, al comprobar que no necesitaba tratamiento, lo mandó para casa.

No obstante, al cabo de un rato, la personalidad anestésica abandonó el control del cuerpo y regresó su personalidad original, junto con todo el dolor y la hinchazón causados por la picadura de la avispa. Al día siguiente, el hombre regresó a la consulta del oftalmólogo para que lo atendiera. Ni la doctora Howland ni el paciente le habían revelado al oftalmólogo que padecía un trastorno de personalidad múltiple. El oftalmólogo, después de tratar al paciente, telefoneó a la doctora Howland: «Creía que el tiempo me estaba jugando una mala pasada. Necesitaba confirmar que usted me había llamado realmente el día anterior y que no eran imaginaciones mías»[39]. La psiquiatra se echó a reír.

Las alergias no son lo único que los múltiples pueden activar y desactivar. Si quedaba alguna duda sobre el control del inconsciente sobre los efectos de los medicamentos, la disiparán las prodigiosas capacidades farmacológicas que presentan los individuos con personalidad múltiple. Al cambiar de personalidad, un múltiple borracho puede recobrar la sobriedad al instante. Además, las diversas personalidades responden de manera diferente a distintos fármacos. Braun relata un caso en el que cinco miligramos de un tranquilizante, el Diazepan, sedaron a una personalidad, mientras que cien miligramos hicieron poco efecto o ninguno en otra.

Con frecuencia una o varias personalidades son infantiles. Cuando se administra un medicamento a una personalidad adulta que posteriormente cede el control a la personalidad infantil, la dosis de adulto puede resultar excesiva para el niño y provocar una sobredosis. Asimismo resulta difícil anestesiar a algunos múltiples; hay informes de pacientes que se han despertado en la mesa de operaciones cuando asume el control una de sus personalidades «inanestesiables».

Entre otros trastornos que pueden variar de una personalidad a otra figuran las cicatrices, las quemaduras y los quistes, así como el ser zurdo o diestro. También puede diferir la agudeza visual; algunos múltiples deben llevar dos o tres pares de gafas diferentes para sus personalidades alternantes. Una personalidad puede presentar daltonismo y otra no, y hasta puede cambiar el color de los ojos. Se han documentado casos de mujeres que tienen dos o tres periodos menstruales al mes porque cada una de sus personalidades tiene su propio ciclo. La logopeda Christy Ludlow ha averiguado que el tipo de voz de cada una de las personalidades de los múltiples es diferente, una hazaña que requiere un cambio fisiológico muy profundo, pues ni siquiera el actor más hábil puede modificar su voz lo bastante como para enmascararla[40]. Un múltiple ingresado en un hospital a causa de la diabetes dejó desconcertados a sus médicos: no presentaba ningún síntoma cuando tomaba el control una de sus personalidades no diabéticas[41]. Hay informes de epilepsias que aparecen y desaparecen con los cambios de personalidad, y el psicólogo Robert A. Phillips Jr. cuenta que incluso pueden aparecer y desaparecer tumores (aunque no especifica qué clase de tumores)[42].

Los múltiples también tienden a curarse más rápido que las personas normales. Por ejemplo, se han registrado varios casos de curaciones extraordinariamente rápidas de quemaduras de tercer grado. Y lo más espeluznante de todo: al menos una investigadora, la doctora Cornelia Wilbur —la terapeuta cuyo tratamiento pionero de Sybil Dorsett fue descrito en el libro *Sybil*—, está convencida de que los múltiples no envejecen tan deprisa como las demás personas.

¿Cómo pueden ocurrir todas estas cosas? En un simposio sobre el síndrome de la personalidad múltiple, una múltiple llamada Cassandra ofreció una posible respuesta. Cassandra atribuye su capacidad para curarse rápidamente tanto a las técnicas de visualización que practica como a algo que denomina *procesamiento paralelo*. Según explica, sus personalidades alternativas permanecen conscientes incluso cuando no tienen el control de su cuerpo. Esto le permite «pensar» en multitud de canales de forma simultánea y realizar tareas como trabajar a la vez en varios artículos con diferentes fechas límite, o incluso «dormir» mientras otras personalidades le preparan la cena y limpian la casa.

De ahí que, mientras que la gente normal hace ejercicios de visualización de imágenes curativas dos o tres veces al día, Cassandra los practica día y noche. Tiene incluso una personalidad llamada Celese con conocimientos sólidos de anatomía y fisiología y cuya única función consiste en meditar y visualizar el bienestar de su cuerpo durante veinticuatro horas al día. Según ella, esa dedicación constante a su salud le otorga una ventaja sobre la gente normal. Otros múltiples han manifestado experiencias parecidas[43].

Solemos atribuir demasiada importancia al carácter inevitable de las cosas. Si tenemos la vista mal, creemos que la tendremos así de por vida, y si padecemos diabetes, no pensamos ni por un momento que la enfermedad podría desaparecer con un cambio de estado de ánimo o de forma de pensar. Pero el fenómeno de la personalidad múltiple pone esas creencias en tela de juicio y ofrece pruebas de hasta qué punto nuestro estado de ánimo puede afectar al cuerpo fisiológicamente. Si la psique de un individuo con un trastorno de personalidad múltiple es una suerte de holograma de imágenes múltiples, al parecer el cuerpo también lo es y puede transitar de una situación fisiológica a otra con la misma rapidez con que se barajan las cartas.

Los mecanismos de control que deben funcionar para explicar todas esas habilidades son inconcebibles y empequeñecen nuestra capacidad de deshacernos de una verruga. La reacción alérgica a una picadura de avispa es un proceso complejo y polifacético que implica la acción organizada de los anticuerpos, la producción de histamina, la dilatación y rotura de vasos sanguíneos, una descarga excesiva de sustancias inmunológicas, etcétera. ¿Qué vías de influencia desconocidas permiten que la mente de un múltiple paralice todos esos procesos súbitamente? ¿O qué le permite suspender los efectos del alcohol y de otras drogas en la sangre, o hacer que la diabetes aparezca y desaparezca? Por el momento no lo sabemos y debemos consolarnos con un simple hecho: una vez que el múltiple ha seguido una terapia y ha recuperado cierta integridad, todavía puede seguir cambiando de personalidad a su antojo[44]. Esto sugiere que, en algún lugar de nuestra psique, *todos* tenemos la capacidad de controlar esas cosas. Y, no obstante, eso no es todo lo que podemos hacer.

EMBARAZO, TRASPLANTES DE ÓRGANOS Y UTILIZACIÓN DEL NIVEL GENÉTICO

Como ya sabemos, las simples creencias cotidianas también pueden ejercer un poderoso efecto sobre el cuerpo. Naturalmente, la mayoría de nosotros carece de la disciplina mental necesaria para controlar totalmente nuestras creencias (y por eso los médicos tienen que utilizar placebos para engañarnos y conseguir así que activemos las fuerzas curativas que albergamos en nuestro interior). Para recuperar ese control resulta imprescindible comprender primero los distintos tipos de creencias que pueden afectarnos, pues también ellas revelan una perspectiva única sobre la plasticidad de la relación cuerpo/mente.

Creencias culturales

Un tipo de creencia es el que nos impone la sociedad en que vivimos. Por ejemplo, los habitantes de las islas Trobriand mantienen libremente relaciones sexuales antes del matrimonio, pero el embarazo prematrimonial está muy mal visto. No utilizan anticonceptivos de ningún tipo y rara vez recurren al aborto, por no decir nunca. A pesar de ello, el embarazo antes del matrimonio es prácticamente desconocido. Esto sugiere que, debido a sus creencias culturales, las mujeres solteras evitan inconscientemente quedarse embarazadas[45]. Hay indicios de que puede estar ocurriendo algo similar en nuestra propia civilización. Casi todo el mundo conoce a una pareja que ha estado años intentado tener un hijo sin éxito. Al final adopta un niño y, poco después, la mujer se queda embarazada. Esto sugiere que el hecho de tener un hijo les permitió superar algún tipo de inhibición que bloqueaba su capacidad de concebir.

También pueden afectarnos sobremanera los temores que compartimos con otros miembros de nuestra civilización. En el siglo XIX, la tuberculosis mataba a miles y miles de personas, pero, desde la década de 1880, la tasa de mortalidad empezó a caer en picado. ¿Por qué? Antes de esa década, nadie sabía cuál era la causa de la tuberculosis, lo cual le confería un aura de misterio aterrador. Pero, en 1882, el doctor Robert Koch hizo el descubrimiento trascendental de que la causa de la tuberculosis era una bacteria. Tan pronto como esa información se difundió, la tasa de mortalidad se desplomó de 600 a 200 por cada 100 000 habitantes, pese a que aún faltaba casi medio siglo para que se descubriera un tratamiento médico eficaz[46].

Al parecer, el miedo también ha desempeñado un papel importante en la proporción de éxitos obtenidos en los trasplantes de órganos. En la década de los cincuenta, los trasplantes de riñón eran apenas una posibilidad fascinante. Entonces, un médico de Chicago realizó lo que parecía un trasplante exitoso. Publicó sus conclusiones y, poco después, se practicaron otros trasplantes en todo el mundo. Luego fracasó el primer trasplante. De hecho, el médico descubrió que, en realidad, el riñón había sido rechazado desde el principio. Pero no importaba. Siempre que los receptores de los trasplantes creyeran que podían sobrevivir, lo lograban, y la tasa de éxito aumentó muy por encima de cualquier expectativa[47].

Creencias que encarnamos en nuestras actitudes

Las creencias también se manifiestan en nuestras vidas a través de las actitudes. Diversos estudios han demostrado que la actitud de una madre embarazada con respecto a su bebé y al embarazo en general guarda una relación directa con las complicaciones que tendrá durante el parto, así como con los problemas médicos que tendrá su hijo después de nacer[48]. De hecho, en la pasada década, se han realizado multitud de estudios que revelan los efectos de nuestras actitudes sobre un sinfín de dolencias médicas. Los hallazgos de varios de estos estudios son contundentes: las personas que obtuvieron las puntuaciones más altas en las pruebas diseñadas para medir la hostilidad y la agresión tienen siete veces más posibilidades de morir a causa de problemas cardíacos que aquellas que obtuvieron puntuaciones bajas[49]. En otro estudio se determinó que las mujeres casadas presentan sistemas inmunitarios más potentes que las separadas o divorciadas, y esta fortaleza inmunitaria es aún mayor en las mujeres *felizmente* casadas[50]. Por otro lado, se ha descubierto que las personas con sida que muestran un espíritu luchador viven más tiempo que los que adoptan una actitud pasiva[51], patrón que se replica en pacientes con cáncer[52]. Esto se manifiesta también dolencias menores, así los pesimistas cogen más catarros que los optimistas. Otros estudios han investigado el impacto del estrés, que debilita la respuesta inmunitaria[54] y eleva la incidencia de enfermedades en quienes han perdido a su cónyuge, etcétera, etcétera, etcétera[55].

Creencias que expresamos mediante el poder de la voluntad

Los tipos de creencia que hemos examinado hasta ahora pueden considerarse en su mayoría creencias pasivas, creencias que permitimos que nos imponga la civilización o nuestros pensamientos ordinarios. Sin embargo, la creencia consciente —en forma de una voluntad inflexible e inquebrantable— se puede utilizar para moldear y controlar el cuerpo holográfico. En la década de los setenta, Jack Schwarz, escritor y conferenciante nacido en Holanda, asombró a los investigadores de laboratorios estadounidenses de un extremo a otro del país con su extraordinaria capacidad para controlar a voluntad sus procesos fisiológicos.

En estudios realizados en la Fundación Menninger, en el Instituto Neuropsiquiátrico Langley Porter de la Universidad de California y en otros centros, Schwarz dejó atónitos a los médicos con una serie de demostraciones increíbles. Se atravesaba los brazos con agujas gigantescas (de las empleadas por los fabricantes de velas, con más de quince centímetros de longitud) sin que brotara una gota de sangre, sin inmutarse y sin que sus ondas cerebrales registraran las frecuencias beta características del sufrimiento físico. Cuando le quitaron las agujas, los agujeros de los pinchazos se cerraban de inmediato sin dejar rastro de sangre. Además, Schwarz alteraba a voluntad el ritmo de sus ondas cerebrales, aplastaba cigarrillos encendidos contra su cuerpo sin herirse y sostenía ascuas de carbón con las manos. Afirmaba que había desarrollado estas habilidades durante su reclusión en un campo de concentración nazi, donde tuvo que aprender a dominar el dolor para resistir los terribles golpes que soportó. Cree que cualquiera puede aprender a controlar su cuerpo voluntariamente y asumir así la responsabilidad de su propia salud[56].

Curiosamente, en 1947 apareció otro holandés con aptitudes similares. Mirin Dajo asombraba a los espectadores del Teatro Corso de Zúrich con un número tan impactante como inquietante. Ante la mirada atónita del público, hacía que un ayudante le atravesara completamente el cuerpo con un florete, perforando claramente órganos vitales sin que ello le produjera daño ni dolor alguno. Al igual que Schwarz, tampoco sangraba cuando se le extraía el florete, y apenas una leve línea roja delataba el punto por el que había entrado y salido el arma.

El espectáculo resultaba tan perturbador que un espectador sufrió un ataque cardíaco, lo que hizo que se le prohibiera legalmente actuar en público. No obstante, un médico suizo llamado Hans Naegeli-Osjord escuchó hablar de sus supuestas habilidades y le preguntó si podía someterle a un examen científico. El 31 de mayo de 1947, Dajo ingresó en un hospital de Zúrich, donde, ante un grupo numeroso de médicos, estudiantes y periodistas, incluido el doctor Wemer Brunner, jefe de cirugía del hospital, repitió su hazaña. Desnudó su pecho y se concentró, y después hizo que su ayudante le atravesara el cuerpo con un florete delante de todos.

Como siempre, no manó sangre y Dajo permaneció completamente inalterable. Pero él era el único que sonreía. El resto de la audiencia se había quedado estupefacta. Por lógica, los órganos vitales de Dajo deberían haber sufrido daños severos, por lo que su aparente buen estado de salud resultaba demasiado inconcebible como para que los médicos pudieran aceptarlo. Llenos de incredulidad, le preguntaron si se sometería a una radiografía. Él accedió, y, sin esfuerzo aparente, los acompañó escaleras arriba hasta la sala de rayos X con el abdomen atravesado aún por el florete. El resultado de las radiografías era innegable: Dajo estaba realmente atravesado. Finalmente, veinte minutos después de que le clavaran el florete, se lo extrajeron. Solo dejó dos leves cicatrices. Posteriormente, varios científicos de Basilea le realizaron nuevas pruebas y permitió incluso que los propios médicos le atravesaran con el florete. Más tarde, el doctor Naegeli-Osjord relató el caso con detalle al físico alemán Alfred Stelter, quien lo cuenta en su libro *Curación Psi*[57].

Tales proezas tan por encima de lo normal no son exclusivas de los holandeses. En los años sesenta, Gilbert Grosvenor, presidente de la National Geographic Society, su esposa, Donna, y un equipo de fotógrafos de la institución viajaron hasta un pueblo de Ceilán para presenciar los supuestos milagros de un taumaturgo local llamado Mohotty. Al parecer, cuando era pequeño, Mohotty rezó a una divinidad ceilanesa llamada Kataragama y le prometió que, si libraba a su padre de una acusación de asesinato, él cumpliría penitencia todos los años en su honor. El padre de Mohotty fue absuelto y el hijo, fiel a su palabra, cumplía su penitencia todos los años.

Su penitencia consistía en caminar sobre brasas, atravesar llamas, clavarse espetones en las mejillas, introducirse agujas en los brazos desde los hombros hasta las muñecas e insertarse profundamente grandes ganchos en la espalda para luego arrastrar por el patio una especie de trineo enorme amarrado con cuerdas a los ganchos. Como relataron posteriormente los Grosvenor, los ganchos tensaban brutalmente la carne de la espalda de Mohotty, pero, nuevamente, no había señal alguna de sangre. Cuando Mohotty terminó y le quitaron los ganchos, ni siquiera había rastro de heridas. El equipo fotografió aquella estremecedora exhibición y publicó las fotografías junto con un relato del episodio en el número de abril de 1966 del *National Geographic*[58].

En 1967, la revista *Scientific American* publicó un reportaje sobre un ritual anual similar que tenía lugar en la India. En ese caso, la comunidad local elegía cada año a una persona *diferente* que, tras una larguísima ceremonia, se sometía a que le clavaran en la espalda dos ganchos lo bastante grandes como para colgar de ellos medio buey. Tras pasar unas cuerdas por los ganchos y atarlas a las varas de un carro de bueyes, la víctima caminaba por los campos trazando arcos inmensos como ofrenda sacramental a los dioses de la fertilidad. Cuando le quitaron los ganchos, estaba ilesa: no había sangre y prácticamente ni siquiera presentaba señales de los pinchazos en la carne[59].

Creencias inconscientes

Como hemos visto anteriormente, si no somos lo bastante afortunados como para tener el autodominio de Dajo o de

Mohotty, podemos acceder a la fuerza sanadora que llevamos dentro de nosotros de otra manera: evitando la gruesa coraza de la duda y el escepticismo que existe en la mente consciente. Una forma de conseguirlo es dejarnos engañar por un placebo. La hipnosis es otra. Un buen hipnotizador —como el cirujano que llega hasta un órgano interno y altera la situación en que se encuentra— puede también acceder a la psique y ayudarnos a cambiar la clase más importante de creencias: las creencias inconscientes.

Numerosos estudios han demostrado irrefutablemente que una persona hipnotizada puede influir en procesos que habitualmente se consideran inconscientes. Por ejemplo, al igual que las personas con personalidad múltiple, los individuos bajo hipnosis profunda pueden controlar reacciones alérgicas, modificar el flujo sanguíneo y corregir la miopía. Además, son capaces de alterar su ritmo cardíaco, suprimir el dolor, ajustar su temperatura corporal e incluso eliminar algunas marcas de nacimiento. La hipnosis se puede utilizar también para conseguir proezas tan extraordinarias como atravesarse el abdomen con un florete sin sufrir lesión alguna.

Entre los casos más asombrosos figura el tratamiento de un mal hereditario que desfigura horriblemente conocido como la enfermedad de Brocq. Quienes la sufren desarrollan en la piel una especie de cubierta callosa y gruesa que recuerda las escamas de un reptil. La piel puede llegar a endurecerse y volverse tan rígida que el más mínimo movimiento la agrieta y provoca hemorragias. Muchas de las personas llamadas «piel de cocodrilo» que aparecían en espectáculos circenses padecían en realidad el mal de Brocq; las víctimas de esta enfermedad solían tener una vida relativamente corta debido al alto riesgo de infecciones.

Hasta 1951, la enfermedad de Brocq era incurable. Aquel año, como último recurso, remitieron a un chico de dieciséis años con la enfermedad bastante avanzada a un hipnoterapeuta llamado A. A. Mason que trabajaba en el Queen Victoria Hospital de Londres. Mason descubrió que el chico era un buen sujeto para la hipnosis y que era fácil sumirlo en un trance profundo. Mientras estaba en trance, Mason le dijo que su piel estaba sanando y que pronto desaparecería la enfermedad. Cinco días después, se le cayó la capa de escamas que le cubría el brazo izquierdo, dejando ver la carne blanda y saludable que había debajo. Al cabo de diez días, el brazo era completamente normal. Mason y el chico siguieron trabajando sobre diferentes zonas del cuerpo hasta que desapareció toda la piel escamosa. El paciente siguió sin presentar síntomas durante al menos cinco años, momento en el cual Mason perdió el contacto con él[60].

Se trata de un hecho extraordinario porque la enfermedad de Brocq es una afección genética y revertirla entraña algo más que el mero control de procesos autónomos, tales como el ritmo de la circulación sanguínea o diversas células del sistema inmunitario. Implica alterar el plano maestro, esto es, el ADN, reprogramándolo. Así pues, parece que, cuando accedemos a los estratos adecuados de nuestras creencias, nuestras mentes pueden llegar incluso a trascender la estructura genética.

Creencias encarnadas en la fe

Las creencias más poderosas son tal vez las que expresamos a través de la fe espiritual. En 1962, un hombre llamado Vittorio Micheli ingresó en el hospital militar de Verona (Italia) con un gran tumor canceroso en la cadera izquierda (véase la figura 11). El pronóstico era tan funesto que lo enviaron a su casa sin tratamiento; al cabo de diez meses, se le había desintegrado completamente la cadera, dejando el hueso superior de la pierna flotando en una masa de tejido blando. El hombre se estaba

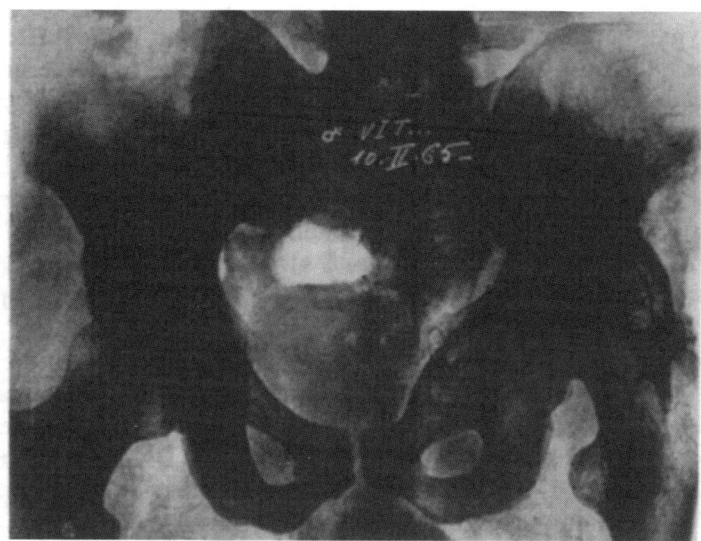

FIGURA 11. Una radiografía de 1962 que muestra hasta qué punto se había desintegrado el hueso ilíaco de Vittorio Micheli a causa de un sarcoma maligno. Quedaba tan poco hueso que la cabeza del fémur se encontraba flotando en una masa de tejido blando que aparece representada como una niebla gris en la radiografía.

deshaciendo literalmente. Desesperado, viajó a Lourdes como último recurso. A pesar de que estaba escayolado y sus movimientos eran muy limitados, logró sumergirse en la piscina santa. Nada más entrar en el agua, tuvo una sensación inmediata de calor que se extendía por todo su cuerpo. Después del baño, recobró el apetito y sintió una energía renovada. Esperanzado con esta mejoría, se dio varios baños más antes de regresar a casa.

Durante el mes siguiente, notó una sensación tan creciente de bienestar que insistió en que los médicos le volvieran a hacer una radiografía. Descubrieron que el tumor se había reducido. Estaban tan intrigados que documentaron su mejoría paso a paso. Fue una buena idea porque, cuando desapareció el tumor, el hueso empezó a regenerarse, algo que la comunidad médica en general considera imposible. A los dos meses escasos, ya se levantaba y caminaba de nuevo y, al cabo de varios años, su hueso se había reconstruido completamente (véase la figura 12).

Se envió un expediente del caso Micheli a la Comisión Médica del Vaticano, un grupo internacional de médicos creado para investigar este tipo de asuntos. Tras examinar las pruebas, la comisión decidió que Micheli había experimentado ciertamente un milagro. En su informe oficial declaró: «Se ha producido una reconstrucción extraordinaria del hueso ilíaco y de la cavidad ilíaca. Las radiografías realizadas en 1964, 1965, 1968 y 1969 confirman categóricamente y sin lugar a

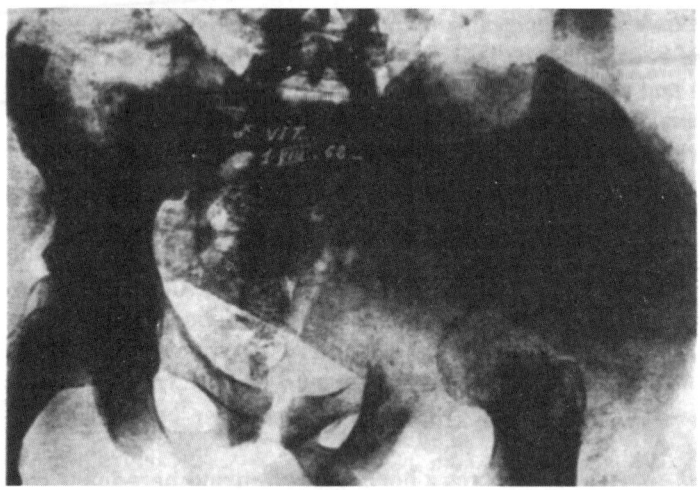

FIGURA 12. Tras una serie de baños en el manantial de Lourdes, Micheli experimentó una curación milagrosa. Su hueso ilíaco se regeneró por completo en el transcurso de varios meses, un logro que la ciencia médica considera imposible todavía hoy. Esta radiografía de 1965 muestra su articulación coxofemoral recuperada milagrosamente. (Fuente: Michel-Marie Salmon, *La guérison extraordinaire de Vittorio Micheli*. Usada con permiso).

dudas que ha tenido lugar una reconstrucción ósea imprevista y sobrecogedora, de una clase desconocida en los anales de la medicina»[61]*.

¿Fue la curación de Micheli un milagro en el sentido de que violó alguna ley física conocida? Aunque todavía no hay una respuesta definitiva a esta cuestión, nada indica que se violara ley alguna. Más bien, su curación podría obedecer a procesos naturales que todavía no entendemos. Teniendo en cuenta la extraordinaria variedad de capacidades curativas únicas que hemos contemplado hasta ahora, resulta evidente que existen muchas formas de interacción entre la mente y el cuerpo que escapan a nuestra comprensión.

Si la curación de Micheli obedeciera a un proceso natural no descubierto, podríamos preguntar: ¿por qué es tan infrecuente la regeneración ósea y qué la desencadenó en su caso? Una posible explicación es que la regeneración ósea sea rara porque lograrla requiere acceder a niveles muy profundos de la psique, estratos a los que las actividades cotidianas de la consciencia no suelen llegar. Esto explicaría por qué es necesaria la hipnosis para conseguir que remita la enfermedad de Brocq. Respecto a lo que provocó la curación de Micheli, la fe es sin duda el factor más probable, dado el papel que desempeña en tantos ejemplos de la flexibilidad de la relación mente/cuerpo. ¿No es posible que Micheli, mediante su fe en el poder curativo de Lourdes, desencadenara su propia curación, ya fuera conscientemente, ya por una feliz casualidad?

---

* Un ejemplo verdaderamente asombroso de sincronicidad: mientras escribía estas líneas, me llegó una carta en la que me informaban de que una amiga que vive en Kauai (Hawái), cuya cadera se había desintegrado a causa del cáncer, también había experimentado una regeneración ósea completa e «inexplicable». Las herramientas que empleó para llevar a cabo la recuperación fueron la quimioterapia, la meditación prolongada y ejercicios de visualización de imágenes. Los periódicos hawaianos han contado la historia de su curación.

Hay datos convincentes de que la fe, y no la intervención divina, es el principal agente de algunos de los llamados sucesos milagrosos. Recordemos que Mohotty adquirió un control de sí mismo fuera de lo normal rezando a Kataragama y, a menos que estemos dispuestos a aceptar la existencia de Kataragama, la *creencia* firme y pertinaz de que estaba protegido por la divinidad parece ser la mejor explicación de sus habilidades. Lo mismo podría decirse de muchos milagros producidos por santos y taumaturgos cristianos.

La estigmatización constituye un ejemplo revelador de milagro cristiano generado, al parecer, por el poder de la mente. La mayoría de los eruditos eclesiásticos coinciden en que san Francisco de Asís fue la primera persona que manifestó espontáneamente las heridas de la crucifixión. Desde su muerte, centenares de personas han desarrollado estigmas. Aunque cada caso presenta características únicas, todos tienen una cosa en común: las heridas siempre aparecen en las manos y en los pies, reproduciendo los puntos en los que Cristo fue clavado a la cruz. Sin embargo, ese patrón no es el esperado si fuera Dios quien otorgara los estigmas. Como señala D. Scott Rogo, parapsicólogo y profesor la Universidad John F. Kennedy de Orinda, California, la costumbre romana era insertar los clavos en las *muñecas*, como corroboran los restos óseos de otras víctimas de crucifixión de la época. Los clavos insertados en las palmas de las manos no pueden sostener el peso de un cuerpo colgado en una cruz[62].

¿Por qué san Francisco y todos los estigmatizados que surgieron tras él creían que los agujeros de los clavos atravesaban las manos? Porque esa es la forma en que los artistas han representado las heridas desde el siglo VIII. La influencia del arte sobre la posición e incluso el tamaño y la forma de los estigmas es especialmente evidente en el caso de una estigmatizada italiana llamada Gema Galgani, que murió en 1903. Las heridas de Gema reproducían con precisión los estigmas de su crucifijo favorito.

Otro investigador que creía que los estigmas eran autoinducidos era Herbert Thurston, un sacerdote inglés que escribió varios volúmenes sobre los milagros. En su obra magna, *Los fenómenos físicos del misticismo*, publicada póstumamente en 1952, enumeró varias razones por las que pensaba que los estigmas eran producto de la autosugestión. En primer lugar, el tamaño, la forma y la ubicación de las heridas varían de un estigmatizado a otro, una incongruencia que indica que no proceden de una fuente común, a saber, las heridas reales de Cristo. Asimismo, una comparación de las visiones que tuvieron varios estigmatizados muestra también poca congruencia, lo cual sugiere que no eran representaciones de la crucifixión histórica, sino más bien construcciones de la propia mente del estigmatizado. Pero quizá el dato más revelador sea que un porcentaje sorprendentemente alto de los estigmatizados sufría también de histeria, lo que Thurston interpretaba como un indicio más de que los estigmas son un efecto secundario de una psique voluble y anormalmente emotiva, y no necesariamente obra de una psique iluminada[63]. A la vista de esta información, no es de extrañar que incluso algunos de los miembros más liberales del liderazgo católico crean que los estigmas son producto de la «contemplación mística», es decir, generados por la mente durante periodos de meditación intensa.

Si los estigmas son producto de la autosugestión, el control que la mente tiene sobre el cuerpo holográfico debe de ser todavía más amplio. Al igual que las heridas de Mohotty, los estigmas pueden curarse a una velocidad desconcertante. La capacidad que mostraban algunos estigmatizados para desarrollar excrecencias similares a clavos en mitad de sus heridas pone aún más de manifiesto la plasticidad casi ilimitada del cuerpo. De hecho, san Francisco fue el primero en mostrar ese fenómeno. Como escribió Tomás de Celano, testigo de los estigmas de san Francisco y biógrafo suyo: «Sus manos y pies parecían estar atravesados en la mitad por clavos. Estas marcas eran redondas en la cara interna de las manos y alargadas en el dorso, y se veían ciertos trozos pequeños de carne como los extremos de clavos doblados y remachados proyectándose desde el resto de la carne»[64].

San Buenaventura, otro contemporáneo de san Francisco, también contempló los estigmas del santo y declaró que los clavos estaban tan claramente definidos que era posible deslizar un dedo bajo ellos e introducirlo en las heridas. Estas formaciones, si bien parecían estar compuestas de carne endurecida y ennegrecida, se comportaban de manera similar a clavos auténticos. Según Tomás de Celano, al presionarlas por un lado, sobresalían inmediatamente por el otro, exactamente como haría un clavo real al ser empujado hacia delante y hacia atrás a través de la mano.

Teresa Neumann, la famosa estigmatizada bávara que murió en 1962, desarrolló también excrecencias similares a clavos. Como las de san Francisco, estaban formadas aparentemente por piel endurecida. Varios médicos las examinaron a conciencia y descubrieron que eran estructuras que le atravesaban completamente las manos y los pies. A diferencia de las heridas de san Francisco, que estaban continuamente abiertas, las de Neumann solo se abrían periódicamente y, en cuanto dejaban de sangrar, de inmediato se formaba un tejido blando y membranoso sobre ellas.

Otros estigmatizados presentaron asimismo profundas alteraciones en sus cuerpos. Las heridas del padre Pío, el famoso estigmatizado italiano que murió en 1968, atravesaban sus manos completamente. La herida de su costado era tan profunda que los médicos que la examinaron temían medirla por miedo a lesionar sus órganos internos. La venerable Giovanna Maria

Solimani, una estigmatizada italiana del siglo XVIII, presentaba heridas en las manos de tal profundidad que podía introducir una llave en su interior. Sus heridas, al igual que las de todos los estigmatizados, jamás se gangrenaban, ni supuraban, ni se inflamaban siquiera. Por su parte, otra estigmatizada dieciochesca, santa Verónica Giuliani, abadesa de un convento en Città di Castello en Umbría, Italia, mostraba una gran herida en el costado que obedecía a su voluntad: *se abría y se cerraba cuando ella lo ordenaba.*

PROYECCIONES MENTALES MÁS ALLÁ DEL CEREBRO

Algunos investigadores soviéticos también se interesaron por el modelo holográfico. Los doctores Alexander P. Dubrov y Veniamin N. Pushkin, dos psicólogos que han escrito extensamente sobre el tema, consideran que la capacidad del cerebro para procesar frecuencias no prueba por sí sola la naturaleza holográfica de las imágenes y los pensamientos de la mente humana. No obstante, proponen lo que podría constituir una evidencia definitiva. Según su razonamiento, si se pudiera demostrar que el cerebro proyecta imágenes fuera de sí mismo, quedaría probada de manera convincente la naturaleza holográfica de la mente. En sus propias palabras: «Una prueba directa de la existencia de hologramas cerebrales sería el registro directo de proyecciones de estructuras psicofísicas fuera de los límites del cerebro»[65].

De hecho, santa Verónica Giuliani nos proporciona esa prueba, según parece. Durante sus últimos años de vida, estaba convencida de que tenía grabadas en el corazón las imágenes de la Pasión. Dibujó los símbolos e indicó incluso su situación exacta. Cuando murió, la autopsia reveló que efectivamente los símbolos estaban impresos en su corazón, exactamente como ella había descrito. El hallazgo fue certificado bajo juramento por los dos médicos que realizaron la autopsia[66].

Otros estigmatizados han tenido experiencias similares. Santa Teresa de Ávila tuvo una visión en la que un ángel le atravesó el corazón con una espada. Tras la muerte de la santa, se encontró una profunda fisura en su corazón. El órgano, con la herida de la espada milagrosa claramente visible, se conserva como reliquia en Alba de Tormes, España[67]. En el caso de Marie-Julie Jahenny, una estigmatizada francesa del siglo XIX, la imagen de una flor que aparecía de forma recurrente en sus visiones terminó por materializarse sobre su pecho, donde permaneció durante veinte años[68]. Pero este fenómeno no es exclusivo de los estigmatizados. En 1913, una niña de doce años del pueblo francés de Bussus-Bus-Suel, cerca de Abbeville, ocupó los titulares de los periódicos cuando se descubrió que podía invocar conscientemente imágenes (de perros y caballos, por ejemplo) que se manifestaban en sus brazos, piernas y hombros. También podía hacer aparecer palabras; cuando alguien le hacía una pregunta, la respuesta se dibujaba instantáneamente sobre su piel[69].

Esas manifestaciones constituyen sin duda ejemplos de proyección de estructuras psicofísicas fuera del cerebro. De hecho, los estigmas (y en especial aquellos acompañados de protuberancias de carne a modo de clavos) representan, en cierto modo, ejemplos de la capacidad del cerebro para proyectar imágenes fuera de sí mismo y grabarlas en el barro blando del cuerpo holográfico. El doctor Michael Grosso, un filósofo del Jersey City State College que ha escrito extensamente sobre el tema de los milagros, ha llegado también a esta conclusión. Grosso, que viajó a Italia para estudiar de primera mano los estigmas del padre Pío, declara lo siguiente: «Al intentar analizar al padre Pío, una de las categorías consiste en decir que tenía el don de transformar simbólicamente la realidad física. En otras palabras: el nivel de consciencia en el que estaba actuando le capacitaba para transformar la realidad física a la luz de ciertas ideas simbólicas. Por ejemplo, se identificaba con las heridas de la crucifixión y su cuerpo se hizo permeable a esos símbolos físicos cuya forma adoptó gradualmente»[70].

Así pues, parece que el cerebro puede emplear imágenes mentales para decirle al cuerpo lo que tiene que hacer, incluso si eso significa construir imágenes físicas. Imágenes que engendran imágenes, como dos espejos enfrentados que se reflejan el uno al otro hasta el infinito. Esa capacidad define la naturaleza de la relación mente/cuerpo en un universo holográfico.

Leyes conocidas y leyes desconocidas

Al principio del capítulo, dije que, en vez de examinar los diversos mecanismos que utiliza la mente para controlar el cuerpo, me centraría principalmente en analizar el alcance de ese control. Al hacerlo, no pretendía negar ni disminuir la importancia de dichos mecanismos, que resultan cruciales para comprender la relación mente/cuerpo. De hecho, al parecer, cada día se producen nuevos descubrimientos en este campo.

Por ejemplo, en una conferencia sobre psiconeuroinmunología —disciplina que estudia las interacciones entre la mente (psico), el sistema nervioso (neuro) y el sistema inmunitario—, Candace Pert, jefa del Departamento de Bioquímica del Cerebro del National Institute of Mental Health, anunció que las células inmunológicas poseen receptores de neuropéptidos. Estas son las moléculas que utiliza el cerebro para comunicarse, sus «telegramas», por así decirlo. Durante mucho tiempo, se creía que los neuropéptidos solo existían en el cerebro. Sin embargo, la presencia de receptores (estructuras que reciben los telegramas) en las células del sistema inmunitario revela que dicho sistema no es independiente del cerebro, sino una extensión del mismo. El hecho de que se hayan encontrado neuropéptidos en otras partes del cuerpo ha llevado a la doctora Pert a admitir que ya no puede establecer dónde termina el cerebro y dónde empieza el cuerpo[71].

He excluido esos pormenores no solo porque me parecía que examinar hasta dónde puede la mente conformar y controlar el cuerpo resultaba más pertinente para lo que estamos discutiendo, sino también porque los procesos biológicos responsables de las interacciones mente/cuerpo constituyen un tema demasiado amplio para este libro. Al principio del apartado dedicado a los milagros, afirmé que no había ninguna razón evidente para creer que la regeneración del hueso de Micheli no pudiera explicarse en función de nuestra interpretación actual de la física. Pero esto no es tan cierto en lo relativo a los estigmas. Tampoco parece muy cierto en relación con los diversos fenómenos paranormales que han relatado a lo largo de la historia personas creíbles y, en los últimos tiempos, biólogos, físicos y otros investigadores.

En este capítulo hemos explorado las capacidades asombrosas de la mente, fenómenos que, aunque no se entienden del todo, no parecen violar ninguna ley física conocida. En el siguiente capítulo abordaremos otros poderes mentales que no se pueden explicar conforme a los conocimientos científicos actuales. Como veremos, la idea holográfica también puede arrojar luz sobre estas áreas. Aventurarnos en esos territorios implicará adentrarnos ocasionalmente en lo que, en principio, podrían parecer arenas movedizas: tendremos que explicar fenómenos aún más desconcertantes e increíbles que la rápida curación de las heridas de Mohotty o las imágenes grabadas en el corazón de santa Verónica Giuliani. No obstante, constataremos que la ciencia también está empezando a hacer incursiones en esos campos, a pesar de su carácter amedrentador.

LOS MICROSISTEMAS DE ACUPUNTURA
Y EL HOMBRECITO DE LA OREJA

Antes de terminar, examinemos un último indicio de la naturaleza holográfica del cuerpo que merece ser mencionado. El antiguo arte chino de la acupuntura se basa en la idea de que todos los órganos y todos los huesos del cuerpo están conectados con puntos específicos de la superficie corporal. Según este sistema, estimular dichos puntos, tanto con agujas como con otras técnicas, permite aliviar e incluso curar las dolencias y los desequilibrios que afectan a las partes del cuerpo asociadas a ellos. En la superficie del cuerpo hay más de mil puntos de acupuntura organizados en líneas imaginarias llamadas *meridianos*. La acupuntura, aunque todavía es un tema polémico, está ganando aceptación en la comunidad médica e incluso se ha utilizado con éxito para tratar el dolor crónico en el lomo de los caballos de carreras.

En 1957, un médico acupuntor francés llamado Paul Nogier publicó un libro titulado *Introducción práctica a la auriculoterapia*, en el que anunciaba el descubrimiento de dos sistemas menores de acupuntura en ambas orejas, además del principal. Los denominó *microsistemas de acupuntura* y observó que, si se conectaban sus puntos, formaban un plano anatómico de un ser humano en miniatura, en posición invertida como un feto (véase la figura 13). Aunque Nogier no lo sabía, los chinos habían descubierto al «hombrecito de la oreja» casi cuatro mil años antes, aunque el mapa del sistema auricular chino no se dio a conocer hasta después de la publicación de Nogier.

El hombrecito de la oreja no es solo una nota graciosa en la historia de la acupuntura. El doctor Terry Oleson, psicobiólogo de la Pain Management Clinic de la Facultad de Medicina de la Universidad de California, en Los Ángeles, ha descubierto que se puede utilizar el microsistema auricular para diagnosticar con precisión lo que ocurre en el cuerpo. Oleson ha comproba-

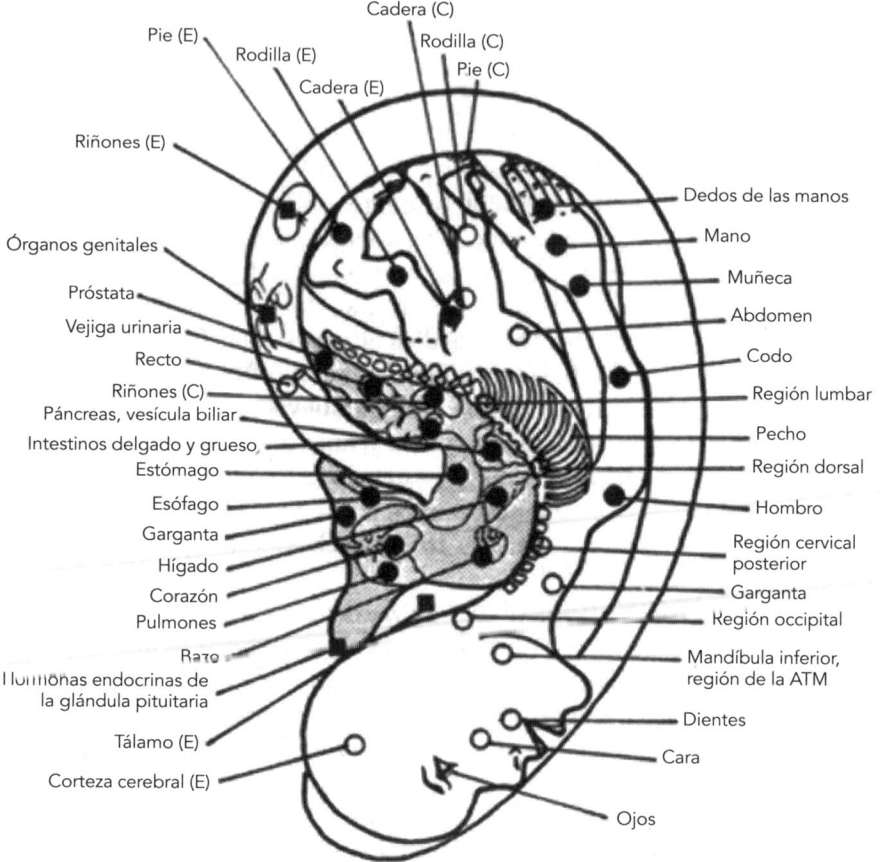

Cadera (C)
Pie (E)
Rodilla (E)
Rodilla (C)
Pie (C)
Cadera (E)

Riñones (E)

Órganos genitales
Próstata
Vejiga urinaria
Recto
Riñones (C)
Páncreas, vesícula biliar
Intestinos delgado y grueso
Estómago
Esófago
Garganta
Hígado
Corazón
Pulmones
Bazo
Hormonas endocrinas de
la glándula pituitaria
Tálamo (E)
Corteza cerebral (E)

Dedos de las manos
Mano
Muñeca
Abdomen
Codo
Región lumbar
Pecho
Región dorsal
Hombro
Región cervical
posterior
Garganta
Región occipital
Mandíbula inferior,
región de la ATM
Dientes
Cara
Ojos

C = Sistema chino de acupuntura auricular
E = Sistema europeo de auriculoterapia

FIGURA 13. El hombrecito de la oreja. Los acupunturistas han descubierto que los puntos de acupuntura de la oreja forman el contorno de un ser humano en miniatura. El doctor Terry Oleson, psicobiólogo de la Facultad de Medicina de la Universidad de California en Los Ángeles, cree que esto se debe a que el cuerpo es un holograma y cada una de sus partes contiene una imagen del todo. (Propiedad intelectual del doctor Terry Oleson, Facultad de Medicina de la Universidad de California en Los Ángeles. Usado con permiso).

do, por ejemplo, que un aumento de la actividad eléctrica en uno de los puntos de acupuntura de la oreja indica generalmente una dolencia patológica (tanto presente como pasada) en la zona correspondiente del cuerpo. En un estudio se examinó a cuarenta pacientes para determinar en qué zonas de su cuerpo sentían dolor crónico. Después del examen, se envolvió a cada paciente en una sábana para ocultar cualquier problema visible. A continuación, un acupuntor que desconocía los resultados les examinó únicamente las orejas. Al comparar los resultados, se vio que los exámenes de las orejas concordaban con los diagnósticos médicos previos el 75,2 por ciento de las veces[72].

Los exámenes auriculares también pueden revelar problemas en los huesos y en los órganos internos. Durante una excursión en barco con un conocido, Oleson observó que el hombre tenía una zona anormalmente escamosa en la piel de la oreja. Por su investigación, sabía que aquel punto correspondía al corazón, por lo que le recomendó que se sometiera a un chequeo médico. Al día siguiente, el hombre acudió a consulta y descubrió que tenía un problema cardíaco que requería una operación inmediata a corazón abierto[73].

Oleson también utiliza la estimulación eléctrica de los puntos de acupuntura de la oreja para tratar dolores crónicos, problemas de peso, pérdida de cabello y casi cualquier adicción. En un estudio realizado con catorce personas adictas a los narcóticos, Oleson y sus colegas utilizaron acupuntura auricular para eliminar la necesidad de droga en doce de ellas en una media de cinco días y con mínimos síntomas de abstinencia[74]. De hecho, la acupuntura auricular ha demostrado un éxito tan grande en la desintoxicación rápida de narcóticos que ahora se utiliza en varias clínicas para tratar adicciones tanto en Los Ángeles como en Nueva York.

¿Por qué los puntos de acupuntura de la oreja están alineados siguiendo la forma de un ser humano en miniatura? Oleson cree que se debe a la naturaleza holográfica de la mente y del cuerpo. Así como cada parte de un holograma contiene la imagen del todo, cada parte del cuerpo humano también puede contener la imagen del todo: «El holograma de la oreja, lógicamente, está conectado al cerebro, que, a su vez, está conectado con todo el cuerpo. Usamos la oreja para influir en el resto del cuerpo trabajando con el holograma del cerebro»[75]. Oleson cree que probablemente también hay microsistemas de acupuntura en otras partes del cuerpo. El doctor Ralph Alan Dale, director del Acupuncture Education Center en el norte de Miami Beach (Florida), está de acuerdo. Tras pasar las dos últimas décadas recopilando datos clínicos y de investigaciones realizadas en China, Japón y Alemania, Dale ha acumulado información sobre dieciocho hologramas distintos de acupuntura en el cuerpo, entre los que figuran los de las manos, los pies, los brazos, el cuello, la lengua y hasta las encías. Como Oleson, Dale piensa que esos microsistemas son «repeticiones holográficas de la anatomía completa» y que todavía quedan otros sistemas semejantes por descubrirse. Dale defiende la hipótesis de que cada dedo y hasta cada célula puede contener su propio microsistema de acupuntura, idea que recuerda la afirmación de Bohm de que cada electrón contiene en cierto modo el cosmos[76].

Richard Leviton, editor colaborador de la revista *East West*, ha escrito sobre las repercusiones holográficas de los microsistemas de acupuntura y piensa que otras técnicas médicas alternativas —como la reflexología, una técnica terapéutica de masaje que consiste en acceder a todos los puntos del cuerpo a través de la estimulación de los pies, o la iridología, una técnica de diagnóstico basada en examinar el iris del ojo para determinar el estado del cuerpo— también pueden constituir pruebas de la naturaleza holográfica del cuerpo. Leviton admite que ninguno de estos campos ha recibido respaldo experimental (existen estudios de iridología que han producido resultados extraordinariamente conflictivos), pero cree que la idea holográfica ofrece una manera de entenderlos en el caso de establecerse su legitimidad científica.

Leviton cree que incluso la quiromancia podría tener bases holográficas. Por quiromancia no se refiere a la lectura de manos que practican los adivinos de escaparate que hacen señas a la gente para que entre, sino a la tradición india milenaria. Su hipótesis se basa en un encuentro misterioso con un quiromántico indio residente en Montreal que poseía un doctorado sobre el tema obtenido en la Universidad de Agra, India. Tras aquella experiencia, Leviton concluyó: «El paradigma holográfico proporciona a las afirmaciones más esotéricas y controvertidas de la quiromancia un contexto para su validación»[77].

Es difícil juzgar el tipo de quiromancia que practicaba el lector de manos indio citado por Leviton a falta de estudios a doble ciego; la ciencia, no obstante, está empezando a aceptar que las líneas y espirales de la mano contienen al menos alguna información sobre el cuerpo. Herman Weinreb, neurólogo de la Universidad de Nueva York, ha descubierto que un modelo de huella dactilar, llamado *bucle ulnar*, aparece con más frecuencia en los pacientes con alzhéimer que en las personas que no tienen esa enfermedad (véase la figura 14). En un estudio con cincuenta pacientes con alzhéimer y cincuenta individuos sanos, el 72 por ciento del grupo con alzhéimer presentaba el bucle al menos en ocho de sus diez huellas dactilares, frente a solo un 26 por ciento del grupo de control. El patrón resultaba aún más marcado en quienes lo presentaban en los diez dedos: catorce pertenecían al grupo con alzhéimer y solo cuatro al grupo de control[78].

En la actualidad se sabe que diez discapacidades comunes, entre otras el síndrome de Down, también están asociadas con patrones específicos en las huellas de la mano. En Alemania, algunos médicos utilizan esta información para analizar las hue-

 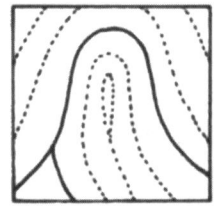

FIGURA 14. Los neurólogos han descubierto que los pacientes con alzhéimer tienen una probabilidad superior a la media de poseer un modelo característico de huella dactilar conocido como *bucle ulnar*. Al menos otras diez discapacidades genéticas comunes también están asociadas con varios dibujos que aparecen en la mano. Estos hallazgos podrían constituir pruebas de la afirmación del modelo holográfico de que cada parte del cuerpo contiene información sobre el todo. (Redibujado por el autor a partir de la ilustración original publicada en la revista *Medicine*).

llas de los progenitores con el fin de evaluar si la madre embarazada debería someterse a una amniocentesis. Este examen genético, potencialmente peligroso, consiste en insertar una aguja en el útero para extraer líquido amniótico y analizarlo en el laboratorio.

Algunos investigadores del Institute of Dermatoglyphics de Hamburgo han desarrollado incluso un sistema informático que utiliza un escáner optoeléctrico para hacer una «foto» digitalizada de la mano del paciente. Luego se compara la mano con las otras diez mil imágenes que tiene en la memoria, se explora para buscar los cerca de cincuenta motivos distintivos que hoy se sabe que están asociados con varias discapacidades hereditarias y se calculan rápidamente los factores de riesgo del paciente[79]. Así pues, quizá no deberíamos apresurarnos a desechar de antemano la quiromancia. Las líneas y espirales de la palma de la mano pueden contener más información sobre todo nuestro ser de lo que pensamos.

EL POTENCIAL DE LA MENTE HOLOGRÁFICA

A lo largo de este capítulo emergen dos mensajes con fuerza y claridad. El primero se refiere a la imposibilidad de distinción: según el modelo holográfico, el sistema mente/cuerpo no puede diferenciar, en última instancia, entre los hologramas neuronales que utiliza el cerebro para percibir la realidad y los que evoca la imaginación. Ambos producen efectos espectaculares en el organismo humano, con un poder tan poderoso que puede influir en el sistema inmunitario, duplicar o negar los efectos de drogas o fármacos potentes, curar heridas con una rapidez asombrosa, deshacer tumores, trascender la estructura genética y dar nueva forma a la carne viva de una forma casi increíble. Así pues, el mensaje es claro: cada uno de nosotros posee, al menos en algún nivel, la capacidad de influir en su salud y de controlar su forma física de maneras deslumbrantes, nada más y nada menos. Todos somos taumaturgos en potencia, yoguis durmientes. Si atendemos a las pruebas presentadas en las páginas anteriores, resulta evidente que todos, como individuos y como especie, tenemos la responsabilidad de dedicar mucho más esfuerzo a explorar y aprovechar esas dotes.

El segundo mensaje concierne a la multiplicidad y sutileza de los elementos que conforman los hologramas neuronales. Entre ellos figuran las imágenes sobre las que meditamos, nuestras esperanzas y nuestros miedos, las actitudes de nuestros médicos, nuestros prejuicios inconscientes, nuestras creencias individuales y culturales, y la fe que tenemos en lo espiritual y en lo tecnológico. Más que simples hechos, constituyen claves importantes, indicadores esenciales de lo que debemos conocer y dominar si queremos aprender a desencadenar y controlar esas capacidades. Sin duda, existen otros factores implicados, otras influencias que conforman y delimitan esas habilidades, porque algo debería resultar evidente a estas alturas: en un universo holográfico, donde un ligero cambio de actitud puede significar la diferencia entre la vida y la muerte, donde las cosas están conectadas entre sí tan sutilmente que un sueño puede provocar la aparición inexplicable de un escarabajo y donde los factores causantes de una enfermedad pueden originar también cierto motivo que aparece en las líneas y espirales de la mano, tenemos razones para sospechar que cada fenómeno surge de múltiples causas. Cada conexión es el punto de partida de innumerables más, porque, como dijo Walt Whitman, «una vasta similitud une todas las cosas».

CAPÍTULO 5

Unos cuantos milagros

«Los milagros no se producen en contra de la naturaleza, sino en contra de lo que conocemos de la naturaleza».

SAN AGUSTÍN

TODOS LOS AÑOS, en septiembre y en mayo, se congrega una gran multitud en el Duomo de San Jenaro, la catedral principal de Nápoles, para presenciar un milagro. El milagro tiene que ver con un frasquito de cristal que contiene una sustancia marrón costrosa que supuestamente es la sangre de san Jenaro, que fue decapitado por el emperador romano Diocleciano en el año 305 después de Cristo. Según la leyenda, después del martirio, una sirvienta recogió parte de la sangre del santo y la guardó como reliquia. Nadie sabe exactamente lo que pasó después, salvo que la sangre no volvió a aparecer hasta finales del siglo XIII, cuando se instaló en un relicario de plata en la catedral.

El milagro consiste en que dos veces al año, ante los cánticos y oraciones de la multitud, la sustancia marrón costrosa se licua y adquiere el aspecto de sangre fresca, roja y burbujeante. Casi nadie duda de que se trata de sangre auténtica. Un análisis espectroscópico del líquido realizado en 1902 por un grupo de científicos de la Universidad de Nápoles confirmó que se trataba efectivamente de sangre. Desgraciadamente, dado que el antiguo y frágil relicario no puede abrirse sin sufrir daños, la Iglesia no ha autorizado análisis más exhaustivos, de modo que el fenómeno nunca ha sido estudiado a conciencia.

Pero hay otros datos que demuestran que la transformación es algo más que un hecho ordinario. A lo largo de la historia (el primer informe escrito de la realización pública del milagro es de 1389), la sangre se ha negado a licuarse alguna vez. Aunque ocurre en raras ocasiones, los ciudadanos de Nápoles lo consideran un mal presagio. En el pasado, el fallo del milagro precedió directamente a la erupción del Vesubio y a la invasión napoleónica de Nápoles. Más recientemente, en 1976 y en 1978, presagió el peor terremoto de la historia de Italia y la elección de un Gobierno comunista en el Ayuntamiento de Nápoles, respectivamente.

¿Es un milagro la licuación de la sangre de san Jenaro? Parece que sí, al menos en el sentido de que es imposible explicarlo según las leyes científicas conocidas. ¿La causa el propio san Jenaro? En mi opinión, la causa más probable es la gran fe y devoción de quienes contemplan el milagro. Digo esto porque casi todos los milagros realizados por taumaturgos y santos de las grandes religiones del mundo han sido replicados por psíquicos. Esto sugiere que, al igual que los estigmas, los milagros obedecen a fuerzas que residen en las profundidades de la mente humana, fuerzas latentes en todos nosotros. Herbert Thurston, el sacerdote que escribió *Los fenómenos físicos del misticismo*, era consciente de esa similitud y se mostraba reacio a atribuir cualquier milagro a una causa verdaderamente sobrenatural (por oposición a una causa física o paranormal). Otro dato que apoya esta idea es que muchos estigmatizados, como el padre Pío y Teresa Neumann, entre otros, eran también famosos por sus dotes psíquicas. La psicoquinesia es una capacidad psíquica que aparentemente desempeña un papel en los milagros. La psicoquinesia es sin duda un sospechoso probable en el milagro de san Jenaro, puesto que implica una alteración física de la materia. Según Rogo, también se deben a la psicoquinesia algunos de los aspectos más espectaculares de los estigmas. En su opinión, provocar la rotura de pequeñas venitas bajo la piel para producir un sangrado superficial entra dentro de las capacidades biológicas normales del cuerpo; no obstante, solo la psicoquinesia puede explicar la rápida aparición de grandes heridas[1]. Está por ver si esto es cierto, pero queda claro que la psicoquinesia, en todo caso, es un factor que interviene en algunos fenómenos que acompañan a los estigmas. Cuando la sangre manaba de las heridas de los pies de Teresa Neumann, siempre lo hacía hacia los dedos —exactamente como habría manado de las heridas de Cristo en la cruz— con independencia de la posición en que estuvieran. Esto significa que, cuando estaba sentada con las piernas estiradas en la cama, la sangre manaba *hacia arriba, en contra de la fuerza de la gravedad*. Numerosos testigos observaron este hecho, entre ellos, muchos militares americanos destinados en Alemania después de la guerra que visitaban a Teresa Neumann para contemplar sus dotes milagrosas. En otros casos de estigmas se ha relatado asimismo que la sangre manaba en contra de la ley de la gravedad[2].

Hechos como estos despiertan nuestra curiosidad porque nuestra visión actual del mundo no nos ofrece el contexto adecuado para entender la psicoquinesia. Según Bohm, lo encontraríamos si contempláramos el universo como un holomovimiento. Para explicar lo que quiere decir, nos pide que reflexionemos sobre la siguiente situación: imagina que caminas por la calle de noche, ya tarde, y, de repente, aparece una sombra inesperada. Si interpretas que la sombra es un agresor y que corres peligro, ese pensamiento desencadena inmediatamente una serie de actividades imaginadas, tales como correr, resultar herido y luchar. No obstante, la presencia de esas actividades imaginadas en la mente no constituye un proceso puramente «mental», porque son inseparables de numerosos procesos biológicos relacionados con ellas: excitación nerviosa, aceleración del pulso, descarga de adrenalina y otras hormonas, tensión muscular, etc. Si, por el contrario, piensas que la sombra no representa ninguna amenaza, se producirá un patrón fisiológico completamente distinto. En definitiva, una pequeña reflexión pondrá de manifiesto que nuestra reacción ante todo lo que experimentamos es tanto mental como biológica.

Según Bohm, lo que hay que deducir de todo esto es un punto importante: no solo la consciencia responde al *significado*; el cuerpo también lo hace. Esto demuestra que la naturaleza del significado es mental y física al mismo tiempo. Este argumento nos desconcierta porque estamos acostumbrados a pensar que el significado solo existe en la realidad subjetiva —en los pensamientos de nuestra mente—, mientras que sus efectos se manifiestan después en el mundo físico de las cosas y los objetos. El significado, por tanto, «puede servir de vínculo o *puente* entre los dos lados de la realidad —afirma Bohm—. Es un vínculo indivisible en el sentido de que la información que contiene el pensamiento, que nos parece pertenecer al lado *mental*, es, al mismo tiempo, una actividad neurofisiológica, química y física, es decir, pertenece también al lado *material*»[3].

Bohm afirma que se pueden encontrar ejemplos de significados activos también en otros procesos del mundo físico. Uno de ellos es el funcionamiento de un chip informático, cuya información determina de manera activa el flujo de las corrientes eléctricas por el ordenador. Otro ejemplo es el comportamiento de las partículas subatómicas. De acuerdo con la visión ortodoxa de la física, las ondas cuánticas actúan mecánicamente sobre una partícula controlando su movimiento, como las olas del mar controlarían una pelota de pimpón que flotara en la superficie. Sin embargo, Bohm considera que esta visión no puede explicar el baile coordinado de electrones en un plasma; del mismo modo que el movimiento ondulatorio del agua tampoco podría explicar un movimiento asimismo bien coreografiado de pelotas de pimpón, en el caso de que fuera descubierto en la superficie del mar. A su juicio, la relación entre partícula y onda cuántica se asemeja más bien a un barco con piloto automático guiado por ondas de radar. La onda cuántica no empuja al electrón, así como tampoco la onda del radar impulsa al barco. Más bien le proporciona *información* sobre su entorno, información que el electrón utiliza para maniobrar por sí mismo.

En otras palabras, Bohm cree que un electrón, además de ser similar a la mente, es una entidad enormemente compleja, que no tiene nada que ver con la creencia tradicional de que un electrón es un punto simple, sin estructura. La utilización activa de información por parte de los electrones y de todas las partículas subatómicas indica realmente que la capacidad para responder al significado es una propiedad no solo de la consciencia sino de toda la materia. Esta propiedad compartida, dice Bohm, ofrece una posible explicación de la psicoquinesia: «Sobre esa base, la psicoquinesia puede darse si los procesos mentales de una o más personas se centran en significados que están en armonía con los que guían los procesos básicos de los sistemas materiales en los que ha de producirse»[4].

Es importante señalar que ese tipo de psicoquinesia no se debería a un proceso causal, esto es, a una relación causa-efecto que implicara la participación de alguna de las fuerzas conocidas en física. Al contrario, sería el resultado de una especie de «resonancia de significados» no local, un tipo de interacción no local análoga a la interconexión que permite que un par de fotones gemelos manifiesten el mismo ángulo de polarización, como vimos en el segundo capítulo. Sin embargo, Bohm distingue entre ambos fenómenos: la no localidad cuántica convencional no puede explicar la psicoquinesia ni la telepatía por razones técnicas. Estos fenómenos solo podrían ser explicados por una forma más profunda de no localidad, una especie de «súper-no localidad»).

EL GREMLIN DE LA MÁQUINA

Otro investigador que tiene ideas sobre la psicoquinesia similares a las de Bohm, aunque más desarrolladas, es Robert G. Jahn, profesor de Ciencias Aeroespaciales y decano emérito de la Escuela de Ingeniería y Ciencias Aplicadas de la Universidad de Princeton. Su intervención en el estudio de la psicoquinesia se debió a la casualidad. Como antiguo asesor de la NASA y del Departamento de Defensa, lo que le interesaba en un principio era la propulsión en el espacio profundo; de hecho, es el autor del mejor manual que existe en ese campo, *Physics of Electric Propulsion*. Ni siquiera creía en lo paranormal cuando una estudiante se le acercó para pedirle que supervisara un experimento de psicoquinesia que quería realizar como proyecto de estudio independiente. Jahn accedió con escepticismo, pero los resultados fueron tan reveladores que lo llevaron a fundar un laboratorio para la investigación de anomalías en la ingeniería (Princeton Engineering Anomalies Research, PEAR) en 1979. Desde entonces, los investigadores del PEAR han obtenido indicios convincentes de la existencia de la psicoquinesia y han acumulado la mayor base de datos sobre el tema de todo el país.

En una serie de experimentos, Jahn y su socia, la psicóloga clínica Brenda Dunne, emplearon un aparato llamado *generador de acontecimientos aleatorios* (REG). Este dispositivo se basa en un proceso natural impredecible como la desintegración radioactiva para producir una serie aleatoria de números binarios, por ejemplo: 1, 2, 1, 2, 2, 1, 1, 2, 1, 1, 1, 2, 1. El REG funciona, en esencia, como un lanzador automático de monedas capaz de realizar una cantidad enorme de lanzamientos en muy poco tiempo. Como todo el mundo sabe, si lanzas al aire una moneda perfectamente equilibrada mil veces, lo más seguro es que obtengas un 50 por ciento de caras y un 50 por ciento de cruces. En realidad, en cada mil lanzamientos, el resultado puede desviarse un poco, tanto en una dirección como en la otra, pero, cuanto mayor sea el número de lanzamientos, más se acercará el resultado al 50/50.

Lo que hicieron Jahn y Dunne fue sentar a voluntarios frente a un REG y pedirles que se concentraran para producir un número anormalmente grande de unos o de doses. A lo largo de, literalmente, cientos de miles de pruebas, descubrieron que los voluntarios influyeron sobre el resultado del REG simplemente mediante la concentración y causaron un efecto pequeño pero estadísticamente significativo. Averiguaron también otras dos cosas. La capacidad de producir efectos psicoquinéticos no la tenían exclusivamente unos cuantos individuos dotados, sino que estaba presente en la mayoría de los voluntarios a los que probaron. Esto sugiere que la mayoría de nosotros posee aptitudes psicoquinéticas en algún grado. También descubrieron que voluntarios diferentes producían sistemáticamente resultados diferentes y distintivos, resultados tan idiosincrásicos que Jahn y Dunne empezaron a llamarlos «firmas»[5].

En otra serie de experimentos, Jahn y Dunne emplearon un mecanismo semejante al *pinball* (la conocida máquina del millón), que permite que nueve mil canicas de casi dos centímetros de diámetro circulen alrededor de 330 clavijas de nailon y se distribuyan en 19 huchas recolectoras situadas en la parte inferior. El mecanismo está dentro de un bastidor vertical, poco profundo, de unos tres metros de alto por uno ochenta de ancho y tiene el frente de cristal transparente para que los voluntarios puedan ver las canicas cuando caen y se depositan en los receptáculos. Normalmente, caen más bolas en los contenedores centrales que en los de los extremos, y la representación del resultado adopta la forma de una curva acampanada.

Como ocurrió con el REG, Jahn y Dunne hicieron que los voluntarios se sentaran frente a la máquina y trataran de que aterrizasen más bolas en las huchas laterales que en las centrales. Los resultados fueron notables: durante un gran número de partidas, los participantes consiguieron crear un cambio pequeño pero medible en el lugar al que iban a parar las canicas. Esto reveló dos aspectos importantes. Primero, mientras que, en los experimentos con el REG, los voluntarios producían un efecto psicoquinético solamente sobre procesos microscópicos —la desintegración de una sustancia radioactiva—, los experimentos con el *pinball* demostraron que los participantes podían influir también en objetos del mundo cotidiano. Segundo, las «firmas» individuales de los experimentos con el REG se reprodujeron en los experimentos con el *pinball*, lo que sugiere que la capacidad psicoquinética de cada persona permanecía constante en ambos tipos de experimento, aunque variaba de un individuo a otro, del mismo modo que varían otras dotes. Para Jahn y Dunne, los datos son concluyentes: «Mientras que para justificar la revisión de los principios científicos dominantes sería lógico descartar pequeños segmentos de los resultados, porque se acercan demasiado al comportamiento del azar, el conjunto de resultados, tomado globalmente, confirma una anomalía incontrovertible de proporciones considerables»[6]. Jahn y Dunne piensan que sus averiguaciones pueden explicar la propensión que parecen tener algunas personas a averiar maquinarias y a hacer que los equipos funcionen mal. Una de esas personas era el físico Wolfgang Pauli, cuyas dotes en este campo son tan legendarias que los físicos las han bautizado en broma como el «efecto Pauli». Se dice que la mera presencia de Pauli en un laboratorio hacía que estallara un aparato de cristal o que un mecanismo de medición sensible se partiera por la mitad.

Un incidente especialmente famoso ilustra este fenómeno: un físico escribió a Pauli para decirle que no podía echarle la culpa de la desintegración reciente y misteriosa de un aparato complicado puesto que no había estado presente; sin embargo, se enteró de que Pauli había pasado junto al laboratorio en un tren ¡en el preciso momento del desgraciado accidente! Según Jahn y Dunne, el famoso «efecto gremlin», la tendencia que muestran algunos aparatos cuidadosamente probados a funcionar mal inexplicablemente, o a no funcionar en absoluto, en el momento más inoportuno y absurdo (efecto del que informan con frecuencia pilotos, tripulaciones aéreas y operadores militares) puede ser también un ejemplo de actividad psicoquinética inconsciente.

Si la mente es capaz de proyectarse al exterior y alterar el movimiento de una cascada de canicas o el funcionamiento de una máquina, ¿a qué extraña alquimia se debe dicha capacidad? A juicio de Jahn y Dunne, dado que todos los procesos físicos conocidos poseen la dualidad onda/partícula, no es excesivo suponer que la consciencia también la tiene. La consciencia, cuando adopte forma de partícula, estará localizada en el interior de la cabeza, pero, cuando adopte forma de onda, podría causar efectos mediante una influencia remota, como hacen todos los fenómenos ondulatorios. En opinión de Jahn y Dunne, la psicoquinesia es uno de esos efectos.

Pero no se detienen ahí. Piensan que la realidad misma es el resultado del encuentro entre la consciencia en su faceta ondulatoria y los patrones ondulatorios de la materia. Sin embargo, al igual que Bohm, no creen que sea fructífero interpretar la consciencia o el mundo material como algo aislado, ni tampoco que se pueda siquiera pensar que la psicoquinesia es la transmisión de algún tipo de fuerza. «El mensaje puede ser más sutil —dice Jahn—. Tal vez esos conceptos sean simplemente inviables, quizá no podamos hablar con éxito de un entorno teórico ni de una consciencia teórica. Lo único que podemos experimentar es la interpenetración entre los dos de un modo u otro»[7].

Si no se puede concebir la psicoquinesia como la transmisión de algún tipo de fuerza, ¿qué terminología podría capturar mejor la interacción entre mente y materia? Al igual que Bohm; Jahn y Dunne plantean que la psicoquinesia implica un intercambio de información entre la consciencia y la realidad física, y que ese intercambio debería concebirse, más que como un flujo entre lo mental y lo material, como una *resonancia* entre ambos. Incluso los voluntarios que participaron en los experimentos psicoquinéticos sintieron y comentaron la importancia de la resonancia: al explicar el factor que asociaban con una actuación exitosa, el que mencionaron con más frecuencia fue alcanzar una sensación de «resonancia» con la máquina. Un voluntario lo describió con las siguientes palabras: «Un estado de inmersión en el proceso que me lleva a la pérdida de consciencia de mí mismo. No siento que tenga un control directo sobre el mecanismo; cuando estoy en resonancia con la máquina es más como una influencia marginal. Es como estar en una canoa: cuando va donde yo quiero, fluyo con ella; cuando no lo hace, intento restablecer esa conexión»[8].

Las ideas de Jahn y Dunne coinciden con las de Bohm en otros aspectos clave. Al igual que él, creen que los conceptos que usamos para describir la realidad —electrón, longitud de onda, consciencia, tiempo, frecuencia— solo son útiles como «categorías para organizar la información» y no poseen un carácter independiente. Asimismo, opinan que todas las teorías, la suya incluida, no son más que metáforas. Aunque no se identifican con el modelo holográfico (de hecho, su teoría difiere del pensamiento de Bohm en varios aspectos significativos), sí admiten que existen algunas coincidencias. «Entre la idea holográfica y lo que postulamos nosotros hay algún punto en común, puesto que estamos hablando de una dependencia muy básica del comportamiento mecánico de las ondas —dice Jahn—. Esto otorga a la consciencia la capacidad de funcionar en un sentido mecánico ondulatorio y, por tanto, de operar a través de todo el espacio y el tiempo»[9].

Dunne está de acuerdo: «En un sentido se podría pensar que el modelo holográfico trata del mecanismo por el cual la consciencia interacciona con esa inmensidad sensible, primordial y mecánica y se las arregla de alguna manera para convertirla en información utilizable. En otro sentido, si imaginamos que la consciencia individual tiene sus propios patrones ondulatorios característicos, podríamos contemplarla —metafóricamente, por supuesto— como el láser de una frecuencia particular que se entrecruza con un patrón específico del holograma cósmico»[10]. Como era de esperar, la comunidad científica ortodoxa se resiste firmemente a aceptar el trabajo de Jahn y Dunne, que, sin embargo, está ganando aceptación en algunos sectores. *The New York Times Magazine* le dedicó recientemente un artículo, y gran parte de los fondos del PEAR procede de la Fundación McDonnell, creada por James S. McDonnell III, de la McDonnell Douglas Corporation. Los propios Jahn y Dunne permanecen imperturbables ante el hecho de estar dedicando tanto tiempo y esfuerzo a explorar los parámetros de un fenómeno que la mayoría de los científicos considera que no existe. Como afirma Jahn: «Pienso que este asunto es mucho más importante que cualquier otra cosa en la que haya trabajado nunca»[11].

LA PSICOQUINESIA A GRAN ESCALA

Hasta ahora, los efectos psicoquinéticos producidos en el laboratorio se limitaban a objetos relativamente pequeños, pero hay datos que indican que al menos algunas personas pueden usar la psicoquinesia para llevar a cabo grandes cambios en el mundo físico. El biólogo Lyall Watson, autor del superventas *Supernaturaleza: historia natural de los fenómenos llamados sobrenaturales* y un científico que ha estudiado acontecimientos paranormales por todo el mundo, se encontró con una de esas personas mientras visitaba Filipinas. Era uno de los llamados «sanadores psíquicos» filipinos que, en vez de tocar a un paciente, se limitaba a mantener la mano a unos veinticinco centímetros por encima de su cuerpo y después señalaba la piel y aparecía una incisión instantáneamente. Además de contemplar varias demostraciones de las dotes quirúrgicas psicoquinéticas del hombre, Watson sufrió una incisión en el dorso de su propia mano cuando el hombre trazó con el dedo una hendidura más larga de lo habitual. Todavía tiene la cicatriz[12].

La psicoquinesia también podría desempeñar un papel en la curación de fracturas óseas. El doctor Rex Gardner, médico del Sunderland District General Hospital de Inglaterra, ha documentado varios casos extraordinarios de este tipo. Lo más notable de su artículo, publicado en 1983 en el *British Medical Journal*, es su perspectiva histórica: Gardner, ávido investigador de milagros, compara curaciones milagrosas contemporáneas con ejemplos de curaciones prácticamente idénticas registradas por Beda el Venerable, historiador y teólogo inglés del siglo VIII.

En una de las curaciones contemporáneas participó un grupo de monjas luteranas que vivían en Darmstadt, Alemania. Cuando estaban construyendo una capilla, una de las monjas atravesó un suelo de cemento fresco y cayó sobre una viga de madera que había debajo. La llevaron inmediatamente al hospital, donde las radiografías revelaron que tenía una fractura complicada de pelvis. Las monjas, en vez de confiar en las técnicas médicas normales, hicieron una vigilia de oración durante toda la noche. Dos días después se la llevaron a casa, a pesar de que los médicos insistían en que la monja tenía que permanecer en tracción durante varias semanas; las monjas siguieron rezando y realizaron una imposición de manos, tras lo cual, ante el asombro de los médicos, la hermana se levantó de la cama, libre del dolor agudísimo de la fractura y aparentemente curada. Solo tardó dos semanas en recuperarse plenamente. Entonces volvió al hospital y se presentó ante el médico, que se quedó atónito[13].

Aunque Gardner no intenta explicar ni esa curación ni ninguna de las otras que trata en su artículo, la psicoquinesia parece una explicación probable. Dado que la curación natural de una fractura es un proceso largo y que hasta una regeneración milagrosa de la pelvis como la de Micheli tardó varios meses en completarse, resulta verosímil que la capacidad psicoquinética inconsciente de las monjas, manifestada durante la imposición de manos, acelerara drásticamente el proceso de sanación.

Gardner describe una curación similar ocurrida en el siglo XVII, durante la construcción de una iglesia en Hexham, Inglaterra. Un albañil llamado Bothelm cayó desde una gran altura y se rompió los brazos y las piernas. Mientras yacía en el suelo agonizante, san Wilfredo, obispo de Hexham en aquella época, rezó sobre él y pidió a los demás obreros que se unieran en oración. Estos lo hicieron y, según el relato, «el aliento de la vida volvió» al hombre, que se recuperó rápidamente. Como, según parece, la curación no se produjo hasta que san Wilfredo les pidió a los otros obreros que se unieran a sus rezos, uno se pregunta si el catalizador fue san Wilfredo o se trató nuevamente de la psicoquinesia inconsciente del conjunto de personas allí congregadas. El doctor Williarn Tufts Brigham, conservador del Bishop Museum de Honolulú y célebre botánico que dedicó gran parte de su vida privada a investigar lo paranormal, presenció un caso en el cual un *kahuna* o chamán nativo de Hawái curó instantáneamente un hueso roto. El suceso también fue presenciado por su amigo y paisano J. A. K. Combs.

La abuela de la esposa de Combs, considerada una de las kahunas más poderosas de las islas, le permitió observar sus dotes de primera mano durante una fiesta en su casa. Ese día, uno de los invitados se resbaló en la playa y, al caer, se rompió una pierna. La fractura era tan grave que las astillas del hueso presionaban visiblemente contra la piel. Combs recomendó trasladar al hombre a un hospital de inmediato, pero la anciana *kahuna* se negó. Se arrodilló junto a él, le enderezó la pierna y presionó sobre la zona fracturada. Tras rezar y meditar durante varios minutos, se levantó y anunció que la curación había terminado. El hombre se incorporó perplejo, dio un paso y después otro. Estaba completamente curado: la pierna no mostraba la menor señal de rotura[14].

PSICOQUINESIA DE MASAS EN LA FRANCIA DEL SIGLO XVIII

Aparte de esos incidentes, una de las manifestaciones más sorprendentes de psicoquinesia y uno de los acontecimientos milagrosos más extraordinarios que se han registrado nunca tuvo lugar en París en la primera mitad del siglo XVIII. Los hechos giraron en torno a una secta puritana de católicos, de influencia holandesa, conocidos como los jansenistas, y se precipitaron tras la muerte de uno de sus miembros, un diácono, hombre santo y reverenciado, llamado François de París. Los milagros jansenistas acapararon la atención de toda Europa durante la mayor parte del siglo, aunque actualmente hayan caído en el olvido.

Para comprender los milagros jansenistas es necesario conocer los hechos históricos que precedieron a la muerte de François de París. El jansenisno se originó a principios del siglo XVII y desde el comienzo estuvo enfrentado tanto a la Iglesia católica de Roma como al monarca francés. Aunque muchas de sus creencias se apartaban notablemente de la doctrina eclesiástica tradicional, era un movimiento popular que no tardó en ganar seguidores entre el pueblo llano francés. Su principal problema era que tanto el papado como el rey Luis XV, católico devoto, lo consideraban protestantismo disfrazado de catolicismo. En consecuencia, tanto la Iglesia como el rey maniobraban constantemente para socavar el poder del movimiento. Un obstáculo para tales ardides, y uno de los factores que contribuyó a otorgar popularidad al movimiento, fue que los líderes jansenistas parecían tener el don de curar milagrosamente. Sin embargo, la Iglesia y la Corona siguieron adelante, y consiguieron que se desencadenaran debates encarnizados por toda Francia. En pleno apogeo de aquella lucha de poder, murió François de París, el 1 de mayo de 1727, y fue enterrado en el cementerio parroquial de Saint-Médard, en París.

Como el abate tenía fama de santo, comenzaron a congregarse personas junto a su tumba para venerarlo, y desde el principio se produjeron numerosas curaciones milagrosas. Entre las enfermedades o dolencias curadas se contaban tumores cancerosos, parálisis, sordera, artritis, reumatismo, llagas ulcerosas, fiebres persistentes, hemorragias prolongadas y ceguera. Pero eso no fue todo. Los fieles también empezaron a experimentar extraños espasmos o convulsiones involuntarias y a realizar contorsiones asombrosas. Pronto se comprobó que tales crisis eran contagiosas y se extendieron como un reguero de pólvora hasta que las calles se atestaron de hombres, mujeres y niños, todos ellos retorciéndose y contorsionándose como si se hallaran bajo algún encantamiento surrealista.

Mientras se hallaban en ese estado espasmódico de trance, los «convulsionarios», como llegaron a ser llamados, mostraban aptitudes extraordinarias. Una de ellas era la capacidad de soportar sin dolor una variedad de torturas físicas casi inimaginable, entre las que figuraban golpes violentos, azotes con objetos pesados y afilados, así como estrangulamiento, *todo ello sin mostrar señales de heridas ni magulladuras, ni siquiera un mínimo arañazo.*

Lo que confiere a esos acontecimientos un carácter único es el hecho de que fueran contemplados literalmente por miles de observadores. Aquellas reuniones frenéticas en torno a la tumba del abate París no fueron efímeras en absoluto. El cementerio y las calles circundantes estuvieron atestadas de gente, día y noche, durante años. Incluso dos décadas después, todavía se producían milagros. La magnitud del fenómeno queda ilustrada por el siguiente dato: en 1733, los informes oficiales registraron que se necesitaban más de tres mil voluntarios para ayudar a los convulsionarios y garantizar, entre otras cosas, que las mujeres mantuvieran el decoro durante sus crisis. En consecuencia, las dotes sobrenaturales de los convulsionarios se convirtieron en una *cause célebre* (asunto controvertido) internacional. El fenómeno atrajo a personas de todas las clases sociales, desde ciudadanos comunes hasta miembros de las principales instituciones del país. Los documentos de la época recogen numerosos informes —tanto oficiales como extraoficiales— sobre los milagros.

Por otra parte, muchos testigos tenían un interés personal en refutar los milagros jansenistas, como, por ejemplo, los investigadores enviados por la Iglesia católica romana; sin embargo, terminaron confirmándolos. Posteriormente, la Iglesia resolvió aquella situación embarazosa admitiendo que los milagros existían pero que eran obra del diablo, con lo cual pretendía demostrar que los jansenistas eran unos depravados.

Un investigador llamado Louis-Basile Carré de Montgeron, miembro del Parlamento de París, contempló los suficientes milagros como para llenar cuatro gruesos tomos sobre el tema, que publicó en 1737 bajo el título *La verité des miracles (La verdad de los milagros)*. Cuenta muchos ejemplos de la aparente invulnerabilidad de los convulsionarios a la tortura. He aquí uno: una convulsionaria de veinte años llamada Jeanne Maulet se apoyaba contra un muro de piedra mientras un voluntario de la multitud, «un robusto hombretón», le daba cien martillazos en el estómago con una maza de catorce kilos (los propios convulsionados pedían que los torturaran porque decían que la tortura aliviaba el dolor atroz de las convulsiones). Para comprobar la violencia de los golpes, el propio Montgeron agarró después la maza y la probó sobre el muro de piedra contra el que se había apoyado la joven. A los veinticinco golpes, la piedra sobre la que golpeaba, sacudida por los martillazos, se aflojó de pronto y cayó al otro lado del muro, abriendo «un boquete de más o menos medio pie»[15].

Montgeron describe otro caso en el que una convulsionaria se inclinó hacia atrás formando un arco, «sin otro apoyo que una estaca hincada en el suelo cuya punta sostenía el cuerpo por la región lumbar». Después pidió que izaran con una cuerda una piedra de veintitrés kilos hasta una «altura extrema» y la dejaran caer a plomo sobre su estómago. Levantaron la piedra y la dejaron caer sobre ella una y otra vez, pero no parecía afectarle en absoluto. Se mantenía sin esfuerzo en su difícil postura sin sufrir daño ni dolor, y salió de la dura prueba sin siquiera una sola marca en la piel de la espalda. Montgeron anotó que, mientras se desarrollaba la dura prueba, la mujer no dejaba de gritar: «¡Más fuerte! ¡Más fuerte!»[16].

De hecho, parece que nada podía hacer daño a los convulsionarios. No les herían los golpes propinados con barras de hierro, cadenas o estacas. Los hombres más fuertes no podían estrangularlos. Algunos fueron crucificados y después no mostraban ni rastro de heridas[17]. Aún más extraordinario resulta que fueran invulnerables a armas cortantes: ni cuchillos, ni espadas, ni hachas lograban herirlos. Montgeron cita un incidente durante el cual se apoyó la punta afilada de una barrena de hierro contra el estómago de una convulsionaria y luego se golpeó con un martillo tan violentamente que parecía «capaz de atravesarle las entrañas hasta el espinazo». Sin embargo, no ocurrió tal cosa; la mujer mantenía «una expresión de completo arrobamiento» mientras gritaba: «Oh, me hace mucho bien. Valor, hermano, ¡golpea el doble de fuerte si puedes!»[18].

La invulnerabilidad no era el único don que los jansenistas exhibían durante sus crisis. Algunos desarrollaban clarividencia y eran capaces de «discernir cosas ocultas». Otros podían leer incluso con los ojos cerrados y vendados fuertemente, y se registraron casos de levitación. Uno de los que levitaban, un cura de Montpellier llamado Bescherand, «se levantaba por los aires con tanta fuerza» durante las convulsiones, que, aunque los testigos intentaban sujetarle tirando de él hacia abajo, no consiguieron impedir que se elevara por encima del suelo[19].

Aunque hoy los milagros jansenistas están casi olvidados, en la época distaban mucho de ser un fenómeno desconocido para los intelectuales. La sobrina del matemático y filósofo Pascal vio desaparecer en unas horas una úlcera grave que tenía en un ojo gracias a un milagro jansenista. Cuando el rey Luis XV intentó infructuosamente detener a los convulsionarios cerrando el cementerio de Saint-Médard, Voltaire comentó humorísticamente: «Por orden del rey, se prohíbe a Dios hacer milagros allí». Y el filósofo escocés David Hume escribió en *Ensayos filosóficos sobre el entendimiento humano*: «Seguramente no se habrán atribuido jamás a taumaturgo alguno tantos milagros como los que se dice ocurrieron últimamente en París, junto a la tumba del abate París. La autenticidad de muchos milagros se verificaba inmediatamente en el sitio, ante jueces de crédito y distinción incuestionables, en una era científica y en el teatro más eminente que hoy existe en el mundo».

¿Qué explicación tienen los milagros realizados por los convulsionarios? Bohm, si bien está dispuesto a considerar la posibilidad de la psicoquinesia y de otros fenómenos paranormales, prefiere no especular sobre acontecimientos específicos tales como las capacidades sobrenaturales de los jansenistas. Sin embargo, si tomamos en serio el testimonio de tantos y tantos testigos, la psicoquinesia parece ser, una vez más, la explicación más probable, a menos que estemos dispuestos a aceptar que Dios favorecía a los católicos jansenistas más que a los católicos romanos. La aparición de otras aptitudes psíquicas durante las crisis, como la clarividencia, sugiere con fuerza que tuvo que intervenir algún tipo de fenómeno psíquico. Además, ya hemos visto varios ejemplos en los que la intensa fe y la histeria desencadenaron las fuerzas más profundas de la mente, y ambos factores estaban presentes profusamente. De hecho, puede que los efectos psicoquinéticos, en lugar de ser obra de una sola persona, fueran producto de la combinación de fervor y creencias de todas las personas presentes, lo cual explicaría también el vigor inusual de las manifestaciones. Esta idea no es nueva. En los años veinte, el gran psicólogo de Harvard William McDougall sugirió que los milagros religiosos podrían ser consecuencia de los poderes psíquicos colectivos de una gran multitud de fieles. La psicoquinesia podría explicar muchos casos de la invulnerabilidad aparente de los convulsionarios. En el caso de Jeanne Maulet, se podría argumentar que estaba usando la psicoquinesia de forma inconsciente para bloquear el efecto de los golpes de martillo. Si los convulsionados la utilizaran inconscientemente para controlar las cadenas, los maderos y los cuchillos y detener su trayectoria en el preciso momento del impacto, se explicaría también que tales objetos no dejaran marcas ni magulladuras. De manera similar, en los intentos de estrangulamiento, la psicoquinesia podría haber impedido que las manos ejercieran presión real sobre el cuello, aunque los agresores creyeran estar apretando con fuerza.

Reprogramar el proyector de cine cósmico

Sin embargo, la psicoquinesia no explica todas las facetas de la invulnerabilidad de los convulsionarios. Contemplemos el problema de la inercia: la tendencia de un objeto en movimiento a seguir en movimiento. Cuando un trozo de madera o una piedra de veintitrés kilos cae con fuerza y velocidad, lleva consigo una gran cantidad de energía y, si se detiene en plena trayectoria, la energía tiene que ir a alguna parte. Por ejemplo, si se golpea con una maza de catorce kilos a una persona que lleva una armadura, aunque el metal pueda desviar el golpe, la persona sufre una sacudida considerable. En el caso de Jeanne Maulet, parece que la energía rodeó su cuerpo de algún modo y se transfirió al muro que tenía detrás; de hecho, como señaló Montgeron, la piedra se había «movido por los martillazos». Sin embargo, el caso de la mujer arqueada sobre la estaca resulta más enigmático. ¿Por qué el impacto de la piedra no hundió la estaca en el suelo ni derribó a la mujer? Del mismo modo, ¿por qué los convulsionarios no se desplomaban cuando les golpeaban con mazos? ¿Dónde iba la energía?

La visión holográfica de la realidad nos proporciona de nuevo una posible respuesta. Como ya hemos visto, Bohm cree que la consciencia y la materia son solo aspectos diferentes del mismo sustrato fundamental, que tiene sus orígenes en el orden implicado. A juicio de algunos investigadores, eso sugiere que la consciencia puede hacer muchas más cosas que meros cambios psicoquinéticos en el mundo material. Grof cree, por ejemplo, que, si la descripción de la realidad que ofrecen los órdenes implicado y explicado es correcta, entonces «es concebible que ciertos estados inusuales de consciencia permitan acceder directamente al orden implicado e intervenir en él. De este modo sería posible modificar los fenómenos del mundo físico influyendo en su matriz generadora»[20]. Dicho de otra forma: además de mover objetos por psicoquinesia, la mente también puede llegar hasta el proyector de cine cósmico que creó esos objetos en un principio y reprogramarlo. De este modo, no solo podrían eludirse por completo leyes de la naturaleza reconocidas convencionalmente, como la inercia, sino que la mente podría llevar a cabo transformaciones en el mundo material mucho más espectaculares que las debidas a la psicoquinesia.

Que esta teoría o alguna semejante pueda ser cierta lo demuestra otra facultad excepcional que han exhibido varias personas a lo largo de la historia: la invulnerabilidad al fuego. En su libro *Los fenómenos físicos del misticismo*, Thurston documenta numerosos ejemplos de santos que poseían esa facultad; san Francisco de Paula es uno de los más célebres. Además de sostener ascuas ardientes en las manos sin quemarse, en 1519, en las sesiones previas a su canonización, ocho testigos aseguraron que le habían visto andar a través de las llamas voraces de un horno sin sufrir daño alguno, cuando acudió a reparar una grieta en su interior.

Este relato evoca una historia del Antiguo Testamento, la de Sidraj, Misaj y Abed-Nego. Tras conquistar Jerusalén, el rey Nabucodonosor ordenó al pueblo que adorara una estatua de él mismo. Sidraj, Misaj y Abed-Nego se negaron, así que Nabucodonosor ordenó que les arrojaran a un horno tan «sumamente caliente» que las llamas abrasaron incluso a los hombres que les echaron al horno. Ellos, sin embargo, sobrevivieron al fuego gracias a su fe y salieron ilesos, sin una quemadura en el pelo ni en las ropas, y sin siquiera despedir olor a humo. Al parecer, las persecuciones contra la fe, como la que Luis XV intentó imponer en contra de los jansenistas, han propiciado milagros en más de una ocasión.

Aunque los kahunas de Hawái no caminan a través de llamas rugientes, se dice que pueden caminar sobre lava ardiendo sin quemarse. Brigham contaba que tres kahunas que había conocido le prometieron realizar la proeza ante él, y les siguió durante una larga caminata hasta una corriente de lava próxima al volcán Kilauea, que estaba en erupción. Eligieron un río de lava de unos cuarenta y cinco metros de ancho. La superficie se había enfriado lo suficiente para sostener su peso, aunque aún permanecía tan caliente que mostraba zonas incandescentes. Mientras Brigham los contemplaba, los kahunas se quitaron las sandalias y empezaron a recitar las largas oraciones necesarias para protegerse mientras andaban por la roca fundida apenas solidificada.

Sin embargo, los kahunas habían prometido previamente a Brigham que, si deseaba unirse a ellos, podían transmitirle su inmunidad contra el fuego, y él había accedido con valentía. No obstante, cuando se enfrentó al calor abrasador de la lava, se lo pensó dos veces, incluso tres. «El resultado fue que me quedé sentado sin moverme y me negué a quitarme las botas», escribió Brigham en su relato del episodio. Cuando terminaron de invocar a los dioses, el kahuna más viejo se lanzó corriendo hacia la lava y cruzó los cuarenta y cinco metros sin sufrir daños. Aunque impresionado, Brigham mantuvo su decisión de no correr y se levantó para ver al siguiente kahuna. En ese momento recibió un empujón que lo obligó a echar a correr para no caer de cara sobre la roca incandescente.

Y Brigham corrió. Cuando alcanzó el terreno más elevado al otro lado del río de lava, descubrió que una de sus botas se había carbonizado y que sus calcetines estaban ardiendo. Pero, milagrosamente, sus pies permanecían ilesos. Tampoco los kahunas habían sufrido daño alguno y se revolcaban de risa ante la cara de susto de Brigham. «Yo me reí también —escribió Brigham—. Jamás me sentí tan aliviado en toda mi vida como cuando descubrí que estaba a salvo. No hay mucho más que contar de aquella experiencia. Tuve la sensación de un calor intenso en la cara y en el cuerpo, pero apenas sentí nada en los pies»[21].

También los convulsionarios demostraron ser totalmente inmunes al fuego alguna que otra vez. De aquellas «salamandras humanas» —en la Edad Media, el término *salamandra* se refería a un lagarto mitológico que, según se creía, vivía en el fuego—, las dos más célebres fueron Marie Sonnet y Gabrielle Moler. En una ocasión, en presencia de numerosos testigos entre los que se encontraba Montgeron, Sonnet se tendió encima de dos sillas sobre un fuego abrasador y permaneció allí durante media hora. Ni ella ni su ropa sufrieron consecuencias negativas. En otra ocasión, se sentó y puso los pies en un brasero lleno de carbones incandescentes. Como le ocurrió a Brigham, se le quemaron los zapatos y las medias, pero los pies resultaron ilesos[22].

Las hazañas de Gabrielle Moler eran aún más extraordinarias. Además de ser insensible a los golpes propinados con espadas y palas, podía meter la cabeza en el fuego que ardía en la chimenea y mantenerla allí sin sufrir heridas. Según los testigos, su ropa estaba tan caliente tras estas demostraciones que apenas podían tocarla y, sin embargo, ni el pelo, ni las pestañas ni las cejas mostraba señal alguna de haberse chamuscado[23]. Una cualidad que, sin duda, causaría sensación en cualquier celebración.

No obstante, los jansenistas no fueron el primer movimiento convulsionario en Francia. A finales del siglo XVII, Luis XIV intentó erradicar un grupo de hugonotes que resistían en el valle de los Cévennes, conocidos como los camisardos, que exhibían aptitudes similares. Un informe oficial enviado a Roma por uno de sus perseguidores —un prior al que llamaban «el Cura de Chayla»— describe la frustración ante la aparente invulnerabilidad de los camisardos. Cuando les dispararan, las balas de mosquete aparecían aplastadas entre las ropas y la piel, detenidas antes de perforar la carne. Las brasas no les causaban daño alguno en las manos. Incluso cuando los envolvían de pies a cabeza con algodones empapados en aceite y les prendían fuego, no se quemaban[24].

Por si eso fuera poco, Claris, el líder de los camisardos, mandó construir una pira y luego trepó a lo alto para pronunciar una arenga incendiaria. En presencia de seiscientos testigos, ordenó que se prendiera la pira y prosiguió con su discurso mientras las llamas se elevaban por encima de su cabeza. Cuando la pira se consumió por completo, Claris seguía ileso y no presentaba huellas del fuego en el pelo ni en la ropa. El jefe de las tropas francesas enviadas a someter a los camisardos, un coronel llamado Jean Cavalier, fue exiliado posteriormente a Inglaterra, donde en 1707 escribió un libro sobre el acontecimiento titulado *A Cry from the Desert (Un grito desde el desierto)*[25]. En cuanto al Cura de Chayla, fue asesinado finalmente por los camisardos durante un contraataque.

A diferencia de ellos, él no poseía ninguna invulnerabilidad[26].

Existen literalmente centenares de relatos fidedignos de inmunidad al fuego. Se cuenta que, cuando Bernardette de Lourdes estaba en éxtasis, también era insensible al fuego. Segun los testigos, en una ocasión, mientras se hallaba en trance, acercó tanto la mano a una vela encendida que las llamas lamían sus dedos. Una de las personas presentes era el doctor Dozous, el médico local de Lourdes. Rápido de mente, Dozous cronometró el hecho y observó que transcurrieron diez minutos antes de que saliera del trance y retirara la mano. Después comentó: «Lo he visto con mis propios ojos. Pero le juro, señor deán, que, si intentara hacerme creer esta historia, me habría reído muchísimo de usted»[27].

El 7 de septiembre de 1871, el *New York Herald* informó de que Nathan Coker, un anciano herrero de raza negra que vivía en Easton, Maryland, podía tocar metal al rojo vivo sin quemarse. En presencia de un comité en el que figuraban varios médicos, calentó una pala de hierro al rojo vivo y la sostuvo contra las plantas de sus pies hasta que se enfrió. También lamió el borde de la pala incandescente y vertió plomo fundido en su boca, permitiendo que el líquido corriera sobre sus dientes y encías hasta solidificarse. Los médicos le examinaron después de cada una de esas hazañas, pero no encontraron ni rastro de heridas[28].

En 1927, durante un viaje de caza a las montañas de Tennessee, K. R. Wissen, un médico de Nueva York, se encontró con un niño de doce años que poseía la misma inmunidad. Wissen presenció cómo el chico tocaba sin sufrir daño hierros incandescentes sacados de la chimenea. El chico le contó que había descubierto que tenía esa capacidad por casualidad al coger una herradura al rojo en la herrería de su tío[29]. El foso de ascuas ardiendo por el que los Grosvenor vieron caminar a Mohotty medía seis metros de largo y tenía una temperatura de 720 grados centígrados, según los termómetros del equipo del *National Geographic*. En el número de mayo de 1959 del *Atlantic Monthly*, el doctor Leonard Feinberg de la Universidad de Illinois contaba que había presenciado otro ritual ceilanés que consistía en andar sobre el fuego, durante el cual los nativos llevaban vasijas de hierro al rojo vivo sobre la cabeza sin quemarse. En un artículo del *Psychiatric Quarterly*, el psiquiatra Berthold Schwarz relata que vio a los pentecostales de los Apalaches introducir las manos en una llama de acetileno sin quemarse[30], entre muchos otros casos documentados.

Las leyes de la física como hábitos y las realidades potenciales y manifiestas

Si resulta difícil imaginar dónde va la energía desviada en los ejemplos de psicoquinesia que hemos visto, más difícil aún es comprender qué ocurre con el calor de una vasija de hierro al rojo vivo posada directamente sobre la cabeza de un nativo ceilanés. Ahora bien, si la consciencia puede intervenir directamente en el orden implicado, el problema es más fácil de resolver. En esos casos, los fenómenos no se deberían a un tipo de energía o a una ley física no descubierta todavía (como, por ejemplo, un hipotético campo de fuerza aislante) que operara *dentro* del marco convencional de la realidad, sino que obedecerían a alguna actividad producida en un nivel más fundamental: aquel donde se generan el universo físico y sus leyes. Dicho de otro modo: la capacidad de la consciencia para alterar la realidad sugiere que incluso la regla aparentemente inviolable de que *el fuego quema la carne humana* podría ser solo un programa del ordenador cósmico; un patrón que se ha repetido tantas veces que se ha convertido en un hábito de la naturaleza. Como ya se ha mencionado, según la teoría holográfica, la materia misma es también un tipo de hábito que renace constantemente del orden implicado, al igual que una fuente se crea sin cesar por el chorro de agua que le da forma. Peat describe con humor el carácter repetitivo de tal proceso como una de las neurosis del universo: «Cuando tienes una neurosis tiendes a repetir lo mismo en tu vida diaria o a realizar la misma acción, es como si un recuerdo se agrandara y la cosa se quedara atascada en él». Y añade: «Yo tiendo a pensar que pasa lo mismo con las cosas, como las sillas y las mesas, por ejemplo. Son una especie de neurosis material, una repetición. Pero lo que está ocurriendo es algo más sutil, es un constante plegarse y desplegarse. En este sentido, las sillas y las mesas son solo hábitos de ese movimiento fluido, pero la realidad es ese movimiento fluido y, no obstante, tendemos a ver solo el hábito»[31].

En realidad, debemos considerar que el universo y las leyes de la física que lo gobiernan son hábitos también, puesto que son productos de ese fluir. Son hábitos profundamente arraigados en el holomovimiento, evidentemente, pero, como demuestran las dotes extraordinarias, como la inmunidad al fuego, se pueden suspender al menos algunas de las reglas que rigen la

realidad. Esto significa que las leyes de la física no están grabadas en piedra; al contrario, son como los vórtices de Shainberg,
remolinos con una fuerza de inercia tan enorme que parecen
haberse quedado anclados en el holomovimiento, al igual que
nuestros hábitos y nuestras convicciones más íntimas se encuentran grabados en nuestros pensamientos.

La frecuencia con la que la inmunidad al fuego se asocia
con la fe acentuada y el celo religioso respalda la propuesta de
Grof de que acaso se requiera estar en un estado alterado de consciencia para realizar cambios en el orden implicado. Este fenómeno refuerza el modelo que empezó a tomar forma en el capítulo anterior y su mensaje resulta cada vez más claro: cuanto
más profundas sean nuestras creencias y cuanta más carga emocional tengan, mayores serán los cambios que podremos realizar tanto en nuestros cuerpos como en la realidad misma.

En este punto cabe preguntar: si la consciencia puede producir alteraciones tan extraordinarias en circunstancias especiales, ¿qué papel desempeña en la creación de nuestra realidad
cotidiana? Las opiniones al respecto son sumamente variadas.
En conversaciones privadas, Bohm admite que, en su opinión,
el universo es todo «pensamiento» y que la realidad solo existe
en lo que pensamos[32], pero de nuevo prefiere no especular sobre acontecimientos milagrosos. Pribram se muestra asimismo
reticente a comentar hechos específicos, pero cree que existen
varias realidades potenciales diferentes y que la consciencia tiene cierta libertad para elegir cuál se manifiesta: «No creo que
valga cualquier cosa, pero hay muchos mundos ahí fuera que no
entendemos»[33].

Después de pasar años experimentando de primera mano
con lo milagroso, Watson se muestra más audaz. «No hay duda
de que la realidad es en gran parte una construcción de la imaginación. No estoy hablando como físico teórico ni como alguien
que domine todo lo que pasa en las fronteras de la física de par-

tículas, pero pienso que tenemos la capacidad de cambiar el mundo que nos rodea de varias maneras fundamentales» (Watson, en un tiempo defensor entusiasta de la idea holográfica, ya no está convencido de que cualquier teoría física actual pueda explicar adecuadamente las dotes extraordinarias de la mente) [34].

Gordon Globus, profesor de Psiquiatría y Filosofía en la Universidad de California, en Irvine, tiene una visión diferente, aunque similar. Cree que es correcta la afirmación de la teoría holográfica de que la mente construye la realidad a partir de la materia prima del orden implicado. Sin embargo, también le han influido notablemente las experiencias sobrenaturales, hoy famosas, vividas por el antropólogo Carlos Castaneda con su maestro, don Juan, un chamán indio yaqui. A diferencia de Pribram, Globus cree que la impresionante colección aparentemente inagotable de «realidades independientes» que Castaneda experimentó bajo la tutela de don Juan —y, de hecho, la igualmente impresionante colección de realidades que experimentamos durante los sueños ordinarios— indican que hay un número infinito de realidades potenciales envueltas en lo implicado. Por otra parte, como los mecanismos que utiliza el cerebro para construir la realidad de cada día son los mismos que emplea para construir los sueños y las realidades que experimentamos durante estados alterados de consciencia, al estilo de Castaneda, Globus piensa que los tres tipos de realidad son, en esencia, una sola[35].

¿CREA LA CONSCIENCIA LAS PARTÍCULAS SUBATÓMICAS O NO LAS CREA? ESA ES LA CUESTIÓN

Esa diferencia de opiniones indica una vez más que la teoría holográfica es todavía una idea en ciernes, semejante a una isla del Pacífico recién formada, cuya actividad volcánica impide que sus orillas estén claramente definidas. Aunque algunos podrían usar la falta de unanimidad para criticar la teoría hológráfica, debemos recordar que también la teoría de la evolución de Darwin, ciertamente una de las ideas más influyentes y exitosas que la ciencia ha producido jamás, experimenta un cambio constante y que los teóricos evolucionistas siguen debatiendo su alcance, su interpretación, sus ramificaciones y los mecanismos que la regulan.

La diferencia de opiniones también pone de manifiesto que los milagros constituyen un enigma complejo. Jahn y Dunne ofrecen aún otra opinión más sobre el papel de la consciencia en la creación de la realidad cotidiana y, aunque difiere de una de las premisas básicas de Bohm, merece la pena dedicarle atención, puesto que proporciona una nueva perspectiva sobre el proceso por el cual se producen los milagros.

A diferencia de Bohm, Jahn y Dunne opinan que las partículas subatómicas *no* poseen una realidad visible hasta que la consciencia entra en escena. En palabras de Jahn: «Creo que hemos dejado atrás hace mucho tiempo la parte de la física que trataba la gran concentración de energía, en la que examinábamos la estructura de un universo pasivo. Considero que hemos entrado en un dominio en el que la consciencia interacciona con el entorno a una escala tan primordial que verdaderamente creamos la realidad, según cualquier definición razonable del concepto»[36].

Como ya hemos dicho, esta es la visión que sostiene la mayoría de los físicos. No obstante, la posición de Jahn y Dunne difiere de la línea general en un aspecto importante. La mayoría de los físicos rechazaría la idea de utilizar la interacción entre la consciencia y el mundo subatómico para explicar la psicoquinesia y, mucho menos, los milagros. De hecho, la mayor parte de los físicos, además de hacer oídos sordos a toda posible consecuencia de esa interacción, actúan realmente como si no existiera. Como afirma el físico teórico Fritz Rohrlich de la Universidad de Siracusa: «La mayoría de los físicos mantiene un punto de vista un tanto esquizofrénico: por una parte, aceptan la interpretación habitual de la física cuántica; por otra, insisten en la realidad de los sistemas cuánticos aun cuando no estén siendo observados»[37].

La extraña actitud de «no voy a pensar en ello aunque sé que es verdad» impide que muchos físicos consideren incluso las repercusiones fenomenológicas de los descubrimientos más increíbles de la física cuántica. Como señala David Mermin, físico de la Universidad de Cornell, los físicos se encuadran en tres categorías: una pequeña minoría a la que preocupan las repercusiones filosóficas; un segundo grupo que explica con razones minuciosas por qué no les preocupan, pero sus explicaciones tienden a «saltarse por completo el tema en cuestión», y un tercer grupo que carece de explicaciones detalladas al respecto pero que también se niega a decir por qué no están preocupados. «Su posición es irrebatible», asegura Mermin[38].

Jahn y Dunne no son tan evasivos. Creen que los físicos, en lugar de descubrir partículas, pueden estar *creándolas*. Como prueba, mencionan una partícula subatómica que ha sido descubierta recientemente, llamada *anomalon*, cuyas propiedades varían de un laboratorio a otro.

¡Imagina que tienes un coche que cambia de color y de características según quién lo conduzca! Es un hecho muy curioso que parece indicar que la realidad de un anomalon depende de quién lo encuentre/cree[39]. También pueden hallarse indicios similares en otra partícula subatómica. En la década de los treinta, Pauli propuso la existencia de una partícula sin masa llamada *neutrino* para solucionar un problema no resuelto en relación con la radiactividad. Durante años, el neutrino fue solo una idea, pero después, en 1957, los físicos descubrieron indicios de su existencia. En los últimos años, los físicos se percataron de que, si el neutrino tuviese masa, resolvería problemas más espinosos todavía que aquel al que se enfrentó Pauli, y hete aquí que, en 1980, empezaron a aparecer pruebas de que ¡el neutrino tenía masa!, una masa pequeña pero medible. Y eso no es todo. Resultó que se descubrieron neutrinos con masa solamente en laboratorios de la Unión Soviética. En los laboratorios de Estados Unidos, no. Así siguieron las cosas durante la mayor parte de la década de los ochenta y hoy, aunque otros laboratorios han replicado los descubrimientos soviéticos, la situación sigue sin resolverse[40].

¿Es posible que las diferentes propiedades mostradas por los neutrinos se debieran, al menos en parte, a las expectativas cambiantes y a las diferentes tendencias culturales de los físicos que las buscaban? En caso de ser así, la situación suscita una cuestión interesante. Si los físicos no descubren el mundo subatómico sino que lo crean, ¿por qué algunas partículas, como los electrones, parecen tener una realidad estable sea quien sea el observador? En otras palabras: ¿por qué un estudiante de Física sin conocimientos sobre los electrones descubre las mismas propiedades que un físico avezado?

Una posible respuesta es que quizá nuestra percepción del mundo no se basa únicamente en la información que recibimos a través de los cinco sentidos. Por fantástica que pueda sonar, se pueden exponer argumentos convincentes en defensa de esta idea. Pero antes me gustaría contar una anécdota que presencié a mediados de los años setenta. Mi padre había contratado a un hipnotizador profesional para entretener a un grupo de amigos en su casa y me invitó a asistir al espectáculo. El hipnotizador, tras evaluar rápidamente la susceptibilidad hipnótica de las personas presentes, eligió como sujeto a un amigo de mi padre llamado Tom. Por supuesto, era la primera vez que se veían.

Tom resultó ser un sujeto muy bueno y, en cuestión de segundos, cayó en un trance profundo. El hipnotizador realizó entonces los trucos habituales en este tipo de espectáculos.

Convenció a Tom de que había una jirafa en la habitación, lo que provocó en él un asombro absoluto. Después le dijo que una patata era en realidad una manzana y consiguió que Tom se la comiera con gusto. Sin embargo, el punto fuerte de la noche llegó cuando el hipnotizador le dijo a Tom que, cuando saliera del trance, Laura, su hija adolescente, sería completamente invisible para él. Entonces, tras pedirle a Laura que se colocara frente a la silla en la que estaba sentado su padre, el hipnotizador lo despertó y le preguntó si veía a su hija en la habitación. Tom miró a su alrededor. Su mirada atravesaba literalmente a su risueña hija, como si ella no existiera. «No», contestó. El hipnotizador le preguntó si estaba seguro y Tom volvió a responder que no, a pesar de las risitas cada vez más sonoras de Laura. Entonces el hipnotizador se colocó detrás de Laura, fuera del campo visual de Tom, y se sacó un objeto del bolsillo. Lo mantuvo cuidadosamente oculto para que nadie pudiera verlo y lo escondió tras la espalda de Laura. Entonces le pidió a Tom que identificara el objeto. Tom se inclinó hacia delante como si viera directamente a través del cuerpo de su hija y dijo que era un reloj de pulsera. El hipnotizador asintió y le preguntó si podía leer la inscripción del reloj. Tom entornó los ojos como si se estuviera esforzando por descifrarla y recitó el nombre del propietario del reloj (una persona que ninguno de los presentes conocía) y el mensaje grabado. El hipnotizador reveló entonces que el objeto era efectivamente un reloj y lo hizo circular entre los asistentes para que todos pudiéramos comprobar que Tom había leído la inscripción correctamente.

Posteriormente, cuando conversé con Tom, me confirmó que su hija había sido absolutamente invisible para él. Solo veía al hipnotizador de pie, sosteniendo un reloj en la palma de la mano. De no haberle revelado el hipnotizador lo sucedido, nunca habría sospechado que su percepción de la realidad había sido completamente alterada.

Es obvio que la percepción de Tom del reloj no estaba basada en la información que recibía a través de los cinco sentidos. ¿De dónde obtenía la información? Una explicación es que la captaba telepáticamente de la mente de otra persona, en este caso, de la mente del hipnotizador. Otros investigadores han documentado la capacidad que los hipnotizados tienen para «aprovechar» los sentidos de otras personas. El físico británico sir William Barrett encontró indicios del fenómeno en una serie de experimentos que realizó con una chica joven. Tras hipnotizarla, le dijo que iba a percibir el sabor de todo lo que él probara. «Me puse de pie detrás de la joven, cuyos ojos estaban bien vendados, tomé sal y me la metí en la boca; al instante, ella escupió y exclamó: "¿Para qué te metes sal en la boca?". Después probé azúcar y ella dijo: "Esto está mejor". Le pregunté qué era y ella respondió: "Dulce". Después tomé mostaza, pimienta, jengibre y otras especias; la joven identificaba y experimentaba cada sabor en cuanto yo lo probaba»[41].

En su libro *Experiments in Distant Influence (Experimentos con la influencia a distancia)*, el fisiólogo soviético Leonid Vasiliev cita un estudio alemán realizado en los años cincuenta que produjo hallazgos similares. En él, la chica hipnotizada no solo percibía el sabor de lo que el hipnotizador probaba, sino que cerró los ojos bruscamente cuando se proyectó una luz sobre los ojos del hipnotizador, estornudó cuando este olió amoniaco, y oyó el tictac de un reloj que acercaron al oído del hipnotizador. Las condiciones del experimento garantizaban que ella no podía obtener información a través de sus propios sentidos[42].

La capacidad de aprovechar los sentidos de otras personas no se limita al estado hipnótico. En una serie de experimentos, ahora famosos, los físicos Harold Puthoff y Russell Targ del Stanford Research Institute de California descubrieron que casi todas las personas que sometían a prueba tenían una aptitud, que ellos llamaban *visión remota*, que consistía en describir con exactitud lo que veía una persona a distancia. Averiguaron que un individuo tras otro podía ver remotamente por el mero hecho de relajarse y describir cualquier imagen que le venía a la mente[43]. Los descubrimientos de Puthoff y Targ se han replicado en docenas de laboratorios de todo el mundo, lo que indica que la visión remota es probablemente una capacidad latente en todos nosotros.

El laboratorio Princeton Anomalies Research ha corroborado asimismo los descubrimientos de Puthoff y Targ. El propio Jahn actuó como receptor en un estudio en el que intentó percibir lo que un colega suyo estaba viendo en París, una ciudad que Jahn jamás había visitado. Además de una calle bulliciosa, le vino a la mente la imagen de un caballero con armadura. Después resultó que el emisor estaba frente a un edificio gubernamental decorado con estatuas de figuras militares históricas, una de las cuales era un caballero con armadura[44].

Así pues, estamos profundamente conectados unos con otros de formas aún más sutiles, situación que no resulta tan extraña en un universo holográfico. Además, las interconexiones se manifiestan aunque no seamos conscientes de ellas. Hay estudios que demuestran que, cuando una persona recibe una descarga eléctrica en una habitación, esta aparece registrada en los resultados del polígrafo de otro sujeto que está en un espacio distinto[45]. Una luz proyectada sobre los ojos de alguien se registra en el electroencefalograma de su pareja experimental, situada en otra habitación[46]. Incluso el volumen de sangre en el dedo del receptor —medido mediante el pletismógrafo, un indicador sensible del funcionamiento del sistema nervioso autónomo— cambia cuando el emisor, desde otra habitación, localiza el nombre de un conocido en común mientras lee una lista compuesta principalmente por nombres desconocidos para ambos[47].

Teniendo en cuenta nuestra profunda interconexión y nuestra capacidad para construir realidades convincentes a partir de la información obtenida a través de dicha interconexión, tal y como hizo Tom, ¿qué pasaría si dos o más personas hipnotizadas intentaran construir la misma realidad imaginaria? Lo fascinante es que esta cuestión ya ha sido explorada por Charles Tart, profesor de Psicología en la Universidad de California en Davis. Tart reclutó a Anne y a Bill, dos estudiantes de licenciatura que no solo podían sumirse en un trance profundo, sino que, además, eran hipnotizadores expertos. El procedimiento fue bastante inusual: hizo que Anne hipnotizara a Bill y, una vez que este entró en trance, que él la hipnotizara a ella. El razonamiento de Tart era que este método fortalecería la compenetración entre ambos sujetos, una conexión intensa ya de por sí.

Y tenía razón. Cuando abrieron los ojos en su estado de hipnosis mutua, todo les parecía gris. Sin embargo, aquel gris dio paso enseguida a colores vívidos y a luces brillantes y, al cabo de unos instantes, se encontraban en una playa de una belleza sobrenatural. Los granos de arena brillaban como diamantes, el mar estaba lleno de enormes burbujas espumosas y relucía como si fuera champán, y la orilla estaba salpicada de rocas cristalinas translúcidas que irradiaban una luz interna. Aunque Tart no podía ver lo que experimentaban Anne y Bill, por el modo en que hablaban se dio cuenta rápidamente de que *estaban compartiendo la misma realidad alucinada.*

Para Anne y Bill, la naturaleza compartida de su experiencia resultó obvia de inmediato. Comenzaron a explorar el nuevo mundo que acababan de descubrir: nadaron en el océano, estudiaron el brillo de las rocas cristalinas… y, desgraciadamente para Tart, también dejaron de hablar, o, al menos, eso le pareció. Cuando les preguntó por su silencio, le explicaron que, en el mundo de ensueños que compartían, ellos seguían conversando, un fenómeno que indicaba, según Tart, algún tipo de comunicación paranormal entre ambos.

Sesión tras sesión, Anne y Bill siguieron construyendo diversas realidades; todas tan reales, tan accesibles para los cinco sentidos, como la que experimentaban en su estado normal de vigilia. Todas poseían también las mismas tres dimensiones. De hecho, Tart consideró que los mundos que visitaban eran *más* reales que la versión pálida y desvaída de la realidad con la que tiene que contentarse la mayoría. En sus propias palabras: «Tras comentar sus experiencias durante un rato y descubrir que habían percibido detalles compartidos de los que no existían estímulos verbales en las cintas, ambos sintieron que debían haber estado realmente *en* los lugares no físicos que habían experimentado»[48].

El mundo oceánico de Anne y Bill constituye el ejemplo perfecto de una realidad holográfica: una construcción tridimensional creada a partir de la interconexión, sostenida por el fluir de la consciencia y finalmente tan plástica como los procesos de pensamiento que la habían generado. La plasticidad era evidente en varios rasgos. Aunque era tridimensional, su espacio era más flexible que el espacio de la realidad cotidiana y a veces adquiría una elasticidad que Anne y Bill no podían describir con palabras. Aún más extraño era que, pese a ser sumamente diestros en la creación de un mundo compartido fuera de ellos mismos, muchas veces olvidaban crear sus propios cuerpos y existían como caras o cabezas flotantes. Anne contaba que, en una ocasión, cuando Bill le pidió que le diera la mano, tuvo que crearse «una mano por arte de magia, como quien dice»[49].

¿Cómo terminó aquel experimento de hipnosis mutua? Tristemente, la idea de que aquellas visiones espectaculares eran reales en algún sentido —quizá más reales que la realidad de cada día incluso— asustó tanto a Anne y a Bill que la experiencia cada vez les ponía más nerviosos. Al final, abandonaron las exploraciones y uno de ellos, Bill, renunció a la hipnosis por completo.

La interconexión extrasensorial que les permitió construir una realidad compartida podría concebirse casi como el efecto de algún campo existente entre ellos, un «campo de realidad», si se quiere. Me pregunto qué habría pasado si, en casa de mi padre, el hipnotizador nos hubiera puesto a todos en trance. A la luz de la información anterior, tengo razones para creer que, si nuestra compenetración hubiera sido lo bastante profunda, Laura se habría vuelto invisible para todos nosotros. Habríamos construido colectivamente el campo de realidad del reloj, habríamos leído la inscripción y nos habríamos convencido totalmente de que lo que estábamos percibiendo era real.

Si la consciencia juega un papel en la creación de las partículas subatómicas, ¿es posible que las observaciones del mundo subatómico sean también una especie de campos de realidad? Si Jahn pudo percibir una armadura a través de los sentidos de un amigo que está en París, ¿es tan inverosímil creer que los físicos del mundo entero se están conectando inconscientemente unos con otros y utilizando un tipo de hipnosis mutua similar a la que usaron los sujetos del experimento de Tart para crear las propiedades consensuadas que se observan en un electrón? Esta hipótesis encuentra respaldo en otra característica inusual de la hipnosis. A diferencia de otros estados alterados de consciencia, la hipnosis no está asociada con ningún patrón inusual de EEG. Psicológicamente hablando, el estado mental de la hipnosis se asemeja más al estado de vigilia. ¿Significa esto que la consciencia normal en estado de vigilia es en sí misma una especie de estado hipnótico y que todos estamos aprovechando constantemente campos de realidad?

Josephson, galardonado con el Nobel, comparte esta perspectiva. Al igual que Globus, otorga credibilidad a la obra de Castaneda y ha explorado sus conexiones con la física cuántica. Afirma que la realidad objetiva nace de la memoria colectiva de la raza humana, mientras que los acontecimientos anómalos,

EL UNIVERSO HOLOGRÁFICO

como los que experimentaba Castaneda, son manifestaciones de la voluntad individual[50].

Es posible que la consciencia humana no sea lo único que participa en la creación de campos de realidad. Experimentos de visión remota han demostrado que se pueden describir ubicaciones lejanas aun cuando no haya observadores humanos presentes en ellas[51]. De manera similar, se puede determinar el contenido de una caja sellada, seleccionada al azar entre un grupo de cajas selladas, cuyo contenido es, por tanto, completamente desconocido[52]. Esto significa que podemos hacer algo más que limitarnos a utilizar los sentidos de otras personas: también podemos usar la propia realidad para obtener información. Por raro que parezca, no debería extrañarnos si recordamos que, en un universo holográfico, la consciencia impregna toda la materia y que el «significado» tiene una presencia activa tanto en el mundo mental como en el físico.

Bohm cree que la ubicuidad del significado ofrece una posible explicación tanto para la telepatía como para la visión remota. En su opinión, ambas pueden ser simplemente formas distintas de psicoquinesia. A su juicio, así como la psicoquinesia es una resonancia de significados que se transmite de la mente al objeto, la telepatía se puede contemplar como una resonancia de significados transmitida de una mente a otra. De manera similar, la visión remota puede interpretarse como una resonancia de significados que se transmite del objeto a la mente. Y añade: «Cuando se establece la armonía o resonancia de significados, la acción funciona en ambas direcciones, de modo que los significados del sistema lejano pueden actuar sobre el observador para producir una especie de psicoquinesia a la inversa que, en efecto, transmite una imagen del sistema al observador»[53].

Jahn y Dunne sostienen una opinión similar, aunque con matices: aunque coinciden en que la realidad emerge únicamente de la interacción entre la consciencia y entorno, su interpretación de la consciencia es extraordinariamente amplia. Para ellos, cualquier sistema capaz de generar, recibir o procesar información puede considerarse consciente. Así, los animales, los virus, el ADN, las máquinas (las artificialmente inteligentes y otras) y los llamados «objetos no vivos» serían potenciales participantes en la creación de la realidad[54].

Si tales afirmaciones son ciertas y podemos obtener información no solo de las mentes de otros seres humanos sino también del holograma vivo de la realidad misma, esto explicaría también la psicometría (la capacidad de obtener información sobre la historia de un objeto mediante el simple contacto físico con él). Ese objeto, lejos de ser inanimado, estaría impregnado de su propia forma de consciencia. En lugar de existir como una «cosa» separada del universo, formaría parte de la interconexión universal. Así, el objeto estaría conectado con los pensamientos de todas las personas que alguna vez lo tocaron, con la consciencia que impregna a todos los animales y objetos relacionados con su existencia, con su propio pasado a través del orden implicado, y, finalmente, con la mente del psicómetra que lo sostiene en ese momento.

PUEDES OBTENER ALGO A CAMBIO DE NADA

¿Juegan los físicos un papel en la creación de las partículas subatómicas? De momento, el enigma permanece sin respuesta, pero nuestra capacidad para conectarnos unos con otros y para construir realidades tan convincentes como la nuestra no es la única evidencia que sugiere que tal vez sea así. En efecto, los fenómenos milagrosos revelan que apenas hemos empezado a comprender el alcance de estas capacidades. Consideremos la siguiente curación milagrosa que relata Gardner. En 1982, una doctora inglesa llamada Ruth Coggin, que trabajaba en Pakistán, recibió la visita de una mujer pakistaní de 35 años llamada Kamro. Embarazada de ocho meses, Kamro había experimentado pérdidas de sangre y un dolor abdominal intermitente durante la mayor parte del embarazo. La doctora Coggin le instó a acudir al hospital inmediatamente, pero Kamro se negó. Sin embargo, dos días después tuvo una hemorragia tan grave que ingresó con carácter de urgencia.

La doctora Coggin la examinó y el reconocimiento reveló que Kamro había sufrido una pérdida de sangre «muy grande», además tenía los pies y el abdomen patológicamente hinchados. Al día siguiente, otra hemorragia severa obligó a practicarle una cesárea. Cuando la doctora le abrió el útero, brotó una cantidad aún más copiosa de sangre negra que continuó manando abundantemente. Pronto se hizo evidente que Kamro había perdido toda capacidad de coagulación. Tras entregar a la madre un bebé sano —una niña—, Coggin observó que la cama estaba llena de «charcos profundos de sangre no coagulada» que seguía fluyendo de la abertura. Aunque logró conseguir un litro de sangre y hacerle una transfusión a la mujer, que tenía una anemia grave, la cantidad no era suficiente para reemplazar tal pérdida masiva. Sin otra opción, la doctora recurrió a la oración.

Según su propio relato: «Rezamos con la paciente tras explicarle quién era Jesús y decirle que era un gran sanador y que habíamos rezado en su nombre antes de la operación. También le dije que no teníamos de qué preocuparnos, pues había visto a Jesús curar ese mal antes y estaba segura de que él podría curarla a ella también»[55].

Después esperaron. Durante las horas siguientes, Kamro siguió sangrando, pero su situación general se estabilizó en vez de empeorar. Aquella noche, la doctora Coggin rezó otra vez con Kamro y, aunque la «intensa hemorragia» continuaba, parecía que la pérdida no le afectaba. Cuarenta y ocho horas después de la operación, la sangre empezó a coagular por fin y Kamro comenzó a recuperarse. Diez días más tarde se fue a casa con su bebé.

Aunque Coggin no tenía forma de medir la pérdida real de sangre de Kamro, no dudaba de que la joven madre había perdido más de su volumen total de sangre durante la operación y el intenso sangrado que siguió. Gardner confirmó esa opinión tras examinar la documentación del caso. El problema que conlleva tal afirmación es que los seres humanos no pueden producir sangre nueva con la rapidez suficiente como para compensar esas pérdidas fatales; si pudieran, muy poca gente moriría desangrada. Esto plantea una conclusión inquietante: la nueva sangre de Kamro debió materializarse literalmente de la nada.

La capacidad para crear una partícula infinitesimal o dos palidece en comparación con la materialización de los cinco o seis litros de sangre que se necesitan para llenar un cuerpo humano medio. Pero la sangre no es lo único que podemos crear de la nada. En junio de 1974, mientras viajaba por Timor Oriental, una pequeña isla al este de Indonesia, Watson presenció un ejemplo de materialización igualmente desconcertante. Aunque inicialmente se proponía visitar a un famoso *matan do'ok*, una especie de taumaturgo indonesio de quien se decía que podía hacer llover cada vez que se le solicitaba, se desvió de su camino porque le informaron de que un *buan* o espíritu maligno inusualmente activo estaba haciendo estragos en una casa de un poblado cercano.

En la casa vivía una familia compuesta por un matrimonio, sus dos hijos pequeños y Alin, la medio hermana menor y soltera del marido. Las diferencias en el aspecto físico de Alin con el resto de la familia eran notables: mientras que la pareja y los niños presentaban la piel oscura y el pelo rizado característicos de la región, ella tenía la piel mucho más clara y rasgos prácticamente chinos. Estas diferencias físicas explicaban su dificultad para encontrar marido. Además, la familia la trataba con absoluta indiferencia. Para Watson, Alin era, debido a sus circunstancias, la fuente evidente de la perturbación psíquica.

Aquella noche, mientras cenaba en el hogar de la familia, una choza con tejado de paja, Watson presenció varios fenómenos asombrosos. Sin previo aviso, el hijo de ocho años se puso a chillar y dejó caer la taza sobre la mesa mientras le empezaba a sangrar el dorso de la mano inexplicablemente. Watson, que estaba sentado junto al niño, le examinó la mano y vio que tenía un semicírculo de pinchazos recientes, como un mordisco, pero de un diámetro mayor que el de la boca del chico. En el momento del accidente, Alin, la marginada de la familia, estaba ocupada junto al fuego, al otro lado de la habitación, enfrente del niño.

Mientras Watson le examinaba las heridas, la llama de la lámpara se volvió azul y produjo una llamarada repentina; bajo aquella luz más brillante empezó a caer una lluvia copiosa de sal sobre la comida hasta dejarla totalmente cubierta e incomible. Como explicó después: «No fue un diluvio repentino, sino una acción lenta y deliberada que duró lo suficiente como para permitirme mirar hacia arriba y ver que parecía empezar en medio del aire, justo por encima del nivel de los ojos, tal vez a un metro o algo más por encima de la mesa».

Watson se levantó de su asiento de un salto, pero el espectáculo aún no había acabado. De repente, una serie de sonidos fuertes y secos brotó de la mesa, que empezó a tambalearse. La familia se levantó también y todos vieron cómo la mesa saltaba por los aires «como la tapa de una caja que contuviera algún animal salvaje». Finalmente se volcó sobre uno de los lados. El primer impulso de Watson fue salir de la casa corriendo con el resto de la familia, pero, en cuanto recuperó el control, regresó y buscó por la habitación algún truco que pudiera explicar lo ocurrido. No encontró nada[56].

Los hechos que tuvieron lugar en la pequeña cabaña indonesia constituyen ejemplos clásicos de actividad *poltergeist*, que se caracteriza por sonidos misteriosos y actividades psicoquinéticas más que por apariciones de fantasmas o espectros. Como los *poltergeist* tienden a centrarse alrededor de personas (Alin en este caso) más que de sitios, muchos parapsicólogos creen que son manifestaciones inconscientes de la capacidad psicoquinética de la persona en torno a la cual se vuelven más activos. La materialización tiene también una historia larga e ilustre en los anales de la investigación sobre el fenómeno *poltergeist*. Por ejemplo, A. R. G. Owen, profesor de Matemáticas y miembro de la junta rectora del Trinity College de Cambridge, en su obra clásica sobre el tema, *Can We Explore the Poltergeist? (¿Podemos explorar los poltergeist?)*, ofrece numerosos ejemplos de objetos que se materializan de la nada en casos de *poltergeist*, desde el año 530 d. C. hasta los tiempos modernos[57]. No obstante, los objetos que se materializan con más frecuencia son piedras pequeñas y no sal.

En la introducción comenté que he experimentado de primera mano muchos de los fenómenos paranormales que se tratan en el libro y que compartiría unas cuantas experiencias propias. Así pues, ha llegado el momento de cumplir mi promesa. Comprendo perfectamente cómo se sintió Watson tras contemplar la repentina embestida de actividad psicoquinética en la pequeña cabaña indonesia, porque, cuando yo era pequeño, nuestra familia experimentó algo similar. Poco después de mudarnos a una casa nueva que mis padres acababan de construir, comenzaron a manifestarse fenómenos *poltergeist*. Sin embargo, el *poltergeist* no se quedó en casa cuando me fui a la universidad, sino que me siguió. De hecho descubrí que su actividad estaba definitivamente conectada con mi estado de ánimo: sus travesuras eran más maliciosas cuando estaba enfadado o desanimado, y más endiabladas y caprichosas cuando me sentía de magnífico humor. Esta correlación me convenció de que los *poltergeist* son manifestaciones de la capacidad psicoquinética inconsciente de la persona alrededor de la cual se muestran más activos.

La conexión con mis emociones era patente con mucha frecuencia. Si estaba de buen humor, podía despertarme y encontrar todos mis calcetines esparcidos por las distintas habitaciones de la casa. Pero, si mi estado de ánimo era más apagado, el *poltergeist* podía manifestarse lanzando objetos pequeños por la habitación o incluso rompiendo algo, como ocurrió en alguna ocasión. Durante años, tanto yo como diversos amigos y familiares fuimos testigos de una amplia gama de actividades psicoquinéticas. Los episodios, según mi madre, comenzaron cuando yo apenas empezaba a andar. Ese día mi madre presenció cómo las cacerolas y las sartenes caían al suelo inexplicablemente desde el centro de la mesa de la cocina. He documentado estas experiencias con mayor detalle en mi libro *Más allá de la teoría cuántica*. Comparto estas vivencias siendo plenamente consciente de su extraordinaria naturaleza. Entiendo lo extraño que sucesos como estos resultan para la mayoría de la gente y el escepticismo que inevitablemente suscitan. No obstante, me siento obligado a relatarlas porque considero que es de vital importancia que intentemos entender estos fenómenos en lugar de negarlos o ignorarlos.

No obstante, lo más inquietante de esta historia es que mi *poltergeist* también materializaba objetos. Los primeros episodios ocurrieron cuando yo tenía seis años: inexplicables lluvias de gravilla caían sobre el tejado durante la noche. Con el tiempo, el *poltergeist* empezó a acribillarme *dentro* de casa con pequeñas piedras pulidas y trozos de cristal de bordes romos, como los fragmentos de cristal a la deriva que uno encuentra en la playa. Raras veces también materializaba otros objetos: monedas, un collar, diversas bagatelas extrañas. Desgraciadamente, yo no solía presenciar las materializaciones en el acto, sino que descubría sus secuelas, como el día que me cayó sobre el pecho un montón de espaguetis *(sans sauce)** mientras me echaba la siesta en mi apartamento de Nueva York. Estaba solo en una habitación cerrada, no había nadie más en el apartamento y ningún indicio de que alguien hubiera preparado espaguetis ni de que hubiera irrumpido en mi casa para lanzarlos sobre mí, por tanto, la única explicación posible era que aquellos espaguetis fríos se habían materializado de la nada.

En algunas ocasiones, sin embargo, he visto materializarse algunos objetos. En 1976, por ejemplo, mientras estaba trabajando en el despacho, levanté la vista por casualidad y vi un pequeño objeto marrón que apareció de repente en el aire a unos cuantos centímetros del techo. Tan pronto como se materializó, bajó velozmente en un ángulo muy agudo y aterrizó a mis pies. Cuando lo recogí, vi que era un trozo de cristal marrón del que suele utilizarse para fabricar botellas de cerveza. No fue tan espectacular como una lluvia de sal de varios segundos de duración, pero me demostró que esas cosas eran posibles.

Quizá las materializaciones más famosas de los tiempos modernos sean las que producía Sathya Sai Baba, un santo indio de 64 años que vivía en un rincón remoto del estado de Andhra Pradesh, en el sur de la India. Según numerosos testigos oculares, Sai Baba es capaz de producir muchas más cosas que un puñado de sal y unas cuantas piedras. Extrae de la nada medallones, anillos y joyas que reparte como regalos. También materializa una provisión interminable de golosinas y dulces indios, y de sus manos brota una cantidad enorme de *vibuti* o ceniza sagrada. Esos hechos han sido contemplados por miles de individuos, literalmente, entre los que figuran tanto científicos como magos, y nadie ha detectado jamás el menor indicio

---

* Sin salsa.

de fraude. Uno de estos testigos fue el psicólogo Erlendur Haraldsson, de la Universidad de Islandia.

Haraldsson ha pasado más de diez años estudiando a Sai Baba y ha publicado sus averiguaciones en el libro titulado *Milagros modernos: informe científico de los fenómenos psíquicos de Sai Baba.* Aunque admite que no puede demostrar de forma concluyente que las producciones de Sai Baba no son fruto del engaño o juegos de manos, ofrece una gran cantidad de pruebas que indican convincentemente que ocurre algo fuera de lo normal.

Para empezar, Sai Baba puede materializar los objetos específicos que le pidan. En una ocasión en la que Haraldsson y él conversaban sobre asuntos éticos y espirituales, Sai Baba dijo que la vida diaria y la vida espiritual deberían «crecer juntas, como un *rudraksha* doble». Cuando Haraldsson le preguntó qué era un *rudraksha* doble, ni Sai Baba ni el intérprete conocían el término equivalente en inglés. Sai Baba intentó continuar con la discusión, pero Haraldsson seguía insistiendo. Como él mismo cuenta: «Entonces, de repente, con un signo de impaciencia, Sai Baba cerró el puño y agitó la mano durante un segundo o dos. Cuando la abrió, se volvió hacia mí y me dijo: "Esto". En la palma de la mano tenía algo similar a una bellota. Eran dos bellotas que habían crecido juntas, como las naranjas o las manzanas gemelas».

Cuando Haraldsson expresó su deseo de conservar la doble semilla como recuerdo, Sai Baba accedió, pero antes le pidió que volviera a observarla. «Encerró la bellota entre ambas manos, sopló sobre ellas y las abrió hacia mí. Dos escudos dorados unidos por una pequeña cadena dorada cubrían la doble bellota desde ambos extremos. En la parte superior tenía una cruz dorada con un pequeño rubí y una pequeña argolla para poder llevarla con una cadena alrededor del cuello»[58]. Haraldsson descubrió después que las *rudrakshas* dobles eran anomalías botánicas extraordinariamente raras. Varios botánicos indios con los que consultó le dijeron que nunca habían visto una. De hecho, el único espécimen que logró localizar —pequeño y deformado— se vendía en una tienda de Madrás por el equivalente a casi trescientos dólares. Un joyero inglés confirmó posteriormente que el oro de la decoración tenía una pureza de 22 quilates por lo menos.

Sin embargo, regalos como ese no son raros en Sai Baba, que entrega con frecuencia joyas y anillos costosos, así como objetos de oro, a las multitudes que acuden a visitarlo y le veneran como santo. También materializa enormes cantidades de comida. Cuando las diversas golosinas caen de sus manos, están tan sumamente calientes que a veces resulta imposible cogerlas. De sus manos y pies pueden manar siropes dulces y aceites fragantes; sin embargo, cuando cesa el flujo, no le queda en la piel ni una señal de estas sustancias pegajosas. Puede producir objetos exóticos tales como granos de arroz con diminutas imágenes de Krishna perfectamente grabadas, frutas fuera de temporada (cosa casi imposible en una zona rural sin electricidad ni refrigeración), y frutos anómalos, como manzanas que, al pelarlas, resultan ser media manzana por un lado y otra fruta por el otro.

Sus producciones de ceniza sagrada resultan igualmente impresionantes. Cada vez que transita entre las multitudes que lo visitan, brotan de sus manos cantidades prodigiosas de ceniza. Él la reparte generosamente: en los recipientes que le ofrecen, sobre las manos que se extienden hacia él, sobre las cabezas y formando largas estelas serpenteantes por el suelo.

En un solo paseo por los terrenos que rodean su *ashram* puede producir ceniza suficiente como para llenar varios bidones. Durante sus visitas, Haraldsson y el doctor Karlis Osis, director de investigación de la American Society for Psychical Research, presenciaron parte del proceso de materialización de la ceniza. Como relata Haraldsson: «Abrió la palma de la mano, la volvió hacia abajo y la sacudió trazando unos cuantos círculos pequeños y rápidos. Al hacerlo, apareció una sustancia gris en el

aire, justo debajo de la palma. El doctor Osis, que estaba sentado un poco más cerca, observó que la materia apareció primero
en forma de gránulos que se desmenuzaban en ceniza al ser
tocados. Es más, podrían haberse desintegrado antes si Sai Baba
los hubiera producido mediante un truco de manos que nosotros no pudimos detectar»[59].

Haraldsson argumenta que las manifestaciones de Sai Baba
no son producto de una hipnosis masiva, pues permite que se
filmen libremente sus exhibiciones al aire libre y en la película
aparece todo lo que hace. Asimismo, la producción de objetos
específicos, la rareza de algunos artículos, la temperatura de la
comida recién materializada y el volumen extraordinario de las
materializaciones parecen descartar la posibilidad de fraude.
Haraldsson señala también que nadie ha presentado jamás alguna prueba creíble de que Sai Baba recurre al engaño. Por último, Sai Baba ha estado produciendo de manera continua objetos durante medio siglo, desde que tenía catorce años, lo que
refuerza tanto el volumen de materializaciones como su reputación intachable. ¿Produce Sai Baba objetos de la nada? Aunque la cuestión permanece abierta, Haraldsson ha expresado
claramente su postura. Cree que las demostraciones de Sai
Baba nos recuerdan el «enorme potencial latente que acaso tenemos todos los seres humanos»[60].

Por otro lado, en la India se han recogido no pocas noticias
de personas capaces de materializar objetos. En su libro *Autobiografía de un yogui*, Paramahansa Yogananda (1893-1952), el
primer santón eminente de la India que estableció su residencia
permanente en Occidente, describe sus encuentros con varios
ascetas que podían materializar frutas fuera de temporada, platos de oro y otros objetos. Es interesante que Yogananda advir-
tiera que tales poderes, o *siddis*, no constituyen siempre una
prueba de que quien los posee haya alcanzado un alto nivel de
evolución espiritual.

En palabras de Yogananda: «El mundo no es sino un sueño objetivizado, y aquello en lo que crea intensamente tu mente poderosa ocurrirá al instante»[61]. ¿Han descubierto esas personas una forma de aprovechar el mar inmenso de energía cósmica que, según Bohm, llena cada centímetro cúbico del espacio vacío?

Una serie extraordinaria de materializaciones aún más exhaustivamente documentadas que la de Sai Baba por parte de Haraldsson es la de Teresa Neumann. Además de los estigmas, Neumann manifestaba el don de la inedia: la capacidad extraordinaria de vivir sin comer. El fenómeno comenzó en 1923, cuando «transfirió» la enfermedad de garganta de un joven sacerdote a su propio cuerpo y subsistió solo con líquidos durante varios años. En 1927 dejó de ingerir totalmente alimentos y agua.

Cuando el obispo local de Regensburg oyó hablar del ayuno de Teresa Neumann, envió una comisión a su casa para investigarlo. Del 14 al 29 de julio de 1927, y bajo la supervisión de un médico llamado Seidl, cuatro enfermeras franciscanas vigilaron todos sus movimientos. La observaron día y noche y controlaron meticulosamente el agua que usaba para lavarse y enjuagarse la boca. Las hermanas hicieron varios hallazgos extraordinarios. Primero, Neumann nunca usaba el baño. Tras un periodo de seis semanas solo evacuó el vientre una vez; el excremento, examinado por el doctor Reismanns, contenía únicamente una pequeña cantidad de moco y bilis, pero ningún resto de comida. Segundo, no mostraba signos de deshidratación, a pesar de que el ser humano expele diariamente unos cuatrocientos gramos de agua mediante el aire que exhala y una cantidad similar a través de los poros. Tercero, su peso permanecía constante; aunque perdía casi cuatro kilos y medio de sangre durante la apertura semanal de los estigmas, su peso volvía a la normalidad un día o dos después.

Al final de la investigación, el doctor Seidl y las hermanas estaban completamente convencidos de que Teresa Neumann no había comido ni bebido nada durante catorce días completos. La prueba parece concluyente porque, mientras que el cuerpo humano puede sobrevivir catorce días sin comer, difícilmente sobrevive sin agua la mitad de ese tiempo. No obstante, para Neumann, aquellas dos semanas fueron solo el principio: *ni comió ni bebió nada durante los siguientes treinta y cinco años.* Así pues, según parece, no solo materializaba la enorme cantidad de sangre que necesitaba para perpetuar los estigmas, sino que también materializaba regularmente el agua y los nutrientes necesarios para seguir viva y con buena salud. La inedia no es una capacidad exclusiva de Neumann. En *Los fenómenos físicos del misticismo,* Thurston cita varios ejemplos de estigmatizados que estuvieron años sin comer ni beber.

La materialización puede ser más común de lo que pensamos. En la literatura sobre hechos milagrosos abundan los informes convincentes de objetos sangrantes: estatuas, pinturas, iconos y hasta rocas con significación histórica o religiosa. También hay docenas de relatos de vírgenes y otros iconos que derraman lágrimas. En 1953, una auténtica epidemia de «*madonnas* llorosas»[62] barrió Italia. Y en la India, unos seguidores de Sai Baba le enseñaron a Haraldsson imágenes de ascetas exudando ceniza sagrada de forma milagrosa.

CUANDO LA REALIDAD ENTERA SE TRANSFORMA

En cierto modo, la materialización cuestiona radicalmente las ideas convencionales sobre la realidad. Aunque no nos cuesta mucho ir encajando fenómenos como la psicoquinesia en nuestra visión actual del mundo, la creación de un objeto de la nada sacude los cimientos mismos de dicha visión. Sin embargo, la mente es capaz de realizar muchas otras proezas. Hasta ahora hemos visto milagros que afectaban solo a «aspectos» específicos de la realidad: personas que movían objetos mediante la psicoquinesia, que alteraban leyes de la física para hacerse inmunes al fuego, o que materializaban sustancias (sangre, sal, piedras, joyas, ceniza, alimentos y lágrimas). Pero, si la realidad es un todo continuo, ¿por qué los milagros parecen limitarse a transformaciones parciales? La respuesta puede residir en que estamos programados internamente para percibir el mundo en términos de elementos separados. Esto significa que, si contempláramos la realidad de forma diferente, los milagros también serían diferentes. En vez de transformaciones parciales, presenciaríamos transformaciones de la realidad completa. De hecho, existen unos cuantos ejemplos, aunque son extraordinariamente raros y desafían nuestras ideas convencionales sobre la realidad aún más radicalmente que las materializaciones.

Watson nos proporciona un ejemplo notable. Mientras estaba en Indonesia, se encontró con otra mujer joven que tenía poderes. Se llamaba Tia y sus capacidades, a diferencia de las de Alin, no parecían ser una manifestación de dotes psíquicas inconscientes. Por el contrario, estaban bajo su control consciente y surgían de su conexión natural con las fuerzas que yacen latentes en la mayoría de nosotros. En resumen: Tia era una chamán en proceso de formación. Watson fue testigo de muchos ejemplos de sus aptitudes. La vio hacer curaciones milagrosas y, durante una confrontación con el líder religioso de los musulmanes locales, la vio usar el poder de la mente para prender fuego al alminar de la mezquita local.

Una de sus demostraciones más pasmosas tuvo lugar cuando Watson, caminado por un bosquecillo sombrío de *kenaris*, divisó a Tia hablando con una niña. Desde la distancia, Watson pudo deducir por los gestos que Tia estaba intentando comunicarle algo importante a la niña. Aunque no podía oír la conversación, su aire de frustración le permitió deducir que no lograba hacerse entender. De pronto, pareció tener una idea y empezó a bailar de manera misteriosa.

Watson continuó observando fascinado mientras Tia gesticulaba hacia los árboles con movimientos tan sutiles que apenas parecía moverse, y, sin embargo, sus gestos tenían algo hipnótico. Lo que sucedió a continuación dejo a Watson absolutamente consternado: el bosque entero desapareció. «De un momento a otro, Tia pasó de bailar en un bosquecillo umbrío de *kenaris* a encontrarse sola bajo la luz brillante y cegadora del sol»[63], relata Watson.

Unos segundos después, el bosquecillo reapareció de manera tan súbita como había desaparecido antes. Por la forma en que la niña empezó a saltar y a correr tocando los árboles, Watson estaba seguro de que también había compartido la experiencia. Pero el espectáculo no había terminado. Tia hizo que el bosquecillo desapareciera y apareciera varias veces más mientras ella y la niña unían sus manos y bailaban juntas, riendo ante aquella maravilla. Watson se alejó en silencio, completamente desconcertado por lo que acababa de presenciar.

En 1975, cuando estaba en el último curso de la Michigan State University, tuve una experiencia igualmente misteriosa que puso en cuestión la realidad. Fui a cenar con una de mis profesoras a un restaurante local y estuvimos discutiendo las repercusiones filosóficas de las experiencias de Carlos Castaneda. Nuestra conversación se centraba en un incidente en particular que Castaneda revela en *Viaje a Ixtlan*. Don Juan y Castaneda están en el desierto una noche buscando un espíritu cuando se encuentran con una criatura que parece un ternero pero que tiene orejas de lobo y pico de pájaro. Está hecha un ovillo y chilla como si estuviera agonizando.

Al principio, Castaneda está aterrorizado, pero, después de decirse a sí mismo que lo que está viendo seguramente no es real, su visión cambia y ve que el espíritu moribundo es en realidad la rama de un árbol caído que tiembla con el viento. Castaneda señala la verdadera identidad de la cosa con orgullo, pero, como siempre, el viejo chamán yaqui le reprende. Le dice que la rama *era* un espíritu moribundo mientras él creía en ello, pero se transformó en una rama de árbol cuando Castaneda dudó de su existencia. Sin embargo, recalca que ambas realidades eran igualmente reales.

Durante la conversación, le confesé a mi profesora que me intrigaba la afirmación de don Juan de que dos realidades mutuamente excluyentes pudieran ser igualmente reales. Además, me parecía que esta idea podía explicar muchos fenómenos paranormales. Momentos después de discutir ese incidente, abandonamos el restaurante. Era una noche clara de verano, así que decidimos dar un paseo mientras seguíamos charlando. A los pocos minutos, me percaté de que había un pequeño grupo de gente caminando delante de nosotros. Hablaban en un idioma extraño e irreconocible y parecía que estaban borrachos, a juzgar por su conducta ruidosa y exaltada. Además, una de las mujeres llevaba un paraguas verde, un detalle extraño pues el cielo estaba totalmente despejado y no había previsión de lluvia.

Para mantenernos a distancia, bajamos el ritmo. Fue entonces cuando la mujer empezó de repente a balancear el paraguas de una forma salvaje y errática. Trazaba enormes arcos en el aire y varias veces estuvo a punto de golpearnos con la punta del paraguas cuando lo giraba en redondo. Redujimos el paso aún más, pero resultaba evidente que su actuación estaba destinada a captar nuestra atención. Finalmente, tras conseguir fijar nuestra mirada completamente en lo que estaba haciendo, sostuvo el paraguas por encima de su cabeza con ambas manos y lo lanzó teatralmente a nuestros pies.

Ambos miramos el objeto en silencio, preguntándonos por qué lo había hecho. Entonces ocurrió algo extraordinario. El paraguas comenzó a «titilar» —no encuentro una palabra mejor para describirlo— como la luz de una linterna cuando está a punto de extinguirse. Emitió un ruido extraño, crujiente,

como el sonido del papel de celofán cuando se arruga. Y ante
nuestros ojos, en medio de un despliegue asombroso de luces
multicolores y centelleantes, el paraguas se curvó, cambió de
color y se transformó en un bastón nudoso de color marrón
grisáceo. Me quedé paralizado, incapaz de pronunciar palabra
durante unos segundos. Mi profesora fue la primera en hablar.
Con voz baja y conmocionada, dijo que creía que el objeto era
un paraguas. Le pregunté si había presenciado algo extraordinario y ella asintió con la cabeza. Inmediatamente, ambos escri-
bimos nuestras descripciones de lo sucedido y nuestros relatos
coincidieron punto por punto. La única leve diferencia era que,
según mi profesora, el paraguas había «crepitado» cuando se
transformó en bastón, un sonido que no es tan distinto del que
produce el papel de celofán al arrugarse.

¿Qué significa todo esto?

Este incidente plantea numerosas preguntas para las que no
tengo respuesta. No sé quiénes eran las personas que arrojaron
el paraguas a nuestros pies, ni sé si fueron conscientes siquiera
de la transformación mágica que tuvo lugar mientras se aleja-
ban. Sin embargo, la representación extraña y aparentemente in-
tencionada de la mujer sugiere que no estaban totalmente ajenas al fenómeno. La transformación mágica del paraguas nos
impactó de tal manera que, cuando finalmente reaccionamos e
intentamos preguntarles, ya se habían ido. En cuanto al motivo,
solo puedo especular que estaba relacionado de alguna manera
con nuestra charla sobre la vivencia de Castaneda de un acontecimiento similar.

Tampoco comprendo por qué tengo el privilegio de experimentar tantos sucesos paranormales a lo largo de mi vida. La
explicación más probable parece estar relacionada con el hecho

de haber nacido con grandes aptitudes psíquicas innatas. Durante mi adolescencia empecé a tener sueños vívidos y detallados sobre hechos que sucedían posteriormente. A menudo sabía cosas de otras personas que no debería conocer. A los diecisiete años desarrollé espontáneamente la capacidad de ver un campo energético, o «aura», alrededor de los seres vivos y, hasta la fecha, muchas veces puedo determinar aspectos de la salud de una persona por la forma y el color de la niebla luminosa que percibo a su alrededor. Más allá de estas observaciones, solo puedo afirmar que todos estamos dotados de aptitudes y cualidades diferentes. Algunos son artistas naturales. Otros bailarines. Yo, al parecer, he nacido con la química necesaria para provocar cambios en la realidad, para catalizar de alguna manera las fuerzas requeridas para precipitar acontecimientos paranormales. Me siento agradecido por esta capacidad, pues me ha enseñado mucho sobre la naturaleza del universo, aunque desconozco su origen y su propósito.

Lo que sé es que «el incidente del paraguas», como he acabado llamándolo, implicó una alteración radical de la realidad misma. En este capítulo hemos visto milagros que han involucrado transformaciones progresivamente más profundas de la realidad. Para nosotros es más fácil comprender la psicoquinesia que la capacidad de crear un objeto de la nada; y, para la mayoría de nosotros, es más fácil aceptar la materialización de un objeto que la aparición y desaparición de todo un bosque, o la manifestación paranormal de un grupo de gente capaz de transformar la materia como por encanto. Esos fenómenos sugieren cada vez con más fuerza que la realidad es, en un sentido muy real, un holograma, una construcción mental. La cuestión fundamental ahora es la siguiente: ¿es un holograma relativamente estable durante largos periodos de tiempo y sometido únicamente a alteraciones mínimas por la consciencia, como sugiere Bohm? ¿O es un holograma que solo parece estable, pero que, en circunstancias especiales, puede cambiar y reformarse de maneras ilimitadas literalmente, como sugieren estos fenómenos milagrosos? Algunos investigadores que han abrazado la idea holográfica creen que la última opción es la correcta. Grof, por ejemplo, no solo se toma en serio la materialización y otros fenómenos paranormales extremos, sino que cree que la realidad está verdaderamente formada por nubes y es flexible ante la autoridad sutil de la consciencia. Como él dice: «El mundo no es necesariamente tan sólido como lo percibimos»[64].

El físico William Tiller, director del departamento de Ciencia de Materiales de la Universidad de Stanford y partidario de la idea holográfica, comparte su visión. Cree que la realidad es semejante al «simulador» que aparece en la serie de televisión *Star Trek: la nueva generación*. En la serie, este dispositivo de realidad virtual permite a los ocupantes experimentar prácticamente cualquier realidad que deseen, como un bosque exuberante o una ciudad bulliciosa, y modificarla a voluntad: materializar una lámpara o hacer desaparecer una mesa indeseada. Tiller cree que el universo funciona también como un entorno de realidad virtual creado por la «integración» de todas las cosas vivas: «Lo hemos creado como instrumento de la experiencia y hemos creado las leyes que lo gobiernan. Y cuando alcanzamos el límite de lo que entendemos, podemos efectivamente cambiar las leyes, de modo que también estamos creando la física a medida que avanzamos»[65].

Si Tiller tiene razón y el universo es un vasto entorno de realidad virtual, la capacidad de materializar un anillo de oro o de hacer que un bosquecillo de *kenaris* desaparezca y reaparezca ya no parece tan extraña. Hasta el incidente del paraguas se puede contemplar como una distorsión temporal de la simulación holográfica que llamamos realidad ordinaria. Aunque mi profesora y yo no éramos conscientes de poseer esa capacidad, puede ser que el fervor emocional de nuestra discusión sobre

Castaneda provocara que nuestros inconscientes alteraran el holograma de la realidad para que reflejara mejor lo que ambos creíamos en aquel momento. Dada la afirmación de Ullman de que la psique intenta constantemente enseñarnos cosas que ignoramos cuando permanecemos despiertos, es posible que el inconsciente esté programado para producir semejantes milagros de vez en cuando, con el fin de ofrecernos destellos de la verdadera naturaleza de la realidad, para mostrarnos que el mundo que creamos es, en última instancia, tan infinitamente creativo como la realidad de nuestros sueños.

La idea de que la realidad se crea mediante la integración de todas las cosas vivas equivale, en esencia, a afirmar que el universo está compuesto por campos de realidad. Esta perspectiva ofrece una posible explicación de por qué la naturaleza de algunas partículas subatómicas, como los electrones, parece estar fijada de manera estable, mientras que la realidad de otras partículas subatómicas, como los anomalones, resulta más flexible. Los campos de realidad que percibimos ahora como electrones pudieron integrarse al holograma cósmico hace mucho tiempo, posiblemente mucho antes de que los seres humanos formaran parte siquiera de la totalidad integrada. Por tanto, los electrones podrían estar tan profundamente arraigados en el holograma que ya no responden con facilidad a la influencia de la consciencia humana como otros campos de realidad más nuevos. De manera similar, puede que los anomalones varíen de un laboratorio a otro *porque* son campos de realidad más recientes y todavía son rudimentarios y titubean confusos buscando su identidad, como quien dice. En este sentido, se asemejan a la playa que experimentaban los sujetos del experimento de Tart en su fase inicial: un gris indefinido que aún no se había desplegado plenamente desde el orden implicado.

Esto puede explicar asimismo por qué la aspirina ayuda a prevenir el ataque al corazón a los americanos y no a los británicos. Quizá sea también un campo de realidad relativamente nuevo que se está formando todavía. Incluso la capacidad de materializar sangre podría representar un campo de realidad relativamente reciente. Rogo observa que los primeros registros de milagros de sangre datan del siglo XIV, con el milagro de san Jenaro. La ausencia de casos documentados anteriores parece indicar que la facultad pudo emerger en aquella época. Una vez establecido este campo de realidad, habría facilitado que otros individuos accedieran a él, lo que explicaría la proliferación de milagros de sangre posteriores a san Jenaro y su ausencia previa.

Si el universo es un entorno de realidad virtual, todas las cosas que parecen estables y eternas —desde las leyes de la física hasta la sustancia de las galaxias— deberían contemplarse como campos de realidad, quimeras ni más ni menos reales que los elementos de un sueño colectivo gigantesco. Bajo esta perspectiva, toda permanencia sería ilusoria y solo la consciencia, la consciencia del universo vivo, sería eterna.

Naturalmente, hay otra posibilidad. Tal vez solo los acontecimientos anómalos, como el incidente del paraguas, constituyan campos de realidad, y tal vez el mundo en general permanezca inmune a la consciencia y sea tan estable como nos han enseñado a creer. El problema de esta suposición es que resulta imposible de demostrar. La única prueba de fuego que tenemos para determinar si algo es real (digamos, un elefante púrpura que acaba de entrar en el cuarto de estar) es averiguar si otra gente puede verlo también. Pero, una vez que admitimos que dos personas o más pueden crear una realidad —sea un paraguas que se transforma o un bosquecillo evanescente de *kenaris*—, ya no hay modo alguno de demostrar que la mente no crea todo lo demás que hay en el mundo. En resumidas cuentas: la cuestión se reduce a una elección filosófica personal.

Y las filosofías personales varían. Jahn prefiere pensar que solo es real la realidad creada por las interacciones de la consciencia. En su opinión, «la pregunta de si hay un "ahí fuera" es puramente teórica. Y una cuestión teórica, si no hay forma de verificarla, no sirve de nada plantearla»[66]. Globus, que admite de buena gana que la realidad es una construcción de la consciencia, prefiere pensar que hay un mundo más allá de la burbuja de la percepción: «Me atraen las buenas teorías y una buena teoría postula la existencia»[67]. Reconoce, sin embargo, que esta es meramente su inclinación personal y que no hay forma empírica de demostrar tal suposición.

Por mi parte, mis propias experiencias me llevan a identificarme con don Juan cuando afirma: «Somos perceptores. Nos damos cuenta; no somos objetos; no tenemos solidez. No tenemos límites. El mundo de los objetos y la solidez es solo una forma de hacer nuestro paso por la Tierra más conveniente. Es únicamente una descripción creada para ayudarnos. Nosotros, o, mejor dicho, nuestra *razón* olvida que la descripción es solamente una descripción, y así atrapamos la totalidad de nosotros mismos en un círculo vicioso del que rara vez salimos en vida»[68]. Dicho de otra forma: no existe *ninguna* realidad superior o exterior a la realidad creada por la integración de todas las consciencias. El universo holográfico puede ser moldeado potencialmente por la mente de innumerables maneras.

En caso de que esto sea cierto, las leyes de la física y la sustancia de las galaxias no serían las únicas cosas que constituyen campos de realidad. Incluso nuestro cuerpo (el instrumento de nuestra consciencia en esta vida) no sería ni más ni menos real que los anomalones o las playas de champán del experimento de Tart. O como afirma Keith Floyd, psicólogo del Virginia Intermont College y otro defensor de la idea holográfica: «En contra de lo que todo el mundo cree saber, quizá no sea el cerebro el que produce la consciencia, sino más bien la consciencia la que crea la apariencia del cerebro, la materia, el espacio, el tiempo y todo lo que nos gusta interpretar como universo físico»[69].

Esto quizá sea lo más perturbador de esta perspectiva, porque estamos tan profundamente convencidos de que nuestros cuerpos son sólidos y objetivamente reales que resulta difícil incluso considerar la idea de que tal vez no somos sino quimeras. Sin embargo, hay datos concluyentes de que es así. Otro fenómeno que se asocia frecuentemente con los santos es la *bilocalización*, o capacidad de estar en dos sitios a la vez. Según Haraldsson, Sai Baba va más allá: numerosos testigos han contado que le han visto chasquear los dedos y desaparecer para reaparecer instantáneamente unos cien metros más allá, o más. Hechos como este indican claramente que nuestros cuerpos no son objetos, sino proyecciones holográficas que pueden desaparecer de un lugar y reaparecer en otro en un abrir y cerrar de ojos, con la misma facilidad con que una imagen puede desaparecer y reaparecer en una pantalla de vídeo.

Otro episodio que ilustra la naturaleza holográfica e inmaterial del cuerpo se encuentra entre los fenómenos producidos por un médium islandés llamado Indridi Indridason. En 1905, varios científicos destacados de Islandia decidieron investigar lo paranormal y eligieron a Indridason como uno de los sujetos de su investigación. En aquella época, Indridason era un joven sin experiencia en fenómenos psíquicos, pero pronto demostró poseer capacidades extraordinarias. Podía entrar en trance rápidamente y realizar demostraciones espectaculares de psicoquinesia. Pero lo más extraño de todo era lo que ocurría ocasionalmente mientras estaba sumido en un trance profundo: diferentes partes de su cuerpo se desmaterializaban por completo. Los científicos observaron atónitos cómo se le desvanecía un brazo o una mano hasta dejar de existir para volver a materializarse antes de que despertara[70].

Fenómenos como estos nos revelan las inmensas potencialidades que podrían estar latentes en todos nosotros. Como ya hemos visto, la ciencia se muestra completamente incapaz de explicar los diversos fenómenos examinados en este capítulo desde su interpretación actual del universo y, por tanto, los descarta por sistema. No obstante, si investigadores como Grof y Tiller tienen razón y la mente es capaz de interferir en el orden implicado (la matriz holográfica que genera el universo que experimentamos) y moldear desde ahí la realidad o las leyes físicas, entonces estas manifestaciones extraordinarias no solo son posibles, sino prácticamente todo. Si esto es verdad, la solidez aparente del mundo representaría solo una fracción de las posibilidades perceptivas a nuestro alcance. Aunque la mayoría permanecemos atrapados en nuestra descripción actual del universo, existen personas capaces de ver más allá de esa solidez aparente del mundo. En el siguiente capítulo conoceremos a algunas de ellas y examinaremos lo que perciben.

CAPÍTULO 6
La visión holográfica

«Los seres humanos pensamos que estamos hechos de *materia sólida*. En realidad, el cuerpo físico es el producto final, por así decirlo, de los campos de información sutiles que configuran el cuerpo físico y toda la materia física. Esos campos son hologramas que cambian con el tiempo (y están) fuera del alcance de nuestros sentidos normales. Es lo que los clarividentes perciben como halos ovoides de colores o auras alrededor de nuestros cuerpos físicos».

ITZHAK BENTOV,
Al acecho del péndulo errante

HACE UNOS AÑOS, mientras caminaba con una amiga por la calle, me llamó la atención una señal de tráfico. Era una simple señal de «Prohibido aparcar» y no parecía distinta de otras señales similares que salpican las calles de la ciudad. Pero, por alguna razón, me dejó totalmente pasmado. Ni siquiera caí en la cuenta de que la estaba mirando fijamente hasta que mi amiga exclamó de repente: «¡Esa señal está mal escrita!». El comentario me sacó de mi ensoñación y, mientras la miraba, la *b* de la palabra «prohibido» se transformó rápidamente en una *v*.

Lo que pasó es que mi mente estaba tan acostumbrada a ver la señal escrita correctamente que mi inconsciente borró lo que ponía y me hizo leer lo que esperaba ver. Resultó que mi amiga, en un principio, también había visto la señal con la ortografía correcta y por eso tuvo una reacción tan ruidosa cuando advirtió la falta de ortografía. Seguimos andando, pero el incidente me preocupaba. Por primera vez me di cuenta de que el sistema ojo/cerebro no es una cámara fiel, sino que trata de corregir el mundo antes de ofrecérnoslo.

Los neurofisiólogos conocen este fenómeno desde hace mucho tiempo. En sus primeros estudios sobre la visión, Pribram descubrió que la información visual que recibe un mono a través del nervio óptico no va directamente a la corteza visual, sino que se filtra previamente a través de otras zonas del cerebro[1]. Numerosos estudios han puesto de manifiesto que ocurre lo mismo con la visión humana. El lóbulo temporal prepara y modifica la información visual que entra en el cerebro antes de que alcance la corteza visual. Algunos estudios indican que menos del 50 por ciento de lo que «vemos» se basa realmente en la información que captamos a través de los ojos. El 50 por ciento restante se va reconstruyendo en función del aspecto que esperamos que tenga el mundo (y tal vez con arreglo a otras fuentes, como los campos de realidad). Puede que los ojos sean los órganos visuales, pero el que ve es el cerebro.

Esta es la causa de que no siempre nos demos cuenta de que un amigo cercano se ha afeitado el bigote, o de que nuestra casa siempre nos parezca distinta y extraña cuando volvemos de unas vacaciones. En ambos ejemplos, estamos tan acostumbrados a percibir lo que creemos que debería estar ahí, que no siempre vemos lo que hay en realidad.

El llamado *punto ciego* del ojo ofrece una prueba más espectacular aún del papel que desempeña la mente en la creación de lo que vemos. En el centro de la retina, donde el nervio óptico se conecta con el ojo, tenemos un punto ciego desprovisto de fotorreceptores. Esto se puede comprobar rápidamente realizando un simple experimento visual como el sugerido en la figura 15.

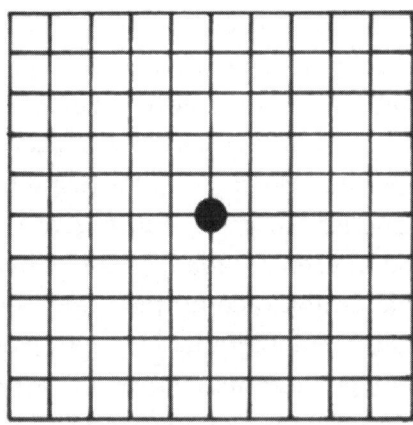 

FIGURA 15. Como demostración de que el cerebro construye lo que percibimos como realidad, sostén la ilustración a la altura de los ojos, cierra el ojo izquierdo y mira fijamente el círculo que está en el centro de la cuadrícula con el ojo derecho. Poco a poco mueve el libro hacia ti y aléjalo de ti hasta que desaparezca la estrella (a una distancia de entre 25 y 40 cm). La estrella desaparece porque cae en tu punto ciego. Ahora cierra el ojo derecho y contempla la estrella. Mueve el libro hacia ti y aléjalo hasta que desaparezca el círculo del centro de la cuadrícula. Cuando lo consigas, fíjate en que, aunque el círculo desaparece, las líneas de la cuadrícula permanecen intactas. Esto se debe a que el cerebro rellena lo que cree que debería haber ahí.

Cuando miramos el mundo que nos rodea, no nos damos cuenta en absoluto de que hay lagunas en nuestra visión. No importa que estemos mirando un trozo de papel en blanco o una vistosa alfombra persa. El cerebro rellena los huecos con el mismo ingenio que un sastre experto remienda un agujero en una tela. Y lo que resulta verdaderamente extraordinario es que el cerebro reteje el tapiz de nuestra realidad visual con tanta maestría que ni siquiera nos damos cuenta de que lo hace.

Esto nos plantea una cuestión inquietante: si vemos menos de la mitad de lo que hay ahí fuera, ¿qué hay ahí fuera que no vemos? ¿Qué señales mal escritas y qué puntos ciegos escapan por completo a nuestra atención?

Las hazañas tecnológicas nos proporcionan unas cuantas respuestas. Por ejemplo, ahora sabemos que las telas de araña, si bien nos parecen blancas y grises, son de colores brillantes y, por tanto, fascinantes para los ojos sensibles a los rayos ultravioleta de los insectos, a quienes están destinadas. La tecnología también nos permite saber que las lámparas fluorescentes no emiten una luz constante, sino que, en realidad, se encienden y se apagan a un ritmo demasiado rápido como para que podamos percibirlo. Y, sin embargo, ese desagradable efecto estroboscópico es visible para las abejas, que tienen que ser capaces de volar sobre un prado a una velocidad de vértigo y, aun así, distinguir cada flor que pasa zumbando.

Ahora bien, ¿hay otros aspectos importantes de la realidad que no vemos, que están fuera del alcance de nuestros conocimientos tecnológicos? Según el modelo holográfico, la respuesta es afirmativa. Recordemos que, de acuerdo con la visión de Pribram, la realidad en general es un dominio de frecuencias y el cerebro funciona como una especie de lente que convierte esas frecuencias en el mundo objetivo de las apariencias. Aunque Pribram empezó estudiando las frecuencias de nuestro mundo sensorial normal, como las del sonido y las de la luz, ahora utiliza la expresión *dominio de frecuencias* para referirse a los patrones de interferencia que constituyen el orden implicado.

Pribram cree que ahí fuera, en el dominio de frecuencias que no vemos, puede haber toda clase de cosas, cosas que nuestros cerebros han aprendido a eliminar sistemáticamente de nuestra realidad visual. En su opinión, cuando los místicos tienen experiencias trascendentales, lo que están haciendo realmente es captar destellos del dominio de frecuencias. Según él: «La experiencia mística tiene sentido cuando uno puede proporcionar las fórmulas matemáticas que le llevan de acá para allá, del mundo ordinario o dominio de "imagen-objeto" al dominio de "frecuencias"»[2].

El campo de energía humano

Un fenómeno místico que entraña al parecer la facultad de ver la apariencia de frecuencia de la realidad es el aura, o campo de energía humano. En muchas tradiciones antiguas existe la idea de que hay un campo sutil de energía alrededor del cuerpo humano, una envoltura de luz en forma de halo que trasciende la percepción humana normal. En la India, las escrituras sagradas de más de cinco mil años de antigüedad se refieren a esa energía de la vida como *prana*. En China, desde el tercer milenio antes de Cristo, se ha denominado *chi* y se cree que es la energía que fluye por el sistema meridiano de acupuntura. La cábala, una filosofía mística judía que surgió en el siglo VI antes de Cristo, llama a este principio vital *nefish* y enseña que es una burbuja ovoide iridiscente que rodea el cuerpo humano. En su libro *Future Science (La ciencia futura)*, el escritor John White y el parapsicólogo Stanley Krippner citan 97 culturas diferentes que se refieren al aura con 97 nombres distintos.

En muchas culturas se cree que el aura de un individuo sumamente espiritual es tan brillante que resulta visible incluso para la percepción humana normal, lo que explica que muchas tradiciones —entre ellas, la cristiana, la china, la japonesa, la tibetana y la egipcia— representen a los santos con un halo, u otros símbolos circulares, alrededor de la cabeza.

En su libro sobre los milagros, Thurston dedica un capítulo entero a los fenómenos luminosos asociados con los santos católicos y recoge que tanto Teresa Neumann como Sai Baba emitían de vez en cuando auras de luz visibles en torno a ellos. Se dice que el gran místico sufí Hazrat Inayat Khan, que murió en 1927, a veces emitía tanta luz que hasta se podía leer a su lado[3].

En circunstancias normales, sin embargo, el campo de energía solo pueden verlo las personas que han desarrollado especialmente la capacidad de verlo. Hay personas que nacen con esa aptitud. Otras veces, se desarrolla de forma espontánea en cierto momento de la vida, como me ocurrió a mí, y a veces se consigue como resultado de alguna práctica o disciplina, a menudo de naturaleza espiritual. La primera vez que observé la neblina de luz alrededor de mi brazo pensé que era humo y lo sacudí instintivamente, pues creía que mi manga se había incendiado. Naturalmente, no había fuego y descubrí enseguida que la luz me envolvía todo el cuerpo y formaba un nimbo también alrededor de las otras personas.

Según algunas escuelas de pensamiento, el campo de energía humano tiene varias capas distintas. Yo no percibo tales capas y no puedo verificar personalmente su existencia. Se dice que esas capas son en realidad cuerpos tridimensionales de energía que ocupan el mismo espacio que el cuerpo físico, pero que van aumentando de tamaño progresivamente, creando así la apariencia de capas o estratos que se van extendiendo desde el cuerpo hacia el exterior.

Muchos psíquicos afirman que existen siete capas principales, o cuerpos sutiles, y que cada una es menos densa que la anterior y más difícil de ver. Aunque las diferentes escuelas de pensamiento se refieren a estos cuerpos de energía con nombres distintos, un sistema común de nomenclatura denomina a los cuatro primeros como sigue: el cuerpo etéreo, el cuerpo astral o emocional, el cuerpo mental y el cuerpo causal o intuitivo. Se considera que el cuerpo etéreo, el más próximo en tamaño al cuerpo físico, funciona como una especie de plano de energía que participa en la orientación y configuración del crecimiento del cuerpo físico. Como sus nombres sugieren, los tres cuerpos siguientes están relacionados con los procesos emocionales, mentales e intuitivos. En cuanto a los tres cuerpos restantes, el consenso sobre su denominación es menor, aunque se acepta en general que están relacionados con el alma y con el funcionamiento espiritual superior.

Según la literatura yóguica hindú, y según muchos psíquicos, también tenemos centros de energía especiales en el cuerpo. Estos focos de energía sutil están conectados con las glándulas endocrinas y con los centros nerviosos principales del cuerpo físico, y se proyectan además hacia el campo de energía. Cuando se observan de frente, estos centros presentan la apariencia de remolinos energéticos, lo que explica que en la literatura yóguica se denominen *chakras* (término derivado de la palabra sánscrita 'rueda'), nombre que se sigue utilizando hoy en día.

El chakra corona —un chakra importante que se origina en el extremo superior del cerebro y está asociado con el despertar espiritual— aparece a menudo en las descripciones de los clarividentes como un pequeño ciclón que gira sobre la cabeza en el campo de energía. De todos los chakras, este es el único que percibo claramente (por lo que parece, mis aptitudes son demasiado rudimentarias como para permitirme ver los demás chakras). Su altura varía desde unos pocos centímetros hasta más de treinta. Cuando la gente está contenta, este remolino de energía se hace más alto y más brillante; y cuando la gente baila, el chakra se agita y se balancea como la llama de una vela. A menudo me he preguntado si era esto lo que veía el apóstol Lucas cuando describió «la llama de Pentecostés», las lenguas de fuego que aparecieron sobre las cabezas de los apóstoles cuando el Espíritu Santo descendió sobre ellos.

El campo de energía no es siempre de color blanco azulado, sino que puede presentar varios colores. Según los psíquicos experimentados, los colores, su intensidad, su claridad o turbiedad, y su posición dentro del aura están relacionados con el estado mental y emocional de la persona, así como con su actividad, su salud y otros factores diversos. Por mi parte, solo percibo colores de manera ocasional y, alguna que otra vez, puedo interpretar su significado, pero, como ya he advertido antes, mis habilidades en ese campo no están muy adelantadas.

Una persona que sí tiene aptitudes avanzadas es la terapeuta y sanadora Barbara Brennan. Tras iniciar su carrera en el campo de la física atmosférica en el Goddard Space Flight Center de la NASA, se dedicó posteriormente a la asesoría. Sospechó por primera vez que tenía dotes psíquicas cuando de niña descubrió que podía caminar por los bosques con los ojos vendados y evitar los árboles simplemente sintiendo con las manos sus campos de energía. Varios años después de ejercer como consejera, empezó a ver halos de luz coloreada alrededor de las cabezas de la gente. Tras superar el asombro y el escepticismo iniciales, se dedicó a desarrollar esa aptitud y finalmente descubrió que tenía un don natural extraordinario como sanadora.

Barbara Brennan no solo ve los chakras, las capas y otras estructuras tenues del campo de energía con una claridad excepcional, sino que también puede realizar diagnósticos médicos sorprendentemente precisos basados en lo que percibe. Por ejemplo, tras examinar el campo de energía de una mujer, le comunicó que tenía algo anormal en el útero. La mujer confirmó entonces que su médico ya había detectado el mismo problema, que le había provocado un aborto. De hecho, varios médicos le habían recomendado someterse a una histerectomía, y por eso buscaba el consejo de Brennan. Esta le dijo que, si se tomaba un mes para cuidarse, el problema se resolvería. El consejo resultó ser acertado, pues, un mes después, el médico le confirmó que su útero había recuperado la normalidad. Un año después, la mujer dio a luz a un niño sano[4].

En otra ocasión, detectó que un hombre tenía problemas en su comportamiento sexual porque se había roto el coxis cuando tenía doce años. El hueso seguía fuera de lugar y ejercía una presión indebida sobre la columna vertebral, lo que a su vez provocaba la disfunción sexual[5].

Al parecer, hay pocas cosas que Barbara Brennan no pueda detectar examinando el campo de energía. Dice que el cáncer, en su estado inicial, aparece de color gris azulado en el aura y, a medida que avanza, se vuelve negro. En las etapas finales aparecen puntos blancos sobre el fondo negro. Cuando estos puntos blancos brillan y parecen surgir de un volcán en erupción, significa que se ha producido metástasis. Drogas como el alcohol, la marihuana y la cocaína deterioran los colores saludables y brillantes del aura y crean lo que ella llama *moco etéreo*. En una ocasión, sorprendió a un cliente al identificar qué orificio nasal usaba habitualmente para esnifar cocaína, pues el campo de energía de ese lado del rostro presentaba un constante tono gris y acumulaba moco etéreo pegajoso.

Los medicamentos con receta también dejan su huella en el campo energético y a menudo forman zonas oscuras sobre el hígado. Tratamientos potentes como la quimioterapia «saturan» todo el campo. Brennan asegura haber detectado incluso huellas áuricas de una tintura supuestamente inofensiva, opaca a los rayos X, que se usa para diagnosticar lesiones en la columna, diez años después de ser administrada. Según ella, el estado psicológico de una persona también se refleja en el campo de energía. Así, un individuo con tendencias psicóticas muestra un aura densa en la parte superior; el campo de energía de una personalidad masoquista es grueso y denso, más gris que azul; quienes mantienen una visión rígida de la vida presentan un campo igualmente grueso y grisáceo, aunque la energía aparece concentrada principalmente en el borde exterior del aura, etc.

En su opinión, la enfermedad puede originarse por desgarrones, obstrucciones o desequilibrios en el aura, y afirma que, manipulando con sus propias manos y su propio campo de energía las zonas disfuncionales, puede acelerar significativamente el proceso de curación de una persona. Sus dotes no han pasado desapercibidas. La psiquiatra y tanatóloga suiza Elisabeth Kubler-Ross la considera «probablemente una de las mejores sanadoras espirituales del hemisferio occidental»[6].

Bernie Siegel se muestra igualmente entusiasta: «La obra de Brennan abre la mente. Sus conceptos de la naturaleza de la enfermedad y de cómo conseguir su cura coinciden con mis experiencias»[7].

Como física, Barbara Brennan está profundamente interesada en describir el campo de energía humano en términos científicos. A su juicio, el mejor modelo científico disponible para comprender el fenómeno reside en la afirmación de Pribram de que existe un dominio de frecuencias fuera del alcance de nuestra percepción: «Desde el punto de vista del universo holográfico, estos hechos [el aura y las fuerzas sanadoras requeridas para controlar la energía del aura] surgen de frecuencias que trascienden el tiempo y el espacio; no tienen que ser transmitidas. Son potencialmente simultáneas y están en todas partes»[8].

Esta naturaleza no local del campo energético explica uno de los descubrimientos más sorprendentes de Brennan: puede leer el aura de una persona a cualquier distancia. La lectura de un aura a mayor distancia que ha realizado hasta ahora tuvo lugar durante una conversación telefónica entre Nueva York e Italia. En su fascinante libro *Manos que curan* trata ese asunto y otros muchos aspectos de sus dotes extraordinarias.

EL CAMPO DE ENERGÍA DE LA PSIQUE HUMANA

Otra psíquica dotada que puede ver el aura con gran detalle es Carol Dryer, consejera especializada en el campo de energía humano, establecida en Los Ángeles. Asegura que ve auras desde que tiene memoria, mucho antes de comprender que las demás personas no podían verlas. De hecho, durante su infancia, este desconocimiento le acarreaba problemas con frecuencia, como cuando revelaba a sus padres detalles íntimos de sus amigos, cosas que aparentemente no tenía forma de saber.

Carol Dryer se gana la vida como psíquica. En los últimos quince años ha atendido a más de cinco mil clientes. Es muy conocida en los medios de comunicación, pues en su lista de clientes figuran personas famosas (Tina Turner, Madonna, Rosanna Arquette, Judy Collins, Valerie Harper y Linda Gray, entre otras). Pero reducir su talento a una lista de celebridades sería engañoso. Su lista de clientes incluye también médicos, periodistas de renombre, arqueólogos, abogados y políticos. Ha utilizado sus dotes para ayudar a la policía y con frecuencia asesora a psicólogos, psiquiatras y médicos.

Al igual que Barbara Brennan, Carol Dryer puede hacer lecturas a distancia, pero prefiere estar en la misma habitación que la persona. Puede ver el campo de energía de una persona con los ojos cerrados y con los ojos abiertos. De hecho, suele mantener los ojos cerrados durante una lectura, pues le ayuda a concentrarse exclusivamente en el campo energético, pero esto no significa que vea el aura solo con el ojo de la mente. Como ella misma dice: «Está siempre delante de mí; es como si estuviera viendo una película o una obra de teatro. Es tan real como la habitación en la que me encuentro. En realidad, es más real y tiene colores más brillantes»[9].

No obstante, no ve las capas estratificadas y precisas que describen otros clarividentes y muchas veces ni siquiera ve el contorno del cuerpo físico: «El cuerpo físico de una persona puede aparecer, pero es muy raro porque eso supondría ver el cuerpo etéreo en vez del aura o campo de energía a su alrededor. Si veo el cuerpo etéreo habitualmente es porque tiene agujeros o desgarrones que impiden que el aura esté completa, por lo que no puedo verla del todo. Solo hay trozos. Es como una manta rota o una cortina rasgada. Normalmente, los agujeros del campo etéreo se deben a un trauma, una herida, una enfermedad o a algún otro tipo de experiencia devastadora».

En lugar de ver las capas del aura como si fueran trozos de bizcocho apilados unos sobre otros, Dryer las *experimenta* como sensaciones visuales de texturas e intensidades variables. Lo compara con estar inmersa en el mar y notar corrientes de agua de temperaturas distintas: «Más que adherirme a conceptos rígidos como capas, tiendo a ver el campo de energía en términos de movimientos y ondas de energía. Es como si tuviera una visión telescópica y viera a través de varios niveles y dimensiones del campo de energía, pero el hecho es que no lo veo dispuesto en varias capas».

Esto no significa que el campo de energía que percibe Dryer sea menos detallado que el que percibe Brennan. Ve una cantidad increíble de detalles en su estructura y características: nubes caleidoscópicas de colores atravesados por rayos de luz, imágenes complejas, formas relucientes y neblinas sutiles. No obstante, no todos los campos de energía son iguales. Según Dryer, la gente superficial manifiesta auras notablemente simples y poco vibrantes. Y a la inversa, las personas con una rica vida interior presentan campos energéticos más complejos y matizados. «El campo de energía de una persona es tan individual como su huella dactilar. Nunca he visto dos que sean verdaderamente iguales», asegura.

Al igual que Brennan, Dryer puede diagnosticar enfermedades examinando el aura de una persona y, si quiere, puede ajustar la visión y ver los chakras. Sin embargo, su habilidad más notable consiste en su capacidad para penetrar profundamente en la psique humana y ofrecer un informe asombrosamente preciso de las debilidades, fortalezas, necesidades y el estado general del ser espiritual, psicológico y emocional de una persona. Sus dotes en este campo son tan poderosas que, según algunas personas, una sesión con ella equivale a seis meses de psicoterapia. Numerosos clientes le han atribuido una transformación completa de su vida, y sus archivos están llenos de efusivas cartas de agradecimiento.

Puedo atestiguar personalmente la precisión extraordinaria de Carol Dryer. En mi primera sesión con ella, aunque apenas nos conocíamos, empezó a describir cosas sobre mí que ni siquiera saben mis amigos más íntimos. No eran meras generalidades vagas, sino juicios específicos y detallados de mis dones, debilidades y la dinámica de mi personalidad. Hacia el final de la sesión, de dos horas de duración, estaba convencido de que Dryer no había estado viendo mi presencia física, sino la construcción energética de mi propia psique. También he tenido el privilegio de hablar con ella y de escuchar las grabaciones de sus sesiones con más de dos docenas de clientes y he descubierto que, casi sin excepción, les ha parecido tan acertada y aguda como a mí.

MÉDICOS QUE VEN EL CAMPO DE ENERGÍA HUMANO

Aunque la comunidad médica ortodoxa no reconoce la existencia del campo de energía humano, algunos profesionales de la medicina le prestan suficiente atención. Una de ellas es la neuróloga y psiquiatra Shafica Karagulla. Obtuvo el título de doctora en Medicina y Cirugía por la Universidad Americana de Beirut, Líbano, y realizó prácticas de psiquiatría con el destacado catedrático sir David K. Henderson en el Royal Hospital de Edimburgo para desórdenes mentales y nerviosos. También trabajó tres años y medio como investigadora adjunta con Wilder Penfield, el neurocirujano canadiense cuyos famosos estudios sobre la memoria indujeron tanto a Lashley como a Pribram a iniciar su búsqueda.

Karagulla comenzó siendo escéptica, pero empezó a creer tras encontrar a varios individuos que podían ver auras y tras confirmar su capacidad para hacer diagnósticos médicos acertados basados en lo que veían. Karagulla denomina a la facultad de ver el campo de energía humano *percepción sensorial superior*

(PSS) y, en la década de los sesenta, se propuso determinar si había algún miembro de la profesión médica que tuviera también esa habilidad. Consultó a sus amigos y colegas, pero al principio avanzó muy despacio. Los médicos de quienes se decía que tenían esa aptitud ni siquiera querían reunirse con ella. Tras haber sido rechazada repetidamente por uno de esos médicos, acabó concertando una cita para verle en calidad de paciente. Entró en la consulta, pero, en vez de permitir que le hiciera un reconocimiento médico diagnóstico, le retó a utilizar su percepción sensorial superior. Él se rindió, al darse cuenta de que estaba acorralado. «Está bien, quédate donde estás —le dijo—. No me digas nada». Luego le recorrió el cuerpo con la mirada y le dio un rápido informe oral de su salud, en el que figuraba la descripción de una dolencia interna que acabaría requiriendo una operación y que ella misma se había diagnosticado en secreto. Fue «correcto en todos los detalles», afirma Karagulla[10]. Cuando extendió la red de sus contactos, Karagulla identificó a un médico tras otro con dones similares. En su libro *Breakthrough to Creativity (El gran avance hacia la creatividad)* describe sus encuentros con ellos. La mayoría no sabía que existían otros médicos con dotes similares y creían que eran únicos en este sentido. No obstante, invariablemente describían lo que veían como «un campo de energía» o como «una red de energía en movimiento» que rodeaba el cuerpo y se mezclaba con él. Algunos veían chakras, pero, como desconocían el término, los describían como «vórtices de energía dispuestos a lo largo de la columna vertebral que están conectados con el sistema endocrino o que influyen en él». Y casi sin excepción, mantenían su habilidad en secreto por miedo a que perjudicara su reputación profesional.

Por respeto a su privacidad, Karagulla les identifica en su libro solo por el nombre de pila, pero dice que entre ellos hay famosos cirujanos, profesores de Medicina de la Universidad de Cornell, jefes de departamento de grandes hospitales y médicos de la Clínica Mayo. «Me sorprendía continuamente al descubrir cuántos miembros de la profesión médica tenían dotes PSS —escribe—. La mayoría se sentían un poco incómodos con ellas, pero las encontraban útiles para diagnosticar y por eso las usaban. Procedían de muchas partes del país y todos contaban experiencias similares, aunque no se conocían entre ellos». Y concluye su informe con la siguiente observación: «Cuando muchas personas dignas de confianza e independientes entre sí relatan fenómenos del mismo tipo, ha llegado el momento de que la ciencia las tenga en cuenta»[11].

No todos los profesionales de la salud se oponen a que se conozcan públicamente sus habilidades. Uno de ellos es la doctora Dolores Krieger, profesora de enfermería de la Universidad de Nueva York. Krieger se interesó por el campo de energía tras participar en un estudio sobre las aptitudes de Oskar Estebany, un sanador húngaro muy famoso. Tras descubrir que Estebany podía elevar los niveles de hemoglobina en pacientes enfermos manipulando el campo de energía, Krieger se propuso aprender más acerca de las misteriosas energías implicadas en el mismo.

Se zambulló en el estudio del *prana*, de los chakras y del aura y finalmente se hizo alumna de Dora Kunz, otra clarividente muy conocida. Guiada por Kunz, aprendió a sentir los obstáculos que aparecen en el campo de energía y a sanar manipulando el campo con las manos. Al darse cuenta del enorme potencial médico de las técnicas de Kunz, decidió enseñar lo que había aprendido a otras personas. Como sabía que términos como *aura* y *chakra* tendrían connotaciones negativas para muchos profesionales de la asistencia sanitaria, decidió llamar a su método curativo *toque terapéutico*. Lo enseñó por primera vez en la Universidad de Nueva York, en un curso de máster de Enfermería titulado «Los límites de la enfermería: la actualización del potencial de la interacción en el campo terapéutico». Tanto el curso como la técnica tuvieron tanto éxito que, desde entonces, Krieger ha enseñado el toque terapéutico a miles de enfermeras literalmente y ahora se utiliza en hospitales del mundo entero.

La eficacia del toque terapéutico se ha demostrado también en varios estudios. Por ejemplo, la doctora Janet Quinn, profesora asociada y directora adjunta de investigación de enfermería en la Universidad de Carolina del Sur, en Columbia, decidió comprobar si el toque terapéutico podía disminuir el nivel de ansiedad en pacientes cardíacos. Para ello, ideó un estudio a doble ciego en el que un grupo de enfermeras con experiencia en la técnica pasaría las manos sobre el cuerpo de un grupo de pacientes cardíacos. Un segundo grupo de enfermeras, sin experiencia, pasaría las manos sobre el cuerpo de otro grupo de pacientes cardíacos, pero sin aplicar la técnica de verdad. Averiguó que los niveles de ansiedad en los pacientes que recibieron el tratamiento auténtico disminuyeron un 17 por ciento tras solo cinco minutos de terapia; pero no hubo cambio alguno en los niveles de ansiedad de los pacientes que recibieron el tratamiento «falso». Su estudio constituyó el artículo de fondo de la sección Science Times del *New York Times* de 26 de marzo de 1985. Otro profesional de la salud que imparte numerosas conferencias sobre el campo de energía humano es el doctor W. Brugh Joy, especialista en pulmón y corazón de la Universidad de Carolina del Sur, y licenciado tanto por la Johns Hopkins como por la Clínica Mayo. Joy descubrió que tenía ese don en 1972, mientras examinaba a un paciente en su consulta. Al principio, en lugar de ver el aura, solo era capaz de sentir su presencia con las manos. Él lo cuenta así: «Estaba examinando a un hombre sano de veintipocos años. Cuando pasé la mano por la zona del plexo solar, en la boca del estómago, sentí lo que me pareció una nube cálida. Parecía irradiar desde el cuerpo hacia el exterior, perpendicular a la superficie, hasta alcanzar un metro de longitud más o menos; parecía que tenía la forma de un cilindro de unos diez centímetros de diámetro»[12].

A continuación descubrió que todos sus pacientes tenían radiaciones palpables en forma de cilindro que emanaban no solo del estómago, sino también de otros puntos del cuerpo. Pero no se dio cuenta de que había descubierto, o redescubierto mejor dicho, los chakras hasta que leyó un libro antiguo hindú sobre el sistema de energía humana. Como Brennan, Joy piensa que el modelo holográfico supone la mejor explicación para entender el campo de energía humana. A su juicio, todos tenemos latente la capacidad de ver las auras: «Creo que alcanzar estados expandidos de consciencia consiste meramente en sintonizar el sistema nervioso central con estados perceptivos que han existido siempre en nosotros pero que están bloqueados por culpa de nuestros condicionamientos mentales externos»[13].

Para demostrar su teoría, Joy pasa ahora la mayor parte del tiempo enseñando a otras personas a sentir el campo de energía humano. Uno de sus alumnos es Michael Crichton, autor de superventas como *La amenaza de Andrómeda* y *Esfera* y director películas como *Coma* y *El gran robo del tren**. En su exitosa autobiografía, *Viajes y experiencias*, Crichton, que se licenció en Medicina por la Universidad de Harvard, cuenta cómo aprendió a sentir y, finalmente, a ver el campo de energía humano estudiando tanto con Joy como con otros profesores con el mismo don. La experiencia le asombró y le transformó: «No hay engaño alguno. Está meridianamente claro que la energía corporal es un fenómeno genuino de algún tipo», afirma[14].

PATRONES HOLOGRÁFICOS DEL CAOS

La creciente disposición de los médicos a hacer públicas dotes semejantes no es el único cambio que ha tenido lugar desde que Karagulla realizó sus investigaciones.

---

* También es el autor de *Parque Jurásico*. [*N. de la T.*]

En los últimos veinte años, Valerie Hunt, fisioterapeuta y profesora de Quinesiología de la UCLA, ha creado un método para confirmar experimentalmente la existencia del campo de energía humano. La ciencia médica sabe desde hace tiempo que los seres humanos son seres electromagnéticos. Los médicos utilizan rutinariamente electrocardiógrafos para hacer electrocardiogramas (ECG), o gráficos que registran la actividad eléctrica del corazón, y electroencefalógrafos para hacer electroencefalogramas (EEG) de la actividad eléctrica cerebral. Hunt ha descubierto que un electromiógrafo, un aparato utilizado para medir la actividad eléctrica de los músculos, puede captar también la presencia eléctrica del campo de energía humano.

Aunque en origen su investigación estaba dirigida al estudio del movimiento muscular humano, Hunt se interesó por el campo de energía tras encontrar a una bailarina que decía que utilizaba el suyo para ayudarse a bailar. Aquello indujo a Hunt a hacer electromiogramas (EMG) de la actividad eléctrica de los músculos de aquella mujer mientras bailaba, así como a estudiar el efecto que causan los sanadores en la actividad eléctrica de los músculos de las personas a quienes están curando. Al final, amplió la investigación para que abarcara a las personas que pueden ver el campo de energía humano y ahí fue donde hizo los descubrimientos más significativos.

Normalmente, la frecuencia de la actividad eléctrica del cerebro está entre 0 y 100 ciclos por segundo (cps) y la mayor parte de la actividad tiene lugar entre 0 y 30 cps. En los músculos, la frecuencia aumenta hasta llegar a unos 225 cps y la del corazón llega hasta 250 cps, más o menos, pero en ese punto disminuye la actividad eléctrica asociada con las funciones biológicas. Hunt descubrió que los electrodos del electromiógrafo podían recoger otro campo de energía que irradiaba desde el cuerpo, un campo mucho más sutil y de menor amplitud que el campo de la electricidad corporal tradicionalmente reconocido, pero con frecuencias de entre 100 y 1600 cps, y a veces más altas incluso. Además, en vez de emanar desde el cerebro, el corazón o los músculos, el campo era más potente en las zonas del cuerpo asociadas con los chakras. Como ella misma relata: «Los resultados fueron tan emocionantes que no pude dormir aquella noche. El modelo científico que había suscrito durante toda mi vida era completamente incapaz de explicar aquellos hallazgos»[15].

Descubrió también que cuando el lector de un aura veía un color en particular en el campo de energía de una persona, el electromiógrafo recogía siempre un patrón de frecuencias específico que ella aprendió a asociar con ese color. Miraba el patrón en un osciloscopio, un aparato que convierte las ondas eléctricas en un modelo visual, en una pantalla de vídeo monocromática. Por ejemplo, cuando el lector del aura veía el color azul en el campo de energía de una persona, Hunt podía confirmar que era azul mirando el patrón en el osciloscopio. En un experimento llegó a evaluar hasta ocho lectores de auras simultáneamente para ver si estaban de acuerdo entre ellos y con el osciloscopio. Y aseguró que «el resultado era siempre el mismo, punto por punto»[16].

Una vez que hubo confirmado la existencia del campo de energía humano, se convenció también de que la idea holográfica proporciona un modelo para entenderlo. Además de los aspectos relativos a la frecuencia, Hunt señala que el campo de energía y, sin duda, los sistemas eléctricos del cuerpo también son holográficos de otra manera. Esos sistemas se encuentran repartidos por el cuerpo de forma global, al igual que la información en un holograma. Por ejemplo, la actividad eléctrica medida por un electroencefalógrafo es más intensa en el cerebro, pero también puede obtenerse un electroencefalograma poniendo un electrodo en el dedo gordo del pie. De manera similar, se puede hacer un electrocardiograma en el dedo meñique.

En el corazón, el electrocardiograma tiene más intensidad y mayor amplitud, pero la frecuencia y el patrón son los mismos en cualquier parte del cuerpo. A juicio de la profesora Hunt, esto es muy significativo. Aunque cada parte de lo que ella denomina «la realidad del campo holográfico» del aura contiene aspectos de todo el campo de energía, las diferentes partes no son absolutamente idénticas entre sí. Y explica que la diferencia de amplitud impide que el campo de energía sea un holograma estático y permite en cambio que sea dinámico y fluido.

Uno de sus hallazgos más asombrosos es que ciertos dones y habilidades están relacionados al parecer con la presencia de frecuencias específicas en el campo de energía de una persona. Ha descubierto que, cuando la consciencia de una persona se centra sobre todo en el mundo material, las frecuencias de su campo de energía tienden a ser más bajas y no se alejan demasiado de los 250 cps correspondientes a las frecuencias biológicas del cuerpo. Por otra parte, las personas que son psíquicas o que tienen capacidad de sanar tienen frecuencias en su campo de entre 400 y 800 cps. Las personas capaces de entrar en trance y de canalizar aparentemente otras fuentes de información a través de sí mismas se saltan totalmente las frecuencias «psíquicas» y operan en una banda más estrecha de entre 800 y 900 cps. «Su amplitud no es psíquica en absoluto. Están ahí arriba, en su propio campo. Es estrecho y puntiagudo y ellos están prácticamente fuera del mismo», afirma Hunt[17].

Las personas con frecuencias por encima de los 900 cps son lo que ella llama *personalidades místicas*. En su opinión, mientras que los psíquicos y los médiums muchas veces son meros conductos de información, los místicos poseen la sabiduría necesaria para saber qué hacer con la información. Son conscientes de la interrelación cósmica que existe entre todas las cosas y están en contacto con todos los niveles de la experiencia humana. Están anclados en la realidad ordinaria, pero a menudo tienen capacidades tanto para entrar en trance como psíquicas. Sin embargo, sus frecuencias se extienden muy por encima de las bandas asociadas con tales capacidades. Utilizando un electromiograma modificado (un electromiograma normalmente solo puede detectar frecuencias hasta 20 000 cps), Hunt ha encontrado individuos con frecuencias de hasta 200 000 cps en sus campos de energía. Es inquietante, porque las tradiciones místicas se refieren muchas veces a individuos espiritualmente superiores diciendo que poseen «una vibración más alta» que la gente normal. Si los descubrimientos de Hunt son correctos, parecen dar credibilidad a dicha afirmación.

Otro de los descubrimientos de Valerie Hunt tiene que ver con la nueva ciencia del caos. Como su nombre indica, el caos es el estudio de los fenómenos caóticos, es decir, de procesos tan aleatorios que no parecen estar gobernados por ley alguna. Por ejemplo, cuando el humo de una vela apagada se eleva, fluye hacia arriba formando una corriente fina y estrecha. Al final, la estructura de la corriente se rompe y se hace turbulenta. Se dice que el humo turbulento es caótico porque su conducta ya no la puede predecir la ciencia. Otros ejemplos de fenómenos caóticos son el agua que choca con el fondo de una catarata, las fluctuaciones eléctricas aparentemente azarosas que se desencadenan en el cerebro de un epiléptico durante un ataque y el clima cuando chocan temperaturas diferentes y frentes de aire de presiones distintas.

En la década de los ochenta, la ciencia ha descubierto que muchos fenómenos caóticos no son tan desordenados como parecen y tienen con frecuencia una regularidad y unas pautas ocultas (recordemos la afirmación de Bohm de que el desorden no existe, es solo un orden de un grado indefinidamente elevado). Los científicos han encontrado también métodos matemáticos para hallar la regularidad oculta en los fenómenos caóticos. Uno de ellos lleva aparejado un tipo especial de análisis matemático capaz de convertir datos de fenómenos caóticos en formas visibles en la pantalla de un ordenador. Si los datos no contienen patrones ocultos, la forma resultante será una línea recta. Pero, si el fenómeno caótico sí contiene pautas regulares ocultas, se verá en la pantalla del ordenador una forma parecida a los dibujos de espirales que hacen los niños cuando enrollan hilos de colores alrededor de una serie de clavos insertados en un tablero. Esas formas se denominan «patrones de caos» o «atractores extraños» (porque parece que las líneas que componen la forma son atraídas una y otra vez hacia ciertas zonas de la pantalla del ordenador, al igual que se diría que el hilo es repetidamente «atraído» hacia los clavos alrededor de los cuales está enrollado).

Cuando Hunt observó los datos del campo de energía en el osciloscopio, se dio cuenta de que cambiaban constantemente. A veces aparecían formando grandes grupos compactos y a veces se desvanecían y se volvían desiguales, como si el propio campo de energía estuviera en un estado incesante de fluctuación. A primera vista, parecía que los cambios ocurrían al azar, pero ella pensó intuitivamente que poseían algún tipo de orden. Se dio cuenta de que el análisis del caos podría revelar si tenía razón o no y buscó a un matemático. En un principio, emitieron cuatro segundos de datos de un electrocardiograma en el ordenador para ver qué pasaba. Obtuvieron una línea recta. Después emitieron la misma cantidad de datos de un electroencefalograma y de un electromiograma. El primero produjo una línea recta, y el segundo, una línea ligeramente inflada, pero aún no crearon un patrón de caos. Obtuvieron una línea recta incluso cuando metieron datos de las frecuencias más bajas del campo de energía humano. Pero, cuando analizaron las frecuencias más altas del campo, tuvieron éxito. Según ella, «obtuvimos el patrón de caos más dinámico que se ha visto nunca»[18].

Aquello significaba que los cambios caleidoscópicos que tenían lugar en el campo de energía, si bien parecía que se debían al azar, eran cambios muy ordenados en realidad y respondían a un patrón muy complejo. «El modelo nunca se repite, pero es tan dinámico y complejo que lo llamo *patrón holográfico del caos*», afirma Hunt[19].

Hunt cree que su descubrimiento fue el primer patrón auténtico de caos encontrado en un sistema electrobiológico importante. Recientemente, otros investigadores han encontrado patrones de caos en electroencefalogramas, pero necesitaron muchos minutos de datos procedentes de numerosos electrodos para obtenerlos. Ella obtuvo un patrón de caos con tres o cuatro segundos de datos grabados con un solo electrodo, lo que indica que el campo de energía humano es mucho más rico en información y posee una organización mucho más compleja y dinámica que la actividad eléctrica del cerebro incluso.

¿DE QUÉ ESTÁ HECHO EL CAMPO DE ENERGÍA HUMANO?

Hunt no cree que el campo de energía humano sea de naturaleza puramente electromagnética, a pesar de poseer componentes eléctricos. Como ella misma dice: «Tenemos la sensación de que es mucho más complejo y de que sin duda está compuesto por una energía que aún no se ha descubierto»[20].

¿Qué energía es esa que no se ha descubierto todavía? Hoy no lo sabemos. Una de las mejores pistas que tenemos se deriva del hecho de que los psíquicos, casi sin excepción, afirman que tiene una frecuencia o una vibración mucho más alta que la de la energía/materia normal. Tal vez debiéramos tomarnos en serio dicha observación, dada la precisión inquietante con que los psíquicos de talento perciben enfermedades en el campo de energía. El carácter universal de tal percepción —hasta en la antigua literatura hindú se afirma que la energía del cuerpo posee una vibración superior a la de la energía de la materia normal— podría indicar que estamos intuyendo algo importante sobre el campo de energía.

La antigua literatura hindú dice también que la materia está compuesta por *anu*, o átomos, y que las sutiles energías vibratorias del campo de energía humano existen *paramanu*, o literalmente «más allá del átomo». Resulta interesante que Bohm también crea que, más allá del átomo, en el nivel subcuántico, existen muchas energías sutiles que la ciencia no conoce todavía. Confiesa que no sabe si el campo de energía humano existe o no, pero, al comentar la posibilidad de su existencia, afirma que «el orden implicado tiene muchos niveles de sutileza. Si conseguimos dirigir la atención hacia ellos, deberíamos ser capaces de ver más de lo que vemos normalmente»[21].

Merece la pena observar que lo cierto es que no sabemos qué es un campo. Como dice Bohm: «¿Qué es un campo eléctrico? No lo sabemos»[22]. Cuando descubrimos una nueva clase de campo nos parece misterioso. Después le damos un nombre, nos acostumbramos a discutir sobre él y a describir sus propiedades y ya no nos parece misterioso. Pero seguimos sin saber qué es realmente un campo eléctrico o un campo gravitacional. Como vimos en un capítulo anterior, ni siquiera sabemos qué son los electrones. Solo podemos describir su comportamiento. Todo esto indica que, al final, el campo de energía humano se definirá también en función de su comportamiento y que investigaciones como la de Hunt solo mejorarán nuestra comprensión del mismo.

IMÁGENES TRIDIMENSIONALES EN EL AURA

Si el campo de energía humano está formado por energías excesivamente sutiles, es razonable suponer que poseen propiedades distintas de las que tienen los tipos de energía con los que estamos familiarizados. Una de esas propiedades se manifiesta en las características no locales del campo de energía humano. Otra, especialmente holográfica, es la capacidad del aura para manifestarse tanto como un contorno borroso de energía como para formar, ocasionalmente, imágenes tridimensionales. Psíquicos expertos afirman que con frecuencia ven esos «hologramas» flotando sobre las auras de las personas. Habitualmente son imágenes de objetos o ideas que ocupan una posición destacada en los pensamientos de la persona alrededor de la cual se ven. Algunas tradiciones ocultistas sostienen que esas imágenes son producto de la tercera capa del aura, o capa mental, pero, hasta que dispongamos de los medios necesarios para confirmar o negar tal afirmación, debemos limitarnos a las experiencias de los psíquicos que pueden ver tales imágenes.

Beatrice Rich es una de las psíquicas que describen este fenómeno con notable consistencia. Como ocurre a menudo, sus poderes se manifestaron a una edad temprana. Cuando era niña, a veces los objetos se movían espontáneamente en su presencia. Cuando creció, descubrió que tenía acceso a información sobre personas que no podía conocer por medios normales. Aunque empezó su carrera como artista, sus dotes de clarividencia resultaron tan impresionantes que decidió trabajar como psíquica a tiempo completo. Ahora hace interpretaciones para gente de toda clase y condición social, desde amas de casa a directores ejecutivos de empresas, y han aparecido artículos sobre ella en publicaciones tan diversas como *New York*, *World Tennis* y *New York Woman*.

Rich a menudo ve imágenes flotando sobre sus clientes o cerca de ellos. En una de sus primeras experiencias, vio unas cucharas y platos de plata, además de otros objetos similares, formando un círculo alrededor de la cabeza de un hombre. Esta visión la dejó desconcertada, pues, como estaba empezando a explorar sus capacidades psíquicas, no comprendía por qué veía lo que veía. Finalmente, se lo mencionó al hombre y así averiguó que se dedicaba a importar y exportar precisamente los objetos que ella veía alrededor de su cabeza. Tal confirmación resultó reveladora y transformó totalmente su comprensión del fenómeno.

Carol Dryer ha tenido muchas experiencias similares. Una vez, durante una sesión, vio un montón de patatas girando en torno a la cabeza de una mujer. Como Beatrice Rich, al principio no supo interpretar la imagen, pero luego se decidió a preguntarle a la mujer si las patatas tenían algún significado especial para ella. La mujer se rio y le dio su tarjeta de visita. «Era de la Idaho Potato Board, o algo parecido. Ya sabes, el equivalente en productores de patatas a la American Dairy Association*», comenta Dryer[23].

Las imágenes no siempre se limitan a flotar en el aura, sino que a veces pueden parecer extensiones fantasmales del propio cuerpo. En una ocasión, Dryer vio una especie de tenue capa holográfica colgando de los brazos y manos de una mujer. Como la mujer iba impecablemente acicalada y llevaba un atuendo caro, Dryer no podía imaginar por qué percibía la idea de una sustancia viscosa cubriendo sus extremidades. Le preguntó si entendía la imagen y la mujer asintió con la cabeza. Le explicó que era escultora y que esa misma mañana había estado trabajando con un nuevo material que se había adherido a sus manos y brazos exactamente como describía Dryer.

También yo he tenido experiencias similares al observar el campo de energía. En cierta ocasión, mientras estaba concentrado profundamente en una novela sobre hombres lobo en la que estaba trabajando (como advertirán algunos lectores, soy aficionado a escribir relatos de ficción sobre temas populares),

---

* Asociación americana de productos lácteos.

percibí que se había formado una imagen fantasmal de un hombre lobo alrededor de mi propio cuerpo. Debo señalar que fue un fenómeno puramente visual y que en ningún momento sentí que me había convertido en un hombre lobo. Sin embargo, la imagen holográfica que envolvió mi cuerpo era tan real que, cuando levanté el brazo, pude ver con detalle el pelaje y las garras caninas que mostraba la mano lupina que envolvía la mía. Aquellos rasgos parecían absolutamente reales excepto porque eran translúcidos, es decir, podía ver mi propia mano de carne y hueso por debajo. No obstante, en lugar de sentir temor, experimenté una sensación de fascinación por el fenómeno.

Lo más significativo de esta experiencia fue que pudo ser verificada externamente. Carol Dryer, que estaba invitada en mi casa en aquel entonces, entró por casualidad en la habitación mientras yo seguía rodeado por el cuerpo de hombre lobo proyectado. Reaccionó inmediatamente y me dijo: «Oh, debes de estar pensando en tu novela de hombres lobos, porque te has convertido en un hombre lobo». Comparamos notas y descubrimos que ambos veíamos los mismos rasgos. A medida que nos enfrascamos en la conversación y, a medida que mis pensamientos se desviaban de la novela, la imagen del hombre lobo se fue desvaneciendo lentamente.

PELÍCULAS EN EL AURA

Las imágenes que los psíquicos ven en el campo de energía no son siempre estáticas. Rich afirma que ve con frecuencia lo que parece una pequeña película transparente en torno a la cabeza del cliente: «A veces veo una pequeña imagen de la persona detrás de la cabeza o detrás de los hombros, en la que aparece realizando diversas actividades de su vida cotidiana. Mis clientes comentan que mis descripciones son certeras y muy específicas. Veo sus oficinas y el aspecto que tienen sus jefes. Veo lo que han pensado y lo que les ha sucedido durante los últimos seis meses. Hace poco le dije a una cliente que veía su casa y que había máscaras y flautas colgadas en la pared. Ella dijo: "No, no, no". Yo le dije que sí, que había instrumentos musicales colgados en la pared, que la mayoría eran flautas y que también había máscaras. Y entonces ella exclamó: "¡Oh, es mi casa de verano!"»[24].

También Dryer afirma que ve lo que parecen películas tridimensionales en el campo de energía: «Habitualmente son en color, pero también pueden ser en tono sepia o como una especie de daguerrotipo. Muchas veces representan la historia de la persona y pueden durar entre cinco minutos y una hora. Además, son imágenes increíblemente detalladas. Cuando veo a una persona en una habitación, puedo decir cuántas plantas hay en la habitación y cuántas hojas tiene cada planta y cuántos ladrillos hay en la pared. Normalmente no me adentro en descripciones tan minuciosas, a menos que me parezcan pertinentes»[25].

Puedo atestiguar la precisión de sus descripciones. Siempre he sido una persona organizada y de niño fui bastante precoz en ese aspecto. Una vez, cuando tenía cinco años, dediqué varias horas a almacenar y organizar meticulosamente todos mis juguetes en un armario. Cuando terminé, le enseñé a mi madre lo que había hecho y le advertí que hiciera el favor de no tocar nada porque no quería que enredara y trastocara el orden cuidadoso que yo había dispuesto. El relato de mi madre del incidente ha servido de diversión a mi familia desde entonces. Durante mi primera sesión con Dryer, me describió ese episodio con detalle, así como otros muchos acontecimientos de mi vida que veía aparecer en mi campo de energía como en una película. También ella se reía mientras lo describía.

Dryer compara las imágenes que ve con hologramas y explica que, cuando elige una y empieza a contemplarla, es como si se extendiera y llenara toda la habitación: «Si veo que sucede algo en el hombro de una persona, como una herida por ejemplo, de repente se amplía la escena. Entonces tengo la sensación de que es un holograma porque a veces me parece que puedo meterme dentro y que formo parte de él. No me está pasando a mí, sino a mi alrededor. Es casi como si estuviera en una película tridimensional, en una película holográfica con la persona»[26].

Su visión holográfica no se limita a hechos de la vida de la persona en cuestión. También ve representaciones virtuales de las operaciones de la mente inconsciente. Como todos sabemos, el inconsciente se expresa en un lenguaje de símbolos y metáforas. Por eso, muchas veces nos parece que los sueños son misteriosos o que carecen de sentido. No obstante, una vez que se aprende a interpretar el lenguaje del inconsciente, se esclarece el significado de los sueños. Los sueños no son lo único que está escrito en la jerga del inconsciente. Las personas familiarizadas con el lenguaje de la psique —al que el psicólogo del lenguaje Erich Fromm llama *lenguaje olvidado* porque la mayoría de nosotros hemos olvidado cómo interpretarlo— reconocen su presencia en otras creaciones humanas tales como los mitos, los cuentos de hadas y las visiones religiosas.

Algunas películas holográficas que ve Dryer en el campo de energía humano están también escritas en ese lenguaje y se parecen a los mensajes metafóricos de los sueños. Ahora sabemos que el inconsciente está activo todo el tiempo y no solo mientras soñamos. Dryer es capaz de distinguir en la persona su ser en estado normal de vigilia para contemplar directamente el río incesante de imágenes que fluye continuamente en el inconsciente. Y, gracias a la práctica y a sus dotes intuitivas naturales, se muestra extraordinariamente hábil a la hora de descifrar el lenguaje del inconsciente. «Los psicólogos jungianos me adoran», asegura.

Además, tiene un método especial para saber si ha interpretado una imagen correctamente o no: «Si no la he explicado correctamente, la imagen no se va. Se queda en el campo de energía. Pero, una vez que he dicho todo lo que la persona necesita saber sobre una imagen en particular, empieza a disolverse y desaparece»[27]. A su juicio, eso ocurre porque el propio inconsciente del cliente elige qué imágenes mostrarle. Como Ullman, cree que la psique siempre está intentando enseñar al ser consciente lo que necesita saber para ser más feliz y más sano y para crecer espiritualmente.

Su capacidad para observar e interpretar cómo funciona la psique en lo más recóndito es una de las razones que le permiten llevar a cabo transformaciones profundas en muchos de sus clientes. Cuando empezó a describirme el caudal de imágenes que veía aparecer en mi campo de energía, tuve la inquietante sensación de que me estaba hablando de uno de mis sueños, con la salvedad de que era un sueño que no había tenido todavía. Al principio, la secuencia de imágenes fantasmales me resultaba extrañamente familiar, pero, a medida que Dryer iba desentrañando y explicándome los símbolos y metáforas uno por uno, fui reconociendo las maquinaciones de mi yo interno, tanto las cosas que yo aceptaba como las que estaba menos dispuesto a admitir. La tarea que llevan a cabo psíquicos como Rich y Dryer pone de manifiesto que hay una cantidad enorme de información en el campo de energía. Uno se pregunta si no será este el motivo de que Valerie Hunt obtuviera un patrón de caos tan pronunciado cuando analizó los datos del aura.

La capacidad de ver imágenes en el campo de energía humano no es nueva. Hace casi trescientos años, el gran místico sueco Emanuel Swedenborg decía que veía una «sustancia ondulante» alrededor de la gente y que, en esa sustancia ondulante, los pensamientos de la persona eran visibles en forma de imágenes, que él llamaba «retratos». Al comentar la incapacidad de otras personas para ver esa sustancia ondulante alrededor del cuerpo, observó: «Puedo ver conceptos sólidos de pensamiento como si estuvieran rodeados por una especie de ola. Pero nada llega a la sensación humana [normal], excepto lo que está en el medio y parece sólido»[28]. Swedenborg también podía ver retratos en su propio campo de energía: «Cuando pensaba en alguien que conocía, se me aparecía su imagen con el aspecto que tenía cuando se hallaba ante otras personas; pero, alrededor de ella, como fluyendo a oleadas, estaba todo lo que había sabido y pensado sobre él desde la niñez»[29].

VALORACIÓN DEL CUERPO HOLOGRÁFICO

La frecuencia no es lo único que está distribuido por todo el campo de forma holográfica. Los psíquicos afirman que la abundante información personal que contiene el campo se puede encontrar también en cada parte del aura del cuerpo. En palabras de Barbara Brennan: «Cada parte del aura no solo representa el todo, sino que, además, lo contiene»[30]. Ronald Wong Jue, psicólogo clínico de California, está de acuerdo. Jue, expresidente de la Association for Transpersonal Psychology y magnífico clarividente, ha descubierto que los «patrones de energía» inherentes *en* el cuerpo contienen hasta la historia de una persona. En su opinión: «El cuerpo es una especie de microcosmos, un universo que refleja en sí mismo todos los distintos factores a los que se enfrenta una persona e intenta asimilar».

Como Dryer y Rich, también él tiene la capacidad psíquica de sintonizar con películas sobre los asuntos importantes de la vida de una persona, pero, en vez de verlos en el campo de energía, los convoca con el ojo de la mente imponiendo las manos sobre la persona y psicometrizando literalmente su cuerpo. Asegura que esa técnica le permite determinar con ra-

pidez los guiones emocionales, los asuntos esenciales y los modelos relacionales más destacados en la vida de la persona y que
la utiliza con frecuencia para facilitar el proceso terapéutico.
Como él mismo relata: «La verdad es que la técnica me la enseñó un colega psiquiatra llamado Ernest Peed, que la llamaba
lectura del cuerpo. En lugar de hablar del cuerpo etéreo y cosas
semejantes, prefiero usar el modelo holográfico para explicarla
y llamarla *valoración del cuerpo holográfico*»[31]. Jue ha incorpora-
do esta técnica a su práctica clínica y la transmite mediante
seminarios de formación.

VISIÓN DE RAYOS X

En el capítulo anterior analizamos la posibilidad de que el
cuerpo no sea un compuesto sólido, sino un tipo de imagen holográfica en sí mismo. Esta idea está respaldada aparentemente
por otra facultad que poseen muchos clarividentes y que consiste en ver dentro del cuerpo de una persona, literalmente. Las
personas con la capacidad de ver el campo de energía muchas
veces también pueden ajustar la vista y ver a través de la carne y
los huesos como si fueran solo capas de niebla coloreada.

En su investigación, Karagulla descubrió a varias personas,
tanto dentro como fuera de la profesión médica, que poseían
visión de rayos X. Una de ellas era una mujer a la que identifica
como Diane, que era presidenta de una empresa. Karagulla escribió lo que sentía justo antes de reunirse con ella: «Para mí,
como psiquiatra, reunirme con una persona de quien se decía
que podía "ver" a través de mi cuerpo, suponía un cambio ro-
tundo y total en mi forma habitual de proceder»[32].

Karagulla sometió a Diane a una larga serie de pruebas, le
presentó a varias personas y le pedía que hiciera diagnósticos
sobre la marcha. En una de esas ocasiones, Diane dijo que el

campo de energía de una mujer estaba «marchito» y «roto en pedazos» y que eso indicaba un problema serio en el cuerpo físico. Luego le miró el interior del cuerpo y vio que tenía una oclusión intestinal cerca del bazo. Aquello sorprendió a Karagulla porque la mujer no mostraba ninguno de los síntomas que indican normalmente ese grave trastorno. Sin embargo, la mujer acudió al médico y las radiografías revelaron una oclusión precisamente en la zona que había indicado Diane. Tres días después operaron a la mujer para eliminar aquella oclusión que ponía en peligro su vida.

En otra serie de pruebas, Karagulla le pidió a Diane que hiciera diagnósticos de pacientes elegidos al azar en la clínica de pacientes externos de un gran hospital de Nueva York. Cuando Diane hiciera un diagnóstico, ella determinaría la exactitud de sus observaciones acudiendo a la historia clínica del paciente. Una de las veces, Diane examinó a una paciente, desconocida para ambas, y le dijo a Karagulla que la mujer no tenía glándula pituitaria (una glándula situada en el interior del cerebro), que el páncreas parecía no funcionar adecuadamente, que había tenido una enfermedad en el pecho y que ahora le faltaba el pecho, que de cintura para abajo no le circulaba energía suficiente por la columna vertebral y que tenía problemas en las piernas. El historial médico de la mujer reveló que le habían extirpado la glándula pituitaria en una operación, que estaba tomando hormonas que afectaban al páncreas, que había tenido una doble mastectomía a causa de un cáncer y una operación en la espalda para descomprimir la médula espinal y mitigar el dolor de las piernas, y que tenía dañados los nervios, por lo que le era difícil vaciar la vejiga.

Caso tras caso, Diane reveló que podía ver las profundidades del cuerpo físico sin esfuerzo. Hacía descripciones detalladas de la situación de los órganos internos. Veía el estado de los intestinos, la presencia o ausencia de diversas glándulas y hasta describía la densidad o la fragilidad de los huesos. Como asegura Karagulla: «Aunque no podía evaluar lo que averiguaba sobre el cuerpo energético, sus observaciones sobre las dolencias físicas se correspondían con los diagnósticos médicos con una exactitud asombrosa»[33].

También Brennan puede ver dentro del cuerpo humano y denomina a esa habilidad *visión interna*. Utilizándola, ha diagnosticado exactamente una amplia gama de alteraciones médicas entre las que se cuentan fracturas óseas, tumores fibrosos y cáncer. Dice que muchas veces puede determinar el estado en que se encuentra un órgano por el color; por ejemplo, un hígado saludable se muestra de un color rojo oscuro, un hígado con ictericia presenta un tono enfermizo amarillo amarronado, y el hígado de una persona que está recibiendo tratamiento de quimioterapia es de color marrón verdoso generalmente. Como muchos otros psíquicos con visión interna, Brennan puede ajustar y enfocar su mirada para ver incluso estructuras microscópicas, como virus y células sanguíneas individuales.

Personalmente me he encontrado con varios psíquicos con visión interna y puedo corroborar su autenticidad. Dryer es una de ellos. En una ocasión, no solo me diagnosticó correctamente un problema médico, sino que además me proporcionó información sorprendente de un carácter completamente distinto. Hacía tiempo que había empezado a tener problemas con el bazo. Para intentar remediar la situación, realizaba ejercicios diarios de visualización, en los que me imaginaba mi bazo en un estado de plenitud y salud, bañado por una luz sanadora, etc. Sin embargo, mi característica impaciencia me condujo a la frustración ante la falta de resultados inmediatos. En la siguiente meditación, dirigí mentalmente una reprimenda al bazo y le advertí en términos inequívocos que debía empezar a responder a mis esfuerzos. Ese incidente tuvo lugar estrictamente en la intimidad de mis pensamientos y lo olvidé enseguida. Días

después vi a Dryer y le pedí que examinara mi cuerpo internamente y me dijera si había algo que yo debería saber (no le dije
nada sobre mi problema de salud). Ella, sin embargo, describió
inmediatamente el mal estado del bazo y luego hizo una pausa
y frunció el ceño como si estuviera confundida: «Tu bazo está
muy molesto por algo —murmuró. Y entonces, lo comprendió
súbitamente—: ¿Has estado *regañando* a tu bazo?». Lo admití
tímidamente. Dryer hizo un gesto de desesperación: «No debes
hacer eso. Tu bazo está enfermo porque inconscientemente le
estabas dando instrucciones equivocadas. Ahora que le has re-
prendido, está verdaderamente confuso». Sacudió la cabeza con
preocupación: «Nunca te enfades con tu cuerpo ni con tus órganos internos —me advirtió—. Mándales mensajes positivos
únicamente».

El incidente no solo demostró la precisión de la visión interna
de Dryer, sino que también parecía sugerir que los órganos poseen algún tipo de consciencia o receptividad propia. Además de
evocar la afirmación de la doctora Pert de que ya no sabe dónde
termina el cerebro y dónde empieza el cuerpo, me hizo preguntarme si los componentes del cuerpo —glándulas, huesos, órganos y células— no poseerían su propia inteligencia. Si el cuerpo
es holográfico de verdad, quizá la observación de Candace Pert
sea más correcta de lo que pensamos y todas las partes del todo
contengan en gran medida la consciencia del todo.

Visión interna y chamanismo

En algunas culturas chamánicas, la visión interna es uno de
los prerrequisitos para llegar a ser chamán. En los pueblos indios araucanos de las pampas chilena y argentina, se enseña a
los chamanes recién iniciados a rezar expresamente para obtener ese poder. En la cultura araucana, el principal papel del

chamán consiste en diagnosticar y curar las enfermedades y, por tanto, se considera esencial la visión interna[34]. Los chamanes australianos la denominan «ojo potente» o «ver con el corazón»[35]. Los indios jíbaros de las boscosas laderas orientales de los Andes ecuatorianos adquieren la visión interna bebiendo un extracto de una planta de la jungla llamada ayahuasca, que contiene una sustancia alucinógena que, según ellos, confiere aptitudes psíquicas a la persona que la bebe. Según Michael Harner, antropólogo de la New School for Social Research de Nueva York y especialista en estudios chamánicos, la ayahuasca permite al chamán jíbaro «ver a través del cuerpo del paciente como si fuera de cristal»[36].

De hecho, la capacidad de «ver» una enfermedad —tanto si implica ver el interior del cuerpo realmente, como si la enfermedad se ve representada como una especie de holograma metafórico, como una imagen tridimensional de una criatura demoniaca y repulsiva que está dentro del cuerpo o cerca de él— es universal en las tradiciones chamánicas. Pero, con independencia de la cultura en la que esté presente, las consecuencias de la visión interna son siempre las mismas. El cuerpo es una construcción de energía que quizá no es tan esencial en última instancia como el campo de energía que lo envuelve.

EL CAMPO DE ENERGÍA COMO PLANO CÓSMICO

La idea de que el cuerpo físico es solo otro nivel de densidad dentro del campo de energía humano y, en sí mismo, una especie de holograma surgido de los patrones de interferencia del aura puede explicar tanto los extraordinarios poderes curativos de la mente como el enorme control que la mente tiene sobre el cuerpo en general. Muchos psíquicos creen que la enfermedad se origina en realidad en el campo de energía, ya que puede aparecer en él semanas y hasta meses antes de que se manifieste en el cuerpo. Esto indica que el campo es más primario que el cuerpo físico, en cierto modo, y que funciona como una especie de plano del que el cuerpo obtiene sus claves estructurales. Dicho de otra forma: puede que el campo de energía sea la versión que tiene el cuerpo de un orden implicado.

Esto puede explicar la conclusión a la que llegaron Achterberg y Siegel de que los pacientes «imaginan» su enfermedad muchos meses antes de que se manifieste en sus cuerpos. Hasta el momento, la ciencia médica no puede explicar cómo una imagen mental crea una enfermedad real. Pero, como hemos visto anteriormente, las ideas que destacan en nuestros pensamientos aparecen rápidamente en el campo de energía en forma de imágenes. Si el campo de energía es el plano que guía y moldea el cuerpo, es probable que, cuando imaginamos una enfermedad, aunque sea inconscientemente, y reafirmamos repetidamente su presencia en el campo de energía, estamos programando efectivamente el cuerpo para que la manifieste. De manera similar, esa misma vinculación dinámica entre las imágenes mentales, el campo de energía y el cuerpo físico podría ser una de las razones que explican que las imágenes y la visualización también puedan curar el cuerpo. Puede ayudar incluso a explicar por qué la fe y la meditación sobre imágenes religiosas permiten a los estigmatizados desarrollar protuberancias carnosas similares a clavos en las manos. Si bien la interpretación científica actual no puede explicar esa capacidad biológica, la oración y la meditación constantes pueden hacer que las imágenes lleguen a grabarse de tal modo en el campo de energía que, con su repetición constante, acaben por tomar forma en el cuerpo.

Un investigador que cree que es el campo de energía el que moldea el cuerpo y no al revés es Richard Gerber, un médico de Detroit que ha pasado los últimos veinte años investigando las repercusiones médicas de los campos sutiles de energía del cuerpo. En su opinión, «el cuerpo etéreo es una pauta hológráfica de energía... que guía el crecimiento y el desarrollo del cuerpo físico»[37].

Gerber cree que las distintas capas que algunos psíquicos ven en el aura son también un factor en la relación dinámica que existe entre el pensamiento, el campo de energía y el cuerpo físico. A su juicio, así como el cuerpo físico está subordinado al cuerpo etéreo, este está subordinado al cuerpo astral/emocional, y este, al cuerpo mental, etcétera, y cada cuerpo sirve de plantilla para el cuerpo anterior. De este modo, cuanto más sutil sea la capa del campo de energía en la que se manifieste una imagen o un pensamiento, mayor será la capacidad para curar y reconstituir el cuerpo. «Dado que el cuerpo mental suministra energía al cuerpo astral/emocional que se canaliza hacia los cuerpos etéreo y físico, la curación de una persona desde el nivel mental es más potente y tiene resultados más duraderos que la curación desde el nivel astral o desde el nivel etéreo»[38].

El físico Tiller está de acuerdo: «Los pensamientos que uno crea generan pautas en el nivel mental de la naturaleza. Así, vemos que la enfermedad se manifiesta de hecho al final desde las pautas mentales alteradas por el efecto *ratchet*, primero causa efectos en el nivel etéreo y, finalmente, en el nivel físico, [donde] la vemos abiertamente como enfermedad». Tiller cree que el motivo de que las enfermedades a menudo sean recurrentes es que la medicina actual trata solamente el nivel físico. A su juicio, si los médicos pudieran tratar también el campo de energía, sus curaciones serían más duraderas. Y afirma que, hasta entonces, muchos tratamientos «no serán permanentes porque no hemos alterado el holograma básico en los niveles mentales y espirituales»[39]. En una amplia especulación, Tiller sugiere que el propio universo empezó siendo un campo de energía sutil y se fue volviendo denso y material gradualmente a través de un efecto *ratchet* similar. Como él lo ve, puede ser que Dios creara el universo como un patrón divino o una idea divina. Ese patrón divino, como la imagen que un psíquico ve flotando en el campo de energía humano, sirvió de plano para configurar y moldear niveles cada vez menos sutiles del campo de energía cósmica, «descendiendo a través de una serie de hologramas» hasta que se fundió finalmente en un holograma de un universo físico[40].

De ser cierto, esto sugiere que el cuerpo humano es holográfico de otra manera, pues cada uno de nosotros sería verdaderamente un universo en miniatura. Además, si nuestros pensamientos pueden hacer que se formen imágenes holográficas fantasmales no solo en nuestros propios campos de energía, sino también en los planos sutiles de energía de la propia realidad, se explicaría por qué la mente humana es capaz de realizar algunos de los milagros que hemos examinado en el capítulo anterior. Se explicaría también la sincronicidad o el modo en que los procesos y las imágenes de las profundidades más recónditas de la psique se las arreglan para tomar forma en la realidad externa. Por otra parte, puede que nuestros pensamientos estén influyendo constantemente en los niveles sutiles de energía del universo holográfico, pero solo los pensamientos que tienen una intensa carga emocional, como los que acompañan los momentos de crisis y transformación —la clase de acontecimientos que parecen generar sincronicidades—, son lo bastante potentes como para manifestarse en la realidad física como una serie de coincidencias.

UNA REALIDAD PARTICIPATIVA

Naturalmente, esos procesos no están supeditados a la disposición en capas rígidamente definidas de los campos sutiles de energía del universo. También podrían funcionar si dichos campos formaran un continuo uniforme. Sin embargo, debemos considerar una posibilidad: dado lo sensibles que parecen estos campos con respecto a nuestros pensamientos, debemos tener mucho cuidado cuando intentemos hacernos una idea sobre su organización y estructura, pues lo que creemos sobre ellos puede contribuir a generar y a configurar su estructura. Esta hipótesis podría explicar por qué los psíquicos discrepan sobre si el campo de energía humano está dividido en capas o no. Es posible que los psíquicos que creen que hay capas claramente definidas estén provocando que el campo de energía se forme a sí mismo en capas. Además, puede que la persona cuyo campo de energía está siendo observado también participe en el proceso. Brennan es muy franca sobre esta cuestión y observa que, cuanto mejor entiende su cliente la diferencia que existe entre las capas, más claras y definidas se hacen las capas de su campo de energía. Admite que la estructura que ve en el campo de energía es solo un sistema y que otros han desarrollado otros sistemas. Por ejemplo, los autores de los tantras (una colección de textos yóguicos hindúes escritos durante los siglos IV al VI después de Cristo) percibían solamente tres capas en el campo de energía.

Un caso notable sugiere que las estructuras que los clarividentes crean inadvertidamente en el campo de energía pueden poseer una longevidad extraordinaria. Durante siglos, los antiguos hindúes creían que cada chakra tenía una letra sánscrita escrita en el centro. Hiroshi Motoyama, investigador japonés y psicólogo clínico que ha desarrollado con éxito una técnica para medir la presencia eléctrica de los chakras, relata que se interesó inicialmente por ellos porque su madre, una mujer sencilla con un don natural de clarividencia, podía verlos claramente. Sin embargo, durante años, ella se quedaba perpleja porque veía lo que parecía un velero invertido en el chakra del corazón. Solo cuando Motoyama empezó a investigar descubrió que lo que su madre veía era la letra sánscrita *yam*, la misma que veían los antiguos hindúes en el chakra del corazón[41]. Algunos psíquicos, como Dryer, dicen que también ven letras sánscritas en los chakras. Otros no. La única explicación plausible parece ser que los psíquicos que las ven están sintonizando con las estructuras holográficas que impusieron hace mucho tiempo las creencias de los antiguos hindúes sobre el campo de energía.

Esta idea puede parecer extraña a primera vista, aunque tiene un precedente. Como hemos visto, uno de los principios básicos de la física cuántica es que no descubrimos la realidad, sino que participamos en su creación. Puede ser que, a medida que ahondamos en los niveles de realidad más allá del átomo —niveles en los que residen las energías sutiles del aura humana según parece—, se acentúa aún más la naturaleza participativa de la realidad. Por tanto, debemos ser extremadamente cuidadosos al afirmar que hemos descubierto una estructura o un modelo particular en el campo de energía humano, porque tal vez, en realidad, hemos creado lo que hemos encontrado.

LA MENTE Y EL CAMPO DE ENERGÍA HUMANO

El examen del campo de energía humano conduce a una conclusión notable: la misma a la que llegó Pribram tras descubrir que el cerebro convierte el significado sensorial en un lenguaje de frecuencias. Nos encontramos, en esencia, ante dos realidades: una en la que nuestro cuerpo parece ser concreto y poseer una posición precisa en el espacio y en el tiempo, y otra en la que nuestro verdadero ser parece existir primariamente como una nube reluciente de energía cuya localización última en el espacio es un tanto ambigua. Esta conclusión plantea algunas preguntas profundas. La más fundamental es: ¿qué pasa con la mente? Nos han enseñado que la mente es producto del cerebro; ahora bien, si el cerebro y el cuerpo físico son solo hologramas (o la parte más densa de un continuo de campos de energía cada vez más sutiles), ¿qué implicaciones tiene esto para la mente? La investigación sobre el campo de energía humano ofrece respuestas sorprendentes.

Un descubrimiento reciente de los neurofisiólogos Benjamin Libet y Bertram Feinstein del hospital Monte Sión de San Francisco ha suscitado un gran interés en la comunidad científica. Libet y Feinstein midieron el tiempo que tardó un estímulo táctil de la piel de un paciente en llegar al cerebro como señal eléctrica. Le solicitaron asimismo al paciente que pulsara un botón cuando se diera cuenta de que le tocaban. Descubrieron que el cerebro registraba el estímulo una diezmilésima de segundo después de que ocurriera, mientras que el paciente tocaba el botón una décima de segundo después de recibir el estímulo.

Lo más revelador, sin embargo, fue que el paciente no ma nifestara ser consciente del estímulo o de que apretaba el botón *durante casi medio segundo.* Esto significa que el inconsciente del paciente tomaba la decisión de responder; la consciencia de la acción por parte del paciente fue la más tardía en manifestarse. Más preocupante aún: ninguno de los pacientes de las pruebas de Libet y Feinstein se dio cuenta de que el inconsciente les había hecho apretar el botón antes de que ellos decidieran hacerlo conscientemente. De algún modo, el cerebro creaba la ilusión reconfortante de que habían controlado la acción conscientemente aun cuando no lo habían hecho[42]. Esto llevó a algunos investigadores a preguntarse si la libre voluntad es una ilusión. Estudios posteriores han demostrado que un segundo y medio antes de que «decidamos» mover un músculo, como levantar un dedo, el cerebro ya ha empezado a generar las señales necesarias para llevar a cabo el movimiento[43]. Entonces, ¿quién toma la decisión, la mente consciente o el inconsciente?

Hunt ha ampliado esos descubrimientos. Ha averiguado que el campo de energía humano responde a los estímulos antes que el cerebro. Al realizar electromiogramas del campo de energía y electroencefalogramas del cerebro simultáneamente, ha descubierto que, cuando se produce un sonido fuerte o un destello de luz brillante, el electromiograma del campo de energía registra el estímulo antes de que aparezca siquiera en el electroencefalograma. ¿Qué significa esto? Para Hunt, las implicaciones son profundas: «Quizá hemos sobrevalorado el cerebro como elemento activo en la relación del ser humano con el mundo. El cerebro es solo un buen ordenador real. Ahora bien, los aspectos de la mente que tienen que ver con la creatividad, la imaginación, la espiritualidad y todas esas cosas no los veo en el cerebro en absoluto. La mente no está en el cerebro. Está en ese dichoso campo»[44].

Dryer también ha constatado que el campo de energía responde antes de que la persona registre una respuesta conscientemente. En consecuencia, en vez de intentar evaluar las reacciones de sus clientes observando la expresión del rostro, mantiene los ojos cerrados y ve cómo reacciona el campo de energía. «Mientras hablo, veo cómo cambian los colores de su campo de energía. Veo cómo se sienten por lo que digo sin tener que preguntarles. Por ejemplo, si su campo se vuelve nebuloso, sé que no están entendiendo lo que les estoy diciendo», afirma[45].

El hecho de que la mente no resida en el cerebro sino en el campo de energía que impregna tanto el cerebro como el cuerpo físico explicaría por qué psíquicos como Dryer perciben en el campo una parte tan sustancial del contenido de la psique de una persona. También revela cómo logró mi bazo, un órgano que no se asocia con el pensamiento normalmente, manifestar su propia forma de inteligencia rudimentaria. De hecho, si la mente reside en el campo, tal vez la consciencia (la parte de nosotros que piensa y siente) no esté limitada siquiera al cuerpo físico. Como veremos más adelante, también hay muchos indicios que sustentan esta idea.

Pero antes debemos examinar otro aspecto fundamental del universo holográfico. La solidez del cuerpo no es lo único ilusorio en este modelo. Como hemos visto, Bohm cree que ni siquiera el tiempo es absoluto, sino que se desenvuelve del orden implicado, lo cual indica que la división lineal del tiempo en pasado, presente y futuro es asimismo otra construcción. En el capítulo siguiente, examinaremos las evidencias que respaldan esta idea, así como sus implicaciones para nuestras vidas, en el aquí y ahora.

TERCERA PARTE

ESPACIO Y TIEMPO

«El chamanismo y otras áreas misteriosas de investigación similares han cobrado importancia porque proponen ideas nuevas sobre la mente y el espíritu. Hablan de cosas como la vasta extensión del terreno de la consciencia..., las creencias, el conocimiento e incluso de la experiencia de que el mundo físico de los sentidos es una mera ilusión, un mundo de sombras; dicen que la herramienta tridimensional que llamamos cuerpo sirve solo de contenedor o lugar de morada de Algo infinitamente más grande y comprensivo que el cuerpo, que constituye la matriz de la vida real».

HOLGER KALWEIT, *Ensoñación y espacio interior: el mundo del chamanismo*

CAPÍTULO 7

El tiempo se origina en la mente

«El "hogar" de la mente, como de todas las cosas, es el orden implicado. En ese nivel, que es el *plenum* fundamental de todo el universo manifiesto, el tiempo lineal no existe. El dominio de lo implicado es atemporal; los momentos no están unidos en serie como las cuentas de un collar».

LARRY DOSSEY, *Recovering the Soul (Recuperando el alma)*

CUANDO EL HOMBRE LEVANTÓ LA VISTA, la habitación en la que se encontraba se volvió transparente y fantasmal y, en su lugar, se materializó una escena del pasado lejano. De repente, se encontró en el patio de un palacio, ante una joven de considerable belleza y de piel aceitunada. Llevaba joyas de oro alrededor del cuello, de las muñecas y de los tobillos, así como un vestido blanco translúcido y el pelo negro y trenzado recogido regiamente bajo una alta tiara cuadrada. Cuando la contempló, su mente se llenó de información sobre su vida. Supo que era egipcia e hija de un príncipe, pero no de un faraón. Estaba casada. Su marido era esbelto y llevaba el pelo recogido en pequeñas trenzas que le caían a ambos lados de la cara. El hombre vio también que la escena avanzaba rápidamente y recorría los hechos de la vida de la mujer como si fuera una película. Vio que murió de parto. Contempló los largos e intrincados pasos del embalsamamiento, la procesión del entierro, y los rituales que la acompañaban mientras la introducían en el sarcófago. Cuando terminó, las imágenes se desvanecieron y volvió a ver la habitación.

El hombre se llamaba Stefan Ossowiecki, un polaco nacido en Rusia y uno de los clarividentes más dotados del siglo xx. La fecha era el 14 de febrero de 1935. Había evocado aquella visión del pasado al manipular un fragmento de una huella humana petrificada.

Ossowiecki demostró tanta destreza en la psicometría de útiles que acabó por atraer la atención de Stanislaw Poniatowski, catedrático de la Universidad de Varsovia y el etnólogo más famoso de Polonia en aquellos tiempos. Poniatowski le sometió a varias pruebas con herramientas de sílex y otras piedras encontradas en excavaciones arqueológicas del mundo entero. La mayoría de aquellos «litos», que así se llaman, eran tan inclasificables que solo alguien acostumbrado a verlos podía determinar que estaban tallados por manos humanas. Varios expertos habían certificado su autenticidad previamente, de manera que Poniatowski conocía su antigüedad y sus orígenes históricos, pero ocultó esa información cuidadosamente para que no lo supiera Ossowiecki.

No importaba. Una y otra vez, Ossowiecki identificaba correctamente los objetos, describía la era a la que pertenecían, así como la cultura que los había producido y las localizaciones geográficas donde se habían encontrado. En varias ocasiones, lo que mencionaba Ossowiecki no coincidía con la información que Poniatowski había registrado en sus notas, pero Poniatowski descubrió que el error siempre estaba en sus notas y no en la información que proporcionaba Ossowiecki.

Ossowiecki trabajaba siempre del mismo modo. Sostenía un objeto en las manos y se concentraba hasta que la habitación, y su propio cuerpo incluso, se sumían en sombras y casi dejaban de existir. Una vez finalizada la transición, se encontraba contemplando una película tridimensional del pasado. Entonces, podía dirigirse a cualquier parte de la escena que quisiera y ver todo lo que deseara. Mientras observaba el pasado, Ossowiecki movía los ojos de un lado a otro como si lo que describía tuviera una presencia física real frente a él.

Veía la vegetación, la gente y las moradas en las que vivían. En una ocasión, tras sostener en la mano una herramienta de la cultura magdaleniense —una cultura de la Edad de Piedra que floreció en Francia de 15 000 a 10 000 años antes de Cristo—, Ossowiecki le dijo a Poniatowski que los peinados de las mujeres magdalenienses eran muy complejos. El comentario pareció absurdo en aquel entonces, pero descubrimientos posteriores de estatuas de mujeres magdalenienses con peinados muy decorados demostraron que Ossowiecki tenía razón.

Durante los experimentos, Ossowiecki proporcionó más de cien datos semejantes, detalles sobre el pasado que no parecían exactos a primera vista y después se probó que eran ciertos. Afirmó que pueblos de la Edad de Piedra utilizaban lámparas de aceite, lo cual quedó confirmado con el hallazgo de lámparas de aceite del mismo tamaño y estilo que las descritas por él en las excavaciones de Dordogne, Francia. Realizó dibujos detallados de los animales que cazaban diversos pueblos, del estilo de las cabañas en las que vivían y de sus costumbres de enterramiento, declaraciones todas ellas confirmadas posteriormente por descubrimientos arqueológicos[1].

El trabajo de Poniatowski con Ossowiecki no es único. Norman Emerson, catedrático de Antropología de la Universidad de Toronto y fundador y vicepresidente de la Canadian Archaeological Association, también ha investigado la utilización de clarividentes en trabajos arqueológicos. Centró su investigación en un conductor de camión llamado George McMullen. Al igual que Ossowiecki, McMullen también tiene la capacidad de psicometrizar objetos y de usarlos para sintonizar con escenas del pasado. Asimismo, puede acceder al pasado simplemente visitando una excavación arqueológica. Una vez allí, camina de un lado a otro hasta que se orienta. Entonces, empieza a describir el pueblo y la cultura que antaño florecieron. En una de esas ocasiones, Emerson le vio saltar sobre un trozo de tierra vacío y medir con los pasos lo que según él correspondía al emplazamiento de una cabaña iroquesa. Emerson delimitó la zona con estacas y a los seis meses desenterró la antigua estructura exactamente donde McMullen había indicado que estaba[2].

Aunque al principio Emerson se mostraba escéptico, su trabajo con McMullen le convirtió en creyente. En 1973, durante una conferencia anual de los arqueólogos más importantes de Canadá, hizo la siguiente declaración: «Estoy convencido de haber recibido datos sobre útiles y emplazamientos arqueológicos de un psíquico que me proporcionaba la información sin dar muestras de estar haciendo un uso consciente de la lógica». Concluyó su conferencia afirmando que, a su juicio, las manifestaciones de McMullen abrían «un panorama completamente nuevo» para la arqueología y que se debería dar «prioridad absoluta» a estudiar la utilización de los psíquicos en las investigaciones arqueológicas[3].

En efecto, la retrocognición, o la capacidad que tienen ciertas personas para reorientar el foco de atención y contemplar el pasado literalmente, ha sido confirmada repetidamente en varias investigaciones. En una serie de experimentos realizados en la década de los sesenta, W. H. C. Tenhaeff, director del Parapsychological Institute de la Universidad Estatal de Utrecht, y Marius Valkhoff, decano de la Facultad de Arte de la Universidad de Witwatersrand de Johannesburgo (Sudáfrica), descubrieron que el gran psíquico holandés Gerard Croiset podía psicometrizar hasta un fragmento mínimo de hueso y describir con precisión su pasado[4]. El doctor Lawrence LeShan, psicólogo clínico de Nueva York y otro escéptico convertido en creyente, ha realizado experimentos similares con la famosa psíquica americana Eileen Garrett[5]. En la reunión anual de 1961 de la American Anthropological Association, el arqueólogo Clarence W. Weiant reveló que no habría hecho el famoso descubrimiento de Tres Zapotes, considerado universalmente como uno de los hallazgos arqueológicos de América Central más importantes jamás realizados, si no hubiera contado con la ayuda de un psíquico[6].

Stephan A. Schwartz, antiguo miembro del departamento editorial de la revista *National Geographic* y miembro del Discussion Group on Innovation, Technology and Society de la Secretaría de Defensa del MIT, cree que la retrocognición no solo es real, sino que acabará precipitando un cambio en la realidad científica tan profundo como los cambios que siguieron a los descubrimientos de Copérnico y Darwin. Sus opiniones sobre el tema son tan firmes que ha escrito la voluminosa historia de la asociación entre clarividentes y arqueólogos, titulada *The Secret Vaults of Time (Los sótanos secretos del tiempo)*. Así, asegura: «La arqueología psíquica ha sido una realidad durante las tres cuartas partes del siglo. El nuevo enfoque ha jugado un papel importante a la hora de demostrar que el marco temporal y espacial, tan crucial para la filosofía de la Gran Materia, no es bajo ningún concepto una idea tan absoluta como cree la mayoría de los científicos»[7].

EL PASADO COMO HOLOGRAMA

Facultades como esta sugieren que el pasado no se ha perdido, sino que existe y es accesible para la percepción humana. La visión habitual del universo no acepta tal estado de cosas, pero el modelo holográfico sí. La idea de Bohm de que el fluir del tiempo es producto de una serie constante de envolvimientos y desenvolvimientos sugiere que el presente, cuando se envuelve y se convierte en parte del pasado, no deja de existir, sino que se limita a volver al almacén cósmico de lo implicado. O, como expresa Bohm, «el pasado está activo en el presente como una especie de orden implicado»[8].

Si la consciencia se origina también en lo implicado, como sugiere Bohm, esto significa que la mente humana y el registro holográfico del pasado ya existen en el mismo dominio, que ya son vecinos, por así decirlo. Así pues, puede que lo único que se necesite para acceder al pasado sea cambiar el foco de atención. Quizá personas clarividentes como McMullen y Ossowiecki posean simplemente una facultad innata para llevar a cabo ese cambio; en tal caso, lo que indica la idea holográfica es que esa facultad está latente en todos nosotros, como tantas otras aptitudes extraordinarias que hemos visto anteriormente.

El holograma ofrece también una metáfora que explica cómo se almacena el pasado en el orden implicado. Imaginemos que grabamos todas las fases de una actividad —digamos, una mujer soplando una burbuja de jabón— en un holograma de imágenes múltiples, registrando cada fase como una serie de imágenes sucesivas. Cada imagen se convierte así en el fotograma de una película. Los hologramas de «luz blanca» poseen una propiedad notable: permiten visualizar la imagen a simple vista, sin necesidad de luz láser. Cuando el observador cambia su ángulo de visión al desplazarse junto a este tipo de holograma, las distintas imágenes se ocultan y revelan sucesivamente, creando el equivalente de una película tridimensional de la mujer soplando la burbuja de jabón. En otras palabras: el fluir de las distintas imágenes genera una ilusión de movimiento.

Una persona que no esté familiarizada con los hologramas podría suponer erróneamente que las diferentes fases del soplado de la burbuja de jabón son transitorias y que una vez percibidas ya no pueden volver a percibirse, pero no es cierto. El holograma graba y preserva siempre la actividad completa; lo que crea la ilusión de que se desenvuelven el tiempo y el movimiento es la perspectiva cambiante del espectador. La teoría holográfica da a entender que ocurre lo mismo con nuestro pasado. Lejos de desvanecerse en el olvido, permanece grabado en el holograma cósmico y siempre resulta posible acceder a él una vez más.

Otro rasgo de la experiencia retrocognitiva que denota una semejanza con el holograma es el carácter tridimensional de las escenas a las que se accede. La psíquica Rich, por ejemplo, que también puede psicometrizar objetos, afirma que sabe lo que Ossowiecki quería decir cuando declaró que las imágenes que veía eran tan reales y tridimensionales como la habitación en la que se encontraba, o incluso más reales todavía. Según ella: «Es como si la escena asumiera el control por completo. Se vuelve dominante y, en cuanto empieza a desenvolverse, me convierto en parte de ella. Es como si estuviera en dos sitios a la vez. Mantengo consciencia de la habitación en la que me encuentro, pero, al mismo tiempo, estoy en la escena»[9].

El carácter no local de la retrocognición es igualmente holográfico. Los psíquicos son capaces de acceder al pasado de una excavación arqueológica en concreto, tanto si se encuentran en ella como si están a muchos kilómetros de distancia. En otras palabras: no parece que la grabación del pasado esté almacenada en una localización única, sino que, al igual que la información en el holograma, es no local y se puede acceder a ella desde cualquier punto del marco espacio-tiempo. El hecho de que algunos psíquicos ni siquiera necesiten recurrir a la psicometría para sintonizar con el pasado subraya el carácter no local del fenómeno. El famoso clarividente de Kentucky, Edgar Cayce, podía sumergirse en el pasado simplemente tumbándose en un sofá en su casa y entrando en un estado semejante al sueño. En ese estado, dictaba páginas y páginas de la historia de la raza humana, con frecuencia con una precisión asombrosa. Por ejemplo, señaló con toda exactitud la ubicación de la comunidad esenia de Qumrán y describió su papel histórico, once años antes de que el hallazgo de los manuscritos del mar Muerto (en las cuevas de Qumrán) confirmara sus declaraciones[10].

Resulta interesante señalar que muchas personas con capacidad retrocognitiva también pueden ver el campo de energía humano. Cuando Ossowiecki era pequeño, su madre le puso gotas en los ojos para intentar liberarlo de las bandas de colores que, según él, veía alrededor de la gente; McMullen también puede determinar el estado de salud de una persona observando su campo de energía. Esto sugiere que la retrocognición podría estar relacionada con la capacidad de percibir los aspectos más sutiles y vibratorios de la realidad. Dicho de otra forma: quizá el pasado constituye simplemente otro nivel de información codificada en el dominio de frecuencias de Pribram, una parte de los patrones de interferencia cósmicos que la mayoría de nosotros filtramos y solamente unos pocos sintonizan y convierten en imágenes parecidas a los hologramas. En palabras de Pribram: «Puede que en el estado holográfico —en el dominio de frecuencias— hace cuatro mil años sea mañana»[11].

Fantasmas del pasado

La idea de que el pasado permanece grabado holográficamente en las ondas cósmicas y que la mente humana puede acceder a él de vez en cuando y convertirlo en hologramas puede explicar también al menos algunas apariciones fantasmales. Muchas de estas parecen ser poco más que hologramas o grabaciones tridimensionales de una persona o escena del pasado. Por ejemplo, una teoría sobre los fantasmas sostiene que son el alma o el espíritu de un difunto, pero no todos los fantasmas son humanos. Hay muchos casos registrados de individuos que también ven fantasmas de objetos inanimados, lo cual contradice la idea de que las apariciones son almas descarnadas. *Phantasms of the Living (Fantasmas de los vivos)*, un conjunto de informes bien documentados de apariciones y otros fenómenos paranormales, compilados por la Society for Psychical Research de Londres en dos grandes volúmenes, ofrece muchos ejemplos. Uno de ellos es el de un oficial del ejército británico y su familia que vieron llegar un coche de caballos espectral y pararse sobre el césped. Tan real era el carruaje fantasmal que el hijo del oficial se acercó y vio en el interior lo que parecía una figura femenina. La imagen se desvaneció antes de que pudiera verla mejor y no dejó huellas del caballo ni de las ruedas[12].

¿Son muy comunes estas experiencias? No lo sabemos, pero sí sabemos que, en Estados Unidos y en Inglaterra, varios estudios han revelado que entre un 10 y un 17 por ciento de la población ha visto una aparición, lo que indica que esos fenómenos pueden ser mucho más frecuentes de lo que sospechamos la mayoría de nosotros[13].

La tendencia de las apariciones a producirse en lugares en los que ha ocurrido un acto de violencia terrible u otro acontecimiento con una carga emocional inusualmente intensa respalda la idea de que algunos acontecimientos dejan una impronta más profunda que otros en el registro holográfico. La literatura está llena de apariciones en escenarios de asesinatos, batallas militares u otras situaciones caóticas. Esto indica que, además de las imágenes y los sonidos, las emociones que se sienten durante un acontecimiento también quedan grabadas en el holograma cósmico. Además, parece que la intensidad emocional de tales acontecimientos es lo que les hace destacar en el registro holográfico, lo que posibilita su percepción involuntaria por parte de individuos normales. Así pues, muchas apariciones, más que fruto de espíritus desgraciados ligados a la Tierra, parecen simples destellos accidentales del registro holográfico del pasado.

La literatura sobre el tema sustenta asimismo esta interpretación. Por ejemplo, en 1907, el antropólogo W. Y. Evans-Wentz de la UCLA, especialista en temas religiosos, emprendió, animado por el poeta William Butler Yeats, un viaje de dos años de duración por Irlanda, Escocia, Gales, Cornualles y Bretaña, para entrevistar a personas que supuestamente se habían encontrado con hadas y otros seres sobrenaturales. Evans-Wentz acometió el proyecto porque Yeats le había dicho que, a medida que los valores del siglo XX reemplazaban a las viejas creencias, los encuentros con las hadas eran cada vez menos frecuentes y era preciso documentarlos antes de que la tradición se perdiera completamente.

Sus hallazgos resultaron reveladores. Cuando Evans-Wentz fue de pueblo en pueblo entrevistando a las personas —ancianas habitualmente— que permanecían fieles a la fe en las hadas, descubrió que no todas las hadas que la gente encontraba en cañadas y llanuras bañadas bajo la luna eran pequeñas. Algunas eran altas y parecían seres humanos normales, salvo porque eran luminosas y translúcidas y tenían la curiosa costumbre de vestirse con ropa de periodos históricos anteriores.

Por otra parte, las «hadas» aparecían con frecuencia en parajes con ruinas arqueológicas o en sus alrededores —túmulos funerarios, menhires, fortalezas derruidas del siglo XVI, etc.— y participaban en actividades asociadas con el pasado. Evans-Wentz entrevistó a testigos que habían visto duendes con aspecto de hombres, con atuendos isabelinos, participando en cacerías o en procesiones fantasmales que entraban y salían de los restos de antiguos fuertes, o que tocaban las campanas mientras estaban en las ruinas de iglesias antiguas. Una actividad por la que mostraban una afición desmedida era la guerra. En su libro *The Fairy-Faith in Celtic Countries (La fe en las hadas en los países celtas)* presenta el testimonio de docenas de personas que aseguraban haber visto conflictos espectrales, prados bañados por la luz de la luna abarrotados de hombres con armaduras medievales luchando, o pantanos desolados cubiertos de soldados con uniformes de colores. A veces, las luchas eran misteriosamente silenciosas. Otras veces eran auténticas algarabías. Y otras ocurría lo más inquietante de todo: podían oírlos pero no verlos.

Todo esto llevó a Evans-Wentz a concluir que al menos algunos fenómenos que sus testigos interpretaban como apariciones de duendes eran realmente una especie de imagen posterior de acontecimientos que habían tenido lugar en el pasado. «La naturaleza misma tiene memoria —teorizó—. Hay un elemento psíquico indefinible en la atmósfera de la Tierra en el que quedan fotografiadas o grabadas todas las acciones o fenómenos humanos y psíquicos. En ciertas condiciones inexplicables, personas normales que no son videntes pueden observar registros mentales de la naturaleza en forma de imágenes proyectadas sobre una pantalla, muchas veces como si fueran películas»[14].

En cuanto al motivo de que los encuentros con los duendes o hadas fueran cada vez menos frecuentes, encontramos una pista en una observación realizada por uno de los entrevistados por Evans-Wentz. Era un caballero de edad avanzada llamado John Davies que vivía en la isla de Man y que, tras describir numerosas visiones realizadas por personas buenas, declaró: «Antes de que la educación llegara a la isla, mucha gente buena podía ver a los duendes; ahora, muy poca gente puede verlos»[15]. Como la «educación» comprendía sin duda un anatema contra la creencia en duendes, el comentario de Davies hace pensar que fue un cambio de actitud lo que causó que se atrofiaran las extendidas capacidades retrocognitivas de los habitantes de la isla de Man. Queda subrayada una vez más la enorme influencia de nuestras creencias a la hora de determinar qué dotes extraordinarias potenciales manifestamos y cuáles no.

Ahora bien, tanto si nuestras creencias nos permiten ver películas holográficas del pasado como si hacen que el cerebro las elimine, los indicios apuntan a que existen pese a todo. Tampoco se limita esa clase de experiencias a los países celtas. Hay narraciones de testigos que han visto a soldados fantasmales vestidos con trajes hindúes antiguos en la India[16]. En Hawái, las manifestaciones de fantasmas son muy conocidas y los libros sobre las islas están llenos de relatos de individuos que han visto procesiones espectrales de guerreros hawaianos con mantos de plumas desfilando con antorchas y bastones de guerra[17]. Hasta en los textos antiguos asirios se mencionan visiones de ejércitos espectrales librando batallas igualmente fantasmales[18].

En alguna ocasión, los historiadores pueden reconocer el acontecimiento que se representa. A las cuatro de la mañana del 4 de agosto de 1951, un ruido de cañonazos despertó a dos mujeres inglesas que estaban de vacaciones en el pueblo costero de Puys, en Francia. Se acercaron corriendo a la ventana pero se quedaron sorprendidas al ver que, tanto el pueblo como el mar que se extendía tras él, estaban en calma y no había actividad alguna que pudiera explicar lo que estaban oyendo. La British Society for Psychical Research investigó y descubrió que la secuencia cronológica de los hechos relatada por aquellas mujeres reproducía exactamente los informes militares de una incursión de los aliados contra los alemanes que tuvo lugar en Puys el 19 de agosto de 1942. Al parecer, las mujeres habían oído el sonido de una matanza ocurrida nueve años antes[19].

Aunque acontecimientos de tal intensidad trágica se graban con mayor nitidez en el registro holográfico, no debemos olvidar que este contiene también todas las alegrías de la raza humana. Representa, en esencia, un archivo completo de todo lo que ha existido; si aprendiéramos a utilizar sistemáticamente ese tesoro escondido, asombroso e infinito, podríamos ampliar nuestros conocimientos, tanto sobre nosotros mismos como sobre el universo, de formas que apenas comenzamos a imaginar. Llegará el día en que podamos manipular la realidad como el cristal en la metáfora de Bohm, alternando entre lo manifiesto y lo oculto, y reviviendo imágenes del pasado con la misma facilidad con que encontramos hoy un programa en nuestro ordenador. Pero ni siquiera esto es todo lo que puede ofrecer una interpretación holográfica del tiempo.

EL FUTURO HOLOGRÁFICO

Por desconcertante que resulte pensar que tenemos acceso al pasado, esta idea palidece ante la posibilidad de que también podemos acceder al futuro en el holograma cósmico. Sin embargo, hay una colección enorme de datos que prueban que al menos algunos acontecimientos futuros son tan fáciles de ver como los pasados.

Se trata de un hecho ampliamente demostrado en centenares de estudios. En la década de los treinta, J. B. y Louisa Rhine descubrieron que los voluntarios podían adivinar las cartas que sacarían al azar de una baraja, con una estadística de aciertos que superaba el azar en una proporción de tres millones contra uno[20]. En los años setenta, Helmut Schmidt, físico del Boeing Aircraft de Seattle, Washington, inventó un mecanismo que le permitía probar si se podían predecir hechos subatómicos al azar. Con la ayuda de tres voluntarios y más de sesenta mil pruebas realizadas, obtuvo resultados de mil millones contra uno contra el azar[21]. En su trabajo en el Laboratorio del Sueño del Centro Médico Maimónides, Montague Ullman, junto con el psicólogo Stanley Krippner y el investigador Charles Honorton, obtuvo indicios vehementes de que se puede obtener información precognitiva acertada en los sueños. En su estudio, pidieron a los voluntarios que pasaran ocho noches consecutivas en el laboratorio del sueño y cada noche les solicitaban que intentaran soñar con una imagen que les enseñarían al día siguiente elegida al azar. Ullman y sus colegas esperaban lograr un éxito entre ocho, pero descubrieron que algunos voluntarios podían tener hasta cinco «aciertos» de cada ocho.

Cuando se despertó un voluntario, por ejemplo, este dijo que había soñado con «un gran edificio de cemento» del que intentaba escapar un «paciente». El paciente llevaba una bata blanca, como la de los médicos, y había conseguido llegar solamente «hasta los arcos». La fotografía elegida al azar al día siguiente resultó ser la obra de Van Gogh *Pasillo de hospital en St. Rémy*, una acuarela en la que se ve a un paciente solitario, al fondo de un vestíbulo enorme y desierto, saliendo a toda prisa por una puerta bajo un arco[22].

En sus experimentos con la visión remota en el Stanford Research Institute, Puthoff y Targ averiguaron que los sujetos experimentales, además de poder describir psíquicamente los lugares lejanos que visitaban las otras personas que participaban en los experimentos, podían describir también los lugares que dichas personas iban a visitar en el futuro, *antes* de que se hubieran decidido siquiera. Un caso notable involucró a Hella Hammid, fotógrafa vocacional con dotes inusuales. Le solicitaron que describiera el lugar que visitaría Puthoff exactamente media hora más tarde. La secuencia temporal era crucial: diez minutos antes de que Puthoff emprendiera su viaje, Hammid ya debía registrar su visión. Ella se concentró y dijo que podía verle entrando en «un triángulo de hierro negro». El triángulo era «más alto que un hombre» y aunque no sabía qué era exactamente, oía un sonido rítmico agudo que sonaba «una vez por segundo más o menos». Tras completar Hammid su descripción, Puthoff inició un viaje de media hora en coche por la zona del Menlo Park y Palo Alto. Al finalizar la media hora y una vez que Hammid había completado su descripción, Puthoff sacó diez sobres sellados que contenían diez ubicaciones diferentes. Eligió uno al azar utilizando un generador de números aleatorios. Contenía la dirección de un pequeño parque que distaba del laboratorio algo más de nueve kilómetros. Condujo hacia el parque y cuando llegó vio un columpio infantil (el triángulo de hierro negro) y caminó hasta el centro del mismo. Cuando se sentó, el columpio chirriaba rítmicamente mientras se balanceaba de delante hacia atrás[23].

Numerosos laboratorios del mundo entero han replicado los descubrimientos de Puthoff y Targ sobre la visión remota precognitiva; entre otros, las instalaciones para la investigación de Princeton dirigidas por Jahn y Dunne. En efecto, en 334 pruebas formales, Jahn y Dunne descubrieron que los voluntarios podían dar información precognitiva acertada un 62 por ciento de las veces[24].

Aún más espectaculares son los resultados de las llamadas «pruebas de la butaca», una serie famosa de experimentos ideados por Croiset. En primer lugar, el experimentador elegía una butaca al azar sobre un plano de asientos para un acontecimiento público que iba a tener lugar en una gran sala o auditorio. La sala podía estar situada en cualquier ciudad del mundo y solamente servían aquellos acontecimientos en los que no hubiera asientos reservados. Entonces, sin que Croiset conociera el nombre, ni la localización de la sala, ni la naturaleza del acontecimiento, el experimentador pedía al psíquico holandés que describiera a la persona que se sentaría en la butaca durante la noche en cuestión.

A lo largo de veinticinco años, numerosos investigadores tanto en Europa como en América sometieron a Croiset a los rigores de la prueba de la butaca y descubrieron que casi siempre conseguía dar una descripción precisa y detallada de la persona que se iba a sentar en el asiento, especificando entre otras cosas el género, los rasgos faciales, cómo iría vestida, su ocupación y hasta episodios de su pasado.

Por ejemplo, el 6 de enero de 1969, en un estudio dirigido por el doctor Jule Eisenbud, catedrático de Psiquiatría Clínica de la Facultad de Medicina de la Universidad de Colorado, le dijeron a Croiset que se había elegido una butaca para un acontecimiento que se celebraría el 23 de enero de 1969. Croiset, que estaba en Utrecht, Holanda, en aquel entonces, proporcionó a Eisenbud la siguiente descripción: la persona que ocuparía el asiento sería un hombre alto —un metro ochenta y cinco—, con pelo negro peinado hacia atrás. Tendría un diente de oro en la mandíbula inferior y una cicatriz en el dedo gordo del pie. Trabajaría tanto en ciencia como en industria y ocasionalmente llevaría una bata de laboratorio manchada por una sustancia química verdosa. El 23 de enero de 1969, el hombre que se sentó en la butaca —en un auditorio de Denver, Colorado— se ajustaba a la descripción de Croiset en todos los aspectos salvo en uno: no medía un metro ochenta y cinco, sino un metro ochenta y siete centímetros[25].

Y la lista sigue y sigue.

¿Qué explicación tienen esos descubrimientos? En opinión de Krippner, la afirmación de Bohm de que la mente puede acceder al orden implicado es una explicación posible[26]. Puthoff y Targ creen que la interconexión cuántica no local juega un papel en la precognición, y Targ ha afirmado que, en una experiencia de visión remota, la mente parece ser capaz de acceder a algún tipo de «sopa holográfica», o dominio holográfico, donde todos los puntos están interconectados infinitamente no solo en el espacio, sino también en el tiempo[27].

El doctor David Loye, psicólogo clínico y antiguo miembro de las facultades de Medicina de Princeton y de UCLA, está de acuerdo. Según él, «la teoría de la mente holográfica de Pribram-Bohm parece ofrecer a aquellos que reflexionan sobre el enigma de la precognición la mayor esperanza lograda hasta el momento de que estamos progresando hacia la solución tan buscada». Loye, que actualmente es codirector del Institute for Future Forecasting de Carolina del Norte, sabe de lo que habla. Ha pasado las dos últimas décadas investigando la precognición y el arte de predecir en general y desarrollando técnicas para permitir a la gente ponerse en contacto con su propia consciencia intuitiva del futuro[28].

La naturaleza holográfica de muchas experiencias precognitivas ofrece más indicios de que la habilidad de predecir el futuro es un fenómeno holográfico. Como ocurre con la retrocognición, los psíquicos cuentan que la información precognitiva se les muestra a menudo en forma de imágenes tridimensionales. El psíquico cubano Tony Cordero dice que, cuando ve el futuro, es como si contemplara una película en la mente. Su primera experiencia de este tipo ocurrió durante su infancia, cuando tuvo una premonición sobre la toma del poder por parte de los comunistas en Cuba: «Le conté a mi familia que había visto banderas rojas por toda Cuba y que iban a abandonar el país y que iban a disparar contra muchos miembros de la familia —dice Cordero—. En realidad vi cómo disparaban a mis parientes. Podía oler el humo y oír el ruido del tiroteo. Me parece que estoy allí ahora mismo. Oigo hablar a la gente pero ellos no pueden oírme ni verme. Es como viajar en el tiempo o algo así»[29].

Para describir sus experiencias, los psíquicos utilizan palabras similares a las de Bohm. Garrett describía la clarividencia como «una intuición extraordinariamente intensa de algunos aspectos de la vida en funcionamiento y, como en el plano de la clarividencia el tiempo es *un todo no dividido* [las cursivas son mías], a menudo se percibe el objeto o el acontecimiento en sus fases pasada, presente o futura en una sucesión que cambia abruptamente»[30].

TODOS SOMOS PRECOGNITIVOS

La afirmación de Bohm de que toda consciencia humana tiene su origen en lo implicado significa que todos poseemos la capacidad de acceder al futuro, y también hay pruebas que lo respaldan. El descubrimiento de Jahn y Dunne de que hasta personas normales obtienen buenos resultados en las pruebas de visión remota precognitiva indica el carácter extendido de dicha aptitud. Numerosos descubrimientos, procedentes tanto de experimentos como de anécdotas, proporcionan datos adicionales. En un programa de la BBC de 1934, Edith Lyttleton, dama de la Orden del Imperio Británico y miembro de la familia Balfour, una estirpe destacada política y socialmente en Inglaterra, así como presidenta de la British Society for Psychical Research, invitó a los oyentes a que enviaran relatos de sus experiencias precognitivas. Recibió un aluvión de cartas y, tras eliminar los casos que no ofrecían pruebas demostrables, todavía le quedaron los suficientes como para escribir un volumen sobre el tema[31]. De manera similar, sondeos dirigidos por Louisa Rhine revelaron que la precognición es mucho más frecuente que cualquier otra clase de experiencia psíquica[32].

Otros estudios demuestran que las visiones precognitivas tienden a ser visiones de tragedias y que las premoniciones de hechos desgraciados sobrepasan en número a los acontecimientos felices en una proporción de cuatro contra uno. Los que predominan son los presentimientos de muertes, en segundo lugar están los accidentes, y la enfermedad ocupa el tercer lugar[33]. La razón parece obvia. Estamos tan absolutamente programados para creer que *no* es posible percibir el futuro que nuestras capacidades precognitivas se han vuelto capacidades durmientes. Al igual que la fuerza sobrehumana que se exhibe en aquellas emergencias que ponen en peligro la vida, las capacidades precognitivas emergen a la mente en tiempos de crisis únicamente, cuando alguien cercano a nosotros está a punto de morir, cuando están en peligro nuestros hijos u otros seres queridos, etcétera. El hecho de que las culturas primitivas casi siempre obtengan mejores resultados en las pruebas de percepción extrasensorial (PES) que las llamadas culturas civilizadas pone de manifiesto que nuestra interpretación «sofisticada» de la realidad es la causante de nuestra incapacidad tanto para comprender como para utilizar la verdadera naturaleza de nuestra relación con el tiempo[34].

Podemos encontrar más indicios de que hemos relegado nuestras capacidades precognitivas innatas al interior del inconsciente en la estrecha relación que existe entre las premoniciones y los sueños. Diversos estudios revelan que entre un 60 y un 68 por ciento de las precogniciones ocurren durante el sueño[35]. Puede que hayamos desterrado de la mente consciente la capacidad de ver el futuro, pero esta sigue estando muy activa en las capas más profundas de la psique.

Las culturas tribales son plenamente conscientes de este hecho y las tradiciones chamánicas hacen hincapié casi universalmente en la importancia de los sueños en la adivinación del futuro. Incluso nuestros textos más antiguos rinden homenaje al poder premonitorio de los sueños, como pone de manifiesto el relato bíblico del sueño del faraón con las siete vacas gordas y las siete vacas flacas. La antigüedad de la tradición indica que la tendencia de las premoniciones a suceder durante el sueño se debe a algo más que al escepticismo actual hacia la precognición. Quizá juegue un papel en este sentido la proximidad del inconsciente con el reino atemporal de lo implicado. Como nuestro ser soñador está más profundo en la psique que nuestro ser consciente —y, por tanto, más cerca del mar primordial, en el cual pasado, presente y futuro se convierten en uno— quizá le es más fácil acceder a la información sobre el futuro.

Cualquiera que sea la razón, no debería sorprendernos que otros métodos de acceso al inconsciente puedan proporcionar también información precognitiva. Por ejemplo, en los años sesenta, Karlis Osis y el hipnotizador J. Fahler averiguaron que los sujetos hipnotizados tenían más aciertos en las pruebas de precognición que los sujetos no hipnotizados, en un porcentaje significativamente más alto[36]. Otros estudios han confirmado asimismo que la hipnosis aumenta la percepción extrasensorial[37]. No obstante, los fríos datos estadísticos, por contundentes que sean, raramente poseen el impacto de un caso real. En su libro *The Future is Now: The Significance of Precognition (El futuro es ahora: la importancia de la precognición)*, Arthur Osborn documenta los resultados de un experimento de hipnosis/precognición en el que participó la actriz francesa Irene Muza. Bajo hipnosis, le preguntaron si podía ver su futuro y ella contestó: «Mi carrera será corta; no me atrevo a decir cuál será mi fin; será terrible».

Los investigadores se quedaron perplejos ante tal premonición. Decidieron no revelarle lo que había dicho y sugestionarla para que, tras despertar, olvidara todo el episodio. Al salir del trance, no recordaba la predicción que había hecho sobre sí misma. El destino que había vislumbrado, no obstante, resultaba ineludible. A los pocos meses, su peluquero derramó accidentalmente alcohol sobre una estufa encendida, provocando que se incendiaran el pelo y la ropa de la actriz. En unos segundos se vio rodeada por las llamas y murió en un hospital horas más tarde[38].

Holosaltos de fe

Lo que le sucedió a Irene Muza suscita una cuestión importante. Si hubiera sabido el destino que se había predicho a sí misma, ¿habría sido capaz de evitarlo? Dicho de otra forma: ¿está el futuro fijado y predeterminado totalmente o se puede cambiar? A primera vista, la existencia de fenómenos precognitivos parece indicar que la opción correcta es la primera, pero ello supondría un estado de cosas muy inquietante. Si el futuro fuese un holograma con los detalles más nimios fijados de antemano, significaría que no tenemos libre albedrío. Seríamos meras marionetas del destino que se mueven mecánicamente siguiendo un guion que ya está escrito.

Afortunadamente, hay datos abrumadores que indican que no es así. La literatura está llena de ejemplos de personas que utilizaron sus visiones precognitivas del futuro para evitar desastres: personas que predijeron acertadamente que un avión se iba a estrellar y evitaron la muerte porque no lo cogieron, o que tuvieron una visión de que sus hijos se ahogaban en una riada y los pusieron a salvo justo en el último segundo. Hay diecinueve casos documentados de personas que tuvieron destellos precognitivos del hundimiento del *Titanic:* entre ellos figuran viajeros que prestaron atención a sus premoniciones y sobrevivieron, pasajeros que no hicieron caso de sus presentimientos y se ahogaron, y personas que no entraban en ninguna de esas dos categorías[39].

Estos ejemplos sugieren de manera convincente que el futuro no está determinado, sino que es flexible y se puede cambiar. Esta conclusión, no obstante, lleva consigo otro problema: si el futuro todavía está en estado de flujo, ¿qué utiliza Croiset para describir a la persona que se sentará en una butaca en concreto, con diecisiete días de antelación? ¿Cómo puede ser que el futuro exista y no exista?

Loye ofrece una posible respuesta. A su juicio, la realidad es un holograma gigante en el cual pasado, presente y futuro están fijados sin duda, por lo menos hasta cierto punto. La cuestión es que no es el único holograma que existe. Hay muchas otras entidades holográficas similares flotando en las aguas de lo implicado, donde no existe el tiempo ni el espacio, interactuando entre sí como amebas que se desplazan y colisionan. Para Loye, «esas entidades holográficas también podrían visualizarse como mundos paralelos, o universos paralelos».

Según esta concepción, el futuro de un universo holográfico dado *está* predeterminado, y cuando una persona tiene un atisbo precognitivo del futuro, está sintonizando con el futuro de ese holograma en concreto solamente. Sin embargo, estos universos holográficos no permanecen aislados. Al igual que los organismos unicelulares, se tragan y se engullen unos a otros de vez en cuando, fundiéndose y bifurcándose como globos protoplásmicos de energía, que es lo que realmente son. Esas colisio nes nos sacuden ocasionalmente y generan las premoniciones que nos asaltan de vez en cuando. Y cuando actuamos siguiendo una premonición y parece que alteramos el futuro, lo que estamos haciendo realmente es saltar de un holograma a otro. Loye denomina *holosaltos* a esos saltos intraholográficos y sostiene que constituyen nuestra verdadera capacidad para ser libres y perspicaces[40].

Bohm resume la misma situación de una manera ligeramente distinta: «Cuando la gente sueña precisamente con un accidente y no coge el avión o el barco, lo que estaba viendo no es el futuro real, sino meramente algo del presente que está implicado y se dirige hacia la elaboración de ese futuro. De hecho, el futuro que vieron difería del futuro real porque lo alteraron. Creo, por tanto, que es más plausible decir que, si esos fenómenos existen, hay una anticipación del futuro en el orden implicado del presente. Como se solía decir, los acontecimientos venideros ensombrecen el presente. Sus sombras se proyectan hasta el fondo del orden implicado»[41].

Las descripciones de Bohm y de Loye parecen dos formas diferentes de expresar lo mismo: una visión del futuro como un holograma lo bastante sustancial como para que podamos percibirlo, pero lo bastante maleable como para ser susceptible de cambio. Otros han usado palabras distintas para resumir lo que parece ser la misma idea básica. Cordero describe el futuro como un huracán que se está empezando a formar y a cobrar impulso y que se hace más concreto e inevitable a medida que se acerca[42]. Ingo Swann, un psíquico de gran talento que ha obtenido resultados impresionantes en diversos estudios, entre otros la investigación de Puthoff y Targ sobre la visión remota, dice que el futuro está formado por «posibilidades cristalizantes»[43]. Los kahunas hawaianos, muy estimados por sus poderes precognitivos, hablan del futuro como algo fluido, pero que está en proceso de «cristalización», y creen que los grandes acontecimientos del mundo cristalizan con mucha antelación, al igual que los hechos más importantes de la vida de una persona, tales como el matrimonio, los accidentes y la muerte[44].

Las numerosas premoniciones que, como sabemos hoy, precedieron tanto al asesinato de Kennedy como a la guerra civil americana (hasta George Washington tuvo una visión precognitiva de una futura guerra civil relacionada de un modo u otro con «África», con la cuestión de que todos los hombres son «hermanos» y con la palabra «Unión»[45]) parecen corroborar la creencia de los kahuna.

La idea de Loye de que existen muchos futuros holográficos distintos y que, saltando de un holograma a otro, elegimos qué acontecimientos se van a manifestar y cuáles no trae consigo otra implicación. Elegir un futuro holográfico en vez de otro es básicamente lo mismo que crear el futuro. Como hemos visto, hay una gran cantidad de indicios que sugieren que la consciencia juega un papel significativo en la creación del aquí y ahora. Pero, si la mente puede traspasar las fronteras del presente y explorar el paisaje nebuloso del futuro en alguna ocasión, ¿intervenimos también en la creación de acontecimientos futuros? Dicho de otro modo: los caprichos de la vida, ¿son azarosos de verdad o desempeñamos un papel en la forja literal de nuestro propio destino? Sorprendentemente, hay algunos datos intrigantes que sugieren que la segunda opción podría ser la correcta.

La materia nebulosa del alma

El doctor Joel Whitton, catedrático de Psiquiatría de la Facultad de Medicina de la Universidad de Toronto, también ha utilizado la hipnosis para estudiar lo que la gente sabe de sí misma inconscientemente. Sin embargo, en vez de preguntarles por el futuro, Whitton —licenciado en Neurobiología y experto en hipnosis clínica— les pregunta por el pasado, por el pasado lejano para ser exactos. Durante las últimas décadas, de manera discreta y metódica, ha estado reuniendo pruebas que apuntan a la reencarnación.

La reencarnación es un tema difícil porque se han dicho tantas tonterías sobre él que mucha gente lo descarta de antemano. La mayoría no se da cuenta de que, además de las pretensiones increíbles de las celebridades (y uno diría que a pesar de ellas) y de las historias de Cleopatras reencarnadas que atraen la atención de gran parte de los medios, también hay muchas investigaciones serias en marcha sobre ella. En las últimas décadas, un grupo pequeño pero creciente de investigadores con excelentes historiales ha recopilado una colección impresionante de datos sobre el asunto. Whitton es uno de ellos.

Los hallazgos que examinaremos aquí no pretenden demostrar que la reencarnación existe, de hecho, es difícil imaginar cuál sería la prueba definitiva de tal fenómeno. Más bien, estos datos se presentan como posibilidades intrigantes que merecen consideración sin prejuicios, particularmente porque arrojan luz sobre aspectos del modelo holográfico. La investigación de Whitton se basa en un hecho simple y asombroso: cuando una persona está hipnotizada, con frecuencia tiene lo que parecen ser recuerdos de vidas previas. Diversos estudios revelan que más del 90 por ciento de las personas hipnotizables pueden experimentarlos[46]. Es un fenómeno ampliamente reconocido, incluso por los escépticos. Por ejemplo, en el manual de psiquiatría *Trauma, Trance and Transformation* se advierte a los hipnotizadores primerizos que no se sorprendan si recuerdos de este tipo afloran de manera espontánea en pacientes hipnotizados. El autor del texto rechaza la idea del renacimiento, pero constata que, no obstante, ese tipo de recuerdos puede tener un potencial curativo extraordinario[47].

Naturalmente, el significado del fenómeno es objeto de arduas discusiones. Muchos investigadores argumentan que tales recuerdos constituyen fantasías o elaboraciones del inconsciente y, sin duda, es así muchas veces, especialmente cuando la sesión hipnótica o «regresión» la realiza un hipnotizador inexperto que desconoce las técnicas adecuadas de interrogación requeridas para garantizar que no se induzcan fantasías. Sin embargo, también hay numerosos casos documentados de personas que, guiadas por profesionales expertos, han tenido recuerdos que no parecen fantasías. A este grupo pertenecen los datos recopilados por Whitton.

Para llevar a cabo su investigación, Whitton conformó un grupo de aproximadamente treinta personas. Entre ellas había gente de todas las profesiones y condiciones sociales, desde conductores de camión hasta científicos informáticos; unos creían en la reencarnación y otros no. Después, les hipnotizó uno a uno y pasó literalmente miles de horas grabando todo lo que tenían que contar sobre sus supuestas existencias previas.

La información era fascinante, incluso en sus líneas generales. Un aspecto sorprendente era el grado de coincidencia que había entre todas las experiencias. Todos relataban muchas vidas pasadas —algunos hasta veinte o veinticinco—, aunque en la práctica se llegaba a un límite cuando Whitton les hacía regresar a lo que él llamaba *existencia cavernaria*, donde una vida se hacía indistinguible de la siguiente[48].

Todos afirmaban que el género no era específico del alma y muchos habían vivido por lo menos una vida como el sexo opuesto. Y todos sostenían que el propósito de la vida era evolucionar y aprender y que vivir múltiples existencias facilitaba el proceso.

Más allá de esas coincidencias generales, Whitton halló indicios convincentes de que las experiencias correspondían a vidas pasadas reales. Un rasgo inusual era la capacidad de los recuerdos para explicar una amplia gama de acontecimientos y experiencias de la vida actual, incluso aquellos que aparentemente no guardaban relación alguna con la vida anterior. Consideremos, por ejemplo, el caso de un psicólogo nacido y educado en Canadá que de niño tenía un acento británico inexplicable. Tenía asimismo un miedo irracional a romperse una pierna, fobia a viajar en avión, un vicio persistente a morderse las uñas y una fascinación obsesiva por la tortura. Cuando era un adolescente, poco después de utilizar los pedales de un coche durante una prueba de conducción, tuvo una visión breve y enigmática en la que se vio en una habitación con un oficial nazi. Durante la hipnosis, el hombre recordó que había sido un piloto británico durante la Segunda Guerra Mundial. Cuando estaba sobre Alemania en una misión, su avión fue alcanzado por una lluvia de balas, una de las cuales penetró en el fuselaje y le rompió la pierna. Aquello a su vez le hizo perder el control de los pedales del avión y le obligó a hacer un aterrizaje forzoso. Posteriormente fue capturado por los nazis, quienes le torturaron para extraerle información arrancándole las uñas. Murió poco tiempo después[49].

Este caso ilustra un patrón que Whitton observó repetidamente: los recuerdos de vidas pasadas no solo explicaban fobias y peculiaridades conductuales, sino que su procesamiento durante la hipnosis producía efectos terapéuticos profundos. Como consecuencia de los recuerdos traumáticos que desenterraban, muchas personas del grupo experimentaron profundas curaciones psicológicas y físicas. Además de estas transformaciones personales, los sujetos proporcionaban detalles históricos de una exactitud increíble sobre los tiempos en los que habían vivido. Algunos hablaban incluso idiomas desconocidos para ellos. Un hombre —un científico conductista de 37 años—, mientras revivía una aparente vida pasada como vikingo, vociferó unas palabras que posteriormente fueron reconocidas como noruego antiguo por autoridades lingüísticas[50]. Tras regresar a una vida en la antigua Persia, el mismo hombre empezó a escribir con un tipo de letra parecida a la escritura árabe, de trazos delgados e inseguros, que un experto en lenguas de Oriente Próximo identificó como una muestra auténtica del pahlavi sasánida, una lengua mesopotámica extinguida durante mucho tiempo que floreció entre los años 226 y 651 después de Cristo[51]. No obstante, el descubrimiento más extraordinario de Whitton se produjo cuando hizo regresar a los sujetos al ínterin entre una vida y otra, un territorio deslumbrante y lleno de luz en el que «no existía el tiempo ni el espacio tal y como los conocemos»[52]. Según sus relatos, parte del propósito de esa situación era permitirles *planear su próxima vida, esbozar literalmente los acontecimientos y circunstancias importantes que les ocurrirían en el futuro*. Pero este proceso no era simplemente un ejercicio fantástico de buenos deseos. Whitton averiguó que, cuando estaban entre una vida y otra, entraban en un estado inusual de consciencia en el que adquirían un perfecto conocimiento de sí mismos y un acentuado sentido moral y ético. Además, dejaban de ser capaces de justificar sus faltas y errores y se veían a sí mismos con total sinceridad. Para distinguir ese estado mental profundamente consciente de la consciencia normal cotidiana, Whitton lo denomina *metaconsciencia*.

Desde ese estado de metaconsciencia, cuando las personas planeaban su siguiente vida, lo hacían con un sentido de obligación moral. Elegían renacer con personas a las que habían tratado injustamente en una vida anterior para tener así la oportunidad de enmendar sus acciones. Planeaban encuentros agradables con «compañeros del alma» —individuos con los que habían construido una relación amorosa y mutuamente beneficiosa durante muchas vidas— y programaban acontecimientos «accidentales» para cumplir otros propósitos y acciones nobles. Un hombre describió que, cuando estaba planeando su siguiente vida, percibió «una especie de instrumento de relojería en el que se podían insertar ciertas partes para que se produjeran consecuencias específicas»[53].

Tales consecuencias no siempre eran agradables. Tras regresar a un estado metaconsciente, una mujer que había sido violada a los treinta y siete años reveló que, en realidad, lo había planeado antes de iniciar esta encarnación. Explicó que para ella era necesario experimentar una tragedia a esa edad para forzarse a cambiar «toda su complexión anímica» y acercarse así a un entendimiento más profundo y más positivo del significado de la vida[54]. De manera similar, otro individuo —un hombre afectado por una grave enfermedad hepática que entrañaba un riesgo para su vida— reveló que había elegido la enfermedad para castigarse por una transgresión cometida en una vida anterior. Sin embargo, desveló también que morir de la enfermedad del hígado no entraba en el guion y que antes de llegar a esta vida había dispuesto un encuentro con algo o alguien que le ayudara a recordar el hecho y le permitiera reparar su culpa y curar su cuerpo. Fiel a su palabra, tras empezar las sesiones con Whitton, experimentó una recuperación completa y casi milagrosa[55].

No todos los sujetos estaban deseosos de enterarse del futuro que les había preparado su ser metaconsciente. Varios censuraron sus recuerdos y pidieron a Whitton que les diera instrucciones posthipnóticas para *no* acordarse de nada de lo que habían dicho durante el trance. Explicaban que no querían tener la tentación de interferir en el guion que les había escrito su ser metaconsciente[56].

Se trata de una idea pasmosa: ¿es posible que el inconsciente no solo conozca nuestro destino a grandes rasgos, sino que nos lleve a cumplirlo realmente? La investigación de Whitton no constituye la única prueba de que tal vez sea así. En un estudio estadístico de veintiocho accidentes graves de tren en Estados Unidos, el parapsicólogo William Cox averiguó que los días de accidentes viajaba en el tren mucho menos gente que el mismo día en semanas anteriores[57].

Los descubrimientos de Cox sugieren que, a lo mejor, todos estamos constante e inconscientemente percibiendo el futuro y tomando decisiones basadas en esa información: algunos optamos por evitar el percance y otros quizá elegimos experimentar situaciones negativas para cumplir designios y propósitos inconscientes, como la mujer que eligió vivir una tragedia personal y el hombre que optó por soportar una enfermedad hepática. «Cuidadosamente o caprichosamente, elegimos nuestras circunstancias terrenales —afirma Whitton—. El mensaje de la metaconsciencia es que la situación de la vida de cada ser humano no es aleatoria ni inapropiada. Vista de una manera objetiva desde la perspectiva entre vidas, cada experiencia humana es simplemente una lección más en el aula cósmica»[58].

Es importante señalar que la existencia de esas agendas inconscientes no significa que nuestra vida esté predestinada rígidamente y que el destino sea inevitable. El hecho de que muchos de los sujetos solicitaran no recordar lo que decían bajo hipnosis implica que el futuro solo está esbozado a grandes rasgos y resulta susceptible de cambio.

Whitton no es el único investigador de la reencarnación y que ha descubierto indicios de que el inconsciente participa en nuestra vida más de lo que pensamos. Otro investigador es el doctor Ian Stevenson, catedrático de Psiquiatría de la Facultad de Medicina de la Universidad de Virginia. En vez de usar hipnosis, Stevenson entrevista a niños que recuerdan espontáneamente aparentes vidas previas. Lleva más de treinta años realizando esa actividad y ha recopilado y analizado miles de casos por todo el planeta.

Según él, el recuerdo espontáneo de una vida pasada es relativamente común entre los niños, tanto que el número de casos que parecen merecer consideración excede con mucho la capacidad de su equipo para investigarlos. Generalmente, los niños empiezan a hablar de su «otra vida» entre los dos y los cuatro años y con frecuencia recuerdan abundantes detalles: su nombre, los nombres de los miembros de su familia y amigos, dónde vivían, qué aspecto tenía su casa, cómo se ganaban la vida, cómo murieron e incluso información oscura, como el lugar donde escondieron dinero antes de morir y, en los casos relacionados con asesinatos, la identidad de la persona que acabó con su vida[59].

De hecho, con frecuencia sus recuerdos son tan detallados que Stevenson consigue localizar la identidad de su personalidad previa y verificar prácticamente todo lo que han dicho. Ha llevado a niños a la zona en la que vivieron en su encarnación pasada y les ha visto orientarse sin esfuerzo por vecindarios desconocidos, así como identificar correctamente su antigua casa y sus pertenencias, y parientes y amigos de su vida pasada.

Al igual que Whitton, Stevenson ha reunido una cantidad enorme de datos que apuntan a la reencarnación y, hasta la fecha, ha publicado seis libros sobre sus hallazgos[60]. Y, como Whitton, ha encontrado pruebas de que el inconsciente interviene en nuestro modo de ser y en nuestro destino mucho más de lo que se sospechaba hasta ahora.

Ha corroborado el descubrimiento de Whitton de que muchas veces renacemos con personas a las que hemos conocido en existencias previas y que la fuerza que guía nuestras elecciones a menudo es el afecto, el sentido de culpa o la sensación de estar en deuda[61]. Está de acuerdo en que el árbitro de nuestro destino es la responsabilidad personal y no el azar. Ha averiguado que, aunque las condiciones materiales pueden variar sobremanera de una vida a la siguiente, la conducta moral de una persona, así como sus intereses, aptitudes y actitudes permanecen constantes. Individuos que fueron criminales en una existencia previa tienden a verse arrastrados nuevamente hacia una conducta criminal. Las personas que fueron generosas y amables siguen siendo generosas y amables, etc. De todo esto Stevenson deduce que lo más importante no son los símbolos externos de la vida, al parecer, sino los internos: las alegrías, las penas y el «crecimiento interior» de la personalidad.

Resulta significativo el hecho de que no encontrara indicios convincentes de un «karma punitivo», ni indicación alguna de que recibamos un castigo cósmico por nuestros pecados. «Por tanto, a juzgar por las pruebas, no hay un juicio externo de nuestra conducta, ni un ser que nos lleve de una vida a otra de acuerdo con nuestros merecimientos. Si este mundo es "un valle donde se forjan las almas", como dijo Keats, nosotros somos los creadores de nuestras propias almas», declara Stevenson[62].

Por otra parte, Stevenson ha desvelado un fenómeno que no apareció en el estudio de Whitton, un descubrimiento que ofrece datos aún más espectaculares sobre el poder del inconsciente para elaborar las circunstancias de nuestra vida y para influir en ellas. Lo que averiguó es que la encarnación previa de una persona afecta aparentemente a la forma y a la estructura misma de su cuerpo físico actual. Ha descubierto, por ejemplo, que los niños birmanos que recuerdan vidas previas como pilotos de las fuerzas aéreas británicas o americanas derribados sobre Birmania durante la Segunda Guerra Mundial tienen el pelo más rubio y la tez más clara que sus hermanos[63].

También ha encontrado ejemplos de rasgos faciales distintivos, deformidades de pies y otras características que se han transferido de una vida a la siguiente[64]. Los casos más numerosos y documentados son los de heridas físicas que se traducen en cicatrices o marcas de nacimiento. Por ejemplo, un chico que recordaba que en su vida anterior le habían asesinado cortándole el cuello, tenía todavía una larga marca rojiza en el cuello que parecía una cicatriz[65]. Otro chico recordaba que se había suicidado de un disparo en la cabeza en su encarnación pasada y aún tenía dos marcas de nacimiento que parecían cicatrices perfectamente alineadas con la trayectoria de la bala: una en el punto por el que la bala había entrado y la otra por donde había salido[66]. Un tercer caso involucraba a un chico con una marca de nacimiento similar a una cicatriz quirúrgica, completada con una línea de marcas rojas que parecían las marcas de los puntos, en el sitio exacto en el que a su personalidad anterior le habían practicado una operación[67].

De hecho, Stevenson ha documentado cientos de casos similares y actualmente está preparando un estudio en cuatro tomos sobre este fenómeno. En algunos casos, ha podido obtener informes hospitalarios o de la autopsia de la personalidad fallecida que muestran que las heridas no solo se produjeron, sino que estaban exactamente en el mismo sitio que la deformidad o la marca de nacimiento actuales. A su juicio, esas marcas, además de proporcionar una prueba fehaciente a favor de la reencarnación, sugieren la existencia de algún tipo de cuerpo no físico intermedio que actúe como portador de los atributos desde una vida a la siguiente. Como dice él: «Me parece que, entre una vida y otra, la impronta de las heridas de la personalidad previa debe ser transportada por una especie de prolongación del cuerpo que, a su vez, sirva de plantilla para la producción de un cuerpo físico nuevo con marcas de nacimiento y deformidades que se correspondan con las heridas del cuerpo de la personalidad previa»[68].

El «cuerpo plantilla» teórico de Stevenson evoca la afirmación de Tiller de que el campo de energía humano es un plano holográfico que guía la forma y estructura que tendrá el cuerpo físico. Dicho de otra manera: constituye una especie de plano tridimensional con arreglo al cual se forma el cuerpo físico. De manera similar, sus hallazgos con respecto a las marcas de nacimiento sustentan la idea de que, en el fondo, solo somos imágenes, construcciones holográficas creadas por el pensamiento.

Stevenson ha señalado asimismo que, aunque su investigación sugiera que nosotros creamos nuestras propias vidas y, hasta cierto punto, nuestros propios cuerpos, nuestra participación en el proceso es tan pasiva que resulta prácticamente involuntaria. Al parecer, en esas elecciones participan los estratos más profundos de la psique, aquellos que están mucho más en contacto con lo implicado. O, como dice él, «estos procesos deben estar gobernados por niveles de actividad mental mucho más profundos que los que regulan la digestión de la cena [y] la respiración normal»[69].

Por poco ortodoxas que sean muchas de las conclusiones de Stevenson, se ha ganado el respeto de distintos sectores gracias a su reputación de investigador concienzudo. Sus descubrimientos se han publicado en medios científicos tan distinguidos como el *American Journal of Psychiatry*, el *Journal of Nervous and Mental Disease* y el *International Journal of Comparative*

Sociology. El prestigioso *Journal of the American Medical Association*, en una crítica de uno de sus trabajos, afirmó que «ha recopilado minuciosa y objetivamente una serie detallada de casos donde es difícil interpretar las pruebas a favor de la reencarnación desde cualquier otra perspectiva... Ha aportado una gran cantidad de datos que no se pueden dejar de lado»[70].

EL PENSAMIENTO COMO CONSTRUCTOR

Al igual que tantos «descubrimientos» que hemos visto anteriormente, la idea de que una parte de nosotros mismos —la parte espiritual y profundamente inconsciente— pueda trascender las fronteras del tiempo y ser la causante de nuestro destino se puede encontrar también en muchas tradiciones chamánicas y en otras fuentes. Según el pueblo batta, de Indonesia, el alma o *tondi* determina todo lo que experimenta una persona y se reencarna de un cuerpo a otro; es asimismo el medio de reproducir la conducta y los atributos físicos de su ser anterior[71]. También los indios ochibúes o chipevés creen que la vida de una persona está escrita de antemano por un espíritu o alma invisible destinada a promover el crecimiento y el desarrollo. Si una persona muere sin aprender por completo todas las lecciones que tiene que aprender, su cuerpo espiritual vuelve a nacer en otro cuerpo físico[72]. A esa faceta invisible, los kahunas la llamaban *aumakua*, o 'ser elevado'. Es la parte inconsciente de la persona que, como la metaconsciencia de Whitton, puede ver las partes del futuro que han cristalizado o se han «fijado». Es también la parte de nosotros responsable de la creación de nuestro destino, pero no está sola en el proceso. Los kahunas, como muchos investigadores mencionados en el presente libro, creían que los pensamientos eran cosas y estaban formados por una sutil sustancia energética que ellos llamaban *kino mea*, o 'materia nebulosa del cuerpo'. De ahí que nuestras esperanzas, miedos, planes, preocupaciones, culpas, sueños e imaginaciones no se desvanezcan una vez que abandonan la mente, sino que se conviertan en formas que también se transformen en hebras en bruto con las que el ser elevado teje nuestro futuro.

La mayoría de la gente no controla sus pensamientos —decían los kahunas— y bombardea constantemente a su ser elevado con una mezcla incontrolada y contradictoria de planes, deseos y temores. Eso confunde al ser elevado y, por eso, las vidas de la mayoría de las personas se nos antojan igualmente arbitrarias y descontroladas. Se decía que los kahunas poderosos que estaban en comunicación directa con su ser elevado podían ayudar a la gente a rehacer su futuro. De manera similar, consideraban extraordinariamente importante tomarse un tiempo, a intervalos frecuentes, para pensar sobre la vida y para visualizar, en términos concretos, lo que uno desea que le suceda. Los kahunas afirmaban que así podemos controlar más conscientemente los hechos que nos ocurren y construir nuestro propio futuro[73].

En una línea que recuerda la idea de Tiller y Stevenson del cuerpo sutil intermediario, los kahunas creían que la materia nebulosa del cuerpo forma una plantilla sobre la cual se moldea el cuerpo físico. Además, se decía que los kahunas, que tenían una sintonía extraordinaria con su ser elevado, podían conformar y reformar la materia nebulosa y, por ende, el cuerpo físico de otras personas y que así era cómo se realizaban las curaciones milagrosas[74]. Esa visión ofrece asimismo una comparación interesante con algunas de las conclusiones que hemos sacado nosotros sobre la causa de que los pensamientos y las imágenes tengan un impacto tan poderoso sobre la salud.

Los místicos del Tíbet se referían a la «materia» de los pensamientos como *tsal* y sostenían que las acciones mentales producían ondas de esa energía misteriosa. Creían que todo el universo es producto de la mente y está creado y animado por el *tsal* colectivo de todos los seres. La mayoría de la gente no sabe que posee ese poder —aseguraban los seguidores del tantrismo— porque la mente humana media actúa «como un pequeño charco aislado del gran océano». Se decía que solo los grandes yoguis expertos en contactar con los niveles más profundos de la mente eran capaces de utilizar conscientemente esa fuerza y que una de las cosas que hacían para lograrlo era visualizar repetidamente la curación deseada. Los tantras tibetanos están llenos de ejercicios de visualización, o *sadhanas*, ideados con esa finalidad; los monjes de algunas sectas, como los kargyupa, pasan hasta siete años en completa soledad, en una cueva o en una habitación sellada, perfeccionando su capacidad de visualización[75].

Los sufíes persas del siglo XII subrayaban asimismo la importancia de la visualización para alterar y reformar el destino propio y denominaban *alam al-mithal* a la materia sutil del pensamiento. Al igual que muchos clarividentes, creían que los seres humanos poseen un cuerpo sutil controlado por centros de energía como los chakras. Sostenían también que la realidad está dividida en una serie de planos del ser más sutiles, o *hadarat*, y que el plano de existencia contiguo al nuestro era una especie de plantilla en la cual el *alam al-mithal* tomaba forma de ideas-imágenes que, a su vez, determinaban finalmente el curso de la vida. Los sufíes añadían además un giro de su propia cosecha. Pensaban que el chakra del corazón, o *himma*, era el causante del proceso y que, por consiguiente, controlar el chakra del corazón era un requisito previo para controlar el propio destino[76].

También Edgar Cayce hablaba de los pensamientos como cosas tangibles, como una forma más sutil de materia, y, cuando estaba en trance, repetía una y otra vez a sus clientes que los pensamientos crean el destino y que «el pensamiento es el constructor». Según lo veía él, el proceso del pensamiento es como una araña que está tejiendo y ampliando constantemente su red.

En su opinión, en cada momento de la vida creamos las imágenes y las pautas que dan energía y forma a nuestro futuro[77].

Paramahansa Yogananda aconsejaba a la gente que visualizara el futuro que deseaba para sí y que lo cargara con la «energía de la concentración». Como él mismo expresó: «La visualización adecuada, ejercitando la concentración y la fuerza de voluntad, nos permite materializar los pensamientos no solo como sueños o visiones en el terreno mental, sino también como experiencias en el terreno material»[78].

Lo cierto es que esas ideas se pueden encontrar en una gran variedad de fuentes. El propio Buda expresaba: «Somos lo que pensamos. Todo lo que somos surge con nuestros pensamientos. Con nuestros pensamientos hacemos el mundo»[79]. El Upanishad hindú precristiano Brihadaranyaka sostiene: «Como un hombre actúa, así se vuelve. Como es su deseo, así es su destino»[80]. Por su parte, Jámblico, filósofo griego del siglo IV, escribió: «El Destino no controla todas las cosas del mundo de la Naturaleza, porque el alma tiene un principio propio»[81]. La Biblia cristiana también insiste: «Pedid y se os dará... Si tenéis fe, nada será imposible para vosotros»[82]. Y el rabino Steinsaltz, en la obra cabalística *La rosa de trece pétalos*, se expresa con estas palabras: «El destino de una persona está asociado a las cosas que ella misma hace y crea»[83].

UNA SEÑAL DE ALGO MÁS PROFUNDO

La idea de que nuestros pensamientos crean nuestro destino permanece viva en la cultura contemporánea. Es el tema de libros de autoayuda que han sido éxitos de ventas, como *Visualización creativa*, de Shakti Gawain, y *Usted puede sanar su vida*, de Louise L. Hay. Esta última autora, que afirma haberse curado de un cáncer cambiando sus pautas mentales, imparte seminarios sobre sus técnicas con un éxito enorme. Esta perspectiva constituye asimismo la principal filosofía subyacente en muchas obras populares «canalizadas», como *Un curso de milagros* y los libros de Seth de Jane Roberts.

Algunos destacados psicólogos también están abrazando la idea. Jean Houston, expresidenta de la Association for Humanistic Psychology y actual directora de la Foundation for Mind Research de Pomona, Nueva York, la explora ampliamente en su libro *The Possible Human (El ser humano posible)*. En él presenta varios ejercicios de visualización, uno de ellos bajo el título «Orquestando el cerebro y entrando en el holoverso»[84].

Otro libro inspirado en gran parte en el modelo holográfico con el fin de sustentar la idea de que podemos usar la visualización para reconfigurar el futuro es *Changing Your Destiny (Cambia tu destino)*, de Mary Orser y Richard A. Zarro. Además, Zarro es el fundador de Futureshaping Technologies, una empresa que organiza seminarios para ejecutivos sobre técnicas de «configuración del futuro» y cuenta entre sus clientes a Panasonic y a la International Banking and Credit Association[85].

El exastronauta Edgar Mitchell, el sexto hombre en pisar la Luna y explorador tanto del espacio interior como del exterior desde hace mucho tiempo, utiliza una táctica similar. En 1973 fundó el Instituto de Ciencias Noéticas, una organización con base en California que se dedica a investigar los poderes de la mente. El instituto sigue en plena actividad y entre sus proyectos actuales figura un estudio a gran escala del papel de la mente en las curaciones milagrosas y en las remisiones espontáneas, así como otro estudio del papel de la consciencia en la creación de un futuro global positivo. Según Mitchell: «Creamos nuestra propia realidad porque nuestra realidad emocional interior —el subconsciente— nos arrastra a situaciones de las que aprendemos. Las vivimos como cosas extrañas que nos pasan en la vida [y] conocemos a gente de la que necesitamos aprender. Así pues, creamos esas circunstancias en un nivel subconsciente y metafísico muy profundo»[86].

¿Representa la popularidad actual de esta idea simplemente una moda, o su presencia en tantas culturas y en tantas épocas diferentes es una señal de que apunta a algo mucho más fundamental, un conocimiento que todos los seres humanos poseen de forma intuitiva? De momento, la pregunta permanece sin respuesta, pero, en un universo holográfico —un universo en el que la mente *participa* en la realidad y lo más recóndito de la psique se puede manifestar en el mundo objetivo como una sincronicidad—, la idea de que somos arquitectos de nuestro destino no resulta tan descabellada. De hecho, parece incluso probable.

TRES ÚLTIMAS PRUEBAS

Antes de concluir, conviene examinar tres últimas pruebas. Aunque no resultan concluyentes, cada una de ellas permite atisbar otras facultades que puede poseer la consciencia en un universo holográfico y que trascienden el tiempo.

Sueños multitudinarios del futuro

La doctora Helen Wambach, psicóloga de San Francisco, ya fallecida, desarrolló un enfoque innovador en sus investigaciones sobre vidas pasadas. En lugar de trabajar con individuos aislados, hipnotizaba a grupos de personas en pequeños seminarios de trabajo, haciéndolos regresar a periodos históricos específicos y formulándoles preguntas predeterminadas sobre aspectos concretos de la vida cotidiana: sexo, vestimenta, ocupación, utensilios de cocina, etc. Durante veintinueve años de investigación sobre el fenómeno de vidas pasadas, Wambach hipnotizó literalmente a miles de individuos y atesoró una cantidad de datos impresionante.

Una de las críticas que se dirigen contra la reencarnación es que parece que la gente solo recuerda vidas pasadas como personajes históricos o famosos. Sin embargo, Wambach descubrió que más del 90 por ciento de los sujetos de sus investigaciones recordaban vidas pasadas como campesinos, trabajadores, granjeros y recolectores primitivos de comida. Menos del 10 por ciento recordaban haberse encarnado en aristócratas y ninguno recordaba haber sido alguien famoso —un descubrimiento que contradice la idea de que los recuerdos de vidas pasadas son fantasías—[87]. Por otra parte, la información que daban sobre los detalles históricos, incluso detalles oscuros, era extraordinariamente precisa. Por ejemplo, los que recordaban haber vivido en el siglo XVIII decían que utilizaban un tenedor de tres púas para comer durante la cena, pero, después de 1790, la mayor parte de los tenedores descritos eran de cuatro púas, lo cual refleja correctamente la evolución histórica del tenedor. La información relativa a la ropa y el calzado, a la clase de comida, etcétera, era asimismo exacta[88].

Wambach descubrió que también podía *progresar* a personas hacia vidas futuras. Las descripciones de siglos venideros eran tan fascinantes que dirigió un importante proyecto de progresión a vidas futuras en Francia y en Estados Unidos. Desgraciadamente, murió antes de completar el estudio; no obstante, el psicólogo Chet Snow, antiguo colega suyo, continuó su trabajo y ha publicado los resultados recientemente en un libro titulado *Mass Dreams of the Future (Sueños multitudinarios del futuro)*.

Cuando se compararon los informes de las 2500 personas que participaron en el proyecto, los hallazgos revelaron patrones inquietantes. En primer lugar, prácticamente todas coincidían en que la población de la Tierra había descendido de forma espectacular. Muchas ni siquiera se encontraban en cuerpos físicos en los diversos periodos del futuro especificados, y las que sí lo estaban observaron que la población era mucho más pequeña que en la actualidad.

Más revelador aún fue el hecho de que los participantes se dividieron claramente en cuatro grupos, cada uno con descripciones del futuro diferentes. El primer grupo describía un futuro yermo y sin alegría en el que la mayoría de la gente vivía en estaciones espaciales, llevaba trajes plateados y comía comida sintética. El segundo grupo —los visionarios de la New Age (Nueva Era)— relataba una existencia más esperanzadora. Vivían en entornos naturales, en armonía unos con otros, dedicados al aprendizaje y al desarrollo espiritual. Su vida era sencilla y feliz. Los «urbanitas de alta tecnología» formaban el tercer grupo. Describían un futuro mecánico e inhóspito, donde se vivía en ciudades subterráneas o encerradas en cúpulas y burbujas. El cuarto grupo se identificaba como «supervivientes del desastre». Habitaban un mundo devastado por una catástrofe global, posiblemente nuclear. Sus hogares comprendían desde ruinas urbanas hasta cuevas o granjas aisladas. Vestían pieles cosidas a mano y obtenían gran parte de su sustento a través de la caza.

¿Cuál es la explicación de tanta divergencia? Snow acude al modelo holográfico para encontrar respuestas. Como Loye, sugiere que estos relatos apuntan a la existencia de varios futuros potenciales, es decir, holoversos distintos que se están formando en las nieblas del destino. Sin embargo, coincide con otras personas que investigan vidas pasadas, y añade en su interpretación un elemento crucial: si creamos nuestro destino tanto individual como colectivamente, entonces los cuatro escenarios representan futuros en potencia que la humanidad está creando mediante sus pensamientos y acciones colectivas.

Debido a esta responsabilidad compartida, Snow recomienda que, en vez de construir refugios contra bombas o de trasladarnos a zonas supuestamente seguras (como predicen algunos psíquicos), dediquemos nuestras energías a visualizar y creer en un futuro positivo. Menciona la Comisión Planetaria —un grupo formado por millones de personas de todo el mundo que dedican una hora (de 12:00 a 13:00, en el huso horario de Greenwich) cada 31 de diciembre a la oración y meditación por la paz y la sanación mundial— como un paso en la dirección correcta. «Si estamos formando continuamente la realidad física del futuro con los pensamientos y las acciones colectivas de hoy, entonces *ahora* es el momento de tomar consciencia de la alternativa que hemos creado. Están claras las distintas clases de Tierra que podemos elegir, representadas por los cuatro grupos. ¿Cuál queremos para nuestros hijos? ¿Cuál queremos para nosotros por si acaso volvemos algún día?», incide Snow[89].

Cambiar el pasado

Tal vez el futuro no sea lo único que puede ser moldeado y remodelado por el pensamiento humano. En la convención anual de 1988 de la Parapsychological Association, Helmut Schmidt y Marilyn Schlitz anunciaron que varios experimentos que habían realizado indicaban que la mente podía ser capaz de alterar también el pasado.

Su primer experimento empleó un proceso de distribución aleatoria por ordenador para grabar mil secuencias de sonido diferentes. Cada secuencia consistía en cien tonos de duración variable; algunos tonos eran agradables al oído mientras que otros eran meras explosiones de ruido. Dado que el proceso de selección era aleatorio, según la ley de probabilidad, cada secuencia debería contener aproximadamente un 50 por ciento de sonidos agradables y un 50 por ciento de ruido.

Los investigadores enviaron por correo casetes con las secuencias ya grabadas a diversos voluntarios. Mientras escuchaban estas grabaciones, los participantes debían intentar usar la psicoquinesia para incrementar la duración de los sonidos agradables y disminuir la del ruido. Cuando los voluntarios completaron la tarea, notificaron los resultados al laboratorio. Schmidt y Schlitz examinaron entonces las secuencias originales y descubrieron que las grabaciones escuchadas por los voluntarios contenían tramos de sonidos agradables significativamente más largos que los tramos de ruido. Era como si los sujetos hubieran retrocedido en el tiempo y hubieran influido «psicoquinéticamente» en el proceso de distribución utilizado para elaborar las casetes *pregrabadas*.

En un segundo experimento, Schmidt y Schlitz programaron el ordenador para que produjera secuencias de cien tonos compuestas al azar por cuatro notas diferentes. Posteriormente, dieron instrucciones a los sujetos para que intentaran conseguir por psicoquinesia que aparecieran más notas altas que bajas en las cintas. De nuevo, se detectó un efecto psicoquinético retroactivo. Schmidt y Schlitz averiguaron también que los voluntarios que meditaban con regularidad ejercían un efecto mayor que los que no lo hacían, lo que sugiere nuevamente que el contacto con el inconsciente es clave para acceder a la parte de la psique que estructura la realidad[90].

La idea de que podemos alterar psicoquinéticamente hechos que han ocurrido resulta perturbadora. Estamos tan condicionados a creer que el pasado está fijado como una mariposa tras un cristal que apenas podemos concebir lo contrario. Sin embargo, en un universo holográfico —donde el tiempo es una ilusión y la realidad emerge de la consciencia—, se trata de una posibilidad a la que acaso tengamos que acostumbrarnos.

Un paseo por el jardín del tiempo

Por fantásticas que sean las dos ideas anteriores, no suponen un cambio demasiado grande en comparación con el último tipo de anomalía temporal que merece nuestra atención. El 10 de agosto de 1901, dos catedráticas de Oxford experimentaron algo extraordinario. Anne Moberly y Eleanor Jourdain, rectora y vicerrectora del St. Hugh's College, respectivamente, paseaban por el jardín del Petit Trianon de Versalles cuando presenciaron un fenómeno deslumbrante, un efecto luminoso no muy distinto de las transiciones especiales de una película cuando cambia de una escena a otra. Cuando el resplandor se disipó, el paisaje había cambiado por completo. De repente, la gente a su alrededor llevaba trajes y pelucas del siglo XVIII y se comportaba con mucha agitación. Mientras las dos mujeres observaban atónitas, se les acercó un hombre de aspecto repulsivo, con la cara picada por la viruela, que les instó a cambiar de dirección. Lo siguieron hasta que pasaron una fila de árboles y entraron en un jardín en el que oyeron flotar compases de música en el aire y vieron a una dama aristocrática pintando una acuarela.

Finalmente, la visión se desvaneció y el paisaje recuperó su estado normal, pero la transformación había sido tan espectacular que, cuando las mujeres miraron hacia atrás, vieron que el camino por el que acababan de andar estaba bloqueado por un viejo muro de piedra. Cuando regresaron a Inglaterra, buscaron informes históricos y llegaron a la conclusión de que habían sido transportadas hacia atrás en el tiempo, exactamente al día en que tuvo lugar el saqueo de las Tullerías y la masacre de la Guardia Suiza, lo que explicaba la agitación de la gente. La mujer que pintaba, concluyeron, no era otra que María Antonieta. La experiencia fue tan vívida que las mujeres escribieron un extenso texto sobre lo ocurrido y lo presentaron a la British Society for Psychical Research[91].

Lo que hace que la experiencia de las señoras Moberly y Jourdain sea tan significativa es que no se trató simplemente de una visión retrocognitiva del pasado. Ellas *retrocedieron al pasado* físicamente, se encontraron con gente y pasearon por el jardín de las Tullerías, tal y como estaba más de cien años antes. Resulta difícil aceptar que la experiencia fuera real, pero, teniendo en cuenta que no les proporcionó ningún beneficio evidente, sino que, con toda certeza, puso en riesgo sus reputaciones académicas, a uno le cuesta imaginar por qué motivo inventarían semejante historia.

No obstante, su experiencia no constituye un caso aislado. En mayo de 1955, un abogado de Londres y su esposa se encontraron también con varios personajes dieciochescos muy elegantes en el mismo jardín. En otro incidente, el personal de una embajada cuyas oficinas daban a Versalles afirmó que había observado cómo el jardín retrocedía a un periodo histórico anterior[92].

En otros lugares se han documentado también fenómenos parecidos. En Estados Unidos, el parapsicólogo Gardner Murphy, antiguo presidente tanto de la American Psychological Association como de la American Society for Psychical Research, investigó un caso en el que una mujer identificada llamada Buterbaugh miró por la ventana de su despacho en la Universidad Wesleyan de Nebraska y vio el campus tal y como era cincuenta años antes. Habían desaparecido las calles bulliciosas y la residencia femenina y en su lugar se extendía el campo abierto y unos cuantos árboles cuyas hojas se mecían en la brisa de un verano que había pasado hacía mucho tiempo[93].

¿Es tan delgada la línea que separa el presente y el pasado como para que, en las circunstancias adecuadas, podamos adentrarnos en el pasado con la misma facilidad con que paseamos por un jardín? De momento, simplemente no lo sabemos, pero acontecimientos como estos tal vez no sean tan imposibles como parecen en un mundo formado no tanto por objetos sólidos que viajan por el espacio y por el tiempo, sino por hologramas fantasmales de energía sostenidos por procesos relacionados, al menos en parte, con la consciencia humana.

Si esta idea nos perturba —la noción de que la mente y el cuerpo están mucho menos limitados por restricciones temporales de lo que imaginábamos—, conviene recordar que la idea de que la Tierra es redonda fue una vez igualmente aterradora para una humanidad convencida de que era plana. Las pruebas presentadas en este capítulo indican que todavía somos niños en cuanto se refiere a entender la verdadera naturaleza del tiempo. Y como los niños en el umbral de la edad adulta, deberíamos apartar nuestros miedos y aceptar cómo es el mundo realmente. Porque en un universo holográfico —un universo en el que todas las cosas son centelleos fantasmales de energía— tiene que cambiar mucho más que nuestro entendimiento del tiempo. Aún han de cruzar nuestro paisaje otros resplandores, profundidades aún más hondas nos aguardan.

CAPÍTULO 8
Viajando por el superholograma

«Se puede acceder a la realidad holográfica experimentalmente cuando la consciencia de uno se libera de su dependencia del cuerpo físico. Mientras uno permanezca atado al cuerpo y a sus modalidades sensoriales, la realidad holográfica será, como mucho, una construcción intelectual simplemente. Cuando uno [se libera del cuerpo], la experimenta directamente. Por eso, los místicos hablan de sus visiones con gran certeza y convicción, mientras que los que no han experimentado ese terreno por sí mismos permanecen escépticos o indiferentes incluso».

KENNETH RING, catedrático de Psicología,
La vida en la muerte

EL TIEMPO NO ES LA ÚNICA COSA ILUSORIA en un universo holográfico, sino que el espacio debe ser contemplado también como un producto de nuestra manera de percibir. Comprender esto resulta más difícil que aceptar la idea de que el tiempo sea una construcción mental, porque, a la hora de intentar conceptualizar «el sin-espacio», no hay analogías fáciles, ni imágenes de universos ameboides o de futuros cristalizantes a las que podamos recurrir. Estamos tan programados para pensar en el espacio como categoría absoluta que nos cuesta incluso empezar a imaginar lo que sería existir en un ámbito en el que no existiera el espacio. Sin embargo, hay indicios de que, en última instancia, no estamos más limitados por el espacio que por el tiempo.

Un indicio convincente se puede encontrar en el fenómeno de las experiencias extracorpóreas, situaciones en las que parece que la consciencia de una persona se separa del cuerpo físico y viaja a otro lugar.

A lo largo de la historia, han experimentado experiencias fuera del cuerpo (EFC) individuos de todas las profesiones y condiciones sociales; Aldous Huxley, Goethe, D. H. Lawrence, August Strindberg y Jack London afirmaron haberlas tenido. Las conocían los egipcios, los indios norteamericanos, los chinos, los filósofos griegos, los alquimistas medievales, los pueblos oceánicos, los hindúes, los hebreos y los musulmanes. En un estudio comparativo de culturas de 44 sociedades no occidentales, Dean Shiels descubrió que solo tres de ellas *no* creían en las experiencias extracorpóreas[1]. En un estudio similar, la antropóloga Erika Bourguignon examinó 488 sociedades del mundo —aproximadamente el 57 por ciento de las sociedades conocidas— y descubrió que en 437, es decir, el 89 por ciento, había al menos alguna tradición relacionada con ellas[2].

Estudios actuales confirman que las EFC siguen siendo un fenómeno muy extendido. El difunto doctor Robert Crookall, geólogo de la Universidad de Aberdeen y parapsicólogo aficionado, investigó los suficientes casos como para escribir nueve libros sobre el tema. En la década de los sesenta, Celia Green, directora del Institute of Psychological Research de Oxford, encuestó a 115 alumnos de la Universidad de Southampton y descubrió que el 19 por ciento admitió haber tenido alguna EFC. Cuando extendió su investigación a 380 alumnos de Oxford, el porcentaje ascendió al 34 por ciento[3]. En un estudio de 902 adultos, Haraldson descubrió que el 8 por ciento había experimentado, al menos una vez, lo que era estar fuera del cuerpo[4]. En 1980, un estudio dirigido por el doctor Harvey Irwin en la Universidad de Nueva Inglaterra en Australia reveló que el 20 por ciento de 177 alumnos había tenido una EFC[5]. El promedio de estos datos sugiere que aproximadamente una de cada cinco personas tendrá una en algún momento de su vida, aunque otros estudios sitúan el índice más cerca del 10 por ciento. En cualquier caso, resulta evidente que son mucho más comunes de lo que la gente piensa.

La EFC típica suele ser espontánea y la mayoría de las veces tiene lugar durante el sueño, la meditación, la anestesia, la enfermedad o en situaciones de dolor traumático (aunque puede ocurrir también en otras circunstancias). De pronto se tiene la vívida sensación de que la mente se ha separado del cuerpo. Con frecuencia, uno se encuentra flotando encima de su cuerpo y descubre que puede viajar o volar a otros lugares.

¿Cómo es la experiencia de verse libre de lo físico y contemplar el propio cuerpo desde arriba? En 1980, los doctores Glen Gabbard de la Menninger Foundation de Topeka, Stuart Twemlow del Topeka Veterans' Administration Medical Center y Fowler Jones del centro médico de la Universidad de Kansas examinaron 339 casos de viajes fuera del cuerpo. Sus resultados desafiaron las expectativas: el 85 por ciento de los participantes calificó la experiencia como agradable, mientras que más de la mitad la describió como francamente gozosa[6].

Conozco la sensación. De adolescente, tuve una EFC espontánea. Tras superar el sobresalto inicial de hallarme flotando sobre mi propio cuerpo dormido en la cama, lo pasé increíblemente bien. Volé a través de las paredes, me elevé hasta las copas de los árboles y, por casualidad, localicé un libro de la biblioteca que había perdido una vecina y al día siguiente pude decirle dónde estaba. Describo esta experiencia con detalle en *Más allá de la teoría cuántica*.

Resulta significativo que Gabbard, Twemlow y Jones examinaran también el perfil psicológico de quienes habían experimentado una EFC y descubrieran que eran psicológicamente normales y, por lo general, mostraban una adaptación extraordinariamente sólida. Al presentar sus conclusiones en la reunión anual de 1980 de la American Psychiatric Association, los investigadores les recomendaron a sus colegas que tranquilizaran al paciente explicándole que las experiencias extracorpóreas son acontecimientos comunes. Además, insistieron, remitirle a libros sobre el tema podía resultar «más terapéutico» que el tratamiento psiquiátrico convencional. Llegaron a insinuar incluso que ¡los pacientes obtendrían mayor alivio consultando con un yogui que con un psiquiatra![7].

A pesar de estos hechos, ningún resultado estadístico, por concluyente que sea, es tan convincente como los relatos reales de las experiencias. De hecho, un caso particular transformó el escepticismo de una profesional de la medicina. Kimberly Clark, trabajadora social del hospital de Seattle, Washington, no se tomaba en serio las EFC hasta que se encontró con una paciente llamada María que padecía una enfermedad coronaria. Varios días después de ingresar en el hospital, María sufrió una parada cardíaca y fue reanimada de inmediato. Clark acudió a visitarla aquella misma tarde, esperando encontrarla sumida en un estado de ansiedad por el hecho de que se le hubiera parado el corazón. Efectivamente, María estaba agitada, aunque no por la razón que Clark había anticipado.

La paciente relató una experiencia muy extraña. Cuando se le paró el corazón, se encontró de repente en el techo observando a los médicos y a las enfermeras trabajar sobre su cuerpo. Entonces, algo en la entrada de la sala de urgencias captó su atención y, tan pronto como dirigió su pensamiento hacia ese lugar, allí *estaba*. Después, María «pensó que se dirigía» hacia arriba, al tercer piso del edificio, y se encontró «con la cara pegada al talón» de una zapatilla de tenis situada en el alféizar. El calzado era viejo y María notó que el meñique había agujereado la tela. Observó también otros detalles, como que el cordón estaba metido por debajo del talón. Cuando María terminó su relato, le pidió a Clark que comprobara si efectivamente había una zapatilla en el alféizar para confirmar si su experiencia había sido real.

Clark, escéptica pero intrigada, decidió investigar. Se asomó y levantó la vista hacia la moldura superior, pero no vio nada. Subió entonces al tercer piso y empezó a recorrer las habitaciones de los pacientes, asomándose a cada ventana. El ángulo de visión era tan limitado que tenía que pegar la cara al cristal para poder ver el alféizar. Por fin, encontró una habitación desde la cual, pegando la cara al cristal y mirando hacia abajo, logró ver la zapatilla de tenis. Sin embargo, desde aquella incómoda posición, no podía confirmar si el meñique había perforado la tela, ni si los demás detalles descritos por María eran exactos. Cuando recuperó la zapatilla, pudo constatar todo lo que había visto María. «La única manera de tener la perspectiva necesaria para ver esos detalles era haber estado completamente fuera, flotando en el aire muy cerca de la zapatilla de tenis. Fue una prueba muy clara para mí», declara Clark, que desde entonces cree en las EFC[8].

Experimentar una EFC durante una parada cardíaca es relativamente común, tanto que un cardiólogo decidió investigar el fenómeno. Michael B. Sabom, profesor de Medicina de la Emory University y médico de plantilla del Atlanta Veterans' Administration Medical Center, escuchaba cada vez más impaciente relatar a sus pacientes lo que consideraba «fantasías», así que decidió zanjar la cuestión de una vez por todas. Diseñó un estudio comparativo con dos grupos de pacientes, ambos enfermos cardíacos veteranos: uno formado por 32 pacientes que afirmaban haber experimentado una EFC durante sus ataques, y otro con 25 enfermos que nunca habían vivido tal fenómeno.

Tras entrevistar a ambos grupos, pidió a los primeros que describieran su resucitación tal y como la habían presenciado desde fuera del cuerpo; a los segundos les solicitó que describieran lo que imaginaban que había ocurrido durante su resucitación. El grupo que no había experimentado una EFC demostró una incapacidad notable para describir con precisión su resucitación: veinte cometieron errores importantes, tres ofrecieron descripciones correctas pero vagas, y dos no tenían ni idea alguna de lo ocurrido. Por el contrario, el grupo que había tenido una EFC demostró una extraordinaria exactitud: veintiséis proporcionaron descripciones correctas pero generales; seis ofrecieron relatos muy detallados y precisos de su resucitación, y el último proporcionó una descripción pormenorizada tan exacta que el cardiólogo se quedó pasmado. Los resultados le indujeron a profundizar en el fenómeno aún más y, al igual que Clark, ahora se ha convertido en un convencido e imparte muchas conferencias sobre el tema. Según su conclusión: «Las observaciones realizadas durante estas experiencias aparentemente no tienen una explicación posible mediante los sentidos físicos normales. Según parece, la hipótesis de la experiencia fuera del cuerpo es la que mejor se ajusta a los datos que tenemos a mano»[9].

Las experiencias extracorpóreas de aquellos pacientes eran espontáneas, pero también hay personas que han llegado a dominar la capacidad de abandonar el cuerpo hasta el punto de poder hacerlo a voluntad. Robert Monroe, un antiguo ejecutivo de radio y televisión, es una de estas personas. Cuando tuvo su primera EFC a finales de la década de los cincuenta, pensó que se estaba volviendo loco e inmediatamente buscó atención médica. Los médicos no detectaron nada anómalo, pero él siguió teniendo aquellas extrañas experiencias y su preocupación no dejaba de aumentar. Por fin, tras escuchar a un amigo psicólogo mencionar que los yoguis indios contaban que abandonaban el cuerpo continuamente, empezó a aceptar esta habilidad involuntaria: «Tenía dos opciones. Una era la sedación para el resto de mi vida; la otra era aprender algo sobre este estado para poder controlarlo»[10].

Desde aquel día, Monroe empezó a llevar un diario de sus experiencias, documentando meticulosamente todo lo que aprendía sobre el estar fuera del cuerpo. Descubrió que podía atravesar objetos sólidos y viajar a grandes distancias en un abrir y cerrar de ojos, simplemente «pensándose» allí. Constató que las demás personas apenas se daban cuenta de su presencia, aunque los amigos a los que visitó mientras estaba en ese «segundo estado» le creyeron rápidamente en cuanto les describió exactamente cómo iban vestidos y la actividad que realizaban en el momento de la visita. También descubrió que no era el único que viajaba fuera del cuerpo y, de vez en cuando, se topaba con otros viajeros incorpóreos. Ha plasmado sus experiencias hasta el momento en dos libros fascinantes: *Journeys Out of the Body (Viajes fuera del cuerpo)* y *Far Journeys (Viajes lejanos)**. También se han documentado experiencias fuera del cuerpo en laboratorios. En un experimento, el parapsicólogo Charles Tart logró que una mujer experimentada en EFC, identificada como Miss Z, identificara correctamente un número de cinco dígitos escrito en un trozo de papel que solo podría verse estando fuera del cuerpo[11]. Karlis Osis y la parapsicóloga Janet Lee Mitchell, en una serie de experimentos realizados en la American Society for Psychical Research en Nueva York, trabajaron con varios individuos con dotes especiales que podían «llegar volando» desde varios lugares de todo el país y describir correctamente una amplia gama de objetos visuales: objetos situados sobre una mesa, dibujos geométricos de colores colo-

---

* De los libros que ha publicado posteriormente hay traducción española al menos, de dos de ellos: *El viaje definitivo* y *Señales: historias invisibles de la vida cotidiana*.

cados en una repisa cerca del techo e ilusiones ópticas que solo podían ser percibidas por un observador que mirara por una pequeña ventana de un aparato especial[12]. El doctor Robert Morris, director de investigación del Psychical Research Foundation en Durham, Carolina del Norte, ha utilizado animales para detectar visitas de personas en estado extracorpóreo. Por ejemplo, en un experimento demostró que un gatito, que pertenecía a un experto viajero fuera del cuerpo llamado Keith Harary, sistemáticamente dejaba de maullar y empezaba a ronronear siempre que Harary se hallaba presente de forma invisible[13].

LAS EXPERIENCIAS EXTRACORPÓREAS COMO FENÓMENO HOLOGRÁFICO

Los indicios, considerados conjuntamente, parecen ser inequívocos. Aunque nos enseñan que «pensamos» con el cerebro, no siempre es verdad. En las circunstancias adecuadas, la consciencia —nuestra parte pensante y perceptiva— se puede separar del cuerpo físico y existir donde desee. Este fenómeno, si bien no puede ser explicado según la interpretación científica actual, resulta mucho más comprensible a la luz de la idea holográfica.

Recordemos que, en un universo holográfico, la posición es en sí misma una ilusión. Así como la imagen de una manzana no tiene una posición específica en una placa holográfica, tampoco las cosas y los objetos poseen una ubicación definida en un universo organizado a partir de principios holográficos; en última instancia, todo es no local, la consciencia incluida. Así pues, aunque parezca que la consciencia está localizada en la cabeza, en ciertas condiciones puede manifestarse con la misma facilidad en la esquina superior de la habitación, suspendida sobre el césped o flotando justo enfrente de una zapatilla de tenis sobre la moldura del tercer piso de un edificio. Si la idea de que la consciencia no es local nos parece difícil de entender, podemos encontrar nuevamente una analogía útil en el sueño. Imagina que sueñas que estás en una exposición atestada de gente. Mientras paseas entre los asistentes y contemplas las obras de arte, tu consciencia parece estar situada en la cabeza de la persona que eres tú en el sueño. Ahora bien, ¿dónde está la consciencia realmente? Un rápido análisis revelará que está en todo lo que hay en el sueño: en las otras personas que asisten a la exposición, en las obras de arte e incluso en el espacio mismo del sueño. En este contexto onírico, la localización también es una ilusión porque todo —la gente, los objetos, el espacio, la consciencia...— se desenvuelve desde la realidad más profunda y más fundamental del soñador.

Otro rasgo asombrosamente holográfico de las experiencias extracorpóreas es la plasticidad de la forma que se adopta cuando se está fuera del cuerpo. En una EFC, tras separarse del cuerpo físico, uno se encuentra a veces en un cuerpo fantasmagórico que es una réplica exacta del cuerpo biológico. Esto hizo que algunos investigadores del pasado postularan que los seres humanos poseen un «doble fantasmal» no muy distinto del *doppelgänger** que aparece en la literatura.

Sin embargo, descubrimientos recientes han puesto de manifiesto los problemas que acarrea semejante suposición. Aunque algunas personas han contado que su doble fantasmal estaba desnudo, otras se encontraron en cuerpos completamente vestidos. Esto sugiere que el doble fantasmal no es una réplica permanente de energía del cuerpo biológico, sino un holograma capaz de adoptar múltiples formas. Esta interpretación encuentra respaldo en el hecho de que el doble fantasmal no es la

---

* Término alemán que significa 'el doble de una persona' (*doppel*, 'doble', y *gänger*, 'andante').

única forma posible durante una EFC. Existen muchos relatos de personas que se han percibido como bolas de luz, como nubes informes de energía o incluso sin forma discernible alguna.

Los indicios sugieren además que la forma adoptada durante una EFC depende directamente de las creencias y expectativas del individuo. El matemático J. H. M. Whiteman ofrece un ejemplo notable en su libro de 1961, *The Mystical Life (La vida mística)*. Durante la mayor parte de su vida adulta, Whiteman experimentaba dos EFC al mes como mínimo y llegó a registrar más de dos mil. Reveló también que siempre se sentía como una mujer atrapada en el cuerpo de un hombre, lo cual hacía que a veces, durante la separación del cuerpo, se encontrara a sí mismo en una forma femenina. Adoptó también otras formas diversas durante sus experiencias extracorpóreas, como, por ejemplo, cuerpos infantiles. Por todo ello llegó a la conclusión de que los factores determinantes de la forma adoptada eran las creencias, tanto conscientes como inconscientes[14].

Monroe está de acuerdo y afirma que lo que crea las formas fuera del cuerpo son nuestros «hábitos mentales». Como estamos tan acostumbrados a estar en un cuerpo, tendemos a reproducir la misma forma en una EFC. Asimismo, cree que la incomodidad que siente la mayoría de la gente cuando está desnuda es lo que lleva a crearse ropa inconscientemente cuando se adopta una forma humana en una experiencia extracorpórea. Concluye: «Sospecho que el segundo cuerpo se puede modificar y darle la forma que uno desee»[15].

¿Cuál es nuestra forma verdadera, si es que tenemos alguna, cuando estamos en estado incorpóreo? Monroe ha averiguado que, una vez que nos despojamos de todos los disfraces, somos en el fondo un «patrón de vibraciones [compuesto] por muchas frecuencias que interfieren unas con otras y resuenan»[16]. Este descubrimiento sugiere claramente que está ocurriendo algo holográfico y supone una muestra más de que nosotros —como todas las cosas en un universo holográfico— somos en última instancia un fenómeno de frecuencias que la mente convierte en diversas formas holográficas.

Esta perspectiva da credibilidad asimismo a la conclusión de Hunt de que la consciencia no reside dentro del cerebro, sino en un campo holográfico de energía plasmática que impregna y rodea el cuerpo físico.

Sin embargo, la plasticidad holográfica no se limita a la forma adoptada durante una EFC. A pesar de la precisión de las observaciones de viajeros expertos durante sus excursiones sin cuerpo, algunos investigadores han documentado inexactitudes significativas que resultan desconcertantes. Por ejemplo, durante mi propia EFC, percibí el título del libro perdido de la biblioteca de color verde claro. Sin embargo, al recuperar físicamente el libro tras regresar a mi cuerpo, comprobé que el título era negro. Las publicaciones sobre el tema están llenas de relatos de discrepancias similares: viajeros que describen con precisión una habitación lejana llena de gente, pero yerran al añadir a una persona que no estaba o al colocar un sofá donde en realidad había una mesa.

La explicación holográfica resulta inquietante: es posible que quienes viajan fuera del cuerpo no hayan desarrollado plenamente la capacidad de convertir las frecuencias que perciben en estado incorpóreo en una representación holográfica exacta de la realidad consensuada. En otras palabras: como los que tienen una EFC parecen utilizar unos sentidos completamente nuevos, tales sentidos pueden titubear un poco y todavía no dominar el arte de convertir el campo de frecuencias en una construcción mental aparentemente objetiva. Nuestras propias certezas autolimitativas complican aún más el proceso. Varias personas expertas en EFC han observado que, en cuanto empiezan a sentirse cómodas en su segundo cuerpo, descubren que pueden «ver» en todas las direcciones al mismo tiempo sin girar la cabeza. La visión panorámica de 360 grados parece ser algo normal en el estado incorpóreo. No obstante, estaban tan acostumbradas a creer que solo podían ver con los ojos —aun estando en un holograma no físico de su cuerpo— que esta convicción les impedía inicialmente darse cuenta de que poseían tal capacidad visual expandida.

Hay pruebas de que hasta los sentidos físicos son víctimas de esa censura. Pese a nuestra convicción inquebrantable de que vemos con los ojos, sigue habiendo noticias de personas que poseen «visión sin ojos» o la habilidad de ver con otra parte del cuerpo. Recientemente, David Eisenberg, investigador de tratamientos clínicos de la Escuela de Medicina de Harvard, publicó un informe sobre dos hermanas chinas de Pekín en edad escolar que pueden «ver» con la piel de las axilas con suficiente precisión como para leer notas e identificar colores[17]. En Italia, el neurólogo Cesare Lombroso estudió a una chica ciega que podía ver con la punta de la nariz y el lóbulo de la oreja izquierda[18] En la década de los sesenta, la prestigiosa Academia Soviética de Ciencias investigó a una campesina rusa llamada Rosa Kuleshova que podía ver fotografías y leer periódicos con las puntas de los dedos y se pronunció confirmando la autenticidad de sus habilidades. Los soviéticos rechazaron la posibilidad de que simplemente detectara la cantidad variable de calor almacenado que emana de forma natural de los distintos colores; Kuleshova podía leer un periódico en blanco y negro incluso cuando estaba cubierto con una hoja de cristal que bloqueaba toda emisión térmica[19]. Su notoriedad creció hasta tal punto que la revista *Life* le dedicó un artículo[20]. Algunos datos sugieren que tampoco nosotros nos limitamos a ver solo con los ojos físicos. Este mensaje implícito resuena en la capacidad de Tom, el amigo de mi padre, para leer la inscripción del reloj incluso estando oculto tras el cuerpo de su hija, así como en el fenómeno de la visión remota. Uno no puede evitar preguntarse si la visión sin ojos no constituye una prueba más de que la realidad es verdaderamente *maya* o ilusión, y el cuerpo físico y la perfección aparente de su fisiología, una construcción holográfica de la percepción, al igual que nuestro segundo cuerpo. Quizá estamos tan profundamente habituados a creer que solo podemos ver con los ojos que nos hemos alejado de nuestra gama completa de capacidades perceptivas incluso en lo físico.

Otro aspecto holográfico de las experiencias extracorpóreas es la difuminación de fronteras entre el pasado y el futuro que ocurre a veces. Osis y Mitchell, por ejemplo, descubrieron que, cuando el doctor Alex Tanous, un psíquico famoso de Maine y un experto viajero fuera del cuerpo, se proyectaba para observar objetos colocados encima de una mesa, tenía tendencia a describir artículos que solo serían puestos ahí ¡varios días *después*![21]. Esto implica que el terreno en el que entramos durante una EFC constituye uno de los niveles sutiles de realidad de que habla Bohm, un dominio más próximo a lo implicado, y, por tanto, más cerca del nivel de realidad donde deja de existir la división entre pasado, presente y futuro. Dicho de otro modo: parece que la mente de Tanous, en vez de sintonizar con las frecuencias en que está codificado el presente, sintonizaba inadvertidamente con las frecuencias que contenían información sobre el futuro y las convertía en un holograma de la realidad.

Un segundo aspecto refuerza que la percepción de la habitación por parte de Tanous era un fenómeno holográfico y no meramente una visión precognitiva acaecida solo en su cabeza. El día programado para llevar a cabo su EFC, Osis le pidió a la psíquica Christine Whiting de Nueva York que permaneciera alerta en la habitación y que intentara describir a cualquier visitante incorpóreo que «viera» materializarse allí. Pese a ignorar quién iba a proyectarse o cuándo, Whiting percibió claramente la aparición de Tanous cuando realizó su visita incorpórea. Describió que llevaba pantalones marrones de pana y una camisa blanca de algodón, precisamente la ropa que vestía el doctor Tanous en Maine en el momento del experimento[22].

Harary ha realizado también ocasionalmente algún viaje fuera del cuerpo al futuro y sostiene que son experiencias cualitativamente distintas de las experiencias precognitivas: «Las EFC a tiempos y espacios futuros difieren de los sueños precognitivos habituales en que yo estoy "fuera" inequívocamente y me muevo por una zona negra y oscura que desemboca en una escena futura iluminada». En sus visitas sin cuerpo al futuro, algunas veces ha llegado a ver incluso la silueta de su persona futura en la escena. Y eso no es todo. Cuando los hechos que ha presenciado ocurren finalmente, Harary *puede sentir junto a él, en la escena real, a su ser incorpóreo viajero del tiempo*. Para él, esa misteriosa sensación es como «encontrarme conmigo mismo "detrás" de mí; es como si tuviera dos seres», una experiencia que seguramente debe superar en intensidad a las experiencias normales de *déjà vu*[23].

También existen precedentes de viajes sin cuerpo al pasado. El dramaturgo sueco August Strindberg, que viajaba a menudo fuera del cuerpo, describe uno de esos viajes en su obra *Legends*. El episodio ocurrió cuando Strindberg estaba en una bodega, intentando persuadir a un joven amigo de que no abandonara la carrera militar. Para reforzar su argumentación, Strindberg evocó un incidente que había tenido lugar una tarde en una taberna en el que ambos habían participado. Cuando el escritor se disponía a describirlo, de repente «perdió la consciencia» y se encontró en la taberna reviviendo lo ocurrido. La experiencia duró un momento tan solo y después regresó abruptamente a su cuerpo y al presente[24]. También puede argumentarse que las visiones retrocognitivas que examinamos en el capítulo anterior —aquellas en las que los clarividentes sentían que estaban presentes realmente en las escenas históricas que describían y que incluso «flotaban» sobre ellas— son también un tipo de proyecciones sin cuerpo en el pasado.

La voluminosa literatura sobre el fenómeno extracorpóreo revela una notable congruencia. Cuando se examinan los numerosos relatos disponibles, uno se sorprende repetidamente por la semejanza de las descripciones de las EFC con las características que hoy hemos llegado a asociar con el universo holográfico. Además de describir el estado incorpóreo como un ámbito en el que ya no existen el tiempo y el espacio propiamente dichos, un lugar donde el pensamiento se puede transformar en formas holográficas y la consciencia es, en última instancia, un patrón de vibraciones o frecuencias, Monroe señala que durante una EFC parece que la percepción no se basa tanto en un «reflejo de ondas lumínicas» como en «una impresión de radiación» —observación que sugiere, una vez más, que, cuando se accede al ámbito de las experiencias sin cuerpo, se empieza a penetrar en el dominio de frecuencias de Pribram—[25]. Otros viajeros fuera del cuerpo se han referido también a la apariencia de campo de frecuencias que posee el segundo estado. Por ejemplo, Marcel Louis Forhan, un francés que experimenta ese tipo de vivencias y que ha escrito bajo el seudónimo de «Yram», dedica gran parte de su libro, *Practical Astral Proyection*, a intentar describir la apariencia de ondas y propiedades aparentemente electromagnéticas del ámbito extracorpóreo. Otros han mencionado el sentido de unidad cósmica que se experimenta en tal estado y lo resumen como la sensación de que «todo es todo» y de que «yo soy eso»[26]. Por holográfica que resulte una experiencia fuera del cuerpo, esta constituye solo la punta del iceberg cuando se trata de experimentar más directamente el plano de frecuencias de la realidad. Si bien únicamente un sector de la humanidad tiene este tipo de experiencias, hay una circunstancia en la que todos tenemos un contacto íntimo con el dominio de frecuen-

cias: cuando viajamos a ese territorio inexplorado de cuya ló-
brega frontera no regresa viajero alguno*. Con el debido
respeto a Shakespeare, el problema es que algunos viajeros sí
regresan. Y las historias que cuentan están llenas de detalles
que sugieren nuevamente lo holográfico.

LA EXPERIENCIA CERCANA A LA MUERTE

Hoy en día, casi todo el mundo ha oído hablar de las experiencias cercanas a la muerte (ECM). Se trata de un episodio en
el que una persona que ha sido declarada clínicamente «muerta» resucita y cuenta que ha abandonado el cuerpo físico y visitado lo que parecía ser el reino del más allá. En la cultura occidental, las ECM adquirieron notoriedad en 1975, cuando el
psiquiatra y doctor en Filosofía Raymond A. Moody Jr. publicó
una investigación sobre el tema en un libro con gran éxito de
ventas titulado *Vida después de la vida*. Posteriormente, Elisabeth Kubler-Ross reveló que había dirigido una investigación
similar al mismo tiempo y que había replicado los descubrimientos de Moody. En efecto, a medida que el fenómeno empezó a ser documentado por un grupo de investigadores cada
vez más numeroso, quedaba claro que, además de estar increíblemente extendido —una encuesta Gallup de 1981 descubrió
que ocho millones de americanos adultos (uno de cada veinte
aproximadamente) habían experimentado una ECM—, proporcionaba las pruebas más convincentes hasta la fecha de la
supervivencia después de la muerte.

Como las EFC, las ECM parecen ser un fenómeno universal. Se habla de ellas tanto en el Libro de los Muertos tibetano

---

* Shakespeare se refiere a la muerte en tales términos en el soliloquio de
Hamlet. *[N. de la T.]*

del siglo VIII como en el Libro de los Muertos egipcio de 2500 años de antigüedad. En el libro X de *La República*, Platón cuenta con detalle la experiencia de un soldado griego llamado Er que volvió a la vida segundos antes de que se encendiera su pira funeraria y dijo que había abandonado el cuerpo y alcanzado la tierra de los muertos a través de un «pasadizo». Beda el Venerable hace un relato similar en su libro del siglo VIII *A History of the English Churchand People (Historia de la Iglesia y del pueblo de Inglaterra)*, y Carol Zaleski, profesora de Harvard sobre el estudio de las religiones, señala en un libro titulado *Otherworld Journeys (Viajes de otro mundo)* que la literatura medieval está repleta de historias de experiencias cercanas a la muerte.

Las personas que han tenido tales experiencias tampoco poseen características demográficas únicas. Diversos estudios han revelado que no existe relación alguna entre las ECM y la edad, el sexo, el estado civil, la raza, la religión o las creencias espirituales, la clase social, el nivel educativo, los ingresos, la frecuencia con que se asiste a la iglesia, el tamaño de la comunidad o la zona de residencia. A semejanza de la iluminación, las ECM pueden sorprender a cualquiera en cualquier momento. Los religiosos devotos no tienen más probabilidades de experimentar una que los no creyentes.

Uno de los aspectos más interesantes de este fenómeno es la coherencia que se observa de experiencia en experiencia. Una ECM típica sigue un patrón reconocible: un hombre que se está muriendo se encuentra de repente flotando por encima de su cuerpo y contemplando lo que ocurre. En cuestión de momentos, viaja a gran velocidad por una zona oscura o por un túnel. Al emerger, entra en un reino de luz deslumbrante donde le brindan una cálida acogida sus amigos y parientes que han muerto hace poco. A menudo oye una música indescriptiblemente bella y contempla un panorama maravilloso más hermoso que cualquiera de los que ha visto en la Tierra: prados ondulados, valles floridos, arroyos resplandecientes. En ese mundo lleno de luz no siente dolor ni miedo y le embarga un sentimiento extraordinario de alegría, amor y paz. Se encuentra con un «ser (o seres) de luz», del que emana una compasión inmensa, que le anima a realizar una «revisión de vida» (una repetición panorámica de su existencia). Tan extasiado está por esa experiencia de la realidad superior que no desea más que quedarse. Sin embargo, el ser le dice que todavía no ha llegado su hora y le convence para que regrese a su vida terrenal y vuelva a entrar en su cuerpo físico.

Convendría observar que esta es solo una descripción general y que no todas las ECM contienen todos los elementos descritos. A unas les faltan parte de los rasgos mencionados y otras pueden contener ingredientes adicionales. También puede variar la parafernalia simbólica. Por ejemplo, aunque en las culturas occidentales se tiende a entrar en el reino del más allá atravesando un túnel, en otras culturas se puede llegar bajando por un camino o atravesando una extensión de agua.

No obstante, hay un grado de coincidencia asombroso entre las experiencias relatadas por diversas culturas a lo largo de la historia. La revisión de la vida, por ejemplo, una característica que se da una y otra vez en las experiencias modernas, aparece también en el Libro de los Muertos tibetano, en el Libro de los Muertos egipcio, en el relato de Platón de la estancia y experiencia de Er en el más allá y en los textos yóguicos de dos mil años de antigüedad del sabio indio Patanjali. También se han hecho estudios formales que confirman las semejanzas transculturales. En 1977, Osis y Haraldsson compararon casi novecientas visiones de pacientes en el lecho de muerte confiadas a médicos y otro personal sanitario, tanto en la India como en Estados Unidos, y descubrieron que, aunque había varias diferencias culturales —por ejemplo, los americanos tendían a ver el ser de luz como un personaje religioso cristiano, mientras que los indios lo percibían como uno hindú—, el «núcleo» de la experiencia era sustancialmente el mismo y análogo al de las ECM descritas por Moody y Kubler-Ross[27].

Aunque, según el punto de vista ortodoxo, las ECM no son más que alucinaciones, hay datos esenciales que demuestran que no es así. Como en las EFC, las personas que viven una experiencia cercana a la muerte, cuando están fuera del cuerpo, son capaces de proporcionar detalles que no pueden saber por medios sensoriales normales. Por ejemplo, Moody cuenta el caso de una mujer que dejó su cuerpo durante una operación, flotó hasta la sala de espera y vio que su hija llevaba unas prendas de tela escocesa que no combinaban. La niñera había vestido a la niña tan deprisa que no advirtió el error y se quedó perpleja cuando la madre, que no había visto físicamente a la niña aquel día, comentó el hecho[28]. Otro caso es el de una mujer que, después de dejar el cuerpo, se desplazó hasta el vestíbulo del hospital donde oyó a su cuñado decirle a un amigo que tendría que cancelar un viaje de negocios y actuar en cambio como portador del féretro de su cuñada. Cuando la mujer se recuperó, reprendió a su asombrado cuñado por darla por muerta con tanta rapidez[29].

Estos no son los ejemplos más extraordinarios de percepción sensorial extracorpórea durante las ECM. Investigadores del fenómeno han descubierto que incluso pacientes ciegos que no han percibido luz durante años son capaces de ver y de describir con precisión lo que sucede a su alrededor una vez que han dejado sus cuerpos. Kubler-Ross ha encontrado a varios de ellos y les ha hecho una larga entrevista con el fin de determinar la exactitud de sus declaraciones: «Escuchamos asombrados que podían describir el color y el diseño de la ropa y de las joyas que llevaba la gente que estaba presente»[30].

Más sorprendentes aún son las experiencias y visiones en el lecho de muerte en las que participan dos personas o más. En una ocasión, una mujer iba andando por el túnel y, cuando se acercaba al reino de la luz, vio a un amigo suyo que volvía. Cuando se cruzaron, el amigo le comunicó telepáticamente que había muerto pero que le habían «mandado regresar». Al final, a la mujer también la «mandaron regresar» y cuando se recuperó se enteró de que su amigo había sufrido una parada cardíaca más o menos cuando ella vivió su experiencia[31].

Hay registrados muchos más casos de personas que, cuando se estaban muriendo, sabían quién les esperaba en el más allá antes de recibir la noticia de su muerte por medios normales[32].

Por si todavía queda alguna duda, presentamos otro argumento más en contra de la idea de que las experiencias cercanas a la muerte son alucinaciones: las tienen pacientes con encefalogramas planos. En circunstancias normales, cuando una persona habla, piensa, imagina, sueña o hace cualquier otra cosa, su encefalograma registra una gran cantidad de actividad. Los encefalogramas miden las alucinaciones incluso. Hay muchos casos de personas con encefalogramas planos que han tenido una ECM, y si hubiera sido una alucinación, el encefalograma la habría registrado.

En resumen, si se consideran conjuntamente todos estos hechos —el carácter extendido de la ECM, la ausencia de características demográficas, la universalidad del núcleo de la experiencia, la capacidad de quienes han tenido esa experiencia para ver y saber cosas que no pueden ver ni saber por medios sensoriales normales, el hecho de que la tengan pacientes con encefalogramas planos—, se llega a una conclusión inevitable: las personas que tienen experiencias cercanas a la muerte no están sufriendo alucinaciones o fantasías delusorias, sino que *están visitando realmente un nivel de realidad enteramente distinto*.

Es la misma conclusión que han sacado muchos investigadores del fenómeno. Uno de ellos es el doctor Melvin Morse, un pediatra de Seattle, Washington. Morse empezó a interesarse por las ECM después de tratar a una joven de diecisiete años que se había ahogado. Cuando la reanimaron, estaba en coma, tenía las pupilas fijas y dilatadas y carecía de reflejos musculares y de respuesta corneal. En términos médicos, estaba en un coma de grado III según la escala Glasgow, lo que indica que estaba en un coma tan profundo que apenas tenía posibilidades de recuperarse. No obstante, se recuperó completamente.

La primera vez que Morse visitó a la niña tras su recuperación, ella le reconoció y le dijo que le había visto trabajar sobre su cuerpo comatoso. Cuando Morse la interrogó, ella relató que había abandonado su cuerpo, que había ido al cielo atravesando un túnel y que allí había conocido al «Padre Celestial». Este le comunicó que todavía no tenía que estar allí y le preguntó si quería quedarse o volver. Al principio, ella contestó que quería quedarse. Sin embargo, cuando el Padre Celestial le advirtió que esa decisión significaba que ya no volvería a ver a su madre, cambió de opinión y regresó a su cuerpo.

Morse, que era escéptico, estaba fascinado, y desde entonces se dispuso a aprender todo lo que pudiera sobre esa clase de experiencias. Por aquel entonces, trabajaba en Idaho, en un servicio de transporte aéreo que llevaba pacientes al hospital, lo cual le dio la oportunidad de hablar con muchísimos niños resucitados. Durante más de diez años, entrevistó a todos los niños que sobrevivieron a una parada cardíaca en el hospital y todos le contaban lo mismo, una y otra vez. Tras quedarse inconscientes, se encontraban fuera del cuerpo, contemplaban a los médicos trabajar sobre ellos, atravesaban un túnel y les consolaban unos seres luminosos.

Morse seguía siendo escéptico, pero, en una búsqueda cada vez más desesperada de una explicación lógica, leyó todo lo que pudo encontrar sobre los efectos secundarios de las medicinas que tomaban sus pacientes y estudió varias explicaciones psicológicas, pero le pareció que nada cuadraba. «Luego, un día leí en un periódico médico un largo artículo que trataba de explicar [las ECM] como manifestaciones engañosas del cerebro —recuerda—. Desde entonces, he estudiado [las ECM] ampliamente y ninguna de las explicaciones que apuntaba este investigador tenía sentido. Al final, quedó claro para mí que se le había escapado la explicación más obvia de todas: que las ECM son reales. Se le escapó la posibilidad de que el alma realmente viaje»[33].

Moody se hace eco de esta opinión y asegura que veinte años de investigación le han convencido de que las personas que han tenido una ECM realmente se han aventurado a entrar en otro nivel de la realidad. Cree que la mayor parte de los investigadores piensa lo mismo. «He hablado con casi todos los investigadores [de ECM] que hay en el mundo acerca de su trabajo. Sé que la mayoría de ellos cree en su interior que [las ECM] son un destello de la otra vida. Pero como científicos y como médicos no han dado todavía con la "prueba científica" de que una parte de nosotros va a sobrevivir a la muerte del cuerpo físico. Esta falta de pruebas les impide manifestar públicamente sus verdaderos sentimientos»[34].

Hasta George Gallup, Jr., presidente de Encuestas Gallup, lo admitió a raíz de la encuesta que su compañía realizó en 1981: «Un número creciente de investigadores ha estado recopilando y evaluando relatos de personas que han tenido encuentros extraños cerca de la muerte. Los resultados preliminares indican claramente que tienen encuentros de algún tipo con un plano de realidad de otra dimensión. Esta exhaustiva encuesta es el último de esos estudios y revela también algunas tendencias que apuntan a la existencia de una especie de superuniverso paralelo»[35].

UNA EXPLICACIÓN HOLOGRÁFICA
DE LA EXPERIENCIA CERCANA A LA MUERTE

Es una afirmación sorprendente. Pero más sorprendente aún es que la mayor parte de la comunidad científica establecida haya hecho caso omiso tanto de las conclusiones de los investigadores como del enorme conjunto de indicios que les ha obligado a hacer declaraciones como las anteriores. Las razones de este rechazo son complejas y variadas. Una de ellas es que, actualmente, en el mundo de la ciencia no está de moda considerar seriamente cualquier fenómeno que parezca sostener la idea de que existe una realidad espiritual y, como hemos mencionado al principio del libro, resulta difícil abandonar las creencias tan arraigadas. Otra razón, como menciona Moody, es el prejuicio extendido entre los científicos de que solo tienen valor o importancia las ideas que se pueden probar en un sentido científico estricto. Una razón más es la incapacidad de la interpretación científica actual de la realidad para empezar a explicar siquiera las ECM en el caso de que fueran reales.

Esta última razón, sin embargo, puede que no sea tan problemática como parece. Varios investigadores han observado que el modelo holográfico proporciona una forma de entender las ECM. Uno de ellos es el doctor Kenneth Ring, catedrático de Psicología de la Universidad de Connecticut y uno de los primeros investigadores en aplicar el análisis estadístico y técnicas de entrevistas normalizadas al estudio de este fenómeno. En su libro de 1980 *Life at Death (La vida en la muerte)*, Ring dedica una parte importante a argumentar una explicación holográfica de las ECM. Sin andarnos con rodeos, Ring cree que las experiencias cercanas a la muerte son también incursiones en planos de la realidad muy similares a campos de frecuencias.

Ring basa su conclusión en los numerosos aspectos de sabor holográfico de las ECM. Uno de ellos es la tendencia de quienes las experimentan a describir el mundo del más allá como un reino compuesto por «luz», «vibraciones elevadas» o «frecuencias». Algunos dicen incluso que la música celestial que acompaña a menudo a tales experiencias parece una «combinación de vibraciones» más que una combinación de sonidos reales. En opinión de Ring, estas observaciones demuestran que el acto de morir implica un desplazamiento de la consciencia desde el mundo ordinario de las apariencias hacia una realidad más holográfica de frecuencia pura. Quienes experimentan ECM cuentan repetidamente que el más allá es un reino bañado de luz, una luz más brillante que ninguna que hayan visto jamás en la Tierra, una luz que, a pesar de su intensidad inimaginable, no daña los ojos, propiedades todas ellas que, para Ring, constituyen una prueba más de la apariencia de campo de frecuencias del más allá.

Otra propiedad innegablemente holográfica a juicio de Ring son las descripciones del tiempo y del espacio. Una de las características del mundo del más allá mencionada más a menudo es que es una dimensión en que dejan de existir el tiempo y el espacio. «Me encontré en un espacio, en un periodo de tiempo, diríamos, donde todo espacio y todo tiempo quedaban invalidados», dice torpemente una persona que vivió una ECM[36]. «*Tiene* que estar fuera del tiempo y del espacio. *Tiene* que estarlo, porque... no se puede meter *dentro* de algo como el tiempo», dice otra[37]. Si desaparecen el tiempo y el espacio y la localización no tiene sentido en el dominio de frecuencias, se cumple precisamente lo que esperaríamos encontrar si las ECM tuvieran lugar en un estado holográfico de consciencia, afirma Ring.

Si el mundo de las cercanías de la muerte se parece más a un campo de frecuencias que nuestro nivel de la realidad, ¿por qué parece que tiene estructura? Según Ring, no es demasiado inverosímil suponer que también funciona de manera holográfica, pues tanto las EFC como las ECM aportan pruebas suficientes de que la mente puede existir con independencia del cerebro. Así, cuando la mente está en las «altas» frecuencias de la dimensión cercana a la muerte, sigue haciendo lo que mejor hace: traducir dichas frecuencias en un mundo de apariencias. Ring lo explica así: «Pienso que es un mundo que se crea por la *interacción de estructuras mentales*. Estas estructuras o formas de pensamiento se combinan entre sí para formar patrones, justo como la interferencia de ondas forma patrones en una placa holográfica. Y al igual que la imagen holográfica se nos antoja totalmente real cuando se ilumina con un rayo láser, también nos parecen reales las imágenes producidas por la interacción de formas de pensamiento»[38].

Ring no es el único que sostiene especulaciones como las suyas. En el discurso de apertura de la reunión de 1989 de la International Association for Near-Death Studies (IANDS), la doctora Elizabeth W. Fenske, psicóloga especializada en psicología clínica que tiene una consulta privada en Filadelfia, anunció que ella también cree que las ECM son viajes a un mundo holográfico de altas frecuencias. Está de acuerdo con la hipótesis de Ring de que los paisajes, las flores, las estructuras físicas y demás características de la dimensión del más allá se forman por la interacción (o interferencia) de patrones de pensamiento. En su opinión, «en la investigación de las ECM hemos llegado a un punto en que es difícil distinguir entre el pensamiento y la luz. En la experiencia cercana a la muerte, el pensamiento parece ser luz»[39].

EL CIELO COMO HOLOGRAMA

Además de las características mencionadas por Ring y Fenske, la experiencia cercana a la muerte exhibe muchas otras características marcadamente holográficas. Al igual que ocurre en las

EFC, la forma adoptada tras separarse de lo físico resulta particularmente reveladora. Quienes experimentan ECM se encuentran en una de estas dos modalidades: como una nube incorpórea de energía, o como un cuerpo holográfico creado por el pensamiento. En este último caso, la naturaleza mental del cuerpo suele manifestarse de manera sorprendente. Por ejemplo, una persona que sobrevivió a una experiencia cercana a la muerte dice que, cuando salió de su cuerpo, lo primero que vio fue «algo parecido a una medusa» que descendió suavemente como una pompa de jabón. Luego se extendió rápidamente formando una imagen tridimensional y fantasmal de un hombre desnudo. Al sentirse avergonzado por la presencia de dos mujeres en la habitación, súbitamente se descubrió vestido (las mujeres, sin embargo, no dieron señales de haberse enterado de nada)[40].

Nuestros sentimientos y deseos más íntimos determinan la forma que adoptamos en la dimensión del más allá. Las personas que, en su existencia física, están confinadas a sillas de ruedas, allí se descubren en cuerpos saludables y pueden correr y bailar. Las que tienen algún miembro amputado lo recobran invariablemente. Los ancianos habitan a menudo cuerpos jóvenes. Aún más extraño resulta que los niños se vean a sí mismos como adultos muchas veces, fenómeno que podría reflejar la fantasía infantil de ser una persona mayor, o quizá algo más profundo: que, en nuestro fuero interno, algunos somos mucho mayores de lo que pensamos.

Esos cuerpos con apariencia de hologramas pueden estar minuciosamente detallados. Por ejemplo, en el caso del hombre que se avergonzó de su desnudez, la ropa que materializó para sí mismo estaba trabajada tan meticulosamente que hasta podía observar las costuras en la tela[41]. De manera similar, otro hombre que estudió sus manos mientras estaba en ese estado comentó que estaban «hechas de luz y que contenían estructuras diminutas» y, cuando las miró con más detenimiento, pudo ver hasta «las delicadas espirales de sus huellas dactilares y los conductos de luz subiendo por sus brazos»[42].

Una parte de la investigación de Whitton es pertinente asimismo en relación con este asunto. Sorprendentemente, cuando Whitton hipnotizó a sus pacientes y les hizo regresar al estado intermedio entre una vida y otra, ellos detallaban también las características clásicas de las ECM: el pasaje por un túnel, los encuentros con parientes fallecidos o «guías», la entrada en un reino esplendoroso lleno de luz en el que ya no existían el tiempo y el espacio, los encuentros con seres luminosos y la revisión de la vida. De hecho, según ellos, el principal propósito del repaso de la vida era refrescar los recuerdos para poder planear concienzudamente su próxima vida, un proceso en el que los ayudaban los seres de luz con amabilidad y sin coerciones.

Como Ring, tras estudiar el testimonio de sus sujetos, Whitton llegó a la conclusión de que las formas y las estructuras que uno percibe en la dimensión del más allá son formas de pensamiento creadas por la mente: «El famoso dicho de René Descartes "pienso, luego existo" nunca ha sido tan oportuno como en el estado entre vidas. No hay experiencia de vida sin pensamiento»[43].

Esto era especialmente cierto en lo relativo a la forma que adoptaban los pacientes de Whitton en el estado entre vidas. Varios declararon que solo poseían cuerpo mientras estaban pensando activamente. Whitton describe el testimonio de un paciente: «Cuando dejaba de pensar era meramente una nube dentro de una nube infinita, indiferenciada. Ahora bien, en cuanto empezaba a pensar, se convertía en sí mismo». Esta situación recuerda de manera especial a los sujetos del experimento de hipnosis mutua de Tart cuando descubrieron que no tenían manos a no ser que las crearan *pensándolas*[44]. Al principio, los cuerpos que adoptaban los sujetos de Whitton se parecían a las personas que habían sido en su última vida. Sin embargo, si su experiencia en el estado entre vidas se prolongaba, se transformaban poco a poco en una especie de compuesto de todas sus vidas pasadas en forma de holograma[45]. Esa identidad compuesta tenía un nombre distinto de los utilizados en sus encarnaciones físicas, aunque ninguno consiguió pronunciarlo utilizando las cuerdas vocales físicas[46].

¿Qué aspecto ofrecen quienes experimentan una ECM cuando no se han construido un cuerpo tipo holograma? Muchos afirman simplemente ser «ellos mismos» o «su mente», sin forma definida. Otros ofrecen una impresión más concreta y se describen como «una nube de colores», «una niebla», «un patrón de energía» o «un campo de energía». Tales términos sugieren que somos, en última instancia, fenómenos de frecuencia, patrones de energía vibratoria envueltos en la gran matriz del dominio de frecuencias. Algunos afirman que, además de estar compuestos de frecuencias lumínicas coloreadas, también estamos compuestos de sonido. Una mujer de Arizona que experimentó una ECM durante el parto ofrece una descripción particularmente evocadora: «Me di cuenta de que cada persona y cada cosa tienen su propia gama de tonos musicales y su propia gama de colores. Si puedes imaginarte a ti mismo entrando y saliendo sin esfuerzo de rayos de luz prismáticos y oyendo cómo las notas musicales de cada persona se unen y armonizan con las tuyas cuando les tocas o pasas a su lado, tendrás una idea del mundo no visto». Esta mujer, que se encontró con muchos seres en el más allá que se manifestaban simplemente en forma de nubes de colores y sonidos, cree que la música bella reportada en la dimensión del más allá corresponde a los tonos melodiosos que emanan de las almas[47].

Al igual que Monroe, algunos de esos viajeros cuentan que podían ver en todas las direcciones a la vez mientras estaban en estado incorpóreo. Tras preguntarse qué aspecto tenía, un hombre afirmó que se había encontrado de pronto mirándose fijamente la espalda[48]. Robert Sullivan, un investigador *amateur* de este fenómeno de Pensilvania, especializado en las ECM de soldados durante el combate, entrevistó a un veterano de la Segunda Guerra Mundial que conservó esa habilidad temporalmente cuando regresó a su cuerpo físico. «Había experimentado una visión de trescientos sesenta grados mientras huía de un nido de ametralladoras alemán —dice Sullivan—. No solamente podía ver delante de sí mientras corría, sino que podía ver cómo los artilleros intentaban apuntarle desde atrás»[49].

Conocimiento instantáneo

Otra parte de la experiencia cercana a la muerte que posee muchos atributos holográficos es la revisión de la vida. Ring se refiere a ella como el «fenómeno holográfico por excelencia». Grof y Joan Halifax, una antropóloga médica de Harvard y coautora (junto con Grof) de *The Human Encounter with Death (El encuentro del ser humano con la muerte)*, han comentado asimismo los aspectos holográficos de la revisión de la vida. De acuerdo con varios investigadores de ECM, entre los que está Moody, muchas personas utilizan el término «holográfico» cuando describen su experiencia[50].

En cuanto uno empieza a leer relatos de revisiones de la vida, se hace obvia la razón de tal caracterización. Una y otra vez, los que han experimentado una ECM utilizan los mismos adjetivos para describirla y se refieren a ella como a una representación tridimensional, completa e increíblemente vívida de su vida entera. «Es como subirte directamente a la película de tu vida —dice uno de ellos—. Cada momento de cada año de tu vida aparece representado hasta el menor detalle y con todas las sensaciones sensoriales. Es un recuerdo total, completo. Y todo pasa en un instante»[51]. Otro testimonio coincide: «Todo era muy extraño. Yo estaba allí, viendo las visiones retrospectivas; las revivía y todo era muy rápido, aunque no lo suficiente para impedirme aprehenderlo»[52].

Durante ese recuerdo instantáneo y panorámico, la persona revive todas las emociones, las alegrías y las penas que acompañaron los acontecimientos de toda su vida. El fenómeno va más allá de la simple observación: siente también todas las emociones de las personas con las que ha interactuado. Siente la felicidad de todos aquellos con los que ha sido amable. Si ha cometido un acto hiriente, experimenta directamente el dolor que sintió su víctima como resultado de su falta de consideración. Ningún detalle resulta demasiado trivial. Una mujer, mientras revivía un momento de su niñez, sintió súbitamente la sensación de pérdida e impotencia que su hermana había experimentado cuando ella le arrebató un juguete.

Whitton ha descubierto indicios de que los actos irreflexivos no son lo único que provoca remordimiento durante el repaso de la vida. Mientras estaban hipnotizados, los sujetos de su experimento contaban que también les causaban punzadas de tristeza las aspiraciones y los sueños fracasados, aquello que habían esperado conseguir toda la vida y no habían logrado.

Los pensamientos aparecen representados asimismo con gran fidelidad durante el repaso de la vida. Los sueños, las caras vislumbradas una vez pero recordadas durante años, lo que nos hace reír, el placer que sentimos al mirar una pintura en particular, las preocupaciones infantiles y los sueños con los ojos abiertos olvidados hace tiempo, todo pasa rápidamente por la mente, en un segundo. Como resume una persona que lo ha vivido: «No se pierden ni siquiera los pensamientos… Todos mis pensamientos estaban allí»[53].

Así pues, la revisión de la vida exhibe múltiples características holográficas. Primero, su carácter tridimensional. Segundo, la increíble capacidad para almacenar información que muestra el proceso. Pero existe un tercer aspecto aún más profundo. Al igual que el *aleph* cabalístico (un punto mítico en el espacio y en el tiempo que contiene todos los demás puntos del espacio y del tiempo), es un momento que contiene todos los demás momentos. La propia capacidad de percibir el repaso de la vida parece holográfica: se trata de una facultad capaz de experimentar algo que paradójicamente es al mismo tiempo increíblemente rápido y, sin embargo, lo bastante lento como para permitir su contemplación detallada. Como dijo una mujer en 1821, es «la facultad de comprender el todo y cada una de sus partes»[54].

De hecho, la revisión de la vida reviste un marcado parecido con las escenas del juicio posterior a la vida que aparecen en los textos sagrados de muchas de las grandes religiones del mundo, desde la egipcia hasta la judeocristinana, aunque con una diferencia crucial. Los que tienen una ECM, como los sujetos de Whitton, cuentan universalmente que *jamás son juzgados por los seres de luz*, sino que solo sienten amor y aceptación en su presencia. *El único juicio que tiene lugar es el juicio de uno mismo y surge solamente de los sentimientos de culpa y arrepentimiento de la persona.* En alguna ocasión, los seres hacen valer sus razones, pero, en vez de comportarse de una manera autoritaria, actúan como guías y consejeros, con el único propósito de enseñar.

La ausencia total de juicio cósmico o de algún sistema divino de castigo y recompensa ha sido y continúa siendo uno de los aspectos más controvertidos de las ECM entre los grupos religiosos, pero constituye uno de los aspectos de la experiencia que más veces se repite. ¿Cuál es la explicación? Según Moody, resulta tan simple como controvertida: vivimos en un universo mucho más benévolo de lo que pensamos.

Esto no quiere decir que vale todo durante la revisión de la vida. Al igual que los sujetos hipnotizados de Whitton, cuando los que viven una ECM llegan al reino de la luz, entran al parecer en un estado de consciencia realizada o metaconsciencia y manifiestan una gran sinceridad y lucidez en sus reflexiones sobre sí mismos.

Tampoco significa que los seres de luz no recomienden valores. En una ECM tras otra, hacen hincapié en dos cosas. La primera es la importancia del amor. Su mensaje resulta inequívoco: tenemos que aprender a sustituir el odio por el amor, a amar más, a perdonar y a querer a todo el mundo incondicionalmente, además de comprender que nosotros también *somos* amados. Este parece ser el único criterio moral que utilizan los seres de luz.

Incluso la actividad sexual se libera del estigma moral que nosotros, los humanos, somos tan aficionados a imponerle. Uno de los sujetos de Whitton contaba que, después de vivir varias encarnaciones deprimido y encerrado en sí mismo, le instaron a planear una vida como una mujer cariñosa y sexualmente activa para dar equilibrio al desarrollo global de su alma[55]. Para los seres de luz, la compasión parece ser el barómetro de la gracia. Cuando la persona se pregunta si algún acto que cometió era bueno o malo, los seres responden invariablemente con una sola pregunta: ¿lo hiciste por amor? ¿Fue el amor la motivación?

Para eso estamos aquí, en este mundo, dicen los seres, para aprender que el amor es la clave. Ellos reconocen que es una tarea difícil, pero dan a entender que tiene una importancia crucial para nuestra existencia espiritual y biológica, en varios sentidos que quizá no hemos aprendido a desentrañar todavía. Hasta los niños vuelven del reino de las cercanías de la muerte con ese mensaje grabado firmemente en la mente. Decía un niño pequeño que, tras ser atropellado por un coche, dos personas con ropas «muy blancas» le llevaron al mundo del más allá: «Lo que he aprendido allí es que la cosa más importante es amar mientras estamos vivos»[56]. La segunda cosa en la que hacen hincapié los seres de luz es el conocimiento. Las personas que han tenido una ECM comentan con frecuencia que los seres parecían complacidos siempre que aparecía brevemente algún episodio relacionado con el conocimiento o el aprendizaje durante la revisión de la vida. A algunas personas les aconsejaban abiertamente que emprendieran una búsqueda de conocimiento cuando regresaran a sus cuerpos físicos y, en especial, de conocimiento relativo al crecimiento de uno mismo o que aumentara la capacidad para ayudar a los demás. A otros los animaban con frases como «aprender es un proceso continuo que sigue incluso después de la muerte» y «el conocimiento es una de las pocas cosas que podrás llevarte contigo después de la muerte».

La preeminencia del conocimiento en la dimensión del más allá se manifiesta también de otra manera. Algunas personas que han estado allí descubrieron que, en presencia de la luz, podían acceder de manera súbita a todo el conocimiento. Ese acceso se producía de varias maneras. A veces llegaba en forma de respuesta a preguntas. Un hombre dijo que lo único que había que hacer era preguntar algo, como, por ejemplo, ¿qué se sentiría siendo un insecto?, y al instante obtenía la experiencia[57]. Otro lo expresa así: «Se piensa una pregunta… y se conoce *inmediatamente* la respuesta. Así de sencillo. Y puede ser cualquier pregunta, sobre cualquier tema del que uno no sepa nada, que no esté en condiciones siquiera de entender, y la luz te ofrece la respuesta instantánea y correcta y te hace comprenderla»[58].

Algunos dicen que ni siquiera tenían que hacer preguntas para acceder a esa biblioteca de información infinita. Tras la revisión de la vida, sabían todo de pronto, todo el conocimiento que había que saber desde el comienzo de los tiempos hasta el final. Otros entraron en contacto con el conocimiento cuando el ser de luz hizo algún gesto específico, como agitar la mano.

Otros testimonios sugieren algo aún más intrigante: en vez de adquirir el conocimiento, lo *recordaron*, aunque olvidaron la mayor parte al regresar a sus cuerpos físicos (una amnesia que parece ser universal entre los que experimentan tales visiones)[59]. Sea como fuere, parece que, una vez que estamos en el mundo del más allá, ya no es necesario entrar en un estado alterado de consciencia para tener acceso al reino de información infinitamente interconectado y transpersonal experimentado por los pacientes de Grof.

Además de ser holográfica de todas las formas que hemos mencionado ya, la visión del conocimiento total tiene otra característica holográfica. Las personas que la han experimentado dicen con frecuencia que, durante la misma, la información les llega a «trozos» que se registran instantáneamente en sus pensamientos. En otras palabras: en vez de ser hechos aislados dispuestos linealmente como las palabras en una frase o las escenas en una película, todos los hechos, detalles, imágenes y fragmentos de información irrumpen en la consciencia instantáneamente. Un individuo llamaba a esos fogonazos de información «haces de pensamientos»[60] Monroe, que ha experimentado también esas explosiones instantáneas de información mientras se encontraba fuera del cuerpo, las denomina «bolas de pensamiento»[61].

Se trata, en efecto, de una experiencia familiar para todo el que posea una capacidad psíquica apreciable, puesto que la información psíquica se recibe de esa misma forma. A veces, al encontrarme con un desconocido —o simplemente al oír su nombre—, me atraviesa como un rayo una bola de pensamiento con información sobre esa persona. La bola de pensamiento puede contener datos importantes sobre su carácter emocional y psicológico, sobre su salud o incluso escenas de su pasado. Esta capacidad se intensifica particularmente con personas que se encuentran en algún tipo de crisis. Hace poco, por ejemplo, conocí a una mujer, supe al instante que estaba considerando el suicidio y comprendí algunas de sus razones. Como hago siempre en situaciones semejantes, empecé a hablar con ella y orienté la conversación cuidadosamente hacia temas psíquicos. Tras averiguar que era receptiva al tema, la confronté con lo que sabía y logré que hablara de sus problemas. Le hice prometer que buscaría consejo profesional en vez de seguir la opción nefasta que estaba considerando.

Recibir información de esa manera es semejante a la forma en que nos enteramos de cosas mientras soñamos. Prácticamente todo el mundo ha tenido un sueño en el que se encuentra en una situación y de repente lo sabe todo acerca de esa situación sin que nadie le diga nada. Por ejemplo, sueñas que estás en una fiesta y, en cuanto estás allí, sabes a quién le han dedicado la fiesta y por qué. De manera similar, a todo el mundo se le ha ocurrido de pronto una idea detallada o ha tenido una inspiración instantánea. Esas experiencias son versiones menores del efecto bola de pensamiento.

Resulta interesante que a veces cueste un rato traducir los fogonazos de información psíquica a palabras, puesto que llegan a trozos, de manera no lineal. Al igual que las *gestalts* psicológicas que se viven en las experiencias transpersonales, los fogonazos de información son holográficos en el sentido de que son «totalidades» instantáneas con las que la mente, por su orientación temporal, debe luchar durante un momento para desentrañarlas y convertirlas en una serie ordenada de partes.

¿Qué forma tiene el conocimiento que contienen las bolas de pensamiento recibidas durante las ECM? Según dicen quienes las han experimentado, se utilizan todas las formas de comunicación: sonidos, imágenes que se mueven como hologramas y hasta la telepatía, lo que, a juicio de Ring, demuestra, una vez más, que el más allá es «un mundo de vida en el que el pensamiento es el rey»[62].

Tal vez el lector avispado se pregunte inmediatamente por qué es tan importante la búsqueda del conocimiento durante la vida si después de morir tenemos acceso a todo el conocimiento. Cuando se les hizo esta pregunta, los que habían vivido una ECM contestaron que no estaban seguros, pero que tenían la viva impresión de que tenía algo que ver con el propósito de la vida y con la capacidad de cada individuo para esforzarse en ayudar a los demás.

PLANES DE VIDA Y HUELLAS DE TIEMPO PARALELO

Al igual que Whitton, otros investigadores de ECM han desvelado indicios que hacen pensar que nuestras vidas están planeadas de antemano, al menos hasta cierto punto, y que cada uno de nosotros desempeña un papel en la creación de ese plan. Múltiples aspectos de la experiencia apuntan a esta conclusión. Con frecuencia, cuando la persona llega al mundo de la luz, le dicen que «todavía no ha llegado su hora». Como señala Ring, esa observación implica claramente la existencia de un «plan de vida» de algún tipo[63]. Igualmente revelador resulta que a menudo se le da la *opción* de volver o quedarse, lo que sugiere que la persona participa activamente en la formulación de su destino. Existen incluso casos donde el plan admite excepciones. Hay ejemplos de personas a quienes se les dijo que sí había llegado su hora y, aun así, se les permitió volver. Moody cita el caso de un hombre que empezó a llorar cuando se percató de que estaba muerto, porque temía que su mujer no pudiese educar a su sobrino sin él. Al oírlo, el ser le dijo que le permitía regresar puesto que no estaba pidiendo para sí mismo[64]. Otro ejemplo es el de una mujer que argumentó que todavía no había bailado bastante. El comentario hizo que el ser de luz soltara una fuerte carcajada y también ella consiguió permiso para volver a la vida física[65].

Un fenómeno que Ring denomina *destello del futuro* muestra claramente que el futuro está bosquejado, al menos en parte. Quienes experimentan una ECM vislumbran ocasionalmente su propio futuro durante la visión del conocimiento. Un caso resulta especialmente asombroso. A un niño le revelaron varias cosas específicas sobre su futuro: se casaría a los veintiocho años y tendría dos hijos. Incluso pudo verse a sí mismo de adulto, sentado con sus futuros hijos en una habitación de la casa en la que acabaría viviendo. Al contemplar la escena, vio algo muy extraño en la pared, algo que su mente no podía comprender. Décadas más tarde, cuando todas las predicciones se habían cumplido ya, se encontró reviviendo la misma escena que había contemplado de niño. Entonces comprendió: el extraño objeto de la pared era un «calentador de aire a presión», un tipo de radiador que no se había inventado todavía cuando tuvo aquella experiencia[66].

Otra instantánea del futuro presenta características igualmente sorprendente. A una mujer le mostraron una fotografía de Moody, le dijeron su nombre completo y le comunicaron que, cuando llegara el momento, ella le contaría su experiencia. La visión ocurrió en 1971, cuando Moody no había publicado aún *Vida después de la vida*, de modo que su nombre y su foto nada significaron para la mujer. El momento predicho llegó cuatro años después, cuando Moody y su familia se trasladaron fortuitamente a la misma calle en la que vivía la mujer. Aquel Halloween, el hijo de Moody salió a pedir caramelos por las casas y llamó a la puerta de su casa. Cuando ella oyó el nombre del chico, le pidió que le dijera a su padre que tenía que hablar con él. Cuando Moody accedió a su petición, ella le contó su extraordinaria historia[67].

Algunos testimonios apoyan la propuesta de Loye de que existen varios universos holográficos paralelos. A veces, se muestran a quienes experimentan visiones de su futuro personal y se les advierte que el futuro que han contemplado solo ocurrirá si siguen su camino actual. Un caso particularmente intrigante involucra realidades alternativas a escala histórica. A una mujer le mostraron una historia de la Tierra completamente distinta, la historia que podría haber tenido lugar si no se hubieran producido «ciertos acontecimientos» en la época del gran filósofo y matemático griego Pitágoras hace tres mil años. Aunque la mujer no revela la naturaleza precisa de aquellos hechos, la visión indicaba que, de no haber ocurrido, ahora estaríamos viviendo en un mundo de paz y armonía marcado «por la ausencia de guerras religiosas y de la figura de Cristo»[68]. Tales experiencias sugieren que, en un universo holográfico, las leyes del tiempo y del espacio pueden ser verdaderamente extrañas.

Incluso quienes no reciben pruebas directas de su participación en su propio destino vuelven a menudo con una comprensión profunda de la interconexión holográfica que hay entre todas las cosas. Un hombre de negocios de 62 años que experimentó una ECM durante una parada cardíaca lo expresa de manera vívida: «Una cosa muy importante que aprendí al morirme fue que todos formamos parte de un gran universo viviente. Si pensamos que podemos hacer daño a otra persona o a otro ser viviente sin hacernos daño a nosotros mismos, estamos muy equivocados. Yo ahora miro un bosque, una flor o un pájaro y digo: "Eso soy yo; es parte de mí". Estamos conectados con todas las cosas y, si enviamos amor a lo largo de esas conexiones, entonces somos felices»[69].

PUEDES COMER, PERO NO TIENES QUE HACERLO

Los aspectos holográficos creados por la mente en la dimensión cercana a la muerte se manifiestan en miles de otras formas. Al describir el más allá, una niña relataba que siempre que deseaba comer aparecía comida, pero que no experimentaba la necesidad de comer —comentario que subraya una vez más la naturaleza ilusoria, similar al holograma, de la realidad del más allá—[70]. Incluso el lenguaje simbólico de la psique adquiere forma «objetiva». Por ejemplo, uno de los sujetos de Whitton aseguraba que, cuando le presentaron a una mujer que iba a figurar de forma destacada en su próxima vida, en vez de aparecer en forma humana, se presentó como mitad rosa y mitad cobra. Una vez que aprendió a descifrar el significado del simbolismo, se dio cuenta de que él y la mujer habían estado enamorados en otras dos vidas. No obstante, ella también había sido responsable de su muerte dos veces. Por tanto, en vez de manifestarse en forma humana, los elementos amoroso y letal de su carácter hicieron que apareciera como un holograma, el que mejor simbolizaba esas dos cualidades diametralmente opuestas[71].

La experiencia de aquel hombre no constituye un caso aislado. Hazrat Inayat Khan decía que, cuando entraba en un estado místico y viajaba a «realidades divinas», se encontraba de vez en cuando con seres que se le aparecían en formas mitad humanas y mitad animales. Como el hombre del ejemplo anterior, Khan advirtió que aquellas transfiguraciones eran simbólicas y que, cuando un ser se mostraba en parte como animal, era porque el animal simbolizaba alguna cualidad que el ser poseía. Por ejemplo, un ser que tenía una gran fuerza podía aparecer con cabeza de león, o un ser inusualmente astuto y mañoso podía exhibir rasgos de zorro. Khan postuló que por eso algunas culturas antiguas, como la egipcia, representaban a los dioses que gobiernan el reino del más allá con cabezas de animales[72].

La propensión de la realidad cercana a la muerte a adoptar formas holográficas que reflejan los pensamientos, los deseos y los símbolos que pueblan nuestras mentes explica que los occidentales tiendan a percibir a los seres de luz como figuras religiosas cristianas, o que los indios los vean como santos y deidades hindúes. La plasticidad del reino de las proximidades de la muerte sugiere que, quizá, esas apariencias externas no son ni más ni menos reales que la comida que deseaba y creaba la niña mencionada anteriormente, que la mujer mitad cobra y mitad rosa o que la ropa espectral evocada y creada por el individuo que se avergonzó de su desnudez. Esa misma plasticidad explica otras diferencias culturales observables en las ECM, tales como acceder al más allá atravesando un túnel, cruzando un puente, surcando una extensión de agua o simplemente bajando una cuesta. Parece nuevamente que, en una realidad creada por la interacción de estructuras de pensamiento solamente, hasta el paisaje mismo lo crean las ideas y las expectativas de la persona que la experimenta.

En este momento conviene insistir en algo importante. Por asombroso y extraño que nos parezca el terreno de las cercanías de la muerte, los indicios presentados en este libro revelan que quizá nuestro nivel de existencia no sea muy distinto. Como hemos visto, nosotros también tenemos acceso a toda la información, solo que nos resulta un poco más difícil. Ocasionalmente, podemos asimismo tener visiones futuras personales y enfrentarnos a la naturaleza fantasmagórica del tiempo y del espacio. También nosotros podemos cincelar y reconfigurar nuestros cuerpos, y a veces hasta nuestra realidad, en función de nuestras creencias, solo que debemos dedicar más tiempo y esfuerzo. De hecho, las habilidades de Sai Baba indican que podemos llegar a materializar comida por el mero hecho de desearlo, y la inedia de Teresa Neumann muestra que, en última instancia, comer puede ser tan innecesario para nosotros como para los que habitan el territorio cercano a la muerte.

En efecto, parece que esta realidad y la siguiente se diferencian en grado, pero no en naturaleza. Ambas son construcciones mentales holográficas, realidades que se establecen simplemente por la interacción de la consciencia con su entorno, como dicen Jahn y Dunne. Dicho de otra forma: al parecer nuestra realidad es una versión ralentizada de la dimensión del más allá.

Nuestras creencias tardan un poco más en producir en nuestros cuerpos manifestaciones como los estigmas en forma de clavos, y al lenguaje simbólico de la psique le cuesta un poco más exteriorizarse como una sincronicidad. Pero manifestarse se manifiestan, en un fluir lento e inexorable, cuya presencia persistente nos enseña que vivimos en un universo que apenas estamos empezando a entender.

INFORMACIÓN PROCEDENTE DE OTRAS FUENTES SOBRE EL REINO DE LAS CERCANÍAS DE LA MUERTE

Visitar el más allá no requiere atravesar una crisis que ponga en peligro la vida. Las experiencias fuera del cuerpo pueden proporcionar también acceso a esta dimensión. En sus escritos, Monroe describe varias visitas a niveles de realidad en los que se encontró con amigos fallecidos[73]. Una figura aún más experimentada en viajes fuera del cuerpo que visitó el reino de los muertos fue el místico sueco Swedenborg. Nacido en 1688, este hombre era el Leonardo da Vinci de su época. De joven estudió ciencias. Fue el matemático más destacado de Suecia y hablaba nueve idiomas; ejerció como grabador, político, astrónomo y hombre de negocios; fabricaba relojes y microscopios por afición; escribió tratados sobre metalurgia, teoría de los colores, comercio, economía, física, química, minería y anatomía, e inventó prototipos del aeroplano y del submarino.

Además de todo eso, también meditaba con regularidad y, al alcanzar la madurez, desarrolló la facultad de entrar en un trance profundo durante el cual abandonaba el cuerpo y visitaba lo que percibía como el cielo, donde conversaba con «ángeles» y «espíritus». No cabe duda de que Swedenborg experimentaba algo profundo durante esos viajes. Se hizo tan famoso por esa habilidad que la reina de Suecia le pidió que averiguara por qué su hermano fallecido no había contestado a una carta que ella le había enviado antes de su muerte. Swedenborg prometió que consultaría al fallecido y al día siguiente volvió con un mensaje que la reina confesó que contenía información que solo conocían ella y su hermano. Swedenborg realizó este servicio en múltiples ocasiones para diversas personas que buscaron su ayuda. En una de estas experiencias, le reveló a una viuda dónde encontrar un compartimento secreto en el escritorio de su marido, en el cual encontró unos documentos que necesitaba desesperadamente. Este último incidente fue tan famoso que inspiró al filósofo alemán Immanuel Kant un libro entero sobre Swedenborg titulado *Sueños de un visionario, explicados por los sueños de la metafísica.*

Los relatos de Swedenborg sobre el reino del más allá resultan asombrosamente coherentes con las descripciones de quienes experimentan ECM en la actualidad. Sus testimonios incluyen elementos ahora familiares: atravesar un túnel oscuro; ser recibido por espíritus acogedores; contemplar paisajes más bellos que cualquier escenario terrenal —paisajes donde no existen ni el tiempo ni el espacio—; encontrar una luz deslumbrante que emite un sentimiento de amor; aparecer ante seres de luz y experimentar una paz y una serenidad que lo abarcan todo[74]. Cuenta también que le permitieron observar la llegada al cielo de personas recién fallecidas y estar presente mientras eran sometidas a la revisión de la vida, proceso que él denominaba «la apertura del Libro de las Vidas». Reconocía que durante ese proceso se presenciaba «todo lo que había sido o hecho alguna vez», pero añadía una peculiaridad única. Según Swedenborg, la información que surgía durante la apertura del Libro de las Vidas se grababa en el sistema nervioso del cuerpo espiritual de la persona. Así, para evocar el repaso de la vida, un «ángel» tenía que examinar todo el cuerpo de la persona, «empezando por los dedos de las manos y siguiendo por el resto»[75].

Swedenborg se refiere también a las bolas de pensamiento holográfico que los ángeles usan para comunicarse y dice que no difieren de los retratos que podía ver en la «sustancia ondular» que rodea a la persona. Al igual que la mayor parte de los que han tenido una ECM, describe esos fogonazos de conocimiento telepático como un lenguaje de imágenes tan denso y tan rico en información que cada imagen contiene mil ideas. Una serie comunicada de esos retratos puede ser muy larga y «durar hasta varias horas, en una disposición secuencial tal que uno solo puede maravillarse»[76].

Swedenborg añade una dimensión fascinante a este fenómeno. Además de utilizar retratos, los ángeles emplean también un lenguaje que contiene conceptos que trascienden el entendimiento humano. De hecho, la razón principal de que utilicen retratos es que constituye la única manera en que pueden hacer que sus pensamientos e ideas sean comprensibles para los seres humanos, aunque no sea sino una pálida versión de los mismos[77].

Las experiencias de Swedenborg corroboran también aspectos menos conocidos de las experiencias cercanas a la muerte. Comentaba que en el mundo de los espíritus ya no se necesita comer, pero añadía que la información ocupa el lugar de la comida como fuente de alimentación[78]. Decía que, cuando hablaban los espíritus y los ángeles, sus pensamientos se incorporaban constantemente a imágenes simbólicas tridimensionales, sobre todo de animales. Explicaba, por ejemplo, que, cuando los ángeles hablaban de amor y cariño, «se presentaban animales bellos, como los corderos... Sin embargo, cuando los ángeles hablan de inclinaciones malignas, las representan mediante animales peligrosos, fieros y odiosos, como tigres, osos, lobos, escorpiones, serpientes y ratones»[79]. Aunque no es una característica que citen las personas que han tenido una ECM en la actualidad, Swedenborg comentaba que le asombró descubrir que también había espíritus de otros planetas en el cielo, una afirmación pasmosa en un hombre nacido ¡hace más de trescientos años![80]

Las observaciones más profundas de Swedenborg parecen referirse a las cualidades holográficas de la realidad. Afirmaba, por ejemplo, que, aunque parece que los seres humanos están separados unos de otros, en realidad, todos estamos conectados formando una unidad cósmica. Además, cada uno de nosotros es un cielo en miniatura, y cada persona, y todo el universo físico en realidad, representa un microcosmos de una realidad divina superior. Como hemos visto, creía asimismo que tras la realidad visible subyace una sustancia de apariencia ondulatoria.

De hecho, diversos estudiosos de Swedenborg han identificado las múltiples semejanzas que existen entre algunos conceptos suyos y la teoría de Bohm y Pribram. Entre ellos destaca el doctor George F. Dole, catedrático de Teología de la Swedenborg School of Religion de Newton, Massachusetts. Dole, titulado por Yale, Oxford y Harvard, señala que uno de los principios básicos del pensamiento de Swedenborg es que nuestro universo es creado y mantenido constantemente por dos fluidos similares a las ondas: uno procedente del cielo y otro que proviene de nuestra propia alma o espíritu. «Si juntamos esas imágenes, la semejanza con un holograma es sorprendente —dice Dole—. Estamos formados por la intersección de dos caudales: uno directo que viene de lo divino y otro indirecto que procede de lo divino vía nuestro entorno. Podemos vernos a nosotros mismos como patrones de interferencia, porque la afluencia es un fenómeno ondulatorio y nosotros estamos donde las ondas se encuentran»[81].

Swedenborg sostenía también que el cielo, a pesar de poseer cualidades efímeras y fantasmales, constituye un nivel de la realidad más fundamental que nuestro mundo físico. Según él, representa la fuente arquetípica de la que se originan todas las formas terrenales y a la que regresan todas las formas, un concepto que no difiere demasiado de la idea de Bohm de los órdenes implicado y explicado. Además, creía que el reino del más allá y la realidad física difieren en grado pero no en naturaleza y que el mundo material es tan solo una versión paralizada de la realidad del cielo construida con el pensamiento. La materia que comprende tanto el cielo como la tierra «fluye por etapas» de lo divino —afirmaba Swedenborg— y «en cada nueva etapa se hace más general y por tanto más burda y confusa, y se vuelve más lenta y por tanto más viscosa y más fría»[82].

Swedenborg plasmó sus experiencias en al menos veinte libros. En su lecho de muerte, le preguntaron si quería retractarse de algo. Él contestó con seriedad: «Todo lo que he escrito es tan cierto como que tú ahora me estás contemplando. Podría haber dicho mucho más si se me hubiera permitido. Después de la muerte verás todo y entonces tendremos mucho que decirnos el uno al otro sobre el tema»[83].

EL PAÍS DE NINGUNA PARTE

Swedenborg no es el único personaje histórico que poseía la capacidad de viajar fuera del cuerpo a niveles de realidad más sutiles. Los sufíes persas del siglo XII empleaban igualmente una meditación profunda, similar al trance, para visitar «la tierra en la que moran los espíritus». Y, de nuevo, las similitudes entre sus relatos y el conjunto de indicios acumulados en este capítulo resultan asombrosas. Afirmaban que, en ese otro ámbito, uno posee un «cuerpo sutil» y confía en sentidos que no siempre están asociados con «órganos específicos» del cuerpo. Declaraban que es una dimensión poblada por muchos maestros espirituales, o imanes, y a veces la llamaban «el país del imán escondido».

Sostenían que se trata de un mundo hecho solamente de la materia sutil del *alám al-mithal*, o pensamiento. Hasta el espacio mismo, con la «cercanía», las «distancias» y los lugares «remotos», era creado por el pensamiento.

Esta descripción no implica que el país del imán escondido fuera irreal o un mundo formado por la pura nada. Tampoco se trataba de un paisaje creado por una sola mente. Representaba, en cambio, un plano de existencia *creado por la imaginación de mucha gente* y, aun así, dotado de su propia dimensión y su propia corporalidad, sus bosques y montañas e incluso sus ciudades. Los sufíes dedicaron escritos extensos a esclarecer este punto. Tan extraña resulta esta idea para muchos pensadores occidentales que el difunto Henry Corbin, catedrático de Religión Islámica de la Sorbona de París y una autoridad destacada en pensamiento islámico e iraní, acuñó el término *imaginal* para describirla, refiriéndose a un mundo creado por la imaginación, pero no menos real ontológicamente hablando que la realidad física. «La razón que me llevó a buscar otra expresión fue que, durante muchos años, mi profesión requería que interpretara textos arábigos y persas, y sin duda habría traicionado su significado si me hubiera contentado simplemente con el término *imaginario*», declaró Corbin[84].

Dada la naturaleza imaginal del reino del más allá, los sufíes llegaron a una conclusión notable: *la imaginación misma es una facultad de la percepción*. Esta idea arroja nueva luz sobre el motivo de que el sujeto de la prueba de Whitton materializara una mano solamente después de empezar a pensar y sobre el motivo de que visualizar imágenes tenga un efecto tan potente sobre la salud y la estructura física del cuerpo. También explica la creencia sufí en que se puede utilizar la visualización —proceso que ellos llamaban *oración creativa*— para alterar y reformar el tejido mismo del propio destino.

Un concepto análogo a la idea de Bohm de los órdenes implicado y explicado llevaba a los sufíes a creer que el reino del más allá, a pesar de sus cualidades espectrales, es la matriz generadora que da origen a todo el universo físico. Todas las cosas de la realidad física surgen de esa realidad espiritual, decían. Sin embargo, incluso los más sabios entre ellos encontraban extraño que, meditando y adentrándose en las profundidades de la psique, uno llegara a un mundo interior que «resulta que envuelve, rodea o contiene lo que en un principio era externo y visible»[85].

Naturalmente, esa percepción es una referencia más a las cualidades no locales y holográficas de la realidad. Cada uno de nosotros contiene la totalidad del cielo. Más aún: cada uno de nosotros contiene la ubicación del cielo. O, como decían los sufíes, en lugar de tener que buscar la realidad espiritual «en el dónde», el «dónde» está *en* nosotros. En efecto, al discutir los aspectos no locales del reino del más allá, Sohrawardi, un místico persa del siglo XII, afirmaba que el país del imán escondido debería llamarse más bien *Na-Koja-Abad*, o «el país de ninguna parte»[86].

Es verdad que no es una idea nueva. Expresa el mismo sentimiento que encontramos en la frase «el reino de los cielos está en el interior». Lo que *resulta* nuevo es la idea de que esos conceptos constituyen referencias a los aspectos no locales de los niveles de realidad sutiles. Se sugiere de nuevo que, cuando una persona tiene una experiencia fuera del cuerpo, podría no estar viajando a ninguna parte, en realidad. Podría estar simplemente alterando el holograma siempre ilusorio de la realidad para experimentar así que viaja a alguna parte. En un universo holográfico, la consciencia ya no está solo en todas partes, también está en ninguna parte.

Algunas personas que han tenido una ECM han aludido a la idea de que el mundo del más allá habita en las profundidades del ámbito no local de la psique. Como dijo un chico de siete años: «La muerte es como entrar andando en tu mente»[87]. Bohm ofrece una visión no local similar de lo que ocurre durante la transición de esta vida a la siguiente. «En la actualidad, todo nuestro proceso mental nos dice que tenemos que mantener la atención aquí. Si no lo hacemos, no podemos cruzar la calle, por ejemplo. Sin embargo, la consciencia está siempre en las profundidades ilimitadas que se extienden más allá del tiempo y del espacio, en los niveles más sutiles del orden implicado. Por tanto, si profundizásemos lo bastante en el presente real, puede que no hubiera diferencia entre este momento y el siguiente. La idea sería que, en la experiencia de la muerte, se entra en eso. El contacto con la eternidad se produce en el momento actual, pero el mediador es el pensamiento. Es cuestión de atención»[88].

IMÁGENES DE LUZ INTELIGENTES Y COORDINADAS

La tradición yóguica sostiene una premisa fundamental: se puede acceder a los niveles más sutiles de la realidad mediante un mero cambio en la consciencia. Muchas prácticas yóguicas están concebidas especialmente para enseñar a realizar esos viajes. Una vez más, quienes tienen éxito en tales aventuras describen un paisaje ya familiar. Sri Yukteswar Giri representa uno de los testimonios más notables. Este hombre santo hindú, poco conocido pero muy respetado, murió en Puri, en la India, en 1936. Evans-Wentz, que le conoció en los años veinte, le describía como un hombre «de presencia agradable» y carácter elevado y que «bien merecía la veneración que le expresaban espontáneamente todos aquellos que le seguían»[89].

Al parecer, Sri Yukteswar poseía el don especial de transitar entre este mundo y el siguiente. Describía la dimensión del más allá como un mundo compuesto de «diversas vibraciones sutiles de luz y color» y «miles de veces mayor que el cosmos material». Afirmaba asimismo que era infinitamente más bello que el reino en el que existimos nosotros y que albergaba abundantes «lagos opalinos, mares brillantes y ríos irisados». Como era más «vibrante con la luz creativa de Dios», el clima siempre era agradable y las únicas manifestaciones climáticas se producían cuando caía ocasionalmente «una nieve blanca luminosa y una lluvia de luces multicolores».

Los habitantes de ese reino maravilloso exhiben capacidades extraordinarias: pueden materializar el cuerpo que quieran y pueden «ver» con la parte del cuerpo que deseen, sea cual fuere. También pueden materializar cualquier fruta o alimento que deseen, aunque «están casi liberados de toda necesidad de comer» y «se regalan solo con la ambrosía del conocimiento eternamente nuevo».

Se comunican mediante una serie telepática de «imágenes luminosas», se regocijan con la «inmortalidad de la amistad», perciben la «indestructibilidad del amor» y sienten un dolor intenso «si se comete algún error en la transmisión o en la percepción de la verdad». Cuando se enfrentan a la multitud de familiares —padres, madres, esposas, maridos y amigos adquiridos durante las «diferentes encarnaciones en la Tierra»—, no saben a quién amar especialmente y por eso aprenden a dar «a todos el mismo amor divino».

¿Cuál es la quintaesencia de la naturaleza de nuestra realidad una vez establecidos en esa tierra luminosa? A esta pregunta, Sri Yukteswar ofreció una respuesta tan simple como holográfica. En ese reino donde resulta innecesario comer y hasta respirar, donde un solo pensamiento puede materializar «todo un jardín de flores fragantes» y todas las heridas corporales «se curan de repente simplemente deseándolo», somos, sencillamente, «imágenes de luz inteligentes y coordinadas»[90].

Más referencias a la luz

Sri Yukteswar no es el único maestro de yoga que utiliza términos holográficos para describir los niveles más sutiles de la realidad. Otro maestro es Sri Aurobindo Ghose, pensador, activista político y místico a quien los indios reverencian junto con Gandhi. Nacido en 1872 en el seno de una familia india de clase alta, Sri Aurobindo se educó en Inglaterra, donde rápidamente adquirió fama de ser una especie de prodigio. Hablaba con fluidez no solo inglés, hindi, ruso, alemán y francés, sino también el antiguo sánscrito. Podía leer una caja de libros al día (de joven leyó todos los numerosos y voluminosos libros sagrados de la India) y recitaba al pie de la letra cada palabra de cada página que había leído. Su poder de concentración alcanzaba proporciones legendarias: se decía que podía sentarse a estudiar en la misma postura durante toda la noche, sin darse cuenta siquiera de las incesantes picaduras de los mosquitos.

Al igual que Gandhi, Sri Aurobindo participó activamente en el movimiento nacionalista de la India y fue encarcelado durante algún tiempo por sedición. Sin embargo, a pesar de su pasión intelectual y humanitaria, siguió siendo ateo hasta que un día vio a un yogui ambulante curar instantáneamente a su hermano de una enfermedad que ponía en riesgo su vida. Desde aquel momento, Sri Aurobindo dedicó su vida a las disciplinas yóguicas y al final, al igual que Sri Yukteswar, aprendió a convertirse a través de la meditación en «un explorador de los planos de la consciencia», según sus propias palabras.

Para Sri Aurobindo no fue una tarea fácil. Uno de los obstáculos más espinosos que tuvo que superar para lograr su objetivo fue aprender a silenciar el parloteo infinito de palabras y pensamientos que fluyen incesantemente en la mente humana normal. Todo el que haya intentado alguna vez vaciar la mente de todo pensamiento por un instante siquiera sabe lo desalentador que es. Pero también es una tarea necesaria, porque los textos yóguicos son bastante explícitos en cuanto se refiere a este punto. Para sondear las regiones más implicadas y sutiles de la psique, se requiere un verdadero cambio bohmiano de atención. O, como decía Sri Aurobindo, para descubrir «el país nuevo de nuestro interior» primero tenemos que aprender a «dejar atrás el viejo».

Sri Aurobindo tardó años en aprender a silenciar la mente y a viajar al interior de sí mismo, pero, cuando lo consiguió, descubrió el mismo territorio inmenso que encontraron todos los demás Marco Polo del espíritu que hemos contemplado: un reino más allá del espacio y del tiempo, formado por «infinidad de vibraciones multicolores» y poblado por seres no físicos con una consciencia tan sumamente adelantada que nos hacen parecer niños. Esos seres pueden adoptar cualquier forma que quieran, afirmaba Sri Aurobindo. El mismo ser puede aparecer ante un cristiano como un santo cristiano y ante un indio como un santo hindú, aunque subrayaba que su propósito no es engañar, sino simplemente hacerse más accesibles para «una consciencia en particular».

Según Sri Aurobindo, esos seres, en su forma más verdadera, se muestran como «vibración pura». En *On Yoga (Sobre el yoga)*, obra suya en dos tomos, llega a vincular la capacidad de aparecer bien como forma o bien como vibración a la dualidad onda-partícula descubierta por la «ciencia moderna». Sri Aurobindo observó también que, en ese reino luminoso, uno ya no se limita a recibir información «punto por punto», sino que puede asimilarla «en grandes masas» y percibir «grandes extensiones de espacio y de tiempo» con una simple ojeada.

De hecho, gran parte de las afirmaciones de Sri Aurobindo resuenan notablemente con las conclusiones de Bohm y Pribram. Decía que la mayoría de los seres humanos poseen una «pantalla mental» que les impide ver más allá del «velo de la materia», pero, cuando se aprende a escudriñar al otro lado del velo, se descubre que todo está compuesto por «vibraciones luminosas de diferentes intensidades». Afirmaba que la consciencia se compone asimismo de vibraciones diferentes y creía que toda la materia es consciente hasta cierto punto. Al igual que Bohm, llegó a aseverar que la psicoquinesia es una consecuencia directa del hecho de que la materia sea consciente hasta cierto punto. Si la materia no fuese consciente, ningún yogui podría mover un objeto con la mente porque no habría posibilidad de contacto entre el yogui y el objeto, declaraba Sri Aurobindo.

Sus observaciones sobre la totalidad y la fragmentación resultan particularmente bohmianas. Según él, una de las cosas más importantes que se aprenden en «los grandes y luminosos reinos del Espíritu» es que la separación constituye una ilusión y que al final todas las cosas están interconectadas y constituyen un todo. En sus escritos, insistía sobre esto una y otra vez y sostenía que la «ley de fragmentación progresiva» empezaba a dominar todo únicamente cuando se descendía de los niveles de la realidad de vibraciones altas a los de vibraciones más bajas. Fragmentamos las cosas porque existimos en una vibración baja de la consciencia y de la realidad, afirmaba Sri Aurobindo, y es esa propensión a la fragmentación lo que nos impide experimentar la intensidad de la consciencia, de la alegría, del amor y del deleite por la existencia que son la norma en los ámbitos superiores y más sutiles.

Así como Bohm cree que no es posible que el desorden exista en un universo que en última instancia no está dividido y constituye un todo, Sri Aurobindo creía que se podía afirmar lo mismo con respecto a la consciencia. Si un solo punto del universo fuera totalmente consciente, el universo entero sería totalmente consciente —declaraba—, y si percibimos que una piedra a la vereda del camino o un grano de arena debajo de la uña son inertes y carecen de vida, nuestra percepción es otra vez ilusoria, fruto del hábito sonambulesco de la fragmentación.

El entendimiento clarividente de la totalidad llevó a Sri Aurobindo a percatarse, como Bohm, de la relatividad última de todas las verdades y de la arbitrariedad de intentar dividir el holomovimiento ininterrumpido en «cosas». Tan convencido estaba de que cualquier intento de reducir el universo a hechos absolutos y a una doctrina inalterable conducía únicamente a la distorsión que se oponía incluso a la religión y durante toda su vida recalcó que la verdadera espiritualidad no procede de organización o sacerdocio algunos, sino del universo espiritual del interior: «No solo hay que destruir la trampa de la mente y de los sentidos, sino huir igualmente de la trampa del pensador, de la trampa del teólogo y del fundador de las religiones, y escapar de las redes de la Palabra y de la esclavitud de la Idea. Todo esto se halla en nosotros, dispuesto a emparedar al espíritu en las formas; pero nosotros debemos ir siempre más allá, renunciar de continuo a lo menor por lo más grande, a lo finito por lo Infinito; debemos estar siempre dispuestos para avanzar de iluminación en iluminación, de experiencia en experiencia, de estado de alma en estado de alma… y no apegarnos… ni siquiera a las verdades más sólidamente arraigadas en nosotros, porque son formas solamente y expresiones de lo Inefable; y lo Inefable rehúsa limitarse en ninguna forma, en ninguna expresión»[91].

Pero, si al final el cosmos es inefable, un fárrago de vibraciones multicolores, ¿qué son todas las formas que percibimos? ¿Qué es la realidad física? En opinión de Sri Aurobindo, es simplemente «una masa de luz estable»[92].

SUPERVIVENCIA EN EL INFINITO

La imagen de la realidad que relatan quienes han vivido una ECM muestra una coherencia sorprendente y está corroborada por el testimonio de muchos de los místicos con más talento del mundo. Lo que resulta aún más sorprendente es que los niveles más sutiles de la realidad, por pasmosos y extraños que puedan parecernos a quienes vivimos en las civilizaciones más «avanzadas» del mundo, sean terrenos familiares y mundanos para los llamados pueblos primitivos.

El concepto aborigen australiano de *tiempo de ensoñación* —un reino que visitan los chamanes australianos entrando en un trance profundo— ofrece un ejemplo notable. El doctor E. Nandisvara Nayake Thero, un antropólogo que ha estudiado y convivido con una comunidad de aborígenes de Australia, señala que este concepto resulta casi idéntico a los planos de existencia del más allá que describen las fuentes occidentales. Se trata del reino al que van los espíritus humanos después de la muerte; una vez allí, el chamán puede conversar con los muertos y acceder a todo el conocimiento de manera instantánea. Por otra parte, en esa dimensión no existen ya el tiempo, ni el espacio ni otras fronteras de la vida terrenal, y uno tiene que aprender a tratar con el infinito. Por eso, muchas veces los chamanes australianos se refieren al más allá como a la «supervivencia en el infinito»[93].

Holger Kalweit, un etnopsicólogo alemán con titulaciones en Psicología y Antropología Cultural, va más allá. Experto en chamanismo e investigador del territorio de las proximidades de la muerte, sostiene que prácticamente todas las tradiciones chamánicas del mundo contienen descripciones de ese terreno inmenso y extradimensional y están repletas de referencias a la revisión de la vida, a seres espirituales superiores que guían y enseñan, a alimentos imaginados y materializados por el pensamiento, así como a prados, bosques y montañas de belleza indescriptible. En efecto, la capacidad de viajar al reino del más allá no solo es un requisito universal para convertirse en chamán; muchas veces, las experiencias cercanas a la muerte representan el catalizador mismo que empuja a la persona a desempeñar este papel. Los ejemplos abundan: entre los pueblos sioux oglala y seneca de Norteamérica, los yakut siberianos, los guajiro sudamericanos, los zulúes y los kikuyu africanos, los mu-dang coreanos, el pueblo de la isla indonesia de Mentawai y la tribu esquimal caribú existe la tradición de individuos que se convirtieron en chamanes tras pasar por una enfermedad que puso en peligro sus vidas y los lanzó de cabeza al más allá.

Sin embargo, a diferencia de los occidentales, para quienes esas experiencias son nuevas y desorientadoras, los exploradores chamánicos parecen poseer un vasto conocimiento de la geografía de esos reinos sutiles y muchos son capaces de volver a ellos una y otra vez. ¿Por qué? En opinión de Kalweit, porque tales experiencias constituyen una realidad diaria en esas culturas. Mientras que nuestra sociedad reprime cualquier pensamiento o mención a la muerte y la agonía y, al definir la realidad estrictamente en términos de lo material, ha devaluado las experiencias místicas, los pueblos tribales mantienen todavía un contacto diario con la naturaleza psíquica de la realidad. De este modo, dice Kalweit, comprenden mejor las reglas que regulan los reinos interiores y navegan por esos territorios con mucha más pericia[94].

La experiencia del antropólogo Michael Harner con los indios conibo del Amazonas peruano ilustra vívidamente lo familiarizados que están los pueblos chamánicos con los terrenos interiores. En 1960, el museo americano de historia natural le envió a estudiar a los conibo en una expedición de un año de duración. Durante su estancia, Harner pidió a los nativos del Amazonas que le hablaran de sus creencias religiosas. Ellos le dijeron que, si quería aprender de verdad, tenía que tomar la bebida sagrada de los chamanes, hecha con una planta alucinógena conocida como ayahuasca, o 'planta del alma'. Harner accedió. Tras beber el brebaje amargo, experimentó algo extraordinario. Tuvo una experiencia fuera del cuerpo que lo llevó a un nivel de la realidad poblado por lo que parecían ser los dioses y demonios de la mitología de los conibo. Vio demonios con cabeza de cocodrilo con las fauces abiertas. Observó cómo le brotaba del pecho una especie de «energía o fluido fundamental» que luego se elevó y flotó hacia una nave con una proa de cabeza de dragón, tripulada por seres con «cabeza de arrendajo» que recordaban a las figuras egipcias. Experimentó lo que le parecía el entumecimiento lento y progresivo de la muerte.

Pero su experiencia más dramática durante aquel viaje espiritual fue el encuentro con un grupo de seres alados con aspecto de dragones que emergió de su columna vertebral. Tras salir de su cuerpo reptando, «proyectaron» una escena visual frente a él en la que le mostraron la «verdadera» historia de la Tierra, según ellos. Mediante una especie de «lenguaje telepático», le dijeron que ellos eran los causantes tanto del origen como de la evolución de la vida en este planeta. Residían no solo en los seres humanos, sino en cualquier clase de vida, y habían creado las numerosas formas vivas que pueblan la Tierra para procurarse un lugar donde esconderse de un enemigo oculto del espacio exterior. (Harner señala que aquellos seres eran casi como el ADN, aunque, en aquel entonces, 1961, él no sabía nada sobre el tema).

Cuando cesaron las visiones, Harner buscó a un chamán conibo ciego, famoso por sus dotes paranormales, para hablar con él de la experiencia. Mientras Harner le contaba los acontecimientos que había vivido, el chamán, que había hecho muchas excursiones al mundo del espíritu, asentía de vez en cuando con la cabeza. Pero, cuando le habló de los seres que parecían dragones y le contó que pretendían ser los verdaderos dueños de la Tierra, el chamán sonrió divertido. «Siempre dicen lo mismo. Pero no son más que los Señores de las Tinieblas Exteriores», corrigió.

«Me dejó pasmado —continúa Harner—. Mi experiencia le resultaba familiar a aquel chamán ciego y descalzo; sabía de todo aquello por sus propios viajes al mundo oculto en el que yo me había aventurado». Con todo, no fue ese el único susto que se llevó Harner. También relató su experiencia a dos misioneros cristianos que vivían cerca y descubrió asombrado que ellos parecieran saber igualmente de lo que hablaba. Cuando terminó, le dijeron que parte de sus descripciones eran prácticamente idénticas a ciertos pasajes de la Biblia, pasajes que él, que era ateo, nunca había leído[95]. Así pues, parecía que el viejo chamán conibo no era el único que había visitado ese reino. Tal vez algunas visiones y «viajes al cielo» descritos por los profetas del Viejo y del Nuevo Testamento fueran viajes chamánicos al reino interior.

¿Es posible que lo que hemos estado contemplando como relatos folclóricos pintorescos e historias mitológicas encantadoras, pero ingenuas, sean en verdad informes sofisticados sobre la cartografía de los niveles sutiles de realidad? Kalweit, por lo pronto, cree que la respuesta es un sí enfático. «A la luz de los descubrimientos revolucionarios de recientes investigaciones sobre la naturaleza de la agonía y de la muerte… ya no es posible considerar las religiones tribales y sus ideas sobre el Mundo de los Muertos como concepciones limitadas —afirma—. [Más bien] el chamán debería ser visto como un psicólogo sabio y moderno»[96].

Un resplandor espiritual innegable

Un último indicio que indica el carácter real de la ECM es el efecto transformador que produce en los que la experimentan. Diversas investigaciones revelan que el viaje al más allá implica casi siempre un cambio profundo en los viajeros. Se vuelven más optimistas, más tolerantes y más felices y se preocupan menos por las posesiones materiales. Lo más sorprendente, sin embargo, es que se amplía enormemente su capacidad de amar. Maridos fríos y reservados se vuelven amables y cariñosos de repente, los adictos al trabajo empiezan a relajarse y a dedicar tiempo a sus familias, y los introvertidos se vuelven extrovertidos. Muchas veces los cambios son tan espectaculares que quienes conocen al sujeto en cuestión comentan a menudo que se ha convertido en una persona completamente distinta. Se tiene constancia incluso de criminales que reformaron completamente su trayectoria, o de predicadores que lanzaban sermones aterradores sobre los castigos del infierno y han sustituido el discurso de condenación eterna por un mensaje de compasión y amor incondicional.

Las personas que han tenido una ECM muestran asimismo una mayor inclinación espiritual. Además de regresar firmemente convencidos de la inmortalidad del alma, conservan una impresión profunda y permanente de que el universo es inteligente y compasivo, una presencia amorosa que está siempre con ellos. No obstante, eso no los lleva necesariamente a convertirse en personas más religiosas. Al igual que Sri Aurobindo, muchas de ellas hacen hincapié en que es importante distinguir entre religión y espiritualidad y afirman que lo que se ha traducido en una mayor plenitud en su vida es lo último y no lo primero. En efecto, hay estudios que ponen de manifiesto que, a raíz de una ECM, se muestra una apertura creciente a ideas ajenas a la propia formación religiosa, tales como la reencarnación o a las religiones orientales[97].

Esa ampliación de intereses con frecuencia se extiende también a otras áreas. Por ejemplo, se observa a menudo que la clase de temas examinados en este libro —y en particular los fenómenos psíquicos y la nueva física— ejercen una notable fascinación sobre esos viajeros. Uno de ellos, investigado por Kenneth Ring, era un conductor de maquinaria pesada que, antes de la experiencia, no mostraba interés por la lectura ni por actividad académica alguna. Sin embargo, durante su experiencia, tuvo una visión del conocimiento total y, cuando se recuperó, aunque era incapaz de recordar el contenido de la visión, empezaron a acudirle a la cabeza diversos términos físicos. Una mañana, al poco tiempo de la vivencia, se descolgó con la palabra *quantum*. Poco después, hizo el siguiente anuncio críptico: «Max Planck, oiréis hablar de él en un futuro próximo». Y a medida que iba pasando el tiempo, iban apareciendo en sus pensamientos fragmentos de ecuaciones y de símbolos matemáticos. Ni él ni su mujer sabían lo que significaba la palabra *quantum*, ni quién era Max Planck (considerado en general el padre de la física cuántica) hasta que se fue a una biblioteca a buscar las palabras en la enciclopedia. Cuando descubrió que lo que él decía no era un galimatías, empezó a leer vorazmente no solo libros de física, sino también de parapsicología, metafísica y sobre la consciencia superior; incluso se matriculó en Física en la universidad. Su esposa escribió una carta a Ring en la que trataba de describir la transformación de su marido: «Muchas veces suelta una palabra que no había oído nunca en nuestro entorno. Puede tratarse, incluso, de una palabra en otro idioma, pero… siempre está en relación con la teoría de la "luz"… Habla de cosas más rápidas que la luz y me resulta difícil entenderle… Cuando Tom se pone a leer un libro de física, ya conoce la respuesta y parece presentir algo…»[98].

Tras su experiencia, aquel hombre empezó también a desarrollar varias dotes psíquicas, lo cual no es raro entre quienes han tenido una vivencia semejante. En 1982, Bruce Greyson, psiquiatra de la Universidad de Míchigan y director de investigación del IANDS, entregó un cuestionario concebido expresamente para estudiar el tema a sesenta y nueve personas que habían pasado por una ECM y descubrió que había un incremento en casi todos los fenómenos psíquicos y paranormales que había evaluado[99]. Phyllis Atwater, un ama de casa de Idaho que empezó a investigar las ECM a raíz de la transformación que sufrió ella misma durante su propia experiencia, ha entrevistado a docenas de personas que han tenido alguna y ha obtenido resultados similares. «La telepatía y la capacidad de sanar son comunes —declara—. También lo es el "recordar" el futuro. El tiempo y el espacio se detienen y vives una secuencia futura con detalle. Luego, cuando el acontecimiento ocurre, lo reconoces»[100].

A juicio de Moody, esos cambios de identidad profundos y positivos, constituyen la prueba más evidente de que las ECM son realmente viajes a un plano espiritual de la realidad. Ring está de acuerdo y, según él, hay un resplandor espiritual absoluto e innegable en el corazón de las ECM: «Ese núcleo espiritual es tan digno de respeto y tan sobrecogedor, que la persona es de una vez y para siempre lanzada hacia una forma de ser enteramente nueva»[101].

Las personas que investigan las ECM no son las únicas que empiezan a aceptar la existencia de tal dimensión y del componente espiritual de la raza humana. El Premio Nobel Brian Josephson, que practica la meditación desde hace mucho tiempo, también está convencido de que hay niveles sutiles de realidad a los que se puede acceder a través de la meditación y a los que posiblemente se viaja después de la muerte[102]. En 1985, en un simposio sobre la posibilidad de vida más allá de la muerte biológica que se celebró en la Universidad de Georgetown, convocado por la senadora americana Claiborne Pell, el doctor Paul Davies manifestó una apertura de miras similar: «Todos estamos de acuerdo en que la mente es fruto de la materia, al menos en lo que concierne a los seres humanos; o por decirlo con más exactitud, la mente encuentra su expresión a través de la materia (y específicamente a través del cerebro). La lección que ofrece el mundo cuántico es que la materia solo puede adquirir una existencia concreta y definida claramente en conjunción con la mente. Evidentemente, si la mente es *modelo* en vez de *sustancia*, es capaz de hacer muchas representaciones diferentes»[103]. Hasta la psiconeuroinmunóloga Candace Pert, otra participante en el simposio, se mostró receptiva a la idea: «Es importante percatarse de que la información se almacena en el cerebro, y no me parece descabellado pensar que esa información se pueda transformar en algún otro terreno. ¿Dónde va la información cuando se destruyen las moléculas (la masa) que la componen? La materia ni se crea ni se destruye y puede que el flujo de información biológica no pueda desaparecer con la muerte y tenga que transformarse en otro ámbito»[104].

¿Es posible que lo que Bohm llama el «nivel implicado» de la realidad sea realmente el terreno del espíritu, la fuente del resplandor espiritual que ha transformado a los místicos de todos los tiempos? El propio Bohm no desecha la idea. El dominio implicado «podría llamarse igualmente Idealismo, Espíritu, Consciencia», declara con una actitud típicamente realista. «La separación de los dos —materia y espíritu— es un concepto abstracto. La base siempre es una»[105].

¿QUIÉNES SON LOS SERES DE LUZ?

Como la mayoría de las observaciones anteriores fueron realizadas por médicos y no por teólogos, uno no puede evitar preguntarse si el interés por la nueva física que mostraba el conductor de maquinaria pesada investigado por Ring no será un indicio de algo más profundo. Si, como sugiere Bohm, la física está empezando a invadir terrenos que antaño eran exclusivos de los místicos, ¿sería posible que los seres que habitan en el reino de las cercanías de la muerte hayan anticipado esas invasiones? ¿Explica esto que a las personas que viven la experiencia del túnel de la muerte se les conceda una sed insaciable de conocimiento? ¿Se les está preparando, a ellos y por extensión al resto de la humanidad, para la confluencia venidera de la ciencia y lo espiritual?

Un poco más adelante analizaremos esa posibilidad, pero antes debemos plantear otra pregunta. Si ya no se cuestiona la existencia de la dimensión superior, ¿cuáles son sus parámetros? Más específicamente, ¿quiénes son los seres que la habitan?, ¿cómo se organiza su sociedad o, me atrevería a decir, su civilización?

Desde luego, responder a estas preguntas no es una tarea sencilla. Cuando Whitton intentó averiguar la identidad de los seres que orientaban a las personas en el ínterin entre una vida y otra, descubrió que obtener la respuesta no era fácil. Como él mismo explica: «La impresión de los sujetos de mi investigación —los que pudieron responder a la pregunta— era que se trataba de entidades que habían completado el ciclo de encarnaciones en la Tierra»[106].

Monroe obtuvo resultados igualmente elusivos después de hacer cientos de viajes al reino interior y de entrevistar a docenas de personas expertas en ECM: «Sean lo que sean [esos seres], tienen el don de irradiar un cálido sentimiento de amistad que suscita una confianza plena. Para ellos es enormemente fácil percibir nuestros pensamientos. Y tienen a su disposición toda la historia de la humanidad y de la Tierra con el máximo detalle». Sin embargo, también confiesa su ignorancia en cuanto se refiere a la identidad última de esas entidades no físicas, aunque afirma que su tarea principal parece consistir en mostrarse «totalmente solícitas para procurar el bienestar de los seres humanos con los que están asociados»[107].

No hay *mucho* más que decir sobre las civilizaciones de esos terrenos sutiles, salvo que las personas que tienen el privilegio de visitarlos mencionan, por lo general, que ven muchas ciudades enormes, de una belleza celestial. Las descripciones de esas metrópolis misteriosas realizadas por quienes tienen experiencias cercanas a la muerte, los adeptos al yoga y los chamanes que utilizan ayahuasca, muestran todas ellas una coherencia extraordinaria. Los sufíes del siglo XII estaban tan familiarizados con ellas que hasta dieron nombre a varias.

La característica más señalada de dichas ciudades radica en su luminosidad deslumbrante. Se reporta a menudo que sus edificios muestran formas extrañas y de una belleza sublime y que no existen palabras que puedan transmitir su grandeza, ni describir las demás características de esas dimensiones implicadas. Al describir una de esas ciudades, Swedenborg la presentaba como un sitio «de un diseño arquitectónico sorprendente, tan bello que se diría que es la casa y la fuente del arte mismo»[108].

Con frecuencia, la gente que visita esas ciudades cuenta asimismo que tienen una cantidad inusual de escuelas y otros edificios asociados con la búsqueda del conocimiento. La mayoría de los sujetos de las investigaciones de Whitton recordaban que, mientras estaban en el estado entre vidas, habían pasado algún tiempo trabajando duramente en grandes estancias dedicadas a la enseñanza, equipadas con bibliotecas y con salas de conferencias[109]. Muchas personas que han tenido ECM relatan igualmente que, durante las mismas, les mostraron «escuelas», «bibliotecas» e «instituciones de enseñanza superior»[110]. Y se pueden encontrar referencias a grandes ciudades dedicadas al aprendizaje y alcanzables solo mediante el viaje a «las profundidades escondidas de la mente», incluso en textos tibetanos del siglo XI. Edwin Bernbaum, un especialista en lengua sánscrita de la Universidad de California de Berkeley, cree que una de esas leyendas tibetanas sirvió de inspiración a la novela *Horizontes perdidos*, de James Hilton, en la cual el escritor imaginaba la comunidad ficticia de Shangri-La[111]*.

---

* Durante mis años universitarios y en la escuela secundaria, experimenté con frecuencia sueños vívidos en los que asistía a clases de temas espirituales en una universidad extrañamente bella, en un lugar sublime que parecía de otro mundo. No se trataba de sueños angustiosos sobre ir a la escuela, sino de sueños

El desafío interpretativo surge precisamente aquí: esas descripciones adquieren un carácter ambiguo en un terreno imaginal. Resulta imposible saber con seguridad si las espectaculares estructuras arquitectónicas que encuentran los que tienen ECM son realidades o fantasmas alegóricos solamente. Por ejemplo, tanto Moody como Ring han documentado casos de individuos que afirmaron que los edificios de enseñanza superior que visitaron no solo estaban dedicados al conocimiento, sino que eran lugares de conocimiento en sí mismos literalmente[112]. Esa curiosa elección de palabras sugiere que las visitas a esos edificios pueden ser en realidad encuentros con algo tan ajeno al entendimiento humano —quizá una nube viviente y dinámica de conocimiento puro, o aquello en lo que se convierte la información, como dice la doctora Pert, cuando se ha *transformado en otra esfera*— que el único modo en que la mente puede procesarlo consiste en convertirlo en un holograma de un edificio o de una biblioteca.

Lo mismo puede afirmarse de los seres que se encuentran en las dimensiones sutiles. Nunca podremos saber qué son real-

---

aéreos increíblemente agradables, en los que flotaba ingrávido para asistir a conferencias sobre el campo de energía humana y la reencarnación. Durante esos sueños, a veces me encontré con personas a las que había conocido en esta vida pero que habían muerto, e incluso con individuos que se identificaban como almas a punto de renacer. Lo que resulta intrigante es que he conocido a varias personas que también han experimentado estos sueños, usualmente individuos con capacidad psíquica por encima de lo normal. Uno de ellos era un experimentado clarividente tejano llamado Jim Gordon, a quien la experiencia le resultaba tan desconcertante que preguntaba con frecuencia a su atónita madre por qué tenía que ir al colegio dos veces: una vez durante el día con todos los demás niños y otra vez por la noche mientras dormía. Monroe y muchos otros investigadores de las EFC sostienen que los sueños en los que se vuela son realmente EFC mal recordadas, lo cual me lleva a preguntarme si algunos de nosotros, al menos, no estaremos visitando esas escuelas etéreas incluso mientras estamos vivos. Si alguna persona que lee este libro ha tenido también experiencias semejantes, estaría muy interesado en oírlas.

mente solo por las apariencias. Por ejemplo, George Russell, un vidente irlandés muy conocido de finales del siglo XIX que además viajaba fuera del cuerpo con extraordinaria pericia, se encontró con muchos «seres de luz» durante lo que él llamaba «viajes al mundo interior». Cuando en una entrevista le pidieron que describiera el aspecto de esos seres, él declaró: «Recuerdo con mucha claridad al primero que vi y la apariencia que tenía; al principio, hubo un resplandor de luz y luego vi que procedía del corazón de una figura alta, cuyo cuerpo parecía configurado por un aire medio transparente u opalescente; un fuego eléctrico y radiante, cuyo centro parecía ser el corazón, le corría por todo el cuerpo. Alrededor de la cabeza y del pelo ondulante y luminoso que tenía por todo el cuerpo, a modo de trenzas vivas de oro, aparecían auras llameantes en forma de alas. La luz parecía surgir del propio ser y se extendía hacia fuera en todas direcciones. La sensación que me dejó tras la visión era de una ligereza y de una alegría extraordinarias, o de éxtasis»[113].

Por otra parte, Monroe afirma que después de estar un rato en presencia de una de esas entidades no físicas, esta se libra de su apariencia y él no percibe nada, aunque continúa sintiendo «la radiación que es la entidad»[114]. Podemos preguntar de nuevo: el ser de luz que uno encuentra cuando viaja a las dimensiones interiores, ¿representa una realidad o solo un fantasma alegórico? La respuesta, naturalmente, es que es un poco ambas cosas, porque, en un universo holográfico, *todas* las apariencias son ilusiones, una especie de imágenes holográficas que se forman por la interacción de la consciencia presente, pero ilusiones basadas, como sostiene Pribram, en *algo* que está ahí. Estos son los dilemas inherentes a un universo que se nos presenta en forma explicada pero cuyo origen está siempre en algo inefable, en lo implicado. Podemos encontrar cierto consuelo en el hecho de que las imágenes holográficas que construye la mente en el reino del más allá parecen tener al menos alguna relación con ese algo que está ahí. Cuando encontramos una nube incorpórea de conocimiento puro, la convertimos en una escuela o en una biblioteca. Cuando una persona se encuentra con una mujer con la que ha tenido una relación de amor/odio, la ve mitad rosa, mitad cobra, un símbolo que transmite todavía la quintaesencia de su carácter. Y cuando los que viajan a los terrenos más sutiles se encuentran con consciencias no físicas y solícitas, las ven como seres luminosos y angelicales. En cuanto a la identidad última de esos seres, podemos inferir de su conducta ciertos rasgos: son mayores y muy sabios y tienen una conexión profunda y amorosa con la especie humana. Más allá de eso, la cuestión de si son dioses, ángeles, almas de seres humanos que han terminado de reencarnarse o algo que trasciende completamente la comprensión humana sigue sin respuesta. Especular más allá resultaría presuntuoso. No solo abordaríamos una cuestión irresuelta durante mil años de historia de la humanidad, sino que desoiríamos también la advertencia de Sri Aurobindo contra la transformación de interpretaciones espirituales en doctrinas religiosas. La ciencia esclarecerá la respuesta cuando reúna las pruebas necesarias, pero hasta entonces la cuestión de qué y quiénes son esos seres permanece abierta.

EL UNIVERSO OMNIJETIVO

El más allá no es el único sitio donde podemos encontrar apariciones similares a hologramas esculpidas por nuestras creencias. Al parecer, también podemos experimentar tales fenómenos incluso en nuestro propio nivel de existencia. El filósofo Michael Grosso sostiene, por ejemplo, que las apariciones milagrosas de la Virgen María pueden representar también proyecciones holográficas creadas por las creencias colectivas de la raza humana. Una visión mariana particularmente reveladora en este sentido es la célebre aparición de la Virgen de Knock, Irlanda, en 1879. En aquella ocasión, catorce personas vieron tres figuras resplandecientes, e inquietantemente inmóviles, de pie en un prado junto a la iglesia del pueblo. Representaban a María, José y san Juan Evangelista (identificado porque se parecía mucho a una estatua del santo que había en una aldea cercana). Estas figuras luminosas y brillantes eran tan reales que, cuando los testigos se acercaron, pudieron leer incluso el título del libro que sostenía san Juan. Pero, cuando una de las tres mujeres allí presentes, intentó abrazar a la Virgen, sus brazos se cerraron en el vacío. «Las figuras parecían tan plenas, tan llenas de vida… que no podía entender por qué mis manos no podían tocar lo que era tan evidente y claro para mi vista», escribió la mujer más tarde[115].

Otra aparición mariana impresionantemente holográfica es la igualmente famosa manifestación de la Virgen en Zeitun, Egipto. Los avistamientos empezaron en 1968, cuando dos mecánicos musulmanes vieron una aparición luminosa de María de pie sobre la cornisa de la cúpula central de una iglesia copta en un barrio pobre de El Cairo. Durante los tres años siguientes, aparecían semanalmente imágenes brillantes y tridimensionales de María, José y el Niño Jesús sobre la iglesia y a veces se quedaban flotando en el aire durante seis horas.

A diferencia de las figuras de Knock, las apariciones de Zeitun se movían y saludaban a las multitudes que se reunían regularmente para verlas. Sin embargo, ellas también exhibían muchos aspectos holográficos. Un fogonazo brillante de luz precedía siempre a su aparición. Así como los hologramas cambian el modo de frecuencia y se enfocan lentamente, también las figuras eran amorfas al principio y poco a poco adoptaban forma humana. A menudo iban acompañadas de palomas «formadas de pura luz» que volaban sobre la multitud a gran distancia, pero nunca batían las alas. Lo más revelador fue que, después de tres años de manifestaciones y cuando comenzaba a desvanecerse el interés por el fenómeno, las figuras de Zeitun también decayeron, volviéndose cada vez más difusas hasta que, en sus últimas apariciones, eran poco más que nubes de niebla luminosa. Sin embargo, cuando estaban en pleno apogeo, las vieron centenares de miles de testigos y fueron profusamente fotografiadas.

«He entrevistado a varias de aquellas personas y, cuando las oyes hablar de lo que vieron, no te puedes librar de la sensación de que están describiendo un tipo de proyección holográfica», afirma Grosso[116].

En su libro *The Final Choice (La opción final)*, un libro que induce a la reflexión, Grosso afirma que, tras estudiar las pruebas, está convencido de que tales visiones no son apariciones de la figura histórica de María, sino proyecciones holográficas creadas por el inconsciente colectivo. Es interesante señalar que no todas las apariciones de María son silenciosas. Algunas hablan, como las de Fátima y Lourdes, y su mensaje, invariablemente, avisa de la inminencia de un suceso apocalíptico si los mortales no enmiendan su comportamiento. Grosso interpreta esto como una evidencia de que el inconsciente colectivo de la humanidad se encuentra profundamente perturbado por el violento impacto que la ciencia moderna ha causado en la vida humana y en el ecosistema terrestre. Nuestros sueños colectivos nos están advirtiendo, en esencia, de la posibilidad de nuestra propia autodestrucción.

Otros investigadores coinciden en que la creencia en la Virgen representa la fuerza motivadora por la cual cobran vida tales proyecciones. Rogo, por ejemplo, señala que, en 1925, mientras se construía la iglesia copta que se convertiría en el escenario de las apariciones de Zeitun, el filántropo responsable de su construcción tuvo un sueño en el que la Virgen le dijo

que se aparecería en la iglesia tan pronto como estuviera termi-
nada. Si bien la Virgen no se apareció en el tiempo prescrito, la
profecía era bien conocida en la comunidad. Así pues, según
Rogo, «existía una tradición que se remontaba a cuarenta años
atrás, según la cual algún día iba a tener lugar en la iglesia la
visita de la Virgen. Tales preocupaciones pudieron haber dado
lugar a una "fijación" de la imagen de la Virgen dentro de la
propia iglesia, es decir, una reserva cada vez mayor de energía
psíquica impulsada por los pensamientos de los habitantes de
Zeitun. Esta reserva de energía debió de cargarse hasta tal extremo que, en 1968, la imagen de la Virgen María irrumpió en
la realidad física»[117]. En escritos anteriores, también yo he ofre-
cido una explicación similar de las visiones marianas[118].

Un fenómeno igualmente enigmático sugiere que algunos
ovnis pueden representar también algún tipo de manifestación
holográfica. Cuando, a finales de los años cuarenta, la gente empezó a reportar avistamientos de lo que parecían ser naves espaciales de otros planetas, los investigadores que estudiaron los
informes con la suficiente profundidad como para entender
que debían tomarse en serio el fenómeno asumieron que eran
exactamente lo que parecían ser, es decir, avistamientos fugaces
de aparatos guiados inteligentemente procedentes de civilizaciones más avanzadas y probablemente extraterrestres. Sin embargo, a medida que los encuentros con ovnis se volvieron más
frecuentes —especialmente aquellos que involucraban contacto con sus ocupantes— y se acumularon los datos, para muchos
investigadores resultó cada vez más evidente que estas llamadas
naves espaciales no son de origen extraterrestre.

Entre las características que indican que no se trataba de un
fenómeno extraterrestre se pueden mencionar las siguientes: en
primer lugar, hay demasiadas visiones; se han documentado literalmente miles de encuentros con platillos volantes y con sus
ocupantes, tantos que difícilmente podríamos creer que todos

son visitantes reales de otros planetas. En segundo lugar, los ocupantes de los ovnis con frecuencia no poseen los rasgos que uno esperaría encontrar en una forma de vida verdaderamente extraterrestre; se les describe demasiadas veces como humanoides que respiran nuestro aire, no muestran temor a contraer virus terrestres, están bien adaptados a la gravedad terrestre y a las emisiones electromagnéticas del Sol, sus rostros reflejan emociones reconocibles y hablan nuestro idioma —todos ellos rasgos posibles pero improbables en visitantes alienígenas auténticos—.

En tercer lugar, su conducta tampoco corresponde a la de visitantes de otros mundos. En lugar de realizar el aterrizaje proverbial en el césped de la Casa Blanca, se aparecen a granjeros y a motoristas que se han quedado tirados con la moto. Persiguen a los aviones pero no los atacan. Se desplazan rápidamente por el cielo permitiendo que docenas o hasta centenares de testigos los vean, pero no muestran interés en establecer un contacto formal. Y muchas veces, cuando contactan con personas, su comportamiento parece carecer de lógica. Por ejemplo, uno de los contactos más comúnmente reportados involucra algún tipo de reconocimiento médico. No obstante, una civilización que poseyera la capacidad tecnológica para recorrer distancias casi incomprensibles del espacio exterior debería tener los medios científicos necesarios para obtener tal información sin establecer contacto físico alguno, o, al menos, sin necesidad de abducir a las numerosas personas que parecen ser víctimas legítimas de ese fenómeno misterioso.

Por último, lo más curioso de todo: los platillos volantes ni siquiera se comportan como objetos físicos. Han sido observados en pantallas de radar efectuando giros instantáneos de noventa grados a velocidades enormes, una maniobra que haría saltar en pedazos a cualquier objeto físico. Pueden cambiar de tamaño, desvanecerse en el aire instantáneamente, aparecer de la nada, cambiar de color e incluso de forma (características que también manifiestan sus ocupantes). En resumen, su conducta no corresponde en absoluto a la que se espera de un objeto físico, sino a la de algo muy distinto, algo que nos resulta cada vez más familiar en este libro. Como declaró recientemente el astrofísico Jacques Vallee, uno de los investigadores de ovnis más respetado del mundo y el modelo para el personaje de LaCombe en la película *Encuentros en la Tercera Fase*: «Se trata de la conducta de una imagen, de una proyección holográfica»[119].

A medida que las cualidades no físicas y holográficas de los ovnis se vuelven cada vez más evidentes para los investigadores, algunos han llegado a la conclusión de que, en lugar de provenir de otros sistemas estelares, son en realidad visitantes de otras dimensiones, o niveles de realidad (es importante mencionar que no todos los investigadores comparten este punto de vista: algunos siguen convencidos de que los ovnis son de origen extraterrestre). No obstante, esta hipótesis tampoco explica adecuadamente muchos aspectos extraños del fenómeno, como el motivo de que no establezcan contacto formal o de que se comporten de una manera tan absurda.

En efecto, la inadecuación de la explicación extradimensional, al menos en los términos en los que se expresó inicialmente, es patente solo cuando centra la atención en otros aspectos del fenómeno ovni, más inusuales todavía. Uno de los más desconcertantes es el número cada vez mayor de indicios que sugieren que los encuentros con los platillos volantes constituyen una experiencia subjetiva o psicológica, más que una experiencia objetiva. Por ejemplo, el famoso «viaje interrumpido» de Betty y Barney Hill, uno de los casos más documentados de abducción ovni, parece un verdadero contacto extraterrestre en todos los aspectos salvo en uno: el comandante de la nave vestía un uniforme nazi; un detalle que carece de sentido si los raptores de los Hill fueran auténticos visitantes de una civilización extraterrestre, pero sí lo tiene si se tratara de un fenómeno de carácter psicológico, más parecido a un sueño o a una alucinación, pues tales experiencias contienen a menudo símbolos y faltas de lógica desconcertantes y obvios[120].

Otros encuentros con ovnis son de carácter aún más surrealista y onírico. La literatura sobre el tema documenta casos en los que las entidades ovni cantan canciones absurdas o arrojan objetos extraños (como patatas) a los testigos; abducciones que empiezan como secuestros convencionales a bordo de naves espaciales pero terminan como viajes alucinógenos a través de una serie de realidades dantescas; o casos en los que los alienígenas humanoides se transforman en pájaros, insectos gigantes u otras criaturas fantasmagóricas.

Ya en 1959, incluso antes de que se recopilara gran parte de esa información, el componente psicológico y arquetípico del fenómeno ovni llevó a Carl Jung a formular la hipótesis de que los «platillos volantes» eran realmente un producto del inconsciente colectivo humano, una especie de mito moderno en gestación. En 1969, cuando la dimensión mítica de las experiencias ovni se hizo aún más clara, Vallee llevó esa hipótesis un paso más allá. En su *best seller Pasaporte a Magonia* señala que los ovnis, lejos de constituir un fenómeno nuevo, parecen ser, en realidad, un fenómeno muy antiguo con un ropaje nuevo y se asemejaban notablemente a diversas tradiciones folclóricas, desde las descripciones de los elfos y los gnomos en los países europeos hasta los relatos angélicos medievales o los seres sobrenaturales descritos en las leyendas de los nativos americanos.

La absurda conducta de las entidades ovni se asemeja al comportamiento travieso de los elfos y los duendes de las leyendas celtas, de los dioses nórdicos y de las figuras embaucadoras de los nativos americanos, asegura Vallee. Cuando se reducen a sus arquetipos subyacentes, todos estos fenómenos forman parte de la misma entidad vasta y latente, una entidad que, si bien cambia de apariencia para adaptarse a la cultura y el tiempo en que se manifiesta, ha estado con la raza humana desde hace muchísimo tiempo. ¿Qué es esta entidad? En *Pasaporte a Magonia*, Vallee no ofrece una respuesta concreta y solo indica que parece ser inteligente y eterna, así como el fenómeno en el que se basan todos los mitos[121].

Entonces, ¿qué son los ovnis y los fenómenos relacionados con ellos? En *Pasaporte a Magonia*, Vallee señala que no podemos descartar la posibilidad de que representen la expresión de alguna inteligencia no humana extraordinariamente avanzada, una inteligencia tan ajena a nosotros que su lógica se nos antoja simplemente absurda. Ahora bien, si esto es cierto, ¿qué explicación tienen las conclusiones de expertos en mitología, desde Mircea Eliade a Joseph Campbell, según las cuales los mitos constituyen una expresión orgánica y necesaria de la raza humana, una producción humana tan inevitable como el lenguaje o el arte? ¿Podemos aceptar realmente que la psique colectiva de la humanidad es tan vacua y estéril que ha desarrollado mitos tan solo como respuesta a otra inteligencia?

Ahora bien, si los ovnis y otros fenómenos relacionados son simplemente proyecciones psíquicas, ¿cómo se explican las huellas físicas que dejan tras ellos, los círculos quemados y las profundas impresiones encontradas en los lugares donde aterrizan, sus rastros inconfundibles en las pantallas de radar, y las cicatrices y marcas de incisiones que dejan en las personas a las que hacen un reconocimiento médico? En un artículo publicado en 1976, planteé que fenómenos semejantes son difíciles de categorizar porque intentamos encajarlos dentro de una imagen de la realidad fundamentalmente incorrecta[122]. Sugería que los ovnis y demás fenómenos relacionados constituyen una prueba más de la falta de división esencial entre el mundo psicológico y el mundo físico, puesto que la física cuántica nos ha mostrado que la mente y la materia están vinculadas inextricablemente.

Son efectivamente un producto de la psique colectiva de la humanidad, *pero también son muy reales*. Dicho de otro modo: son algo que la raza humana todavía no ha aprendido a comprender adecuadamente, un fenómeno que no es ni subjetivo ni objetivo sino «omnijetivo» —término que acuñé para referirme a ese estado inusual de existencia (en aquel momento desconocía que Corbin ya había acuñado la palabra *imaginal* para describir el mismo estado difuso de la realidad, aunque en el contexto de las experiencias místicas de los sufíes).

Este punto de vista está cada vez más extendido entre los investigadores. En un artículo reciente, Ring sostiene que los encuentros con ovnis son experiencias imaginales, similares no solo a las confrontaciones con el mundo real pero mental que los individuos experimentan durante las ECM, sino también a las realidades míticas que los chamanes encuentran durante sus viajes por otras dimensiones sutiles. Constituyen, en resumen, evidencia adicional de que la realidad es un holograma de capas múltiples generado por la mente[123].

«Me siento cada vez más atraído hacia puntos de vista que me permiten no solo reconocer y valorar la realidad de estas experiencias distintas, sino también ver las conexiones entre ámbitos que han sido estudiados, en su mayor parte, por sabios de diferentes categorías —afirma Ring—. El chamanismo suele relegarse a la antropología. Los ovnis se asignan a la ufología, sea lo que sea. Profesionales médicos y parapsicólogos exploran las experiencias cercanas a la muerte. Y Stan Grof estudia las experiencias psicodélicas desde la perspectiva de la psicología transpersonal. Creo que hay buenas razones para esperar que lo imaginal (y todavía podría demostrarse que lo holográfico también) pueda ofrecer un prisma que permita ver no las identidades, sino los vínculos y los puntos en común entre estos tipos de experiencias distintas»[124]. Tan convencido está Ring de que existe una profunda relación entre todos estos fenómenos, a primera vista tan dispares, que ha obtenido recientemente una subvención para realizar un estudio comparativo entre personas que han tenido encuentros con ovnis y personas que han vivido experiencias cercanas a la muerte.

El doctor Peter M. Rojcewicz, experto en folclore en la Juilliard School de Nueva York, ha llegado asimismo a la conclusión de que los ovnis son omnijetivos. De hecho, considera que ha llegado el momento de que los folcloristas reconozcan que probablemente todos los fenómenos estudiados por Vallee en *Pasaporte a Magonia* son tan reales como simbólicos de procesos psíquicos profundos. Según él: «Existe un continuo de experiencias donde la realidad y la imaginación se funden imperceptiblemente una en otra». Rojcewicz reconoce que este continuo constituye una prueba más de la unidad bohmiana entre todas las cosas y considera que, a la luz de los indicios que apuntan al carácter imaginal/omnijetivo de tales fenómenos, los folcloristas ya no pueden tratarlos como meras creencias[125].

Muchos otros investigadores, entre los que se cuentan Vallee, Grosso y Whitley Strieber (autor del *best seller Comunión* y una de las víctimas más famosas y elocuentes de una abducción ovni), han reconocido también la naturaleza aparentemente omnijetiva del fenómeno. Como afirma Strieber, los encuentros con los seres de los platillos volantes «pueden ser nuestro primer auténtico descubrimiento cuántico en el mundo de la gran escala: el simple acto de observarlo puede estar creándolo como realidad concreta, con sentido, definición y consciencia propios»[126].

En resumen, existe un consenso creciente entre los investigadores de este fenómeno misterioso de que lo imaginal no se limita al ámbito del más allá, sino que se ha desbordado sobre la solidez aparente de nuestro mundo de palos y piedras. Los antiguos dioses han dejado de estar confinados a las visiones de los chamanes y han llegado navegando en sus embarcaciones celestiales justo hasta el umbral de la generación de los ordenadores —solo que, en lugar de veleros con proas de cabeza de dragón, sus vehículos son naves espaciales y han trocado sus cabezas de arrendajo por cascos espaciales—. Quizá deberíamos haber anticipado dicho desbordamiento hace mucho tiempo, esa fusión del País de los Muertos con nuestro propio mundo, porque, al igual que Orfeo, el poeta músico de la mitología griega, advirtió una vez: «Las puertas de Plutón no deben abrirse, pues dentro habita un pueblo de sueños».

Por importante que sea esta comprensión —que el universo no es objetivo sino omnijetivo, que más allá de los límites de nuestro seguro vecindario se extiende una vasta otredad, un paisaje numinoso (más propiamente un paisaje mental) que es tanto parte de nuestra propia psique como terra incógnita—, no arroja luz sobre el misterio más profundo de todos. Como señala Carl Raschke, profesor del Departamento de Estudios Religiosos de la Universidad de Denver: «En el cosmos omnijetivo, donde los ovnis tienen su lugar junto con los quásares y las salamandras, la cuestión del carácter verídico, o alucinatorio, de las apariciones circulares y resplandecientes pierde relevancia. El problema *no* es si existen, o en qué sentido existen, sino cuál es su objetivo en última instancia»[127].

En otras palabras, ¿cuál es la identidad última de esas entidades? Una vez más, como ocurre con las entidades halladas en el reino cercano a la muerte, no existen respuestas definitivas. Algunos investigadores, como Ring y Grosso, se inclinan hacia la idea de que, a pesar de sus intromisiones en el mundo de la materia, son más una proyección psíquica que una inteligencia no humana. Grosso, por ejemplo, considera que, al igual que las apariciones marianas, constituyen una prueba más de que la psique de la humanidad se encuentra en un estado de inquietud: «Los ovnis y otros fenómenos extraordinarios son manifestaciones de una perturbación en el inconsciente colectivo de la especie humana»[128].

Otros investigadores sostienen, por el contrario, que, a pesar de sus características arquetípicas, los ovnis son más una inteligencia alienígena que una proyección psíquica. Por ejemplo, Raschke cree que los ovnis son «una materialización holográfica que procede de una dimensión acorde del universo» y que esta interpretación «debe tener precedencia sin duda sobre la hipótesis de la proyección psíquica, ya que fracasa cuando se examinan detenidamente los rasgos asombrosos y claramente definidos, además de complejos y coherentes, de los "alienígenas" y sus "naves espaciales" descritas por los abducidos»[129].

Vallee comparte esta perspectiva: «Creo que el fenómeno de los ovnis es un método utilizado por formas de inteligencia alienígena de una complejidad increíble para comunicarse con nosotros simbólicamente. No hay indicios de que sea extraterrestre. Por el contrario, cada vez hay más pruebas de que... [proviene] de otras dimensiones que están más allá del tiempo y del espacio; de un *multiverso* que nos rodea por completo y que nos hemos negado pertinazmente a considerar, a pesar de la evidencia disponible durante siglos»[130].

En cuanto a mi propia opinión, creo que probablemente ninguna explicación única puede dar cuenta de todos los variados aspectos del fenómeno ovni. Dada la aparente inmensidad de los niveles más sutiles de la realidad, me resulta fácil creer que existen incontables especies no físicas en los ámbitos vibratorios superiores. Aunque la abundancia de avistamientos ovni puede oponerse a su origen extraterrestre —dado el obstáculo que representan las inmensas distancias interestelares que separan la Tierra de las demás estrellas de la galaxia— en un universo holográfico, donde puede haber infinitas realidades ocupando el mismo espacio que nuestro propio mundo, esto no solo deja de ser un punto conflictivo, sino que, de hecho, puede constituir evidencia de cuán insondablemente abundante en vida inteligente es el superholograma.

Lo cierto es que simplemente no poseemos la información necesaria para evaluar cuántas especies no físicas comparten nuestro propio espacio. Aunque el cosmos físico puede resultar ser un desierto ecológico, las extensiones sin espacio y sin tiempo del cosmos interior pueden ser tan ricas en vida como la selva tropical o el arrecife de coral. Después de todo, la investigación sobre las experiencias cercanas a la muerte y las experiencias chamánicas hasta ahora solo nos ha llevado justo hasta la frontera de ese territorio envuelto en nubes. Todavía no sabemos cuán grandes son sus continentes o cuántos océanos y cadenas montañosas contiene.

Si estamos siendo visitados por seres de formas tan insustanciales y plásticas como los cuerpos en los que los viajeros extracorpóreos se encuentran después de exteriorizarse, no puede sorprendemos que aparezcan en una multitud camaleónica de formas. De hecho, su apariencia real puede estar tan más allá de nuestra comprensión que pueden ser nuestras propias mentes organizadas según principios holográficos las que les den estas formas. Así como convertimos en personajes históricos religiosos a los seres luminosos que encontramos durante las experiencias cercanas a la muerte, y transformamos nubes de información en bibliotecas e instituciones de enseñanza, nuestras mentes también pueden estar esculpiendo la apariencia externa del fenómeno ovni.

Resulta interesante señalar que, si este es el caso, significa que la realidad verdadera de esos seres es aparentemente tan transmundana y extraña que tendríamos que sumergirnos en lo más profundo de la memoria popular y del inconsciente mitológico para encontrar los símbolos necesarios para darles forma. Significa también que debemos ser sumamente cuidadosos al interpretar sus acciones. Por ejemplo, los exámenes médicos que son el elemento central de tantas abducciones ovni pueden ser solo una representación simbólica de lo que está ocurriendo.

En lugar de sondear nuestros cuerpos físicos, estas inteligencias no físicas pueden estar sondeando alguna parte de nosotros para la cual actualmente no tenemos etiquetas, quizá la anatomía sutil de nuestros yoes energéticos o incluso nuestras almas mismas. Tales son los problemas que uno enfrenta si el fenómeno es efectivamente una manifestación omnijetiva de una inteligencia no humana.

Por otra parte, si es posible que la fe de los ciudadanos de Knock y Zeitun haga que imágenes luminosas de la Virgen se materialicen, que las mentes de los físicos jueguen con la realidad del neutrino, y que yoguis como Sai Baba materialicen objetos físicos de la nada, tiene sentido que también nos encontremos inundados de proyecciones holográficas de nuestras creencias y mitologías. Al menos algunas experiencias anómalas podrían encuadrarse en esta categoría. Por ejemplo, la historia nos dice que Constantino y sus soldados vieron una enorme cruz llameante en el cielo, un fenómeno que parece ser simplemente la exteriorización psíquica de las emociones que el ejército responsable de la cristianización del mundo pagano, nada menos, sentía la víspera de su empresa histórica. La muy conocida manifestación de los ángeles de Mons, en la Primera Guerra Mundial, en la que centenares de soldados británicos vieron una aparición inmensa de san Jorge en el cielo y un escuadrón de ángeles mientras libraban lo que era, en un principio, una batalla perdida en el frente, en Mons, Bélgica, también parece caer en la categoría de proyección psíquica.

Para mí está claro que lo que llamamos ovnis y otras experiencias folclóricas constituyen, en realidad, una amplia gama de fenómenos que comprenden probablemente todos los mencionados anteriormente. Durante mucho tiempo he sido de la opinión de que ambas explicaciones no son mutuamente excluyentes. También podría ser que la cruz llameante de Constantino fuera una manifestación de una inteligencia extradimensional.

En otras palabras, cuando nuestras emociones y creencias colectivas adquieren la intensidad suficiente como para crear una proyección psíquica, quizá lo que realmente estamos haciendo es abrir una puerta entre este mundo y el siguiente. Quizá el único momento en que esas inteligencias pueden aparecer e interactuar con nosotros es cuando nuestras creencias intensas crean una especie de nicho psíquico para ellas.

Otro concepto de la nueva física puede ser relevante aquí. Después de reconocer que la consciencia es el agente que permite que una partícula subatómica como un electrón aparezca en existencia, no debemos concluir que somos los únicos agentes en este proceso creativo, advierte el físico de la Universidad de Texas John Wheeler. Estamos creando partículas subatómicas y, por ende, el universo entero, según Wheeler, pero también ellas nos están creando. Cada uno crea al otro en lo que él llama una *cosmología autorreferencial*[131]. Visto desde ese prisma, bien podría ser que las entidades ovnis fueran arquetipos del inconsciente colectivo de la humanidad, pero también podría ser que nosotros fuéramos arquetipos de su inconsciente colectivo. Podemos ser tanto parte de sus procesos psíquicos profundos como ellos lo son de los nuestros. Strieber se hace eco de este punto y afirma que el universo de los seres que lo raptaron y el nuestro «son dos universos creándose uno a otro» en un acto de comunión cósmica[132].

El espectro de eventos que estamos agrupando en la amplia categoría de encuentros ovni también puede incluir fenómenos con los que aún no estamos familiarizados. Por ejemplo, los investigadores que creen que el fenómeno es algún tipo de proyección psíquica invariablemente asumen que se trata de una proyección de la mente humana colectiva. No obstante, como hemos visto en este libro, en un universo holográfico, ya no se puede considerar que la consciencia esté confinada al cerebro únicamente. El hecho de que Carol Dryer fuera capaz de comunicarse con mi bazo y decirme que estaba molesto porque le había gritado indica que otros órganos en nuestro cuerpo también poseen sus propias formas únicas de mentalidad. Los psiconeuroinmunólogos afirman lo mismo sobre las células de nuestro sistema inmunitario, y según Bohm y otros físicos, incluso las partículas subatómicas poseen este rasgo. Por extraño que suene, algunos aspectos de los ovnis y de otros fenómenos relacionados pueden ser proyecciones de la mentalidad colectiva. Algunos aspectos del encuentro de Michael Harner con seres que parecían dragones sugieren ciertamente que se estaba enfrentando a una especie de manifestación visual de la inteligencia de la molécula del ADN. En esa misma línea, Striber ha sugerido la posibilidad de que los seres de los ovnis sean «el aspecto de la fuerza de la evolución aplicada a una mente consciente»[133]. Debemos permanecer abiertos a todas estas posibilidades. En un universo que es consciente hasta sus profundidades mismas, los animales, las plantas, incluso la materia misma, pueden estar participando en la creación de esos fenómenos.

Lo que sí sabemos es que, en un universo holográfico, donde la separación deja de existir y los procesos psíquicos más íntimos pueden desbordarse y volverse tan parte del paisaje objetivo como las flores y los árboles, la realidad misma no es poco más que un sueño de masas compartido. En las dimensiones superiores de la existencia, estos aspectos oníricos se hacen aún más evidentes y, en efecto, numerosas tradiciones han señalado este hecho. El Libro de los Muertos tibetano insiste repetidamente en la naturaleza onírica del reino del más allá; y, desde luego, por eso los aborígenes australianos se refieran a él como al «tiempo de ensoñación». Una vez que aceptamos esta idea, es decir, que la realidad es omnijetiva en todos los niveles y posee la misma categoría ontológica que un sueño, surge la pregunta: ¿el sueño de quién?

En su mayoría, las tradiciones religiosas y mitológicas que abordan esta cuestión ofrecen la misma respuesta: es el sueño de una sola inteligencia divina, de Dios. Los Vedas hindúes y los textos yóguicos afirman una y otra vez que el universo es el sueño de Dios. En el cristianismo, este sentimiento se resume en el dicho tantas veces repetido de que todos somos pensamientos de la mente de Dios, o como dijo el poeta Keats, todos somos parte del «largo sueño inmortal» de Dios.

Pero ¿estamos siendo soñados por una sola inteligencia divina, por Dios, o estamos siendo soñados por la consciencia colectiva de todas las cosas, por los electrones, las partículas Z, las mariposas, las estrellas de neutrones, los pepinos de mar, las inteligencias humanas y no humanas del universo? Aquí de nuevo chocamos de frente contra las barreras de nuestras propias limitaciones conceptuales porque, en un universo holográfico, esta cuestión carece de sentido. No podemos preguntar si la parte está creando el todo o el todo está creando la parte, porque la parte es el todo. Así, tanto si llamamos «Dios» a la consciencia colectiva de todas las cosas como si decimos simplemente «la consciencia de todas las cosas», la situación no cambia. El universo se sostiene mediante un acto de creatividad tan inefable y maravillosa que sencillamente no puede reducirse a esos términos. De nuevo se trata de una cosmología autorreferencial. O como dijeron tan elocuentemente los bosquimanos del Kalahari: «El sueño se está soñando».

CAPÍTULO 9

Regreso al tiempo de ensoñación*

«Solo los seres humanos han llegado a un punto donde ya no saben por qué existen. No emplean el cerebro y han olvidado el conocimiento secreto del cuerpo, de los sentidos y de los sueños. No utilizan el conocimiento que el espíritu ha puesto en cada uno de ellos; ni siquiera son conscientes de ello y por eso avanzan a trompicones por el camino de la nada: una carretera pavimentada que ellos mismos nivelan y alisan para llegar más deprisa al gran agujero vacío que encontrarán al final, esperando para tragárselos. Es una autopista rápida y cómoda, pero yo sé a dónde conduce. Lo he visto. He estado allí en mi visión y tiemblo al pensarlo».

CIERVO COJO, chamán lakota,
Ciervo Cojo, buscador de visiones

¿A DÓNDE SE DIRIGE el modelo holográfico desde aquí? Antes de examinar las posibles respuestas, conviene revisar su trayectoria previa. En el presente libro, me he referido al concepto holográfico como una teoría nueva, lo cual es cierto

---

* En el original, «Return to the dreamtime». *Dreamtime* es la versión inglesa del término *alcheringa*, utilizado por algunos aborígenes australianos para referirse a la «época dorada» en la que se crearon los primeros ancestros, pero también a un periodo eterno de ensoñación en el que se crean todas las cosas. *[N. de la T.]*

en el sentido de que se presenta por primera vez en un contexto científico. Pero, como hemos visto, diversas civilizaciones antiguas ya habían anticipado varios aspectos de la misma. Y no son los únicos anticipos que ha habido, lo cual resulta intrigante porque indica que otros también han encontrado razones para considerar que el universo es holográfico, o al menos para intuir sus propiedades holográficas.

Por ejemplo, la idea de Bohm de que el universo puede contemplarse como compuesto de dos órdenes básicos, el implicado y el explicado, se puede encontrar en muchas otras tradiciones. Los budistas tibetanos llaman a esos dos aspectos el vacío y el no vacío. El no vacío representa la realidad de los objetos visibles. El vacío, como el orden implicado, es el lugar donde se originan todas las cosas del universo, que emanan de él en un «flujo ilimitado». Sin embargo, solo es real el vacío; las formas del mundo objetivo son ilusorias y existen meramente por el flujo incesante que se produce entre los dos órdenes[1].

El vacío, a su vez, es algo «sutil», «indivisible» y «sin características apreciables». No se puede describir con palabras porque es un todo ininterrumpido[2]. Hablando con propiedad, ni siquiera el no vacío se puede describir con palabras, pues es igualmente una totalidad en la que la consciencia y la materia y todo lo demás son indisolubles y conforman un todo. Aquí surge una paradoja, porque el no vacío, a pesar de su naturaleza ilusoria, contiene una «serie de universos infinitamente extensa». Sin embargo, sus aspectos indivisibles siempre están presentes. Como afirma John Blofeld, especialista en el Tíbet: «En un universo así formado, todo penetra a todo y es penetrado por todo; en el vacío, igual que en el no vacío, la parte es el todo»[3].

Los tibetanos prefiguraron asimismo parte del pensamiento de Pribram. Según Milarepa, yogui tibetano del siglo XI y el santo budista más conocido del país, el motivo de que no podamos percibir el vacío directamente es que el inconsciente (o, como explica Milarepa, la «consciencia interior») está demasiado «condicionado» en sus percepciones. Ese condicionamiento no solo nos impide ver lo que él denomina «la frontera entre la mente y la materia» y nosotros llamaríamos «el dominio de frecuencias», sino que también hace que creemos un cuerpo ilusorio cuando estamos en el estado entre vidas, a pesar de carecer de cuerpo físico. «En el reino invisible de los cielos... la mente ilusoria es el gran culpable», escribe Milarepa, que aconsejaba a sus discípulos que practicaran «la contemplación y la visión perfectas» para alcanzar la consciencia de esta «realidad última»[4].

Los budistas zen también reconocen la indivisibilidad última de la realidad; el objetivo central del pensamiento zen consiste en aprender a percibir esa totalidad. En su libro *Games Zen Masters Play (Juegos que practican los maestros zen)*, Robert Sohl y Audrey Carr lo expresan con palabras que podrían proceder directamente de un artículo de Bohm: «Confundir la naturaleza indivisible de la realidad con las etiquetas conceptuales del lenguaje es una torpeza básica de la que el budismo zen busca liberarnos. Las respuestas últimas sobre la existencia no se encuentran en filosofías ni en conceptos intelectuales, por sofisticados que sean, sino más bien en un nivel de experiencia directa y no conceptual [de la realidad]»[5].

Los hindúes denominan *brahman* al nivel implicado de la realidad[6]. *Brahman* carece de forma, pero es el lugar de origen de todas las formas de la realidad visible, que emergen de él y a él retornan en un cambio infinito[7]. Al igual que Bohm, quien sostiene que el orden implicado puede llamarse espíritu sin ningún problema, los hindúes personifican a veces ese nivel de la realidad y afirman que se compone de consciencia pura. La consciencia, por tanto, no representa meramente una forma más sutil de materia, sino que es más fundamental que la materia. Según la cosmogonía hindú, la materia ha emergido de la consciencia y no al revés. Como declaran los Vedas, lo que confiere existencia al mundo físico es la facultad de la consciencia de «velar» y «proyectar» simultáneamente[8].

Dado que el universo material conforma solo una realidad derivada, una creación de la consciencia velada, los hindúes afirman que es transitorio e irreal, o *maya*. Como afirma el Upanishad Svetasvatara: «Uno debería saber que la naturaleza es ilusión *(maya)* y que el *brahman* es el hacedor de la ilusión. El mundo entero está saturado de seres que son partes del *brahman*»[9]. De manera similar, el Upanishad Kena declara que el *brahman* es un algo misterioso «que cambia de forma a cada instante, desde la forma humana a una hoja de hierba»[10].

Como todo se desenvuelve de la totalidad irreductible del *brahman*, el mundo es igualmente un todo ininterrumpido —afirman los hindúes— y lo que nos impide reconocer que, en última instancia, la separación no existe es nuevamente *maya*. Como explica sir John Woodroffe, especialista en los Vedas: «*Maya* separa la consciencia unificada de tal modo que el objeto aparece como algo distinto del ser, fragmentado en los innumerables objetos del universo. La objetividad existe mientras la consciencia [de la humanidad] permanezca velada o contraída. Pero, en el fundamento último de la experiencia, la distinción ha desaparecido, porque en él residen, en una masa indiferenciada, el experimentador, la experiencia y lo experimentado»[11].

El pensamiento judío contiene esta misma idea. Según la tradición cabalística, «la creación entera es una proyección ilusoria de los aspectos trascendentales de Dios», afirma Leo Schaya, estudioso suizo de la cábala. Sin embargo, a pesar de su naturaleza ilusoria, no representa la nada absoluta, «pues cada reflejo de la realidad, aun siendo remoto, fragmentado y transitorio, posee necesariamente algo de su causa»[12]. La idea de que la creación iniciada por el Dios del Génesis sea una ilusión se refleja incluso en el idioma hebreo: según el Zóhar —comentario cabalístico del siglo XIII sobre la Torá y el más famoso de los textos esotéricos judaicos—, el verbo *baro*, 'crear', conlleva el concepto de «crear una ilusión»[13].

El pensamiento de los chamanes también alberga muchos conceptos holográficos. Los kahunas hawaianos afirman que todas las cosas del universo están infinitamente conectadas entre sí y que podemos concebir esa interconexión casi como si fuera una red. El chamán, que reconoce la interconexión de las cosas, se sitúa en el centro de la red para poder así influir en las demás partes del universo (es interesante mencionar que también en el pensamiento hindú la noción de *maya* se compara a menudo con una red)[14].

Al igual que Bohm, quien sostiene que la consciencia siempre tiene su fuente en lo implicado, los aborígenes creen que el verdadero origen de la mente reside en la realidad trascendente del tiempo de ensoñación. La gente común lo ignora y cree que la consciencia está en el cuerpo. Los chamanes, sin embargo, conocen la verdad, y ese saber les permite contactar con los niveles más sutiles de la realidad[15].

El pueblo dogón de Sudán sostiene igualmente que el mundo físico surge de un nivel más profundo y fundamental de la realidad, y que fluye de manera perpetua desde ese aspecto primario de la existencia y retorna a él. Como describía un anciano dogón: «Sacar y devolver después lo que uno ha sacado, esa es la vida del mundo»[16].

De hecho, el concepto de implicado/explicado aparece en prácticamente todas las tradiciones chamánicas. Douglas Sharon afirma en su libro *El chamán de los cuatro vientos*: «El concepto central del chamanismo, en cualquier parte del mundo, es probablemente la idea de que por debajo de todas las formas visibles del mundo animado e inanimado subyace una esencia vital de la que emergen y de la que se nutren. Finalmente, todo regresa a esa esencia desconocida, inefable, misteriosa e impersonal»[17].

La vela y el láser

Una de las propiedades más fascinantes de una placa holográfica radica en la forma no local en que se distribuye una imagen por su superficie. Como hemos visto, Bohm cree que el universo mismo está organizado de esa manera y recurre a un experimento teórico, en el que intervienen un pez y dos monitores de televisión, para explicar por qué sostiene que el universo es no local. Muchos pensadores antiguos reconocieron también ese aspecto de la realidad, o al menos lo intuyeron. Los sufíes del siglo XII lo resumían diciendo simplemente que «el macrocosmos es el microcosmos», una versión anterior de la idea de Blake, que veía el mundo en un grano de arena[18]. Abrazaron igualmente la idea del macrocosmos/microcosmos los filósofos griegos Anaxímenes de Mileto, Pitágoras, Heráclito y Platón; los antiguos gnósticos; el filósofo judío precristiano Filón de Alejandría, y Maimónides, filósofo judío medieval.

El legendario profeta egipcio Hermes Trismegisto, tras experimentar una visión chamánica de los niveles más sutiles de la realidad, empleó una formulación ligeramente distinta para expresar que una de las principales claves del conocimiento consistía en comprender que «el exterior es lo mismo que el interior de las cosas; lo pequeño es como lo grande»[19]. Los alquimistas medievales, que convirtieron a Hermes Trismegisto en una especie de santo patrono, sintetizaron su pensamiento en la máxima «como es arriba, es abajo». Al referirse al mismo concepto, un texto sagrado hindú, el tantra Visvasara, emplea expresiones aún más directas y declara simplemente: «Lo que está aquí está en todas partes»[20].

Alce Negro, el chamán de los sioux oglala, llevó esta noción a una expresión aún más profunda no local. Mientras se encontraba en el monte Harney Peak, en las Black Hills, tuvo «una gran visión» durante la cual «vi más de lo que puedo enumerar y entendí más de lo que vi; pues veía de modo sagrado, con el espíritu, las formas de las cosas del espíritu y la forma de todas las formas que deben vivir juntas como un solo ser». Una de las interpretaciones más profundas derivadas de su encuentro con lo inefable fue que el Harney Peak estaba en el centro del mundo. Sin embargo, esta distinción no se limitaba al Harney Peak porque, como explicó Alce Negro, «el centro del mundo está en todas partes»[21]. Más de veinticinco siglos antes, el filósofo griego Empédocles vio la misma otredad sagrada y escribió que «Dios es un círculo cuyo centro está en todas partes y su circunferencia en ninguna parte»[22].

Algunos pensadores antiguos no se contentaron con meras palabras y recurrieron a analogías más elaboradas para comunicar las propiedades holográficas de la realidad. Así, el autor del sutra hindú Avatamsaka, por ejemplo, comparó el universo con la legendaria red de perlas que, según decían, colgaba sobre el palacio del dios Indra, «dispuesta de tal manera que, cuando miras una perla, ves todas las demás perlas reflejadas en ella». Como explicaba: «De la misma manera, cada objeto del mundo no es meramente él mismo, sino que contiene todos los demás objetos y, de hecho, *es* todo lo demás»[23].

Fa-Tsang, el fundador de la escuela budista Huayen del siglo VII, empleaba una metáfora extraordinariamente similar para transmitir la idea de la interpenetración y la interconexión última entre todas las cosas. Sostenía que todo el cosmos estaba implícito en cada una de sus partes (y creía también que cada punto del cosmos era su centro), por lo que comparaba el universo con una red multidimensional de joyas en la que cada una reflejaba a todas las demás hasta el infinito[24].

Cuando la emperatriz Wu declaró que no entendía su metáfora y le solicitó una aclaración, Fa-Tsang colocó una vela en medio de una sala llena de espejos. Aquello, le explicó, representaba la relación de la Unidad con la pluralidad. Luego cogió un cristal pulido y lo situó en el centro de la sala de modo que reflejara todo su entorno. Esto mostraba la relación de la pluralidad con la Unidad. Sin embargo, al igual que Bohm insiste en que el universo no es simplemente un holograma sino un holomovimiento, Fa-Tsang recalcó también que su demostración era estática y no reflejaba el dinamismo ni el movimiento constante de la interrelación cósmica que existe entre todas las cosas del universo[25].

En resumen, tiempo antes de que se inventase el holograma, muchos pensadores habían vislumbrado la organización no local del universo y cada uno elaboró su propia manera exclusiva de expresar esta revelación. Merece la pena señalar que sus intentos, por rudimentarios que puedan parecernos a quienes disponemos de una tecnología sofisticada, probablemente han sido mucho más influyentes de lo que pensamos. Por ejemplo, según parece, Leibniz, matemático y filósofo alemán del siglo XVII, estaba familiarizado con la escuela budista de pensamiento Hua-yen. Algunos argumentan que de ahí surgió su propuesta de que el universo se compone de «mónadas», entidades fundamentales que contienen, cada una, un reflejo del universo entero. Es significativo que Leibniz también legara al mundo el cálculo integral, herramienta sin la cual Dennis Gabor no hubiera podido inventar el holograma.

EL FUTURO DE LA IDEA HOLOGRÁFICA

Esta idea tan antigua, que aparentemente encuentra expresión, al menos parcialmente, en todas las tradiciones filosóficas y metafísicas del mundo, cierra el círculo. Ahora bien, si esas antiguas interpretaciones llevaron a la invención del holograma, y esta inspiró a Bohm y Pribram a formular el modelo holográfico, ¿hacia qué nuevos avances y descubrimientos nos guiará ahora dicho modelo? Ya se vislumbran otras posibilidades en el horizonte.

El sonido holográfico

Inspirándose en el modelo del cerebro holográfico de Pribram, el fisiólogo argentino Hugo Zuccarelli ha desarrollado recientemente una nueva técnica de grabación que permite crear el equivalente sonoro de un holograma. Su técnica se basa en un fenómeno curioso: las orejas humanas emiten sonido. Al comprender que estos sonidos producidos de forma natural constituían el equivalente auditivo al «láser de referencia» utilizado para recrear una imagen holográfica, los empleó como fundamento para desarrollar una técnica de grabación nueva y revolucionaria que reproduce sonidos más realistas y tridimensionales todavía que los sonidos producidos mediante el proceso estereofónico. Zuccarelli denomina *holofónico* a esta nueva clase de sonido[26].

Recientemente, un reportero del *Times* de Londres, tras escuchar una de las grabaciones holofónicas de Zuccarelli, escribió: «Consulté a hurtadillas las manecillas tranquilizadoras de mi reloj para asegurarme de dónde estaba. La gente se me acercaba por la espalda, por donde yo sabía que no había nada más pared... Al cabo de siete minutos tenía la impresión de ver figuras, encarnaciones de las voces de la cinta. El sonido crea una "imagen" multidimensional»[27].

Como la técnica de Zuccarelli se basa en la manera holográfica en que el cerebro procesa el sonido, confunde al oído con el mismo éxito con que los hologramas visuales engañan a los ojos. Cuando los oyentes escuchan una grabación de alguien andando delante de ellos, a menudo mueven los pies, o apartan la cabeza al escuchar lo que parece el sonido de una cerilla al prenderse demasiado cerca del rostro (algunas personas aseguraron haber percibido el olor de la cerilla). Lo extraordinario es que las grabaciones holofónicas, que difieren completamente del sonido estereofónico convencional, mantienen su extraño carácter tridimensional aun cuando se escuchan por un solo auricular. Los principios holográficos que participan en el proceso parecen explicar también por qué las personas sordas de un oído puedan localizar la fuente del sonido sin mover la cabeza.

Varios músicos importantes, como Paul McCartney, Peter Gabriel y Vangelis, se han interesado por el sistema de grabación de Zuccarelli, que aún no ha revelado los detalles técnicos necesarios debido a cuestiones relativas a la patente.

Misterios sin resolver en química

Recientemente, el químico Ilya Prigogine propuso que la noción de Bohm de los órdenes implicado y explicado podría explicar ciertos fenómenos químicos anómalos. Durante mucho tiempo, los científicos han sostenido que una ley fundamental del universo establece que los sistemas tienden invariablemente hacia estados de mayor desorden. Si arrojas un aparato eléctrico desde el Empire State, al estrellarse contra la acera, no se reorganizará espontáneamente en un dispositivo más sofisticado, simplemente se fragmentará en un montón de añicos.

Prigogine descubrió que esa norma no se aplica universalmente. Observó que algunas sustancias químicas, al mezclarse, generan configuraciones más ordenadas en lugar de más desordenadas. A esos sistemas que aparentemente se ordenan de forma espontánea los denomina *estructuras disipativas*, investigación por la cual recibió el Premio Nobel. Pero ¿cómo surge repentinamente un sistema nuevo y más complejo? Dicho de otro modo, ¿de dónde salen las estructuras disipativas? Prigogine y otros han sugerido que, lejos de materializarse de la nada, revelan la existencia de un nivel de orden más profundo en el universo y constituyen un ejemplo de aspectos implicados de la realidad que se manifiestan como aspectos explicados[28].

Si eso fuese verdad, las repercusiones serían profundas: nos permitiría entender, entre otras cosas, cómo surgen nuevos niveles de complejidad en la consciencia, tales como actitudes y pautas de conducta nuevas, e incluso cómo surgió la vida misma. La complejidad más misteriosa de todas apareció sobre la Tierra hace varios miles de millones de años.

Nuevos tipos de ordenador

El modelo holográfico del cerebro también se ha extendido últimamente al mundo de la informática. Anteriormente, los científicos informáticos pensaban que la mejor estrategia para construir ordenadores potentes consistía simplemente en aumentar su tamaño. Pero, en los últimos cinco años aproximadamente, ha surgido una estrategia nueva: en vez de construir máquinas monolíticas individuales, los informáticos han empezado a conectar muchos ordenadores pequeños entre sí formando «redes neuronales» que emulan la estructura biológica del cerebro humano. Recientemente, Marcus S. Cohen, científico informático de la New Mexico State University, propuso que los procesadores basados en interferencias de ondas de luz que atraviesan «enrejados holográficos múltiples» podrían modelar efectivamente la estructura neuronal del cerebro[29]. De manera similar, la física Dana Z. Anderson de la Universidad de Colorado ha demostrado recientemente cómo los enrejados holográficos podrían emplearse para construir una «memoria óptica» con capacidades de memoria asociativa[30].

Por fascinantes que puedan parecer esos descubrimientos, no representan sino mejoras de la postura mecanicista sobre el universo, avances confinados exclusivamente al marco material de la realidad. No obstante, como hemos visto, la afirmación más extraordinaria de la teoría holográfica sostiene que la materialidad del universo podría ser una mera ilusión, y que la realidad física constituye solo una pequeña fracción de un inmenso cosmos sensible y no físico. Si eso fuera cierto, ¿qué consecuencias tendría en el futuro? ¿Cómo podríamos adentrarnos en los misterios de las dimensiones más sutiles?

La necesidad de una reestructuración básica de la ciencia

Actualmente, la ciencia es una de las mejores herramientas disponibles para explorar los aspectos desconocidos de la realidad. Y, sin embargo, ha fracasado repetidamente a la hora de explicar las dimensiones física y espiritual de la existencia humana. Resulta evidente que, para avanzar en este campo, la ciencia necesita una reestructuración básica. Ahora bien, ¿qué implicaría en concreto esa reestructuración?

Obviamente, el primer paso y el más necesario consistiría en aceptar la existencia de los fenómenos espirituales y psíquicos. Según Willis Harman, presidente del Instituto de Ciencias Noéticas y exinvestigador del Stanford Research Institute International, esta aceptación es crucial no solo para la ciencia, sino también para la supervivencia de la civilización humana. Además, Harman, autor de numerosos trabajos sobre la necesidad de reestructurar la ciencia, manifiesta su perplejidad ante la resistencia a dicha aceptación. Y pregunta: «¿Por qué no admitimos que las experiencias y los fenómenos de todo tipo que se han reportado durante siglos en distintas culturas poseen una validez real y no se pueden negar?»[31].

Como hemos mencionado, la razón radica, al menos en parte, en el viejo prejuicio de la ciencia occidental contra esta clase de fenómenos; pero el asunto no es tan sencillo. Consideremos, por ejemplo, los recuerdos de vidas pasadas que manifiestan algunas personas bajo hipnosis. Aunque aún no se ha demostrado que sean verdaderamente recuerdos de vidas previas, persiste el hecho de que el inconsciente tiene una propensión natural a generar, al menos, recuerdos *aparentes* de encarnaciones anteriores. En general, la comunidad psiquiátrica ortodoxa hace caso omiso de este hecho. ¿Por qué?

A primera vista, podría parecer que la mayoría de los psiquiatras simplemente no creen en estos fenómenos, pero la realidad es más compleja. Brian L. Weiss, psiquiatra de Florida licenciado en la Facultad de Medicina de Yale y en la actualidad presidente de Psiquiatría en el Mount Sinai Medical Center de Miami, afirma que, desde la publicación de su exitoso libro *Muchas vidas, muchos maestros* en 1988 —donde relata cómo pasó del escepticismo a creer en la reencarnación cuando uno de sus pacientes bajo hipnosis empezó a hablar espontáneamente de sus vidas pasadas— ha recibido un aluvión de cartas y llamadas telefónicas de colegas que le confiesan creer en ello en secreto: «Creo que esto es solo la punta del iceberg. Hay psiquiatras que me escriben diciendo que han practicado terapia de regresión durante diez o veinte años en la privacidad de sus despachos y que "por favor no se lo digas a nadie, pero...". Muchos *son* receptivos, pero no lo admiten»[32].

De manera similar, en una conversación reciente con Whitton, cuando le pregunté si creía que la reencarnación llegaría a ser algún día un hecho científico aceptado, me contestó: «Creo que ya lo es. Mi experiencia con los científicos indica que, si han leído las publicaciones sobre el tema, aceptan la reencarnación. Los datos son tan convincentes que el consenso intelectual es prácticamente un hecho»[33].

Una encuesta reciente sobre fenómenos psíquicos parece corroborar las opiniones de Weiss y de Whitton. Garantizando el anonimato de sus respuestas, el 58 por ciento de los 228 psiquiatras encuestados (muchos de ellos directores de departamento y decanos de Facultades de Medicina) afirmó que «el entendimiento de los fenómenos psíquicos» era importante para los futuros licenciados en Psiquiatría. El 44 por ciento admitió que consideraba que los factores psíquicos desempeñan un papel importante en el proceso de curación[34].

Así pues, el miedo al ridículo puede constituir, por tanto, un impedimento tan grande o mayor que la incredulidad para conseguir que la comunidad científica establecida trate la investigación psíquica con la seriedad que merece. Necesitamos más pioneros como Weiss y Whitton (y como los miles de investigadores valientes cuyo trabajo hemos analizado en este libro) dispuestos a hacer públicos sus descubrimientos y convicciones. En resumen, la parapsicología necesita su propia Rosa Parks*.

Otro elemento fundamental del proceso de reestructuración consiste en ampliar la definición de lo que constituye una prueba científica. Los fenómenos psíquicos y espirituales han jugado un papel significativo en la historia de la humanidad y han ayudado a configurar algunos aspectos fundamentales de nuestra cultura. Pero, como no es fácil capturarlos e inspeccionarlos en el laboratorio, la ciencia tiende a ignorarlos. Peor aún, cuando se estudian, muchas veces lo que se aísla y cataloga son los aspectos menos importantes. Por ejemplo, uno de los pocos descubrimientos relacionados con las experiencias extracorpóreas que se considera válido en un sentido científico es que las ondas cerebrales cambian cuando la persona que experimenta una de esas vivencias sale del cuerpo. Sin embargo, cuando uno lee informes como el de Monroe, comprende que, de ser reales, sus experiencias entrañan fenómenos cuyas repercusiones en la historia de la humanidad serían tan grandes —podríamos aducir— como el descubrimiento de América por Colón o la inven-

---

* Rosa Parks fue una figura importante del movimiento por los derechos civiles en Estados Unidos. Se hizo famosa cuando ella, una humilde modista negra, se negó a ceder el asiento a un blanco y moverse a la parte trasera del autobús como dictaba la ley de la época (1955). [N. de la T.]

ción de la bomba atómica. En efecto, quienes han visto trabajar a un clarividente verdaderamente dotado saben de inmediato que han presenciado algo mucho más profundo que lo que transmiten las frías estadísticas de J. B. y Louisa Rhine. Esto no significa que la obra de los Rhine carezca de importancia. Sin embargo, cuando una enorme cantidad de gente relata las mismas experiencias, los testimonios anecdóticos deberían considerarse pruebas importantes. No deberían descartarse meramente porque no pueden ser documentados con el mismo rigor que otros aspectos del fenómeno, a menudo menos importantes, que sí pueden documentarse. Como declara Stevenson: «Creo que es mejor conocer lo probable en las cuestiones importantes que tener certeza sobre las triviales»[35].

Vale la pena señalar que este criterio ya se aplica a otros fenómenos naturales más aceptados. La mayoría de los científicos admite, sin cuestionarla, la idea de que el universo empezó con una sola explosión primigenia, o *big bang*. Resulta curioso porque, aunque hay razones convincentes para creerlo, nadie lo ha demostrado jamás. Por otro lado, si un psicólogo al borde de la muerte se atreviera a afirmar categóricamente que el reino de luz al que viajan quienes experimentan una vivencia cercana a la muerte constituye otro nivel real de la realidad, sería atacado por hacer una declaración que no puede probarse. Resulta no menos curioso, porque hay razones igual de convincentes para creerlo. En otras palabras: la ciencia acepta lo probable en cuestiones muy importantes *si* pertenece a la categoría de «teorías afamadas» pero lo rechaza si pertenece a la de «teorías en descrédito». Ese doble rasero debe eliminarse antes de que la ciencia realice incursiones significativas en el estudio de fenómenos psíquicos y espirituales.

Algo verdaderamente crucial: la ciencia debe reemplazar su apego a la objetividad —la idea de que la mejor manera de estudiar la naturaleza consiste en mostrarse distante, analítico y desapasionadamente objetivo— por un enfoque más participativo. Muchos investigadores, entre ellos Harman, ya han recalcado la importancia de tal cambio, y a lo largo del presente libro hemos presenciado repetidas muestras de su necesidad. En un universo en el que la consciencia de un físico influye en la realidad de una partícula subatómica, la actitud de un médico determina la eficacia de un placebo, la mente de un experimentador afecta al funcionamiento de una máquina y lo imaginal puede manifestarse en la realidad física, no podemos sostener que estamos separados de lo que estudiamos. En un universo holográfico y omnijetivo, un universo en el que todas las cosas forman parte de un continuo ininterrumpido, la objetividad estricta ya no resulta posible.

Esto es especialmente cierto en el estudio de los fenómenos psíquicos y espirituales, y parece explicar por qué algunos laboratorios obtienen resultados espectaculares en sus experimentos de visión remota y otros fracasan estrepitosamente. De hecho, algunos investigadores del terreno paranormal han sustituido ya el enfoque estrictamente objetivo por otro más participativo. Por ejemplo, Valerie Hunt descubrió que la presencia de personas que habían estado bebiendo alcohol afectaba a los resultados de sus experimentos y, por lo tanto, no permite que ninguna personas en tal estado entre en el laboratorio durante las mediciones. En la misma línea, los parapsicólogos rusos Dubrov y Pushkin han descubierto que logran más éxito replicando los descubrimientos de otros parapsicólogos cuando hipnotizan a todos los sujetos participantes. Al parecer, la hipnosis elimina la interferencia que provocan sus pensamientos conscientes y sus creencias, y ayuda a obtener resultados «más limpios»[36]. Aunque tales prácticas puedan parecernos hoy sumamente extrañas, podrían convertirse en el procedimiento operativo estándar cuando la ciencia descifre más misterios secretos del universo holográfico.

El cambio de la objetividad a la participación afectará con toda seguridad al papel de los científicos. A medida que resulta más evidente que lo importante es la *experiencia* de la observación y no solo el acto de observar, es lógico suponer que los científicos se concebirán cada vez menos como observadores y cada vez más como experimentadores. Como afirma Harman: «Estar dispuesto a ser transformado es una característica esencial del científico participativo»[37].

Por otra parte, hay indicios de que ya se están produciendo algunas transformaciones. Harner, por ejemplo, en vez de limitarse a observar lo que les ocurría a los conibo cuando consumían la planta del alma o *ayahuasca,* tomó él mismo el alucinógeno. Obviamente, no todos los antropólogos estarían dispuestos a aceptar un riesgo semejante, pero también está claro que, al participar, en lugar de limitarse a observar, aprendió mucho más de lo que jamás habría aprendido tomando notas desde el banquillo.

El éxito de Harner sugiere que los científicos participativos del futuro, en lugar de limitarse a entrevistar a quienes tengan experiencias cercanas a la muerte o extracorpóreas y otros viajeros a los reinos más sutiles, podrían desarrollar métodos para explorar ellos mismos esas dimensiones. Ya hay investigadores de sueños lúcidos que exploran y relatan sus propias experiencias. Otros pueden desarrollar técnicas aún más innovadoras para explorar las dimensiones internas. Monroe, por ejemplo, aunque no sea un científico en el sentido estricto del término, ha creado grabaciones de sonidos rítmicos especiales que, en su opinión, facilitan las experiencias fuera del cuerpo. También ha fundado un centro de investigación en las montañas Blue Ridge llamado Monroe Institute of Applied Sciences y afirma haber enseñado a cientos de personas a realizar los mismos viajes extracorpóreos que él ha experimentado. ¿Presagian estos avances un futuro en el que los héroes del telediario nocturno no sean los astronautas, sino los «psico-nautas»?

UN EMPUJÓN EVOLUTIVO HACIA UNA CONSCIENCIA SUPERIOR

Puede que la ciencia no sea la única vía que nos ofrece un pasaje al país de nunca jamás. En su libro *La senda hacia Omega*, Ring señala que existen pruebas fehacientes de que las experiencias cercanas a la muerte van en aumento. Como hemos visto, en las culturas tribales, quienes experimentan una ECM a menudo se transforman hasta convertirse en chamanes. En el mundo moderno, estas personas también experimentan una transformación espiritual y modifican profundamente su personalidad, volviéndose más cariñosas, compasivas e incluso psíquicas. Ring deduce de todo esto que quizá estamos presenciando la «chamanización de la humanidad moderna»[38]. Pero, si es así, ¿por qué están aumentando las experiencias cercanas a la muerte? La respuesta, según Ring, es tan simple como profunda: lo que estamos contemplando es *un impulso evolutivo hacia una consciencia superior de toda la humanidad*. Y quizá las ECM no sean el único fenómeno transformador que emerge de la psique colectiva de la humanidad. Grosso considera que el incremento de apariciones marianas durante el último siglo tiene igualmente implicaciones evolutivas. De manera similar, a juicio de muchos investigadores, como Raschke y Vallee, la proliferación de avistamientos ovnis en las últimas décadas encierra un significado evolutivo. Diversos investigadores, entre ellos Ring, han observado que los encuentros con ovnis constituyen auténticas iniciaciones chamánicas y pueden representar otra manifestación más de la chamanización de la humanidad moderna. Strieber coincide: «Creo que resulta bastante evidente que, tanto si [el fenómeno ovni] lo provoca alguna entidad como si sucede de forma natural, representa un salto cualitativo de una especie a otra. Me atrevería a postular que lo que estamos presenciando es el proceso evolutivo en acción»[39].

Si estas especulaciones son ciertas, ¿cuál es el propósito de esta transformación evolutiva? Aparentemente, existen dos respuestas. Numerosas tradiciones antiguas hablan de un tiempo en que el holograma de la realidad física era mucho más flexible que ahora, mucho más parecido a la realidad amorfa y fluida de la dimensión del más allá. Los aborígenes australianos, por ejemplo, afirman que hubo una época en la que el mundo entero estaba en estado de ensoñación. Edgar Cayce coincide con esa visión y sostiene que la Tierra «al principio, era meramente de naturaleza "mental", imágenes pensadas que se creaban a sí mismas adoptando cualquier forma que quisieran... Luego sobrevino la materialidad propiamente dicha en la Tierra, porque el espíritu se infiltró en la materia»[40].

Los aborígenes afirman que llegará el día en que la Tierra regrese al tiempo de ensoñación. Con ánimo puramente especulativo, uno podría preguntarse si presenciaremos el cumplimiento de esa profecía cuando aprendamos a manipular cada vez más el holograma de la realidad. Cuando dominemos lo que Jahn y Dunne llaman «el plano común entre la consciencia y su entorno», ¿experimentaremos una realidad maleable una vez más? Si así fuera, necesitaríamos aprender mucho más de lo que sabemos actualmente para manipular con seguridad un entorno tan dúctil; quizá sea ese uno de los propósitos de los procesos evolutivos que parecen estar desarrollándose a nuestro alrededor.

Muchas tradiciones antiguas afirman asimismo que la humanidad no se originó en la Tierra y que nuestro verdadero hogar está junto a Dios o, al menos, en el reino no físico y paradisíaco del espíritu puro. Por ejemplo, según un mito hindú, la consciencia humana comenzó siendo una onda que decidió abandonar el mar de la «consciencia como tal, eterna, sin espacio, infinita y sin tiempo»[41]. Al tomar conciencia de sí misma, olvidó que formaba parte de aquel mar infinito y se sintió aislada y distinta. Loye sostiene que la expulsión de Adán y Eva del jardín del Edén podría ser una versión de este mito, un antiguo recuerdo de cómo la consciencia humana abandonó su hogar en lo implicado, en algún momento de su pasado insondable, y olvidó que formaba parte de la totalidad cósmica de las cosas[42]. Según esta visión, la Tierra es una especie de campo de juegos «en el cual uno es libre de experimentar todos los placeres de la carne siempre que sepa que es una proyección holográfica de una dimensión espacial de un orden superior»[43].

Si esto es cierto, puede que los impulsos evolutivos que empiezan a despertar y a danzar en la psique colectiva sean la llamada para que despertemos, el toque de corneta que nos indica que nuestro verdadero hogar se encuentra en otra parte y que podemos regresar allí si así lo deseamos. Strieber, por lo pronto, considera que los ovnis están aquí precisamente por ese motivo: «Creo que probablemente vienen como matronas para ayudarnos a nacer al mundo no físico del cual proceden. Tengo la impresión de que el mundo físico es solo un pequeño instante en un contexto mucho mayor y que la realidad se despliega principalmente de una manera no física. No creo que la realidad física sea la fuente original del ser. Creo que seguramente el ser, como la consciencia, antecede a lo físico»[44].

El escritor Terence McKenna, que también respalda el modelo holográfico desde hace mucho tiempo, coincide: «Lo que parece estar ocurriendo es que desde el momento en que se tomó conciencia de la existencia del alma hasta la resolución del potencial apocalíptico transcurren aproximadamente cincuenta mil años. Sin duda ahora nos encontramos en los últimos segundos históricos de la crisis —una crisis que implica el final de la historia, nuestra partida del planeta [y] el triunfo sobre la muerte—. De hecho, estamos acortando la distancia con el acontecimiento más intenso que se puede encontrar en una ecología planetaria: la liberación de la vida de la crisálida oscura de la materia»[45].

Esto, naturalmente, no es más que una hipótesis. Pero tanto si estamos al borde mismo de la transición, como sugieren Strieber y McKenna, como si el punto de inflexión se encuentra todavía en un futuro lejano, es evidente que seguimos un camino de evolución espiritual. Dada la naturaleza holográfica del universo, también resulta evidente que, en algún tiempo y en algún lugar, nos aguarda algo al menos similar a estas dos posibilidades.

Y para que no nos sintamos tentados a suponer que la liberación de lo físico constituye el fin de la evolución humana, existen indicios de que el reino dúctil e imaginal del más allá representa igualmente un mero escalón intermedio. Swedenborg, por ejemplo, afirmaba que, más allá del cielo que visitó, había otro cielo tan brillante e informe a su percepción que parecía un «arroyo de luz»[46]. Quienes han vivido experiencias cercanas a la muerte también han descrito alguna vez esos terrenos infinitamente tenues. «Hay muchos planos superiores y, para regresar a Dios, para alcanzar el plano donde reside su espíritu, debes ir despojándote de las vestiduras que llevas hasta que tu espíritu sea verdaderamente libre —declara uno de los sujetos de las pruebas de Whitton—. El proceso de aprendizaje no cesa jamás. A veces se nos permite vislumbrar los planos superiores; cada uno es más leve y más brillante que el anterior»[47]. Para algunos puede resultar aterrador que la realidad se vuelva cada vez más similar a la frecuencia a medida que uno se adentra en lo implicado. Pero resulta comprensible. Evidentemente, aún somos como niños que necesitan la seguridad de las líneas para colorear, pues todavía no estamos preparados para asimilar la libertad total del lienzo en blanco sin que nuestras manos se pierdan. Sumergirse en el reino del arroyo de luz de Swedenborg equivaldría a adentrarse en una fluidez absoluta. Y todavía no hemos madurado lo suficiente ni poseemos el control necesario sobre nuestras emociones, actitudes y creencias para enfrentarnos a los monstruos que nuestras psiques crearían.

Pero quizá sea precisamente por eso por lo que estamos aprendiendo a lidiar con lo omnijetivo en pequeñas dosis, a través de las confrontaciones relativamente limitadas con lo imaginal que nos ofrecen los ovnis y otras experiencias similares.

Y quizá sea ese el motivo por el cual los seres de luz nos repiten constantemente que el propósito de la vida es aprender.

Estamos, en efecto, en el viaje del chamán; somos como aprendices que se esfuerzan por convertirse en técnicos de lo sagrado. Estamos aprendiendo a manejar la plasticidad inherente a un universo en el que la mente y la realidad constituyen un continuo. Y en este viaje destaca una lección por encima de las demás: mientras nos sigan aterrando la ausencia de forma y la libertad imponente del más allá, continuaremos soñando para nosotros mismos un holograma confortablemente sólido y bien definido.

Pero siempre debemos recordar la advertencia de Bohm: las etiquetas conceptuales que utilizamos para analizar el universo son una invención nuestra. No existen «ahí fuera», porque allí solo existe el todo indivisible. *Brahman*. Y cuando trascendamos cualquier conjunto de etiquetas conceptuales, debemos estar siempre preparados para proseguir el viaje, para avanzar de un estado del alma a otro, como expresó Sri Aurobindo, y de iluminación en iluminación. Porque nuestro propósito es tan simple como ilimitado.

Como dicen los aborígenes, estamos aprendiendo a sobrevivir en el infinito.

Notas

Introducción

[1] Irvin L. Child, «Psychology and Anomalous Observations», *American Psychologist* 40, núm. 11 (noviembre de 1985), pp. 1219-1230.

Capítulo 1. El cerebro como holograma

[1] Wilder Penfield, *El misterio de la mente: estudio crítico de la consciencia y del cerebro humano*, Madrid, Pirámide, 1977.

[2] Karl Lashley, «In Search of the Engram», *Physiological Mechanisms in Animal Behavior*, Nueva York, Academic Press, 1950, pp. 454-482.

[3] Karl Pribram, «The Neurophysiology of Remembering», *Scientific American* 220 (enero de 1969), p. 75.

[4] Karl Pribram, *Languages of the Brain*, Monterrey, California, Wadsworth Publishing, 1977, p. 123.

[5] Daniel Goleman, «Holographic Memory: Karl Pribram Interviewed by Daniel Goleman», *Psychology Today* 12, núm. 9 (febrero 1979), p. 72.

[6] J. Collier, C. B. Burckhardt y L. H. Kin, *Optical Holography*, Nueva York, Academic Press, 1971.

[7] Pieter van Heerden, «Models for the Brain», *Nature* 227 (25 de julio de 1970), pp. 410-411.

[8] Paul Pietsch, *Shufflebrain: The Quest for the Hologramic Mind*, Boston, Houghton Mifflin, 1981, p. 78.

[9] Daniel A. Pallen y Michael C. Tractenberg, «Alpha Rhythm and Eye Movements in Eidetic Imagery», *Nature* 237 (12 mayo de 1972), p. 109.

[10] Pribram, *Languages...*, ob. cit., p. 169.

[11] Paul Pietsch, «Shufflebrain», *Harper's Magazine* 244 (mayo de 1972), p. 66.

[12] Karen K. DeValois, Russell L. DeValois y W. W. Yund, «Responses of Striate Cortex Cells to Gratingand Checkerboard Patterns», *Journal of Physiology*, vol. 291 (1979), pp. 483-505.

[13] Goleman, ob. cit., p. 71.

[14] Larry Dossey, *Tiempo, espacio y medicina*, Barcelona, Kairós, 2006, p. 174.

[15] Richard Restak, «Brain Power: A New Theory», *Science Digest* (marzo de 1981), p. 19.

[16] Richard Restak, *The Brain*, Nueva York, Warner Books, 1979, p. 253.

Capítulo 2. El cosmos como holograma

[1] Basil J. Hiley y F. David Peat, «The Development of David Bohm's Ideas from the Plasma to the Implicate Order», *Quantum Implications* (Basil J. Hiley y F. David Peat eds.), Londres, Rourledge & Kegan Paul, 1987, p. 1.

[2] Nick Herbert, «How Large is Starlight? A Brief Look at Quantum Reality», *Revision* 10, núm. 1 (verano 1987), pp. 31-35.

[3] Albert Einstein, Boris Podolsky y Nathan Rosen, «Can Quantum-Mechanical Description of Physical Reality Be Considered Complet?», *Physical Review* 47 (1935), p. 777.

[4] Hiley y Peat, *Quantum*, p. 3.

[5] John P. Briggs y F. David Peat, *A través del maravilloso espejo del universo*, Barcelona, Gedisa, 2005, p. 104.

[6] David Bohm, «Hiden Variables and the Implicate Order», *Quantum Implications* (Basil J. Hiley y F. David Peat eds.), Londres, Routledge & Kegan Paul, 1987, p. 38.

[7] «Nonlocality in Physics and Psychology: An Interview with John Stewart Bell», *Psychological Perspectives* (otoño-invierno de 1988), p. 306.

[8] Robert Temple, «An Interview with David Bohm», *New Scientist* (11 de noviembre de 1982), p. 362.

[9] Bohm, *Quantum*, p. 40.

[10] David Bohm, *La totalidad y el orden implicado*, Barcelona, Kairós, 1992, p. 270.

[11] Comunicación privada con el autor, 28 de octubre de 1988.

[12] Bohm, *La totalidad y el orden implicado*, p. 266.

[13] Paul Davies, *Superfuerza*, Barcelona, Salvat, 1988, p. 46.

[14] Lee Smolin, «What is Quantum Mechanics Really About?», *New Scientist* (24 de octubre de 1985), p. 43.

[15] Comunicación privada con el autor, 14 de octubre de 1988.

[16] Saybrook Publishing Company, *The Reach of the Mind: Nobel Prize Conversations,* Dallas, Texas, Saybrook Publishing Co., 1985, p. 91.

[17] Judith Hooper, «An Inteview with Karl Pribram», *Omni* (octubre de 1982), p. 135.

[18] Comunicación privada con el autor, 8 de febrero de 1989.

[19] Renee Weber, «El universo plegado-desplegado. Entrevista con David Bohm», *El paradigma holográfico: una exploración en las fronteras de la ciencia* (Ken Wilber ed.), Barcelona, Kairós, 1987, p. 115.

[20] *Ibid.,* p. 101.

Capítulo 3. El modelo holográfico y la psicología

[1] Renee Weber, «El físico y el místico: ¿es posible el diálogo entre ellos? Conversación con David Bohm», en *El paradigma holográfico: una exploración en las fronteras de la ciencia* (Ken Wilber ed.), Barcelona, Kairós, 2006, p. 110.

[2] Robert M. Anderson, Jr., «A holographic Model of Transpersonal Consciousness», *Journal of Transpersonal Psychology* 9, núm. 2 (1977), p. 126.

[3] Jon Tolaas y Montague Ullman, «Wholeness and Dreaming», en *Quantum Implications* (Basil J. Hiley y F. David Peat eds.), Nueva York, Routledge & Kegan Paul, 1987, p. 393.

[4] Comunicación privada con el autor, 31 de octubre de 1988.

[5] Montague Ullman, «Wholeness and Dreaming», p. 393.

[6] I. Matte-Blanco, «A Study of Schizophrenic Thinking: Its Expression in Terms of Symbolic Logic and Its Representation in Terms of Multidimensional Space», *International Journal of Psychiatry* 1, núm. 1 (enero de 1965), p. 93.

[7] Montague Ullman, «Psi and Psychopathology», conferencia presentada en el Congreso sobre los Factores Psíquicos en la Psicoterapia, 8 de noviembre de 1986, en la American Society for Psychical Research.

[8] Stephen LaBerge, *Lucid Dreaming,* Los Ángeles, Jeremy P. Tarcher, 1985.

[9] Fred Alan Wolf, *Star Wave,* Nueva York, Macmillan, 1984, p. 238.

[10] Jayne Gackenbach, «Interview with Physicist Fred Alan Wolf on the Physics of Lucid Dreaming», *Lucidity Letter* 6, núm. 1 (junio de 1987), p. 52.

[11] Fred Alan Wolf, «The Physicis of Dream Consciousness: Is the Lucid Dream a Parallel Universe?», *Second Lucid Dreaming Symposium Proceedings/ Lucidity Letter* 6, núm. 2 (diciembre de 1987), p. 133.

[12] Stanislav Grof, *Realms of the Human Unconscious,* Nueva York, E. P. Dutton, 1976, p. 20.

[13] *Ibid.,* p. 236.

[14] *Ibid.*, pp. 159-160.

[15] Stanislav Grof, *The Adventure of Self-Discovery*, Albany, Nueva York, State University of New York Press, 1988, pp. 108-109.

[16] Stanislav Grof, *Psicología transpersonal: nacimiento, muerte y trascendencia en psicoterapia*, Barcelona, Kairós, 1994, p. 50.

[17] *Ibid.*, p. 99.

[18] *Ibid.*, p. 110.

[19] Edgar A. Levenson, «A Holographic Model of Psychoanalytic Change», *Contemporary Psychoanalysis* 12, núm. 1 (1975), p. 13.

[20] *Ibid.*, p. 19.

[21] David Shainberg, «Vortices of Thought in the Implicate Order», en *Quantum Implications* (Basil J. Hiley y F. David Peat eds.), Nueva York, Routledge & Kegan Paul, 1987, p. 402.

[22] *Ibid.*, p. 411.

[23] Frank Putnam, *Diagnosis and Treatment of Multiple Personality Disorder*, Nueva York, Guilford, 1988, p. 68.

[24] «Science and Synchronicity: A Conversation with C. A Meier», *Psychological Perspectives* 19, núm. 2 (otoño-invierno de 1988), p. 324.

[25] Paul Davies, *Proyecto cósmico: nuevos descubrimientos acerca del orden del universo*, Madrid, Pirámide, 1989, p. 216.

[26] F. David Peat, *Sincronicidad: puente entre mente y materia*, Barcelona, Kairós, 1995, pp. 266-267.

[27] *Ibid.*, p. 271.

Capítulo 4. Canto al cuerpo holográfico

[1] Stephanie Matthews-Simonton, O. Carl Simonton y James L. Creighton, *Recuperar la salud: una guía detallada de autoayuda para vencer el cáncer y otras enfermedades*, Madrid, Raíces, 1988, pp. 17-22.

[2] Jeanne Achterberg, «Mind and Medicine: The Role of Imagery in Healing», *ASPR Newsletter* 14, núm. 3 (junio de 1988), p. 20.

[3] Jeanne Achterberg, *Por los caminos del corazón. Historia y perspectivas de la visualización como instrumento de curación*, Madrid, Los Libros del Comienzo, 1994, p. 189.

[4] Comunicación privada con el autor, 28 de octubre de 1988.

[5] Achterberg, *ASPR Newsletter*, p. 20.

[6] Achterberg, *Por los caminos del corazón*, p. 114.

[7] Jeanne Achterberg, Ira Collerain y Pat Craig, «A Possible Relationship between Cancer, Mental Retardation and Mental Disorders», *Journal of Social Science and Medicine* 12 (mayo de 1978), pp. 135-139.

8 Bernard S. Siegel, *Amor, medicina milagrosa*, Madrid, Espasa Calpe, 1998, pp. 42-43.

9 Achterberg, *Por los caminos del corazón*, pp. 253-254.

10 Siegel, ob. cit., pp. 39-40.

11 Charles A. Garfield, *Rendimiento máximo: las técnicas de entrenamiento de los grandes campeones*, Barcelona, Martínez Roca, 1987, p. 22.

12 *Ibid.*, p. 62.

13 Mary Orser y Richard Zarro, *Changing Your Destiny*, Nueva York, Harper & Row, 1989, p. 60.

14 Barbara Brown, *Supermind: The Ultimate Energy*, Nueva York, Harper & Row, 1980, p. 274. Citado en Larry Dossey, *Tiempo, espacio y medicina*, Barcelona, Kairós, 2006, p. 179.

15 *Ibid.*, p. 180.

16 Dossey, ob. cit., p. 180.

17 Comunicación privada con el autor, 8 de febrero de 1989.

18 Brendan O'Regan, «Healing, Remission and Miracle Cures», *Institute of Noetic Sciences Special Report* (mayo de 1987), p. 3.

19 Lewis Thomas, *The Medusa and the Snail*, Nueva York, Bantam Books, 1980, p. 63. [Existe traducción española: *La medusa y el caracol*, Fondo de Cultura Económica (FCE), 1986].

20 Thomas J. Hurley III, «Placebo Effects: Unmapped Territory of Mind/Body Interactions», *Investigations* 2, núm. 1 (1985), p. 9.

21 *Ibid.*

22 Steven Locke y Douglas Colligan, *El médico interior*, Madrid, Horizonte, 1991, p. 231.

23 *Ibid.*, p. 234.

24 Bruno Klopfer, «Psychological Variables in Human Cancer», *Journal of Prospective Techniques* 31 (1957), pp. 331-340.

25 O'Regan, ob. cit., p. 4.

26 G. Timothy Johnson y Stephen E. Goldfinger, *The Harvard Medical School Health Letter Book*, Cambridge, Massachusetts, Harvard University Press, 1981, p. 416.

27 Herbert Benson y David P. McCallie, Jr., «Angina Pectoris and the Placebo Effect», *New England Journal of Medicine* 300, núm. 25 (1979), pp. 1424-1429.

28 Johnson y Goldfinger, ob. cit., p. 418.

29 Hurley, ob. cit., p. 10.

30 Richard Alpert, *Be Here Now*, San Cristóbal, Nuevo México, Lama Foundation, 1971.

31 Lyall Watson, *Beyond Supernature*, Nueva York, Bantam Books, 1988, p. 215.

[32] Ira L. Mintz, «A Note on the Addictive Personality», *American Journal of Psychiatry* 134, núm. 3 (1977), p. 327.

[33] Alfred Stelter, *Curación Psi*, Barcelona, Plaza y Janés, 1976, p. 20.

[34] Thomas J. Hurley III, «Placebo Learning: The Placebo Effect as a Conditioned Response», *Investigations* 2, núm. 1 (1985), p. 23.

[35] O'Regan, ob. cit., p. 3.

[36] Como aparece mencionado en Thomas J. Hurley III, «Varieties of Placebo Experience: Can One Definition Encompass Them All?», *Investigations* 2, núm. 1 (1985), p. 13.

[37] Daniel Seligman, «Great Moments in Medical Research», *Fortune* 117, núm. 5 (29 de febrero de 1988), p. 25.

[38] Daniel Goleman, «Probing the Enigma of Multiple Personality», *The New York Times* (25 junio de 1988), p. Cl.

[39] Comunicación privada con el autor, 11 de enero de 1990.

[40] Richard Restak, «People with Multiple Minds», *Science Digest* 92, núm. 6 (junio de 1984), p. 76.

[41] Daniel Goleman, «New Focus on Multiple Personality», *The New York Times* (21 de mayo de 1985), p. Cl.

[42] Truddi Chase, *When Rabit Howls*, Nueva York, E. P. Dutton, 1987, p. x.

[43] Thomas J. Hurley III, «Inner Faces of Multiplicity», *Investigations* 1, núm. 3/4 (1985), p. 4.

[44] Thomas J. Hurley III, «Multiplicity & the Mind-Body Problem: New Windows to Natural Plasticity», *Investigations* 1, núm. 3/4 (1985), p. 19.

[45] Bronislaw Malinowski, «Baloma: The Spirits of the Dead in the Trobriand Islands», *Journal of the Royal Anthropological Institute of Great Britain and Ireland* 46 (1916), pp. 353-430.

[46] Watson, ob. cit., pp. 58-60.

[47] Joseph Chilton Pearce, *The Crack in the Cosmic Egg*, Nueva York, Pocket Books, 1974, p. 86.

[48] Pamela Weintraub, «Preschool?», *Omni* 11, núm. 11 (agosto de 1989), p. 38.

[49] Kathy A. Fackelmann, «Hostility Boosts Risk of Heart Trouble», *Science News* 135, núm. 4 (28 de enero de 1989), p. 60.

[50] Steven Locke, en *Longevity* (noviembre de 1988), como aparece citado en «Your Mind's Healing Powers», *Reader's Digest* (septiembre de 1989), p. 5.

[51] Bruce Bower, «Emotion-Immunity Link in HIV Infection», *Science News* 134, núm. 8 (20 ago. 1988), p. 116.

[52] Donald Robinson, «Your Attitude Can Make You Well», *Reader's Digest* (abril de 1987), p. 75.

[53] Daniel Goleman en *The New York Times* (20 de abril de 1989), como aparece citado en «Your Mind's Healing Powers», *Reader's Digest* (septiembre de 1989), p. 6.

[54] Robinson, ob. cit., p. 75.

[55] Signe Hammer, «The Mind as Healer», *Science Digest* 92, núm. 4 (abril de 1984), p. 100.

[56] John Raymond, «Jack Schwarz: The Mind Over Body Man», *New Realities* 11, núm. 1 (abr. 1978), pp. 72-76; véase también «Jack Schwarz; Probing... but No Needles Anymore», *Brain/Mind Bulletin* 4, núm. 2 (4 de diciembre de 1978), p. 2.

[57] Stelter, ob. cit., pp. 133-135.

[58] Donna y Gilbert Grosvenor, «Ceylon», *National Geographic* 129, núm. 4 (abril de 1966).

[59] D. D. Kosambi, «Living Prehistory in India», *Scientific American* 216, núm. 2 (febrero de 1967), p. 104.

[60] A. A. Mason, «A Case of Congenital Ichthyosiform», *British Medical Journal* 2 (1952), pp. 422-423.

[61] O'Regan, ob. cit., p. 9.

[62] D. Scott Rogo, *El enigma de los milagros: una investigación paracientífica de los fenómenos portentosos*, Barcelona, Martínez Roca, 1987, p. 59.

[63] Herbert Thurston, *Los fenómenos físicos del misticismo*, San Sebastián, Gómez, 1953, p. 188.

[64] Tomás de Celano, *Vita Prima* (1229), como aparece citado en Thurston, *Los fenómenos físicos del misticismo*, p. 80.

[65] Alexander P. Dubrov y Veniamin N. Pushkin, *La parapsicología y las ciencias naturales modernas*, Madrid, Akal, 1980, p. 76.

[66] Thurston, ob. cit., pp. 111-112.

[67] *Ibid.*, pp. 112-113.

[68] Charles Fort, *The Complete Books of Charles Fort*, Nueva York, Dover, 1974, p. 1022.

[69] *Ibid.*, p. 964.

[70] Comunicación privada con el autor, 3 de noviembre de 1988.

[71] Candace Pert y Harris Dienstfrey, «The Neuropeptide Network», en *Neuroimmunomodulation: Interventions in Aging and Cancer* (Walter Pierpaoli y Novera Herbert Spector eds.), Nueva York, New York Academy of Sciences, 1988, pp. 189-194.

[72] Terence D. Oleson, Richard J. Kroening y David E. Bresler, «An Experimental Evaluation of Auricular Diagnosis: The Somatotopic Mapping of Musculoskeletal Pain at Ear Acupuncture Points», *Pain* 8 (1980), pp. 217-229.

[73] Comunicación privada con el autor, 24 de septiembre de 1988.

[74] Terence D. Oleson y Richard J. Kroening, «Rapid Narcotic Detoxification in Chronic Pain Patients Treated with Auricular Electroacupuncture and Naloxone», *International Journal of the Addictions* 20, núm. 9 (1985), pp. 1347-1360.

[75] Richard Levitan, «The Holographic Body», *East West* 18, núm. 8 (agosto de 1988), p. 42.

[76] *Ibid.*, p. 45.

[77] *Ibid.*, pp. 36-47.

[78] «Fingerprints, a Clue to Senility», *Science Digest* 91, núm. 11 (noviembre de 1983), p. 91.

[79] Michael Meyer, «The Way the Worlds Turn», *Newsweek* (13 de febrero de 1989), p. 73.

Capítulo 5. Unos cuantos milagros

[1] D. Scott Rogo, *El enigma de los milagros: una investigación paracientífica de los fenómenos portentosos*, Barcelona, Martínez Roca, 1987, p. 61.

[2] *Ibid.*, p. 55.

[3] David J. Bohm, «A New Theory of the Relationship of Mind and Matter», *Journal of the American Society for Psychical Research* 80, núm. 2 (abril de 1986), p. 128.

[4] *Ibid.*, p. 132.

[5] Robert G. Jahn y Brenda J. Dunne, *Margins of Reality: The Role of Consciousness in the Physical World*, Nueva York, Harcourt Brace Jovanovich, 1987, pp. 91-123.

[6] *Ibid.*, p.144.

[7] Comunicación privada con el autor, 16 de diciembre de 1988.

[8] Jahn y Dunne, *Margins*, p. 142.

[9] Comunicación privada con el autor, 16 de diciembre de 1988.

[10] Comunicación privada con el autor, 16 de diciembre de 1988.

[11] Steve Fishman, «Questions for the Cosmos», *New York Times Magazine* (26 de noviembre de 1989), p. 55.

[12] Comunicación privada con el autor, 25 de noviembre de 1988.

[13] Rex Gardner, «Miracles of Healing in Anglo-Celtic Northumbria as Recorded by the Venerable Bede and His Contemporaries: A Reappraisal in the Light of Twentieth Century Experience», *British Medical Journal* 287 (diciembre de 1983), p. 1931.

[14] Max Freedom Long, *The Secret Science behind Miracles*, Nueva York, Robert Collier Publications, 1948, pp. 191-192.

[15] Louis-Basile Carré de Montgeron, *La Verité des Miracles* (París, 1737), como aparece citado en H. P. Blavatsky, *Isis sin velo: clave de los misterios de la ciencia y teología antiguos y modernos*, vol. II, Barberá del Vallés (Barcelona), Humanitas, 1991, p. 65.

[16] *Ibid.*, p. 66.

[17] B. Robert Kreiser, *Miracles, Convulsions and Ecclesiastical Politics in Early Eighteenth Century Paris*, Princeton, N. J., Princeton University Press, 1978, pp. 260-261.

[16] Charles Mackey, *Extraordinary Popular Delusions and the Madness of Crowds* (Londres, 1841), p. 318.

[19] Kreiser, *Miracles*, p. 174.

[20] Stanislav Grof, *Psicología transpersonal: nacimiento, muerte y trascendencia en psicoterapia*, Barcelona, Kairós, 1994, p. 112.

[21] Long, *Secret Science*, pp. 31-39.

[22] Frank Podmore, *Mediums of the Nineteenth Century*, vol. 2, New Hyde Park, Nueva York, University Books, 1963, p. 264.

[23] Vincent H. Gaddis, *Mysterious Fires and Lights*, Nueva York, Deli, 1967, pp. 114-115.

[24] Blavatsky, *Isis sin velo*, p. 63.

[25] Podmore, *Mediums*, p. 264.

[26] Will y Ariel Durant, *The Age of Louis XIV*, vol. XIII, Nueva York, Simon & Schuster, 1963, p. 73.

[27] Franz Werfel, *La canción de Bernardette*, Madrid, Palabra, 2001, pp. 303-305.

[28] Gaddis, *Mysterious Fires*, pp. 106-107.

[29] *Ibid.*, p. 106.

[30] Berthold Schwarz, «Ordeals by Serpents, Fire and Strychnine», *Psychiatric Quarterly* 34 (1960), pp. 405-429.

[31] Comunicación privada con el autor, 17 de julio de 1989.

[32] Karl H. Pribram, «The Implicate Brain», en *Quantum Implications*, (Basil J. Hiley y F. David Peat eds.), Londres, Routledge & Kegan Paul, 1987, p. 367.

[33] Comunicación privada con el autor, 8 de febrero de 1989; véase también Karl H. Pribram, «The Cognitive Revolution and Mind/Brain Issues», *American Psychologist* 41, núm. 5 (mayo de 1986), pp. 507-519.

[34] Comunicación privada con el autor, 25 de noviembre de 1988.

[35] Gordon G. Globus, «Three Holonomic Approaches to the Brain», en *Quantum Implications*, (Basil J. Hiley y F. David Peat eds.), Londres, Routledge & Kegan Paul, 1987, pp. 372-385; véase también Judith Hooper y Dick Teresi, *El universo del cerebro*, Barcelona, Círculo de Lectores, 1989, p. 376.

[36] Comunicación privada con el autor, 16 de diciembre de 1988.

[37] Malcolm W. Browne, «Quantum Theory: Disturbing Questions Remain Unresolved», *New York Times* (11de febrero de 1986), p. C3.

[38] *Ibid.*

[39] Jahn y Dunne, *Margins*, pp. 319-320; véase también Dietrick E. Thomsen, «Anomalons Get More and More Anomalous», *Science News* 125 (25 de febrero de 1984).

[40] Christine Sutton, «The Secret Life of the Neutrino», *New Scientist* 117, núm. 1595 (14 de enero de 1988), pp. 53-57; véase también «Soviet Neutrinos Have Mass», *New Scientist* 105, núm. 1446 (7 de marzo de 1985), p. 23, y Dietrick E. Thomsen, «Ups and Downs of Neutrino Oscillation», *Science News* 117, núm. 24 (14 de junio de 1980), pp. 377-383.

[41] S. Edmunds, *Hypnotism and the Supernormal*, Londres, Aquarian Press, 1967, como aparece mencionado en Lyall Watson, *Supernature*, Nueva York, Bantam Books, 1973, p. 236. [Existe traducción española: *Supernaturaleza*, México, Diana, 1976].

[42] Leonid L. Vasiliev, *Experiments in Distant Influence*, Nueva York, E. P. Dutton, 1976.

[43] Véase Russell Targ y Harold Puthoff, *Poder mental: una sorprendente comprobación del poder mental y sus fenómenos paranormales*, México, Diana, 1979.

[44] Fishman, *New York Times Magazine*, p. 55; véase también, Jahn y Dunne, *Margins*, p. 187.

[45] Charles Tart, «Physiological Correlates of Psi Cognition», *International Journal of Neuropsychiatry* 5, núm. 4 (1962).

[46] Targ y Puthoff, *Poder mental*, p. 180.

[47] E. Douglas Dean, «Plethysmograph Recordings of ESP Responses», *International Journal of Neuropsychiatry* 2 (septiembre de 1966).

[48] Charles T. Tart, «Psychedelic Experiences Associated with a Novel Hypnotic Procedure, Mutual Hypnosis», en Charles T. Tart, *Altered States of Consciousness*, Nueva York, John Wiley & Sons, 1969, pp. 291-308.

[49] *Ibid.*

[50] John Briggs y F. David Peat, *A través del maravilloso espejo del universo*, Barcelona, Gedisa, 2005, p. 94.

[51] Targ y Puthoff, *Poder mental*, p. 180.

[52] Russell Targ *et al.*, *Research in Parapsychology*, Metuchen, N. J., Scarecrow, 1980.

[53] Bohm, *Journal of the American Society for Psychical Research*, p. 132.

[54] Jahn y Dunne, *Margins*, pp. 257-259.

[55] Gardner, *British Medical Journal*, p. 1930.

[56] Lyall Watson, *Beyond Supernature*, Nueva York, Bantam Books, 1988, pp. 189-191.

[57] A. R. G. Owen, *Can We Explain the Poltergeist?*, Nueva York, Garrett Publications, 1964.

[58] Erlendur Haraldsson, *Modern Miracles: An Investigative Report on Psychic Phenomena Associated with Sathya Sai Baba*, Nueva York, Fawcett Columbine Books, 1987, pp. 26-27. [Existe traducción española: *Milagros modernos. Informe científico de los fenómenos psíquicos de Sai Baba*, Valencia, Tetragrama, 1994].

[59] *Ibid.*, pp. 35-36.

[60] *Ibid.*, p. 290.

[61] Paramahansa Yogananda, *Autobiografía de un yogui contemporáneo*, Buenos Aires, Siglo Veinte, 1960.

[62] D. Scott Rogo, *El enigma de los milagros*, p. 116.

[63] Lyall Watson, *Gifts of Unknown Things*, Nueva York, Simon & Schuster, 1976, pp. 203-204.

[64] Comunicación privada con el autor, 9 de febrero de 1989.

[65] Comunicación privada con el autor, 17 de octubre de 1988.

[66] Comunicación privada con el autor, 16 de diciembre de 1988.

[67] Judith Hooper y Dick Teresi, *El universo del cerebro*, p. 379.

[68] Carlos Castaneda, *Relatos de poder*, Madrid, Fondo de Cultura Económica, 1987, p. 132.

[69] Marilyn Ferguson, «La realidad cambiante de Karl Pribram», en *El paradigma holográfico* (Ken Wilber ed.), p. 38.

[70] Erlendur Haraldsson y Loftur R. Gissurarson, *The Icelandic Physical Medium: Indridi Indridason*, Londres, Society for Psychical Research, 1989.

Capítulo 6. La visión holográfica

[1] Karl Pribram, «The Neurophysiology of Remembering», *Scientific American* 220 (enero de 1969), pp. 76-78.

[2] Judith Hooper, «Interview: Karl Pribram», *Omni* 5, núm.1 (octubre de 1982), p. 172.

[3] Wil van Beek, *Hazrat Inayat Khan*, Nueva York, Bantam Books, 1987, pp. 3-4.

[4] Barbara Ann Brennan, *Manos que curan. El libro guía de las curaciones espirituales*, Barcelona, Martínez Roca, 1990, pp. 17-18.

[5] *Ibid.*, p. 18.

[6] *Ibid.*, cita en la cubierta.

[7] *Ibid.*

[8] *Ibid.*, p. 37.

[9] Comunicación privada con el autor, 13 de noviembre de 1988.

[10] Shafica Karagulla, *Breakthrough to Creativity*, Marina del Rey, California, DeVorss, 1967, p. 61.

[11] *Ibid.*

[12] W. Brugh Joy, *Joy's Way*, Los Ángeles, J. P. Tarcher, 1979, pp. 155-156.

[13] *Ibid.*, p. 48.

[14] Michael Crichton, *Viajes y experiencias*, Barcelona, Debolsillo, 2006.

[15] Ronald S. Miller, «Bridging the Gap: An Interview with Valerie Hunt», *Science of Mind* (octubre de 1983), p. 12.

[16] Comunicación privada con el autor, 7 de febrero de 1990.

[17] *Ibid.*

[18] *Ibid.*

[19] *Ibid.*

[20] Valerie Hunt, «Infinite Mind», *Magical Blend*, núm. 25 (enero de 1990), p. 22.

[21] Comunicación privada con el autor, 28 de octubre de 1988.

[22] Robert Temple, «David Bohm», *New Scientist* (11 de noviembre de 1982), p. 362.

[23] Comunicación privada con el autor, 13 de noviembre de 1988.

[24] Comunicación privada con el autor, 18 de octubre de 1988.

[25] Comunicación privada con el autor, 13 de noviembre de 1988.

[26] *Ibid.*

[27] *Ibid.*

[28] George F. Dale, *A View from Within*, Nueva York, Swedenborg Foundation, 1985, p. 26.

[29] George F. Dale, «An Image of God in a Mirror», en *Emanuel Swedenborg: A Continuing Vision* (Robin Larsen ed.), Nueva York, Swedenborg Foundation, 1988, p. 376.

[30] Brennan, *Manos*, p. 37.

[31] Comunicación privada con el autor, 13 de septiembre de 1988.

[32] Karagulla, *Breakthrough*, p. 39.

[33] *Ibid.*, p. 132.

[34] D. Scott Rogo, «Shamanism, ESP and the Paranormal», en *Shamanism* (Shirley Nicholson ed.), Wheaton, Illinois, Theosophical Publishing House, 1987, p. 135.

[35] Michael Harner y Gary Doore, «The Ancient Wisdom in Shamanic Cultures», en *Shamanism* (Shirley Nicholson ed.), Wheaton, Illinois, Theosophical Publishing House, 1987, p. 10.

[36] Michael Harner, *La senda del chamán*, Valencia, Ahimsa, 2000, p. 32.

[37] Richard Gerber, *La curación energética*, Barcelona, Robinbook, 1993, p. 195.

[38] *Ibid.*, p. 258.

[39] William A. Tiller, «Consciousness, Radiation and the Developing Sensory System», como aparece citado en *The Psychic Frontiers of Medicine* (Bill Schul ed.), Nueva York, Ballantine Books, 1977, p. 95.

[40] *Ibid.*, p. 94.

[41] Hiroshi Motoyama, *Chakras, kundalini y las energías sutiles del ser humano: un libro de texto teórico-práctico*, Madrid, Edaf, 2002, pp. 255-256.

[42] Richard M. Restak, «Is Free Will a Fraud?», *Science Digest* (octubre de 1983), p. 52.

[43] *Ibid.*

[44] Comunicación privada con el autor, 7 de febrero de 1990.

[45] Comunicación privada con el autor, 13 de noviembre de 1988.

Capítulo 7. El tiempo se origina en la mente

[1] Stephan A. Schwartz, *The Secret Vaults of Time*, Nueva York, Grosset & Dunlap, 1978; véase también Stanislaw Poniatowski, «Exploración parapsicológica de las culturas prehistóricas», en *Arqueología psíquica* (J. Goodman ed.), Barcelona, Martínez Roca, 1981; y Andrzey Borzmowski, «Experiments with Ossowiecki», *International Journal of Parapsychology* 7, núm. 3 (1965), pp. 259-284.

[2] J. Norman Emerson, «Intuitive Archaeology», *Midden* 5, núm. 3 (1973).

[3] J. Norman Emerson, «Intuitive Archaeology: A Psychic Approach», *New Horizont* 1, núm. 3 (1974), p. 14.

[4] J. H. Pollack, *La clarividencia probada: el extraordinario caso de Gerard Croiset*, Bilbao, Mensajero, 1980.

[5] Lawrence LeShan, *The Medium, the Mystic and the Physicist*, Nueva York, Ballantine Books, 1974, pp. 30-31.

[6] Schwartz, ob. cit., pp. 226-237; véase también Clarence W. Weiant, «Parapsychology and Anthropology», *Manas* 13, núm. 15 (1960).

[7] Schwartz, ob. cit., pp. x y 314.

[8] Comunicación privada con el autor, 28 de octubre de 1988.

[9] Comunicación privada con el autor, 18 de octubre de 1988.

[10] Glenn D. Kittler, *Edgar Cayce on the Dead Sea Scrolls*, Nueva York, Wamer Books, 1970.

[11] Marilyn Ferguson, «Quantum Brain-ActionApproach Complements Holographic Model», *Brain-Mind Bulletin*, ejemplar especial actualizado (1978), p. 3.

[12] Edmund Gurney, F. W. H. Myers y Frank Podmore, *Phantasms of The Living*, Londres, Trubner's, 1886.

[13] J. Palmer, «A Community Mail Survey of Psychic Experiences», *Journal of the American Society for Psychical Research* 73 (1979), pp. 221-251; véase también H. Sidgwick y el comité, «Report on the Census of Hallucinations», *Proceedings of the Society for Psychical Research* 10 (1894), pp. 25-422; y D. J. West, «A Mass-Observation Questionnaire on Hallucinations», *Journal of the Society for Psychical Research* 34 (1948), pp. 187-196.

[14] W. Y. Evans-Wentz, *The Fairy-Faith in Celtic Countries*, Oxford, Oxford University Press, 1911, p. 485.

[15] *Ibid.*, p. 123.

[16] Charles Fort, *New Lands*, Nueva York, Boni & Liveright, 1923, p. 111.

[17] Max Freedom Long, *The Secret Science behind Miracles*, Tarrytown, Nueva York, Robert Collier Publications, 1948, pp. 206-208.

[18] Editores de Time-Life Books, *Ghosts*, Alexandria, Virginia, Time-Life Books, 1984, p. 75.

[19] Editores de Reader's Digest, *Strange Stories, Amazing Facts*, Pleasantville, Nueva York, Reader's Digest Association, 1976, pp. 384-385.

[20] J. B. Rhine, «Experiments Bearing on the Precognition Hypothesis: III. Mechanically Selected Cards», *Journal of Parapsychology* 5 (1941).

[21] Helmut Schmidt, «Psychokinesis», en *Psychic Exploration: A Challenge to Science* (Edgar Mitchell y John White eds.), Nueva York, G. P. Putnam's Sons, 1974, pp. 179-193.

[22] Montague Ullman, Stanley Krippner y Alan Vaughan, *Dream Telepathy*, Nueva York, Macmillan, 1973.

[23] Russel Targ y Harold Puthoff, *Poder mental: una sorprendente comprobación del poder mental y sus fenómenos paranormales*, México, Diana, 1979, pp. 161-162.

[24] Robert G. Jahn y Brenda J. Dunne, *Margins of Reality*, Nueva York, Harcourt Brace Jovanovich, 1987, pp. 160 y 185.

[25] Jule Eisenbud, «A Transatlantic Experiment in Precognition with Gerard Croiset», *Journal of American Society of Psychological Research* 67 (1973), pp. 1-25; véase también W. H. C. Tenhaeff, «Seat Experiments with Gerard Croiset», *Proceedings Parapsychology* 1 (1960), pp. 53-65; y U. Timm, «Neue Experimente mit dem Sensitiven Gerard Croiset», *Z. F. Parapsychologia und Grezgeb. dem Psychologia* 9 (1966), pp. 30-59.

[26] Marilyn Ferguson, *Bulletin*, p. 4.

[27] Comunicación personal con el autor, 26 de septiembre de 1989.

[28] David Laye, *The Sphinx and the Rainbow*, Boulder, Colorado, Shambhala, 1983.

[29] Bernard Gittelson, *Intangible Evidence*, Nueva York, Simon & Schuster, 1987, p. 174.

[30] Eileen Garrett, *My Life as a Search for the Meaning of Mediumship*, Londres, Ryder & Company, 1949, p. 179.

[31] Edith Lyttelton, *Some Cases of Prediction*, Londres, Bell, 1937.

[32] Louisa E. Rhine, «Frequency of Types of Experience in Spontaneous Precognition», *Journal of Parapsychology* 18, núm. 2 (1954); véase también «Precognition and Intervention», *Journal of Parapsychology* 19 (1955); y *Hidden Channels of the Mind*, Nueva York, Sloane Associates, 1961.

[33] E. Douglas Dean, «Precognition and Retrocognition», en *Psychic Exploration* (Edgar Mitchell y John White eds.), Nueva York, G. P. Putnam's Sons, 1974, p. 163.

[34] Véase A. Foster, «ESP Tests with American Indian Children», *Journal of Parapsychology* 7, núm. 94 (1943); Dorothy H. Pope, «ESP Tests with Primitive People», *Parapsychology Bulletin* 30, núm. 1 (1953); Ronald Rose y Lyndon Rose, «Psi Experiments with Australian Aborigines», *Journal of Parapsychology* 15, núm. 122 (1951); Robert L. van de Castle, «Anthropology and Psychic Research», en *Psychic Exploration: A Challenge to Science*, (Edgar Mitchell y John White eds.), Nueva York, G. P. Putnam's Sons, 1974; y Robert L. van de Castle, «Psi Abilities in Primitive Groups», *Proceedings of the Parapsychological Association* 7, núm. 97 (1970).

[35] Ian Stevenson, «Precognition of Disasters», *Journal of the American Society for Psychical Research* 64, núm. 2 (1970).

[36] Karlis Osis y J. Fahler, «Space and Time Variables in ESP», *Journal of the American Society for Psychical Research* 58 (1964).

[37] Alexander P. Dubrov y Veniamin N. Pushkin, *La parapsicología y las ciencias naturales modernas*, Madrid, Akal, 1980, pp. 113-135.

[38] Arthur Osbom, *The Future is Now: The Significance of Precognition*, Nueva York, University Books, 1961.

[39] Ian Stevenson, «A Review and Analysis of Paranormal Experiences Connected with the Sinking of the *Titanic*», *Journal of the American Society for Psychical Research* 54 (1960), pp. 153-171; véase también Ian Stevenson, «Seven More Paranormal Experiences Associated with the Sinking of the *Titanic*», *Journal of the American Society for Psychical Research* 59 (1965), pp. 211-225.

[40] Loye, ob. cit., pp. 158-165.

[41] Comunicación privada con el autor, 28 de octubre de 1988.

[42] Gittelson, ob. cit., p. 175.

[43] *Ibid.*, p. 125.

[44] Long, ob. cit., p. 165.

[45] Shafica Karagulla, *Breakthrough to Creativity*, Marina del Rey, California, DeVors, 1967, p. 206.

[46] Según H. N. Banerjee (*Americans Who Have Been Reincarnated*, Nueva York, Macmillan Publishing Company, 1980, p. 195), un estudio realizado por James Parejko, catedrático de Filosofía de la Chicago State University, reveló que 93 de cada 100 voluntarios hipnotizados ofrecieron conocimientos de una posible existencia previa; el propio Whitton ha averiguado que *todos* sus sujetos hipnotizables eran capaces de evocar tales recuerdos.

[47] M. Gerald Edelstein, *Trauma, Trance and Transformation*, Nueva York, Brunner /Mazel,1981.

[48] Michael Talbot, «Lives between Lives: An Interview with Dr. Joel Whitton», *Omni Whole Mind Newsletter* 1, núm. 6 (mayo de 1988), p. 4.

[49] Joel L. Whitton y Joe Fisher, *Life between Life*, Nueva York, Doubleday, 1986, pp.116-127. [Existe traducción española: *La vida entre las vidas*, Sudamericana Planeta].

[50] *Ibid.*, p. 154.

[51] *Ibid.*, p. 156.

[52] Comunicación privada con el autor, 9 de noviembre de 1987.

[53] Whitton y Fisher, ob. cit., p. 43.

[54] *Ibid.*, p. 47.

[55] *Ibid.*, pp. 152-153.

[56] *Ibid.*, p. 52.

[57] William E. Cox, «Precognition: An Analysis I and II», *Journal of the American Society for Psychical Research* 50 (1956).

[58] Whitton y Fisher, ob. cit., p. 186.

[59] Ian Stevenson, *Veinte casos que hacen pensar en la reencarnación*, Villaviciosa de Odón, Madrid, Mirach, 1992; véase también *Cases of the Reincarnation Type*, Charlottesville, Virginia, University Press of Virginia, 1974, vols. 1-4; y *Children Who Remember Their Past Lives*, Charlottesville, Virginia, University Press of Virginia, 1987.

[60] Véanse referencias anteriores.

[61] Ian Stevenson, *Children Who Remember Their Past Lives*, pp. 240-243.

[62] *Ibid.*, pp. 259-260.

[63] Stevenson, *Veinte casos*, p. 206.

[64] *Ibid.*, p. 178.

[65] *Ibid.*, p. 110.

[66] Sylvia Cranston y Carey Williams, *Reincarnation: A New Horizon in Science, Religion and Society*, Nueva York, Julian Press, 1984, p. 67.

[67] *Ibid.*, p. 260.

[68] Ian Stevenson, «Some Questions Related to Cases of the Reincarnation type», *Journal of the American Society for Psychical Research* (octubre de 1974), p. 407.

[69] Stevenson, *Children*, p. 255.

[70] *Journal of the American Medical Association* (1 de diciembre de 1975), como aparece mencionado en Cranston y Williams, *Reincarnation*, p. x.

[71] J. Warneck, *Die Religion der Batak* (Gotinga, 1909), como aparece citado en Holger Kalweit, *Ensoñación y espacio interior: el mundo del chamán*, Madrid, Mirach, 1992, p. 44.

[72] Basil Johnston, *Und Manitu erschuf die Welt. Mythen and Visionen der Ojibwa* (Colonia, 1979), como aparece citado en Holger Kalweit, *Ensoñación y espacio interior: el mundo del chamán*, p. 46.

[73] Long, ob. cit., pp. 165-169.

[74] *Ibid.*, p. 193.

[75] John Blofeld, *The Tantric Mysticism of Tibet*, Nueva York, E. P. Dutton, 1970, p. 84; véase también Alexandra David-Neel, *Místicos y magos del Tibet*, Barcelona, Índigo, 1988.

[76] Henry Corbin, *La imaginación creadora en el sufismo de Ibn' Arabi*, Barcelona, Destino, 1993, pp. 273-274.

[77] Hugh Lynn Cayce, *The Edgar Cayce Reader*, vol. II, Nueva York, Paperback Library, 1969, pp. 25-26; véase también Noel Langley, *Edgar Cayce sobre la reencarnación*, Villaviciosa de Odón, Madrid, Mirach, 1994, p. 39.

[78] Paramahansa Yogananda, *Man's Eternal Quest*, Los Ángeles, Self-Realization Fellowship, 1982, p. 238.

[79] Thomas Byron, *The Dhammapada: The Sayings of Buddha*, Nueva York, Vintage Books, 1976, p. 13.

[80] Swami Prabhavananda y Frederick Manchester (trads.), *The Upanishads*, Hollywood, California, Vedanta Press, 1975, p. 177.

[81] Jámblico, *Sobre los misterios egipcios*, Madrid, Gredos, 1997.

[82] Mateo 7: 7, 17, 20.

[83] Rabbi Adin Steinsaltz, *The Thirteen-Petaled Rose*, Nueva York, Basic Books, 1980, pp. 64-65.

[84] Jean Houston, *The Possible Human*, Los Ángeles, J. P. Tarcher, 1982, pp. 200-205.

[85] Mary Orser y Richard Zarro, *Changing Your Destiny*, San Francisco, Harper & Row, 1989, p. 213.

[86] Florence Graves, «The Ultimate Frontier; Edgar Mitchell, the Astronaut-Turned Philosopher Explores Star Wars, Spiritually and How We Create Our Own Reality», *New Age* (mayo/junio de 1988), p. 87.

[87] Helen Wambach, *Reliving Past Lives*, Nueva York, Harper & Row, 1978, p. 116.

[88] *Ibid.*, pp. 128-134.

[89] Chet B. Snow y Helen Wambach, *Mass Dreams of the Future*, Nueva York, McGrawHill, 1989, p. 218.

[90] Henry Reed, «Reaching into the Past with Mind over Matter», *Venture Inward* 5, núm. 3 (mayo/junio de 1989), p. 6.

[91] Arme Moberly y Eleanor Jourdain, *An Adventure*, Londres, Faber, 1904.

[92] Andrew Mackenzie, *The Unexplained*, Londres, Barker,1966, como aparece citado en Ted Holiday, *The Goblin Universe*, St. Paul, Minnesota, Llewellyn Publications, 1986, p. 96.

[93] Gardner Murphy y H. L. Klemme, «Unfinished Business», *Journal of the American Society for Psychical Research* 60, núm. 4 (1966), p. 5.

Capítulo 8. Viajando por el superholograma

[1] Dean Shiels, «A Cross-Cultural Study of Beliefs in out-of-the-Body Experiences», *Journal of the Society for Psychical Research* 49 (1978), pp. 679-741.

[2] Erika Bourguignon, «Dreams and Altered States of Consciousness in Anthropological Research», *Psychological Anthropology* (F. L. K. Hsu ed.), Cambridge, Massachusetts, Schenkman, 1972, p. 418.

[3] Celia Green, *Out-of-the-Body Experiences*, Oxford, Reino Unido, Institute of Psychophysical Research, 1968.

[4] D. Scott Rogo, *Leaving the Body*, Nueva York, Prentice-Hall, 1983, p. 5.

[5] *Ibid.*

[6] Stuart W. Twemlow, Glen O. Gabbard y Fowler C. Janes, «The Outf-Body Experience: I. Phenomenology; II. Psychological Profile; III. Diferential Diagnosis» (ponencia presentada en la convención de la American Psychiatric Association de 1980); véase también Twenlow, Gabbard y Janes, «The Out-of-Body Experience: A Phenomenological Typology Based on Questionnaire Responses», *American Journal of Psychiatry* 139 (1982), pp. 450-455.

[7] *Ibid.*

[8] Bruce Greyson y C. P. Flynn, *The Near-Death Experience*, Chicago, Charles C. Thomas, 1984, como aparece citado en Stanislav Grof, *The Adventure of Self-Discovery*, Albany, Nueva York, SUNY Press, 1988, pp. 71-72.

[9] Michael B. Sabom, *Recollections of Death*, Nueva York, Harper & Row, 1982, p. 184.

[10] Jean-Noel Bassior, «Astral Travel», *New Age Journal* (noviembre/diciembre de 1988), p. 46.

[11] Charles Tart, «A Psychophysiological Study of Out-of-Body Experiences in a Selected Subject», *Journal of the American Society for Psychical Research* 62 (1968), pp. 3-27.

[12] Karlis Osis, «New ASPR Research on Out-of-the-Body Experiences», *Newsletter of the American Society for Psychical Research* 14 (1972); véase también Karlis Osis, «Out-of-Body Research at the American Society for Psychical Research», en *Mind beyond the Body* (D. Scott Rogo ed.), Nueva York, Penguin, 1978, pp. 162-169.

[13] D. Scott Rogo, *Psychic Breakthroughs Today*, Wellingborough, Reino Unido, Aquarian Press, 1987, pp. 163-164.

[14] J. H. M. Whiteman, *The Mystical Life*, Londres, Faber & Faber, 1961.

[15] Robert A. Monroe, *Journeys Out of the Body*, Nueva York, Anchor Press/Doubleday, 1971, p. 183.

[16] Robert A. Monroe, *Far Journeys*, Nueva York, Doubleday, 1985, p. 64.

[17] David Eisenberg y Thomas Lee Wright, *Encounters with Qi*, Nueva York, Penguin, 1987, pp. 79-87.

[18] Frank Edwards, «People Who Saw without Eyes», *Strange People*, Londres, Pan Books, 1970.

[19] A. Ivanov, «Soviet Experiments in Eyeless Vision», *International Journal of Parapsychology* 6 (1964); véase también M. M. Bongard y M. S. Smimov, «About the "Dermal Vision" of R. Kuleshova», *Biophysics* 1 (1965).

[20] A. Rosenfeld, «Seeing Colors with the Fingers», *Life* (12 de junio de 1964); para ver un informe más extenso sobre Kuleshova y la «visión sin ojos» en general, véase Sheila Ostrander y Lynn Schoreder, *Psychic Discoveries Behind the Iron Curtain*, Nueva York, Bantam Books, 1970, pp.170-185.

[21] Rogo, *Psychic Breakthroughs*, p. 161.

[22] *Ibid.*

[23] Janet Lee Mitchell, *Out-of-Body Experiences*, Nueva York, Ballantine Books, 1987, p. 81.

[24] August Strindberg, *Legends* (1912), citado en Colin Wilson, *Lo oculto*, Madrid, Arkano Books, 2006, p. 63.

[25] Monroe, *Journeys Out of the Body*, p. 184.

[26] Whiteman, *Mystical Life*, citado en Mitchell, *Experiences*, p. 44.

[27] Karlis Osis y Erlendur Haraldsson, «Deathbed Observations by Physicians and Nurses; A Cross-Cultural Survey», *Journal of the American Society for Psychical Research* 71 (julio de 1977), pp. 237-259.

[28] Raymond Moody, Jr. y Paul Perry, *Más allá de la luz*, Madrid, Edaf, 1989, p. 27.

[29] *Ibid.*

[30] Elisabeth Kubler-Ross, *Los niños y la muerte*, Barcelona, Luciérnaga, 2003.

[31] Kenneth Ring, *Life at Death*, Nueva York, Quill, 1980, pp. 238-239.

[32] Elisabeth Kubler-Ross, ob. cit.

[33] Moody y Perry, ob. cit., p. 102.

[34] *Ibid.*, p. 145.

[35] George Gallup, Jr. y William Proctor, *Adventures in Immortality*, Nueva York, McGraw-Hill, 1982, p. 31.

[36] Kenneth Ring, ob. cit., p. 98.

[37] *Ibid.*, pp. 97-98.

[38] *Ibid.*, p. 247.

[39] Comunicación privada con el autor, 24 de mayo de 1990.

[40] F. W. H. Myers, *Human Personality and Its Survival of Bodily Death*, Londres, Longmans, Green & Co., 1904, pp. 315-321.

[41] *Ibid.*

[42] Moody y Perry, ob. cit., p. 21.

[43] Joel L. Whitton y Joe Fisher, *Life between Life*, Nueva York, Doubleday, 1986, p. 32. [Existe traducción española: *La vida entre las vidas*, Sudamericana Planeta].

[44] Michael Talbot, «Lives between Lives: An Interview with Joel Whitton», *Omni Whole Mind Newsletter* 1, núm. 6 (mayo de 1988), p. 4.

[45] Comunicación privada con el autor, 9 de noviembre de 1987.

[46] Whitton y Fisher, ob. cit., p. 35.

[47] Myra Ka Lange, «To the Top of the Universe», *Venture Inward* 4, núm. 3 (mayo/junio de 1988), p. 42.

[48] F W H Myers, ob. cit.

[49] Moody y Perry, ob. cit., p. 125.

[50] Raymond A. Moody, Jr., *Reflexiones sobre la vida después de la vida*, Madrid, Edaf, 1978, p. 59.

[51] Whitton y Fisher, ob. cit., p. 39.

[52] Raymond A. Moody, Jr., *Vida después de la vida*, Barcelona, Círculo de Lectores, 2006, p. 71.

[53] Moody, *Reflexiones*, p. 57.

[54] Thomas de Quincey, *Confesiones de un inglés comedor de opio*, Madrid, Alianza Editorial, 2002, p. 114.

[55] Whitton y Fisher, ob. cit., pp. 42-43.

[56] Moody y Perry, ob. cit., p. 58.

[57] *Ibid.*, p. 44.

[58] Kenneth Ring, *La senda hacia omega*, Barcelona, Urano, 1986, p. 72.

[59] *Ibid.*, p. 233.

[60] Moody y Perry, ob. cit., p. 44.

[61] Monroe, *Far Journeys*, p. 73.

[62] Ring, *Life at Death*, p. 248.

[63] *Ibid.*, p. 242.

[64] Moody, *Vida después de la vida*, p. 81.

[65] Moody y Perry, ob. cit., p. 35.

[66] Kenneth Ring, *La senda hacia omega*, p. 219.

[67] Moody y Perry, ob. cit., p. 34.

[68] Kenneth Ring, *La senda hacia omega*, p. 255.

[69] Moody y Perry, ob. cit., p. 43.

[70] Ian Stevenson, *Children Who Remember Previous Lives*, Charlottesville, Virginia, University Press of Virginia, 1987, p. 110.

[71] Whitton y Fisher, ob. cit., p. 43.

[72] Wil van Beek, *Hazrat Inayat Khan*, Nueva York, Vantage Press, 1983, p. 29.

[73] Monroe, *Journeys Out of the Body*, pp. 101-105.

[74] Leon S. Rhodes, «Swedenborg and the Near-Death Experience», en *Emanuel Swedenborg: A Continuing Vision* (Robin Larsen *et al.* eds.), Nueva York, Swedenborg Foundation, 1988, pp. 237-240.

[75] Wilson van Dusen, *The Presence of Other Worlds*, Nueva York, Swedenborg Foundation, 1974, p. 75.

[76] Emanuel Swedenborg, *The Universal Human and Soul-Body Interaction* (George F. Dole ed. y trad.), Nueva York, Paulist Press, 1984, p. 43.

[77] *Ibid.*

[78] *Ibid.*, p. 156.

[79] *Ibid.*, p. 45.

[80] *Ibid.*, p. 161.

[81] George F. Dole, «An Image of God in a Mirror», en *Emanuel Swedenborg: A Continuing Vision* (Robin Larsen *et al.* eds.), Nueva York, Swedenborg Foundation, 1988, pp. 374-381.

[82] *Ibid.*

[83] Theophilus Parsons, *Essays*, Boston, Otis Clapp, 1845, p. 225.

[84] Henry Corbin, *Mundus Imaginalis*, Ipswich, Reino Unido, Golgonooza Press, 1976, p. 4.

[85] *Ibid.*, p. 7.

[86] *Ibid.*, p. 5.

[87] Kubbler-Ross, *Los niños y la muerte*.

[88] Comunicación privada con el autor, 28 de octubre de 1988.

[89] Paramahansa Yogananda, *Autobiografía de un yogui contemporáneo*.

[90] *Ibid.*

[91] Satprem, *Sri Aurobindo o la aventura de la consciencia*, Valladolid, Instituto de Investigaciones Evolutivas, 1999, pp. 199-200.

[92] *Ibid.*, p. 222.

[93] E. Nandisvara Nayake Thero, «The Dreamtime, Mysticism and Liberation: Shamanism in Australia», en *Shamanism* (Shirley Nicholson ed.), Wheaton, Illinois, Theosophical Publishing House, 1987, pp. 223-232.

⁹⁴ Holger Kalweit, *Ensoñación y espacio interior. El mundo del chamán*, Madrid, Mirach, 1992, p. 32.

⁹⁵ Michael Harner, *La senda del chamán*, Valencia, Ahimsa, 2000, pp. 15-34.

⁹⁶ Kalweit, ob. cit., p. 32.

⁹⁷ Kenneth Ring, *La senda hacia omega*, pp. 174-190.

⁹⁸ *Ibid.*, p. 138.

⁹⁹ Bruce Greyson, «Increase in Psychic and Psi-Related Phenomena Following Near Death Experiences», *Theta*, como aparece citado en Ring, *La senda hacia omega*, p. 65.

¹⁰⁰ Jeff Zaleski, «Life after Death: Not Always Happily-Ever-After», *Omni Whole Mind Newsletter* 1, núm. 10 (sep. 1988), p. 5.

¹⁰¹ Ring, *La senda hacia omega*, p. 65.

¹⁰² John Gliedman, «Interview with Brian Josephson», *Omni* 3, núm. 10 (julio de 1982), pp. 114-116.

¹⁰³ P. C. W. Davies, «The Mind-Body Problem and Quantum Theory», en *Proceedings of the Symposium on Consciousness and Survival* (John S. Spong ed.), Sausalito, California, Institute of Noetic Sciences, 1987, pp. 113-114.

¹⁰⁴ Candace Pert, *Neuropeptides, the Emotions and Bodymind in Proceedings of the Symposium on Consciousness and Survival* (John S. Spong ed.), Sausalito, California, Institute of Noetic Sciences, 1987, pp. 113-114.

¹⁰⁵ David Bohm y Renee Weber, «Nature as Creativity», *ReVision* 5, núm. 2 (otoño de 1982), p. 40.

¹⁰⁶ Comunicación privada con el autor, 9 de noviembre de 1987.

¹⁰⁷ Monroe, *Journeys Out of the Body*, pp. 51 y 70.

¹⁰⁸ Dole, en *Emanuel Swedenborg*, p. 44.

¹⁰⁹ Whitton y Fisher, ob. cit., p. 45.

¹¹⁰ Véase, por ejemplo, Moody, *Reflexiones sobre la vida después de la vida*, p. 32, y Ring, *La senda hacia omega*.

¹¹¹ Edwin Bernbaum, *The Way to Shambhala*, Nueva York, Anchor Books, 1980, pp. XIV, 3-5.

¹¹² Moody, *Reflexiones*, p. 36, y Ring, *La senda hacia omega*.

¹¹³ W. Y. Evans-Wentz, *The Fairy-Faith in Celtic Countries*, Oxford, Oxford University Press, 1911, p. 61.

¹¹⁴ Monroe, *Journeys Out of the Body*, pp. 50-51.

¹¹⁵ Jacques Vallee, *Pasaporte a Magonia*, Esplugues de Llobregat, Barcelona, Plaza y Janés, 1976, p. 200.

¹¹⁶ Comunicación privada con el autor, 3 de noviembre de 1988.

¹¹⁷ D. Scott Rogo, *El enigma de los milagros: una investigación paracientífica de los fenómenos portentosos*, Barcelona, Martínez Roca, 1987, p. 173.

[118] Michael Talbot, «UFOs: Beyond Real and Unreal», en *Gods of Aquarius* (Brad Steiger ed.), Nueva York, Harcourt Brace Jovanovich, 1976, pp. 28-33.

[119] Jacques Vallee, *Dimensions: A Casebook of Alien Contact*, Chicago, Contemporary Books, 1988, p. 259.

[120] John G. Fuller, *The Interrupted Journey*, Nueva York, Dial Press, 1966, p. 91.

[121] Jacques Vallee, *Pasaporte a Magonia*, p. 226.

[122] Talbot, *Gods of Aquarius*, pp. 28-33.

[123] Kenneth Ring, «Toward an Imaginal Interpretation of "UFO Abductions"», *ReVision* 11, núm. 4 (primavera de 1989), pp. 17-24.

[124] Comunicación personal con el autor, 19 de septiembre de 1988.

[125] Peter M. Rojcewicz, «The Folklore of the "Men in Black": A Challenge to the Prevailing Paradigm», *ReVision* 11, núm. 4 (primavera de 1989), pp. 5-15.

[126] Whitley Strieber, *Comunión*, Esplugues de Llobregat, Barcelona, Plaza y Janés, 1988, p. 256.

[127] Carl Raschke, «UFOs: Ultraterrestrial Agents of Cultural Deconstruction», *Cyberbiological Studies of the Imaginal Component in the UFO Contact Experience* (Dennis Stillings ed.), St. Paul, Minnesota, Archaeus Project, 1989, p. 24.

[128] Michael Grosso, «UFOs and the Myth of the New Age», *Cyberbiological Studies of the Imaginal Component in the UFO Contact Experience* (Dennis Stillings ed.), St. Paul, Minnesota, Archaeus Project, 1989, p. 24.

[129] Raschke, en *Cyberbiological Studies*, p. 24.

[130] Jacques Vallee, *Dimensions*, pp. 288-289.

[131] John A. Wheeler, Charles Misner y Kip S. Thorne, *Gravitation*, San Francisco, Freeman, 1973.

[132] Whitley Strieber, *Comunión*, p. 256.

[133] Comunicación privada con el autor, 8 de junio de 1988.

Capítulo 9. Regreso al tiempo de ensoñación

[1] John Blofeld, *The Tantric Mysticism of Tibet*, Nueva York, E. P. Dutton, 1970, pp. 61-62.

[2] Garma C. C. Chuang, *Teachings of Tibetan Yoga*, Secaucus, Nueva Jersey, Citadel Press, 1974, p. 26.

[3] Blofeld, ob. cit., pp. 61-62.

[4] Lobsang P. Lhalungpa (trad.), *The Life of Milarepa*, Boulder, Colorado, Shambhala Publications, 1977, pp. 181-182.

[5] Reginald Horace Blyth, *Games Zen Masters Play* (Robert Sohl y Audrey Carr eds.), Nueva York, New American Library, 1976, p. 15.

[6] Margaret Stutley, *Hinduism*, Wellingborough, Reino Unido, Aquarian Press, 1985, pp. 9 y 163.

[7] Swami Prabhavananda y Frederick Manchester (trad.), *The Upanishads*, Hollywood, California, Vedanta Press, 1975, p. 197.

[8] Sir John Woodroffe, *The Serpent Power*, Nueva York, Dover, 1974, p. 33.

[9] Stutley, *Hinduism*, p. 27.

[10] *Ibid.*, pp. 27-28.

[11] Woodroffe, ob. cit., pp. 29 y 33.

[12] Leo Schaya, *The Universal Meaning of the Kabbalah*, Baltimore, Maryland, Penguin, 1973, p. 67.

[13] *Ibid.*

[14] Serge King, «The Way of the Adventurer», en *Shamanism* (Shirley Nicholson ed.), Wheaton, Illinois, Theosophical Publishing House, 1987, p. 193.

[15] E. Nandisvara Nayake Thero, «The Dreamtime, Mysticism and Liberation: Shamanism in Australia», en *Shamanism* (Shirley Nicholson ed.), Wheaton, Illinois, Theosophical Publishing House, 1987, p. 226.

[16] Marcel Griaule, *Conversations with Ogotemmeli*, Londres, Oxford University Press, 1965, p. 100.

[17] Douglas Sharon, *Wizard of the Four Winds: A Shaman's Story*, Nueva York, Free Press, 1978, p. 49. [Existe traducción española: *El chamán de los cuatro vientos*, Siglo XXI Editores, 2002].

[18] Henry Corbin, *La imaginación creadora en el sufismo de Ibn Arabi*, Barcelona, Destino, 1993, pp. 299-300.

[19] Brian Brown, *The Wisdom of the Egyptians*, Nueva York, Pocket Books, 1972, p. 36.

[20] Woodroffe, ob. cit., p. 22.

[21] John G. Neihardt, *Alce Negro habla*, Palma de Mallorca, Olañeta, 2000, p. 37.

[22] Tryon Edwards, *A Dictionary of Thought*, Detroit, F. B. Dickerson Ca., 1901, p. 196.

[23] Sir Charles Eliot, *Japanese Buddhism*, Nueva York, Barnes & Noble, 1969, pp. 109-110.

[24] Alan Watts, *El camino del Tao*, Barcelona, Círculo de Lectores, 2001, p. 60.

[25] F. Franck, *Libro de Angelus Silesius*, citado en Stanislav Grof, *Psicología transpersonal: nacimiento, muerte y trascendencia en psicoterapia*, Barcelona, Kairós, 1994, p. 97.

[26] «"Holophonic" Sound Broadcasts Directly to Brain», *Brain/Mind Bulletin* 8, núm. 10 (30 de mayo de 1983), p. 3.

[27] «European Media See Holophony as Breakthrough», *Brain/Mind Bulletin* 8, núm. 10 (30 de mayo de 1983), p. 3.

[28] Ilya Prigogine e Yves Elskens, «Irreversibility, Stochasticity and Non-Locality in Classical Dynamics», en *Quantum Implications* (Basil Hiley y F. David Peat eds.), Londres, Routledge & Kegan Paul, 1987, p. 214; véase también «A Holographic Fit?», *Brain/Mind Bulletin* 4, núm. 13 (21 de mayo de 1979), p. 3.

[29] Marcus S. Cohen, «Design of a New Mediurn for Volume Holographic Information Processing», *Applied Optics* 25, núm. 14 (15 de julio de 1986), pp. 2288-2294.

[30] Dana Z. Anderson, «Coherent Optical Eigenstate Mernory», *Optics Letters* 11, núm. 1 (enero de 1986), pp. 56-58.

[31] Willis W. Harman, «The Persistent Puzzle: Toe Need for a Basic Restructuring of Science», *Noetic Sciences Review*, núm. 8 (otoño de 1988), p. 23.

[32] «Interview: Brian L. Weiss, M. D.», *Venture Inward* 6, núm. 4 julio/agosto de 1990), pp. 17-18.

[33] Comunicación privada con el autor, 9 de noviembre de 1987.

[34] Stanley R. Dean, C. O. Plyler, Jr. y Michael L. Dean, «Should Physic Studies Be Included in Psychiatric Education? An Opinion Survey», *American Journal of Psychiatry* 137, núm. 10 (octubre de 1980), pp. 1247-1249.

[35] Jan Stevenson, *Children Who Remember Previous Lives*, Charlottesville, Virginia, University Press of Virginia, 1987, p. 9.

[36] Alexander P. Dubrov y Veniarnin Puskin, *La parapsicología y las ciencias naturales modernas*, Madrid, Akal, 1980, p. 47.

[37] Harman, *Noetic Sciences Review*, p. 25.

[38] Kenneth Ring, «Near-Death and UFO Encounters as Shamanic Initiations: Some Conceptual and Evolutionary Implications», *ReVision* 11, núm. 3 (invierno 1989), p.16.

[39] Richard Daab y Michael Peter Langevin, «An Interview with Whitley Strieber», *Magical Blend* 25 (enero de 1990), p. 41.

[40] Lytle Robinson, *Edgar Cayce's Story of the Origin and Destiny of Man*, Nueva York, Berkeley Medaillon, 1972, pp. 34 y 42.

[41] Del sutra Lankavatara tal como lo cita Ken Wilbur en «Física, misticismo y el nuevo paradigma holográfico» en Ken Wilber (ed.), *El paradigma holográfico: una exploración en las fronteras de la ciencia*, Barcelona, Kairós, 2006, pp. 177-178.

[42] David Laye, *The Sphinx and the Rainbow*, Boulder, Colorado, Shambhala Publications, 1983, p. 156.

[43] Terence McKenna, «New Maps of Hyperspace», *Magical Blend* 22 (abril de 1989), pp. 58 y 60.

[44] Daab y Langevin, *Magical Blend*, p. 41.

[45] McKenna, *Magical Blend*, p. 60.

[46] Emanuel Swedenborg, *The Universal Human and Soul-Body Interaction* (George F. Dole ed. y trad.), Nueva York, Paulist Press, 1984, p. 54.

[47] Joel L. Whitton y Joe Fisher, *Life between Life*, Nueva York, Doubleday, 1986, pp. 45-46. [Existe traducción española: *La vida entre las vidas*, Sudamericana Planeta].

Índice
temático

Acerca del autor

Michael Talbot (1953-1992) fue el autor superventas de *Más allá de la teoría cuántica, Misticismo y física moderna* y *El universo holográfico*, además de varias novelas de terror. Nacido en Míchigan, fijó su residencia en Nueva York siendo muy joven, ciudad en la que vivió durante el resto de su vida.

A pesar de la popularidad que alcanzó su trabajo de ficción, Talbot es más conocido por sus obras de no ficción, muchas de las cuales se centran en conceptos de la Nueva Era, el misticismo y lo paranormal. Podría decirse que su obra más famosa y significativa es *El universo holográfico* (1991), que examina la teoría cada vez más aceptada de que todo el universo es un holograma.

Michael Talbot murió de leucemia en 1992, a los 38 años.

LA BIOLOGÍA DE LA CREENCIA

La liberación del poder de la conciencia, la materia y los milagros

BRUCE H. LIPTON

La biología de la creencia es un libro revolucionario en el campo de la biología moderna. Su autor, un prestigioso biólogo celular, describe con precisión las rutas moleculares a través de las que nuestras células se ven afectadas por nuestros pensamientos gracias a los efectos bioquímicos de las funciones cerebrales.

IRREDUCIBLE

El encuentro de la ciencia con la conciencia

FEDERICO FAGGIN

En diciembre de 1990, mientras descansaba con su familia en el lago Tahoe, Faggin se despertó una noche para beber agua y experimentó una epifanía que le descubrió que la realidad inmanente del universo es conciencia. Desde entonces, con el conocimiento y la experiencia de toda una vida en ámbitos de vanguardia, Faggin centró su atención en la conciencia y en la naturaleza de la realidad.

EL MUNDO ES MENTAL

El idealismo analítico como la única metafísica plausible en el siglo XXI

BERNARDO KASTRUP

Kastrup vuelca en este libro toda su experiencia y explica el idealismo analítico de tal manera que resulta asequible para quienes no poseen conocimientos previos en la materia. Su obra, que se adapta a distintos niveles de lectura, nos enseña a darnos cuenta de que los dilemas imposibles del fisicalismo desaparecen en cuanto contemplamos la naturaleza desde un ángulo diferente.